国际建筑节能标准研究

徐 伟 主编

中国建筑工业出版社

图书在版编目（CIP）数据

国际建筑节能标准研究/徐伟主编. —北京：中国建
筑工业出版社，2012.11
ISBN 978-7-112-14826-4

Ⅰ. ①国… Ⅱ. ②徐… Ⅲ.① 建筑—节能—国际
标准-研究 Ⅳ. ①TU111.4-65

中国版本图书馆 CIP 数据核字（2012）第 252451 号

住房和城乡建设部标准定额司于 2011 年立项"建筑节能标准中外比对研究"课题，委托中国建筑科学研究院会同国内建筑节能行业相关专家完成，课题全面、系统地总结介绍了国外建筑节能标准发展历史、现状及未来计划，借鉴其编制和执行的经验，明确进一步完善我国建筑节能标准体系的工作重点，支撑相关标准的编制和修编。本书将课题研究的主要内容汇总出版，供建筑节能行业相关人员学习了解国外建筑节能标准相关情况。

责任编辑：田立平
责任设计：赵明霞
责任校对：肖 剑 陈晶晶

国际建筑节能标准研究

徐 伟 主编

*

中国建筑工业出版社出版、发行（北京西郊百万庄）
各地新华书店、建筑书店经销
北 京 天 成 排 版 公 司 制 版
北京圣夫亚美印刷有限公司印刷

*

开本：787×1092 毫米 1/16 印张：23½ 字数：582 千字
2012 年 12 月第一版 2012 年 12 月第一次印刷
定价：**68.00** 元
ISBN 978-7-112-14826-4
（22897）

指导委员会

田国民　武　涌　韩爱兴　王果英　张福麟　吴路阳　仝贵婵
梁　峰　陈国义　黄　强　林海燕　王有为　郎四维　程志军

编写委员会

主　任：徐　伟

副主任：邹　瑜

委　员：张时聪　袁闪闪　刘宗江　陈　曦　孙德宇　郭　伟　宋　波
　　　　邓琴琴　朱晓姣　莫争春　卢　求　陈　颖　郭成林　冯向军
　　　　徐智勇　张殿军　赵言冰　曹广宇　Klaus Ziegler　Tatsuya Hayashi
　　　　David Hathaway　Don Anderson　Carolyn Szum　Jaap Hogeling

编写单位：中国建筑科学研究院

　　　　美国能源基金会中国可持续能源项目(China Sustainable Energy Program，The Energy Foundation)

　　　　欧洲标准化在华专家项目(Seconded European Standardization Expert for China)

　　　　日建设计综合研究所(NIKKEN SEKKEI Research Institute)

　　　　五合国际建筑设计集团

　　　　大金(中国)投资有限公司

　　　　威卢克斯(VELUX)集团

　　　　ICF 国际咨询(北京)有限公司

　　　　GIZ 德国技术合作公司

　　　　世界银行集团国际金融公司

以下国家和国际组织对本书编写提供了帮助：

美国能源部	US Department of Energy
美国联邦建筑节能项目组	US Building Energy Code Program
美国暖通空调制冷工程师学会	American Society of Heating, Refrigerating and Air Conditioning Engineers
国际标准理事会	International Code Council
美国西北太平洋国家实验室	Pacific Northwest National Laboratory
美国伍德罗·威尔逊国际学者中心	Woodrow Wilson International Center for Scholars
美国节能联盟	Alliance to Save Energy

美国全国门窗分级委员会	National Fenestration Rating Council
美国劳伦斯伯克利国家实验室	Lawrence Berkeley National Laboratory
美国佛罗里达太阳能研究中心	Florida Solar Energy Center
欧盟能源总局	European Commission Directorate-General for Energy
欧洲暖通空调工程师学会	Federation of European Heating, Ventilation and Air Conditioning Associations
英国皇家屋宇设备工程师学会	The Chartered Institution of Building Services Engineers
英国建筑研究院	Building Research Establishment
日本空气调和与卫生工程学会	The Society of Heating, Air-Conditioning and Sanitary Engineers of Japan
加拿大自然资源保护署	Natural Resources Canada
印度能源与资源研究院	The Energy and Resource Institute of India
德国外墙外保温质量联盟	ETICS Quality Alliance
荷兰建筑智库中心	Dutch Building Services Knowledge Centre
芬兰国家技术研究中心	VTT Technical Research Centre of Finland

序 一

1986年3月，建设部颁布了我国第一本建筑节能设计标准——《民用建筑节能设计标准（采暖居住建筑部分）》。随后按照先北方（严寒和寒冷地区）、再中部（夏热冬冷地区）、后南方（夏热冬暖地区），先居住建筑、后公共建筑，先新建建筑、后既有建筑的原则，不断建立和完善我国建筑节能标准体系，全面开展了建筑节能工作。目前，我国建筑节能标准涵盖了设计、施工、验收、运行管理等各个环节，基本满足了居住和公共建筑节能工作需要，部分地区还制定了更严格要求的建筑节能标准。通过标准的制定以及对建筑节能率要求的不断提升，对实现我国建筑节能工作目标起到了积极和关键作用。

据统计，到2010年底，全国城镇新建建筑设计阶段执行节能强制性标准的比例为99.5%，施工阶段执行节能强制性标准的比例为95.4%，分别比2005年提高了42个百分点和71个百分点，完成了国务院提出的"新建建筑施工阶段执行节能强制性标准的比例达到95%以上"的工作目标。"十一五"时期，我国累计按照现行节能强制性标准建成的建筑面积达48.57亿 m^2，共形成4600万 t标准煤的节能能力，全国城镇节能建筑占既有建筑面积的比例提升至23.1%。

目前，我国正处在城镇化的快速发展时期，按"十一五"期间城镇每年新建建筑面积推算，"十二五"期间，全国城镇累计新建建筑面积仍将保持40～50亿 m^2 的规模。同时，随着人民生活水平的不断提高，对既有建筑节能改造的要求在逐渐增多，工业建筑和农村建筑的相关节能工作也在逐步展开。因此，我国今后的建筑节能任务十分艰巨，新材料、新技术的不断涌现，相应的节能标准也需进一步完善。

通过与国外一些国家和地区就建筑节能工作交流的情况看，世界各主要发达国家出于以节能为目的的建筑节能标准，大多起步于20世纪70年代的世界第一次石油危机之后，并经历了从无到有、逐步提升的过程。随着标准体系逐步成熟、产业的不断发展，以及全球应对气候变化和节能减排的不断强调，各发达国家均组建了明确的标准管理和编制团队，把建筑节能作为节能工作的重点，并通过不断更新和提升建筑节能标准，约束引导新建建筑节能建造以及既有建筑节能运行和改造。以纽约市为例，纽约的建筑能耗占其城市能耗的80%，其颁布的《PLANYC2030纽约城市发展规划——建筑规划》指出，到2030年，纽约拟定减少的85%的能源使用和二氧化碳排放，都将来自建筑物，因此规划提出的建筑节能工作六项主要措施的第一项，就是提升纽约市的建筑节能标准。

为全面、系统地了解国外建筑节能标准发展历史、现状及未来计划，借鉴其编制和执行的经验，明确进一步完善我国建筑节能标准体系的工作重点，支撑相关标准的制（修）订，住房和城乡建设部于2011年委托中国建筑科学研究院等单位，开展了建筑节能标准中外比对研究。在近2年的时间里，课题组搜集了30余个国家和地区的建筑节能标准，召开了由美国、欧盟、日本、英国、德国、丹麦、世界银行、ICF国际咨询（北京）有限公司，以及国内建筑节能行业有关机构组织参加的国际研讨会，在细致分析和对比的基础上，形成了研究报告，并通过了专家组验收。研究报告全面系统，内容翔实，对比清晰，是近期国内此领域高水平的研究成果。为了使成果共享，让建筑节能行业相关人员更好地学习了解国外建筑节能标准相关情况，课题负责单位将主要内容进行了汇总整理和出版，希望本书能够给予启示，能够给今后建筑节能标准的不断完善给予帮助，从而为推动我国建筑节能工作迈向更高效、更节能、更环保、更健康作出积极贡献。

本书指导委员会

序　二

节能减排是全世界各国社会和经济发展所面临的一个战略性挑战，一项艰巨的任务。建筑领域节能潜力大，投资效益明显，回收期短。而实现大范围建筑节能的最重要手段之一则是逐步提高建筑节能标准的最低要求，所以目前世界各发达国家都努力致力于提高建筑节能标准。

自开展建筑节能工作以来，发达国家的建筑节能标准都经过了多次修订提升，目前也还在不断完善和提高。如美国，由美国暖通空调制冷工程师学会(American Society of Heating，Refrigerating and Air-Conditioning Engineers，ASHRAE)与北美照明工程师学会(Illuminating Engineering Society of North America，IESNA)联合编制的，并经过美国国家标准学会(American National Standards Institute，ANSI)批准的 ANSI/ASHRA/IESNA 90.1 号标准《除低层居住建筑外的建筑节能设计标准》(Energy Standard for Buildings Except Low-Rise Residential Buildings，简称《ASHARE 90.1 标准》)，自 1975 年颁布以来，共修订了 8 次。其 2010 版比 2007 版节能 18.2%(初步结论)；2007 版比 2004 版节能 3.7%；2004 版比 1999 版，节能 13.9%；1999 版比 1989 版节能 6.4%。同时，美国能源部对新版标准的节能要求还在不断提升。根据 2011 年 ASHRAE 和美国能源部签署的合作备忘录，《ASHARE 90.1-2013》需比《ASHARE 90.1-2004》节能 50%。

如英国，英国政府提出了极具挑战性的建筑节能目标，计划到 2016 年实现所有新建居住建筑零碳排放，到 2019 年实现所有新建公共建筑零碳排放，《UK Building Regulation-Part L》(《英国建筑节能标准》)一般每三四年修订一次，每次修订都不断提高相关节能要求。目前，2010 版《UK Building Regulation-Part L》比 2006 版节能 25%，比 2002 版节能 40%；预计，2013 版《UK Building Regulation-Part L》将比 2006 版节能 44%，比 2002 版节能 55%。

如日本，其 1979 年颁布了节能政策基础性法律《节约能源法》，并于 1983 年、1993 年、1998 年、2002 年、2005 年和 2008 年进行了多次修订。逐步修订的《节约能源法》对于建筑节能要求也越来越严格。2002 年的修订版强制要求 2000m² 及以上的公共建筑需要向当地主管部门提交节能措施实施报告，2005 年的修订版要求 2000m² 及以上的居住建筑也需要向当地主管部门提交节能措施实施报告，2008 年的修订版则进一步要求非居住面积大于等于 300m² 的建筑物(含居住建筑和公共建筑)在新建和改建之前都需要向当地主管部门提交节能措施实施报告。据日本经济贸易产业省规划，从 2010 年开始，未来十年内日本的温室气体排放量减少 25%，未来 40 年减排 60%~80%，这对占有日本社会总能耗量 35%~40% 的建筑能耗提出了新的要求，据悉日本国土交通省正在编制新的建筑节能设计标准。

我国自 1986 年颁布《民用建筑节能设计标准(采暖居住建筑部分)》以来，相关标准也经过了多次修订和提升。但整体来看，与一些发达国家的建筑节能标准相关要求还存在一定差距。首先，我国标准内容覆盖尚不够全面。我国的建筑节能设计标准作为建筑节能标准体系的核心，目前主要包括围护结构、暖通空调系统两部分，而发达国家的节能设计标准，还分别包括热水供应系统、照明系统、可再生能源系统、建筑维护等内容，将这些内容统一在一本标准中有利于建筑整体节能。其次，我国标准相关要求低于国外。国外建筑节能大部分是通过提升建筑围护结构和暖通系统、照明系统、热水供应系统的性能实现节能目标，最近一些国家也通过加强可再生能源使用比例来达到建筑节能的目的。我国在墙体、屋顶、窗户的传热系数和冷水机组等建筑设备的效率要求方面，比欧美略低，且国家级建筑节能标准在可再生能源使用方面无强制要求。另外，除了对建筑节能设计标准不断进行修订外，发达国家还颁布比现行节能设计标准节能 30% 或 50% 的"更高级别的建筑节能设计导则"等技术出版物，此类导则既可用于对政府投资的建筑进行更高节能性能的强制性要求，也可引领建筑行业在降低能耗方面进行不断探索，同时还为更高级别节能标准的颁布进行了铺垫，如美国的所有公共建筑节能设计都必须参照《ASHARE 90.1》标准，但针对办公楼、医院、学校、商场，如需按照"更高级别"进行建筑节能设计，则可以参照专项的"导则"，到 2011 年底，ASHARE 已经发布了 6 本专项节能 30% 的"导则"和 2 本专项节能 50% 的"导则"。我国现行国家建筑节能标准体系中一些省级标准比国家标准高，但此类非常详细的用于指导设计的技术导则还较为缺乏。

相信随着建筑节能工作的不断深入，国家和各地的标准也会在体系上不断完善，技术水平不断提高，节能目标也会不断提升，逐渐与发达国家接轨。希望本书的出版能够为各级建筑节能行政主管部门以及从事建筑节能工作的科研、设计院所和生产、施工企业提供更多重要的信息，对我国的建筑节能及其相关工作起到促进和支撑的作用。

中国建筑科学研究院副院长

前　言

　　建筑节能、工业节能和交通节能是我国节能的三大领域，随着我国城镇化率的不断提高以及产业结构的调整和升级，建筑节能在节能工作中的地位逐步提升，在一些大型城市中，其建筑节能承担的节能减排贡献率也在逐渐增大。建筑节能标准是建筑节能工作的基础，发达国家在应对气候变化和节能减排的工作中，都大幅度地提升了建筑节能标准相关强制性要求，为了紧跟国际发展趋势，为我国标准编制和修订提供相关资料，住房和城乡建筑部标准定额司于 2011 年立项"建筑节能标准中外比对研究"课题，委托中国建筑科学研究院会同国内建筑节能行业相关专家进行研究。

　　中国建筑科学研究院长期在建筑节能标准领域展开工作，编制了我国现行大部分建筑节能标准，并与相关国际机构保持了良好的合作关系。课题启动后，课题组与美国能源部（US Department of Energy）、美国劳伦斯伯克利国家实验室（Lawrence Berkeley National Laboratory）、美国暖通空调制冷工程师学会（American Society of Heating, Refrigerating and Air-Conditioning Engineers）、国际标准委员会（International Code Council）、美国西北太平洋国家实验室（Pacific Northwest National Laboratory）、美国佛罗里达太阳能研究中心（Florida Solar Energy Center）、美国伍德罗·威尔逊国际学者中心（Woodrow Wilson International Center for Scholars）、欧盟能源总局（European Commission Directorate-General for Energy）、欧洲暖通空调工程师学会（Federation of European Heating, Ventilation and Air Conditioning Associations）、英国皇家屋宇设备工程师学会（UK The Chartered Institution of Building Services Engineers）、英国建筑研究院（UK Building Research Establishment）、日本空气调和与卫生工程学会（the Society of Heating, Air-Conditioning and Sanitary Engineers of Japan）、加拿大自然资源保护署（Natural Resources Canada）、印度能源与资源研究院（The Energy and Resource Institute of India）等机构取得联系，对世界 30 余个国家和地区的建筑节能标准最新信息及相关情况进行了收集汇总，并选择了美国、欧盟、英国、德国、丹麦和日本这几个非常有代表性的国家和地区的建筑节能相关法律法规及标准进行了详细研究分析。

　　受住房和城乡建设部标准定额司委托，课题组于 2011 年 9 月 22 日在北京组织召开了"中外建筑节能标准国际研讨会"。来自住房和城乡建设部、中国建筑科学研究院、美国能源基金会、欧洲标准化在华专家项目、日建设计综合研究所、英国皇家屋宇设备工程师学会、德国可持续建筑委员会、丹麦威卢克斯集团、德国商会外墙外保温质量联盟、GIZ 德国技术合作公司、大金（中国）投资有限公司、世界银行集团国际金融公司、中瑞低碳城市项目、华登斯保温涂料有限公司、ICF 国际咨询（北京）有限公司、北京万通地产股份有限公司等领导和专家参加了会议。与会专家就各国建筑节能标准提升路径、建筑节能标准与能效标识的互动关系、建筑能耗计算通用方法、建筑保温材料防火性能、建筑节能相关技术的最新进展等相关问题展开了广泛交流与讨论，研讨会为课题研究提供了更广泛的视野，也为课题组提供了大量宝贵的最新资料。

2011年12月13日，住房和城乡建设部标准定额司在北京组织召开了课题验收会，验收专家听取了课题组汇报，认为：①课题组首次对美国、欧盟、英国、德国、丹麦、日本等国家(地区)的建筑节能法规及相关标准规范的发展历史、管理及技术体系、标准节能目标设定及实现方式、标准重点参数、标准执行机构及执行情况等内容进行全面、综合、系统的梳理，对国外建筑节能标准的扩展与延伸情况进行了介绍。②课题组对中外建筑节能标准相关情况的差异进行比对分析，框架完整，方法合理，参数选取适当，对指导我国建筑节能标准科学发展，进一步完善我国建筑节能标准化体系，缩小我国建筑节能标准相关参数设定与发达国家的差距，提高我国建筑节能标准的执行率和执行质量起到重要作用，对协调我国建筑节能标准与相关设计标准、能效标识和绿色建筑评价等标准、国家与地方标准具有指导作用。③课题组立足我国现状和未来发展趋势，对国际相关情况进行了汇总，吸收发达国家相关经验及成果，为我国此领域下一步发展提出科学、先进、可操作性强的建议。课题研究成果达到国际先进水平。

在完成课题的基础上，编制组对研究报告的内容经过修改、补充和完善，形成本书。本书主要包括以下几部分：

第一部分：全球建筑节能标准概况。介绍了全球典型地区的建筑能耗情况、建筑节能标准的发展历史与现状、标准内容和主要类型，并对主要发达国家建筑节能标准的主要强制性指标进行了比较，介绍了一些推动建筑节能标准的相关辅助措施。

第二部分：中美建筑节能标准比对。介绍了美国建筑节能标准的上位法规要求，美国现行的建筑节能相关标准及编写机构，介绍了美国能源部"建筑节能标准项目"的主要工作内容以及其他相关工作，从标准编制、批准、采纳、执行的全过程对美国建筑节能标准运作体系进行了概述。对国际标准理事会(International Codes Council，ICC)的组织结构和《国际节能规范》(International Energy Conservation Code，IECC)系列标准的编制背景、目的及《IECC 2003》、《IECC 2006》、《IECC 2009》前后版本的相关内容进行简单比对介绍。对《ASHRAE 90.1-2010》标准主要内容进行介绍，对《ASHRAE 90.1-2004》、《ASHRAE 90.1-2007》、《ASHRAE 90.1-2010》主要条文、参数的修订情况进行比较，并将其与我国目前实施的《公共建筑节能设计标准》GB 50189—2005、《严寒和寒冷地区居住建筑节能设计标准》JGJ 26—2010、《夏热冬冷地区居住建筑节能设计标准》JGJ 134—2010、《夏热冬暖地区居住建筑节能设计标准》JGJ 75—2003相关条文要求、参数设置进行比较分析。

第三部分：中欧建筑节能标准比对。介绍了欧盟发布的标准化政策和欧洲标准化组织制定的标准化政策。介绍了丹麦、德国、英国建筑节能标准的发展历史、标准化管理体系、现行建筑节能标准，并展开了中外建筑节能标准比对。

第四部分：中日建筑节能标准比对。介绍了日本建筑节能相关标准，包括日本《公共建筑节能设计标准》、《居住建筑节能设计标准》及《居住建筑节能设计和施工导则》。对日本能源政策的基础性法律《节约能源法》的部分细节也进行了简洁的介绍。同时也介绍了为日本的节能政策提供支撑的几种技术措施，包括生态建筑实施规划，建筑物综合环境性能评价体系(CASBEE)和领跑者标准(TOP-runner)。

第五部分：中外建筑节能标准比对总结。将相关比对结论进行了集中的归纳，集中展现了我国与比对国家在建筑节能标准上的异同，提出了我国建筑节能标准的发展建议。

本书由中国建筑科学研究院徐伟研究员担任主编，邹瑜研究员担任副主编，张时聪负责对第一部分、第二部分、第五部分进行统稿，袁闪闪负责对第三部分进行统稿，刘宗江负责对第四部分进行统稿。

本书编写过程中得到了住房和城乡建设部标准定额司的直接指导和支持，特别是田国民副司长的亲切关怀和工作部署，得到了住房和城乡建设部建筑节能与科技司的支持。在研究内容筛选和提炼上，得到了国内行业专家的大力帮助，尤其是郎四维教授、林海燕教授等专家的悉心指导。在资料收集上，得到了众多国家和国际组织与相关科研机构的帮助。在课题的组织协调和本书编写中，得到了中国建筑科学研究院标准规范处、建筑环境与节能研究院各位同事的支持与协助，在此一并表示感谢。

希望本书能提高社会各界对建筑节能的认识，为政府决策提供技术支持，为建筑节能工作者提供技术发展信息，促进行业又好又快的发展，成为我国建筑节能工作的又一助推力。

本书成稿时间仓促、作者水平有限，难免存在遗憾之处，望读者给予批评和指正。

本书编委会

FOREWORD

Building, industry and transportation are three main fields in energy efficiency work in China, along with the increasing of the urbanization rate and continuous improvement in the adjustment and upgrading of industrial structure, the status of building energy efficiency in energy saving work gradually upgraded. In some large cities, the contribution rate of energy consumption reduction from buildings also increases gradually. The building energy efficiency codes and standards is the foundation of building energy-saving work, most developed countries have greatly upgraded the mandatory requirements in building energy efficiency codes and standards in response to climate change and energy saving work. In order to follow the international trend closely and support the establishment and revision of related codes and standards in China, Department of Standards and Codes of Ministry of Housing and Urban-Rural Development(MOHURD) start a program "*International building energy codes and standards research and comparison*", commissioned by China Academy of Building Research (CABR) with relative experts in this field.

CABR had working in the building codes and standards field since the beginning and compile most of the building energy codes and standards in China, so CABR had a good relationship with international organizations in this field. After the Kick-off meeting of this program, CABR contacted US Department of Energy, Lawrence Berkeley National Laboratory, American Society of Heating, Refrigerating and Air-Conditioning Engineers, International Code Council, Pacific Northwest National Laboratory, Florida Soler Energy Center, Woodrow Wilson International Center for Scholars, European Commission Directorate-General for Energy, Federation of European Heating, Ventilation and Air Conditioning Associations, UK The Chartered Institution of Building Services Engineers, UK Building Research Establishment, the Society of Heating, Air-Conditioning and Sanitary Engineers of Japan, Natural Resources Canada and The Energy and Resource Institute of India, collected latest building energy efficiency codes and standards from more than 30 countries, and choose USA, EU, UK, Germany, Denmark, Japan for deep research and analysis.

Entrusted by MOHURD, the program held an "International building energy efficiency codes and standards seminar" on 22th September 2011 in Beijing. Experts from MOHURD, CABR, Energy Foundation, Seconded European Standardization Expert for China, NIKKEN SEKKEI Research Institute, UK The Chartered Institution of Building Services Engineers, German Sustainable Building Council, Denmark VELUX Group, German ETICS Quality Alliance, World Bank-IFC, China-Switzerland LCCC program, GIZ, ICF International, Beijing Vontone Real Estate, HuaDengsi insulation company participate the seminar. Experts carried out extensive discussions on the topics of building energy codes and standards roadmap, relation between building energy codes and building label, general calculation method of building energy consumption, fire resistant capacity of building insulation material, latest information of building energy efficiency technology. The seminar supports the program with lots of and latest information and a extensive and wider view.

On December 13th, 2011, MOHURD organize an project acceptance meeting in Beijing, experts reviewed the report from the task group, and came to the conclusion: (1) The program research group made a comprehensive, integrated, systematic research for the development history, management and technical system, energy saving goal, key parameters, implementation mechanism of content of the building energy codes and standards in the United States, the European Union, UK, Germany, Denmark, Japan. (2) The research group made a comprehensive comparison and analysis between the China codes and foreign codes, the comparison frame is complete and reasonable, the parameter selection is proper. The work can guide the scientific development of China's building energy efficiency standards, further improve China's building energy efficient standardization system, contractible our country the building energy efficient standards related parameters, improve China building energy saving standards implementation rate, coordinate building energy efficiency standards with related design standards, energy efficiency and green building evaluation standards, the national and local standards. (3) Based on China's current situation and the future development trend, the task group summarized the international experiences and achievements, and propose the scientific, advanced, strong maneuverability suggestions in this field in China. The research results have reached the international advanced level.

Based on the program, the task group revised and further supplement the report, and came to this book, the book mainly include the following five parts:

Part Ⅰ: General information of international building energy efficiency codes and standard. This part, the task group introduce the building energy consumption in typical areas around the world, the history and current situation of building energy codes, different building codes type and general content of it, further introduce some relevant auxiliary measures to promote building energy standards.

Part Ⅱ: Comparison between China and US. This part introduce the related laws of building energy codes, the building energy codes and compilation organization of USA and the DOE-Building energy codes program, make a comparison study for IECC 2003, IECC 2006 and IECC 2009 and ASHRAE 90.1-2004, ASHRAE 90.1-2007, ASHRAE 90.1-2010. In this part, the task group make a detailed analysis in the content and parameters between ASHRAE standards and China national standards *Design standard for energy efficiency of public buildings GB 50189—2005*, *Design standard for energy efficiency of residential buildings in severe cold and cold zones JGJ 26—2010*, *Design standard for energy efficiency of residential buildings in hot-summer and cold-winter zones JGJ 134—2010, Design standard for energy efficiency of residential buildings in hot-summer and warm-winter zone JGJ 75—2003s.*

Part Ⅲ: Comparison between China and EU. This part, the task group introduce the standardization policies in EU and CEN, make a comparison and analysis in building energy codes history, management system, latest building energy codes between China and Denmark, Germany and UK.

Part Ⅳ: Comparison between China and Japan. In this part, the task group introduce the energy efficiency codes & standards system of Japan, also with Japan standards: *Criteria for Clients on the Rationalization of Energy Use for Buildings, Criteria for Clients on the Rationalization of Energy Use for Houses, Design and Construction Guidelines on the Rationalization of Energy Use for Houses.* The task group also makes an introduction of ecological construction planning, CASBEE and TOP-runner program of Japan.

Part Ⅴ: Conclusion. The task group makes comparative conclusions, a showcase of the similarities and differences between China and other countries in building energy codes and standards, propose development suggestions for China building energy codes in the next period.

Prof XU Wei in CABR take the responsibility of chief editor of this book, Prof ZOU Yu as deputy chief editor, ZHANG Shicong take the responsibility of Part Ⅰ, Part Ⅱ, Part Ⅴ, YUAN Shanhan for Part Ⅲ, LIU Zongjiang for Part Ⅳ.

The book was written under the direct guidance and support of Department of Standard and Codes of MOHURD, especially by the care and work deployment from the vice director TIAN Guomin, also with the support from Department of Building Energy Efficiency and Technology of MOHURD. During the research process of content filtering and refining, we obtain full support from domestic industry experts, especially professor LANG Siwei and professor LIN Haiyan; during the information collection phase, we received assistant from numerous national and international organizations and research institutions; during the coordination of book writing phase, we get support from our colleagues from Division of Standards and Codes of CABR and Institute of Building Environment and Energy of CABR, here together we appreciate all your help.

Hope this book can improve the building energy efficiency awareness, provide technical support for the government decision-making, provide the latest building energy efficiency technologies for engineers, promote the good and rapid development of industry and become a thrust for building energy efficiency work in China.

With the limited time for the book compilation, any constructive suggestions and comments from readers are greatly appreciated.

Editorial Board
XU WEI

目　　录

第1部分　全球建筑节能标准概况

第2部分　中美建筑节能标准比对

第5部分　中外建筑节能标准比对总结

CONTENTS

Part Ⅱ　Building Energy Codes & Standards Comparison between China and US

Part Ⅲ Building Energy Codes & Standards Comparison between China and EU

Part IV　Building Energy Codes & Standards Comparison between China and Japan

Part Ⅴ International Building Energy Codes &. Standards Comparison Results

第 1 部分 | 全球建筑节能标准概况

第1章 全球建筑节能标准概况

本章介绍了全球建筑能耗基本情况、建筑节能标准的发展历史与现状、标准规定的内容和标准的主要类型，并对主要发达国家建筑节能标准的主要强制性指标进行了比较，还介绍了一些对建筑节能标准进行扩展和延伸的相关措施。

1.1 前言

1.1.1 全球能源现状与趋势

能源是人类社会赖以生存和发展的重要物质基础，纵观人类社会发展的历史，人类文明的每一次重大进步都伴随着能源应用技术的改进和更替，新能源的开发利用极大地推进了世界经济和人类社会的发展。

目前全球能源消费现状为：

1. 一次能源消费量不断增加

随着全球经济规模的不断增大，全球能源消费量持续增长。根据统计，1973年全球一次能源消费量仅为57.3亿t油当量，而2007年已达到111.0亿t油当量。在30多年内能源消费总量翻了一番，年均增长率为1.8%左右。

2. 发展中国家能源消费增长快于发达国家

过去30多年来，北美、中南美洲、欧洲、中东、非洲及亚太地区六大地区的能源消费总量均有所增加，但是经济、科技与社会比较发达的北美洲和欧洲两大地区的增长速度非常缓慢，其消费量占全球总消费量的比例也逐年下降，北美由1973年的35.1%下降到2007年的25.6%，欧洲地区则由1973年的42.8%下降到2003年的26.9%。其主要原因，一是发达国家的经济发展已进入到后工业化阶段，经济向低能耗、高产出的产业结构发展，高能耗的制造业逐步转向发展中国家；二是发达国家高度重视节能与提高能源使用效率。

3. 全球能源消费结构地区差异大

自19世纪70年代的产业革命以来，化石燃料的消费量急剧增长。初期主要是以煤炭为主，进入20世纪以后，特别是第二次世界大战以来，石油和天然气的生产与消费持续上升，石油于20世纪60年代首次超过煤炭，跃居一次能源的主导地位。虽然20世纪70年代全球经历了两次石油危机，但全球石油消费量却没有丝毫减少的趋势。此后，石油、煤炭所占比例缓慢下降，天然气的比例上升。同时，核能、风能、水力、地热等其他形式的新能源逐渐被开发和利用，形成了目前以化石燃料为主和可再生能源、新能源并存的能源结构格局。2007年，在全球一次能源消费总量中石油占35.6%、煤炭占28.6%、天然气占25.6%。非化石能源和可再生能源虽然增长很快，但仍保持较低的比例，只占12.0%。

国际能源署(International Energy Agency，IEA)发布的《全球能源展望》(World Energy Outlook)预测，未来全球能源发展趋势为：石油在市场份额中将会继续下降，而天然气所占份额将稳步上升。煤炭在近期的能源市场占有额将会增大，尤其是在快速工业化的中国和印度。在1990～2010年期间，化石燃料占到总能源增长中的83%，在今后20年内，化石燃料可望占到增长的64%。可再生能源(除水力外)和生物燃料之和，将占2030年能源增长的18%。

1.1.2 建筑能耗基本情况

建筑能耗在社会总能耗中占有很大的比例，如图1-1所示。在居住和公共生活领域，主要的能源消耗来自建筑，这既包括用于室内环境调节的能耗，也包括维持建筑基本功能运转的设备和系统的能耗，如图1-2所示。

根据国际能源署(IEA)2004～2005年能源消费统计报告，全球总能耗约为7209mtoe(百万吨石油当量)，其中全球居住建筑和公共建筑能耗分别为1951mtoe和638mtoe，约占全球总能耗的36%，建筑能耗在全球总能耗中占有的比重最大。

在全球绝大多数国家，建筑用电的形式则更为严峻。很多以前没有开展建筑节能工作的国家，现在也逐渐开始重视建筑节能。在美国、日本等发达国家以及一些较发达国家，为了追求更加舒适的室内工作环境，商业建筑的电力峰值负荷增速惊人；同时，在发展中国家，由于人们生活水平的不断提高，对室内环境要求也越来越高，建筑能耗也在不断增长。

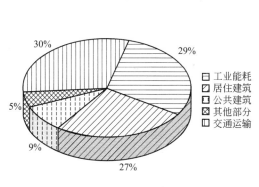

图1-1 全球社会总能耗构成图

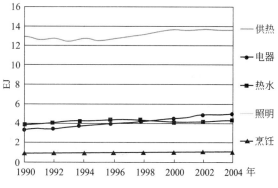

图1-2 发达国家居住建筑能耗构成图

新建建筑的能耗对建筑总能耗的影响很大，新建建筑的节能设计要求和水平决定了建筑未来较长时间内的能耗水平。

在建筑的设计阶段提高其节能性能要比建筑建成以后再对建筑进行节能改造要简单得多。一些节能措施如果在建筑设计阶段进行考虑，在施工期间实施，经济效益会很高；但是建筑建成后，一些建筑节能措施只能通过对建筑进行大规模的改造才能实现，所以此时再去考虑节能则代价将会非常大。

提高建筑规范或者是与建筑节能相关的标准里对新建建筑的节能要求是促进建筑节

能最重要的一项措施，这在建筑业高速发展的时期和城市建设快速发展的国家尤其明显。

由于建筑物的寿命相对较长，在建筑使用期间对建筑进行大规模维护很有必要。一方面建筑的主体结构和建筑内安装的设备将会退化，必须更换；另一方面是在现代社会，人们的生活方式和对舒适性的要求是不断变化提高的。对建筑进行小规模的翻新和改造，也可能出现得更加频繁，这种建筑改造活动为建筑节能事业发展提供了契机。在某些情况下，如需要对建筑的主要结构形式进行改造或者主要设备需要更换时，实施节能措施，需要付出的代价比较小，例如，可以节约建设费用，如脚手架费用等。

1.1.3　建筑节能效益

实施新建建筑节能措施可以在建筑生命周期内带来良好的经济效益。建筑业主往往会通过较低的能耗支出在短时间内收回节能投资，这种节能的"回收期"可以短至几年。从国家宏观政策角度来看，这些节能措施也是非常必要的，提高新建建筑节能性能利国利民。

在许多发展中国家，如中国和印度，新建建筑数量巨大，做好新建建筑的节能工作在社会发展方面产生的影响要比在发达国家产生的影响大得多，效果快得多。

1.2　建筑节能标准发展

以建筑节能标准的形式对建筑的节能性能进行规定，可以确保在建筑设计阶段节能性能的实现。根据不同国家或地方的标准体系，新建建筑的节能要求既可以在相关法律法规里体现，也可以在新建建筑的一般规范或标准里体现，还可以在单独的节能标准里体现。

本章不区分"相关法律条文"、"建筑规范"、"建筑节能标准"里对建筑节能性能的要求。一般情况下术语"建筑规范"或"节能标准"既包括建筑规范里的节能要求，也包括具体标准或其他规定里对建筑物相关节能性能的要求，除非另有说明。

1.2.1　建筑节能标准历史

最早有关建筑建造的规定出现在美索不达米亚的汉谟拉比法典（Hammurabi's law from Mesopotamia），此法典颁布于公元前 1790 年左右。该法典的 282 条条文，规定了关于社会的方方面面，其中有六条关于房屋建设和施工者的权利责任。

许多国家或城市制定新建建筑建造标准已经有很长时间的历史了，这通常是源于城市灾难，比如火灾、传染病或者自然灾害，如地震。制定相关建筑规范是将这样的灾难造成的影响最小化。与这些建筑建造标准相比起来，建筑节能标准在许多国家都还是新鲜事物。

早期出现与建筑节能相关的规定源于建筑不合格的保温层造成建筑内部潮湿和渗风严重，导致人的健康出现问题。在 1973～1974 年石油危机出现之前，对建筑节能的规定都集中于高纬度寒冷地区，这些地区恶劣的气候条件影响了公众的健康，在这些区域使用热工性能好的建筑材料首次出现在二战时期，当时的一些国家规定建造空心墙，利用空心墙的空气层进行保温，或者建造双层木地板进行保温。

第一次从真正意义上对传热系数（U-values），热阻值（R-values），特定保温材料和双层玻璃等进行规定需要追溯至 20 世纪 50 年代晚期的北欧国家（Scandinavian countries）。由于人们生活水平相对提高，迫切希望改善居住条件，这些国家致力于建筑节能和改善室内舒适度。

第一次石油危机促进了很多国家（如美国、日本）的建筑节能工作发展。其中一些国家在 20 世纪 70 年代已经实行了强制节能措施，以减少能源消耗，从而降低对石油的依赖。在 20 世纪 80、90 年代，大多数发达国家已经逐步完善建筑节能标准，或者修订提高了原有的技术标准和导则。

现在，几乎所有发达国家都在其建筑节能标准里规定了建筑节能相关限值，但是不同的国家、地区和城市在标准规定的内容侧重点上又有较大的区别。发展中国家，尤其是快速发展中国家，如中国和印度，都致力于提高室内舒适度和降低急剧增长的建筑暖通空调系统能耗。

1.2.2　国际标准

除在国家层面上制定节能标准外，国际上类似的节能标准编制活动也非常多。欧共体（European Economic Community，EEC）分别于 1975 年、1980 年和 1987 年委托其成员国开展有关建筑围护结构保温性能的研究。1994 年，美国暖通空调制冷工程师学会（American Society of Heating，Refrigeration，and Air-Conditioning Engineers，ASHRAE）提议国际标准化组织（ISO）针对更广范围内的用能成立专门技术委员会，并在 2007 年设置了 ISO 技术机构 TOC20，其"建筑环境设计"（Building Environment Design）目前已经开展了 8 个不同的项目，4 个直接与建筑节能性能有关。

欧洲议会和欧盟理事会（European Parliament and Council）2002 年 12 月批准的《建筑能效指令》（Energy Performance of Buildings Directive，EPBD）对欧洲各国建筑节能工作和建筑节能标准产生了重要的影响。该法案对成员国提出如下要求：

（1）开发建筑整体性能和暖通空调系统（包括供热、制冷、通风、照明）性能的计算方法。

（2）为新建建筑设置最低能效要求。

（3）制定既有建筑的节能要求。

（4）开展建筑能效标识。

（5）定期开展供热及空调系统的调试工作。

尽管欧洲能源工作网（European Energy Network）近期的一份报告表明 EPBD 2002 的节能要求未完全兑现，但是 EPBD 2002 不管在建筑节能标准本身，还是在包括政策和市场等相关方面都表明了一种明显的立场，对建筑节能未来的长期工作作出了指引。

1.2.3　国家或地区级标准

一般国家都会颁布国家级建筑节能标准。在气候地区差异大的国家，建筑节能标准中常常会同时给出与当地气候条件相适应的调整值，这些也被称为"国家建筑节能标准"。

有些国家，地方政府会出台一些更高的和更适宜地方推行的建筑节能标准，这尤其适用于一些大国或联邦政府。在这种情况下，往往是政府先建立适用于全国的建筑节能标准，地方政府通过细微修订国家节能标准以适应当地具体条件，或者基于国家标准修订颁布与当地标准体系相适应的地方标准。

还有一些国家将制定建筑节能标准的权力下放给地区政府。在这种情况下，市议会，地方政府就会自主制定强制性标准，但这种独立的管理机制现在已经很少了，特别是在非常重视建筑节能的发达国家。

1.2.4　建筑节能标准现状

全球大范围的出台建筑节能政策和标准始于 20 世纪 70 年代的石油危机。在此之前，仅少数国家制订了考虑到能源使用的建筑标准。这些最初的建筑标准相对简单，仅规定了建筑围护结构保温隔热要求，与现在多数国家的多参数节能标准有很大不同。过去三十年，随着计算方法、计算机建模和建筑能源系统等相关研究的发展完善，许多国家逐步修订了最初的节能标准。

建筑节能标准的发展是一个复杂的决策过程，需要协调各个参与群体，包括政府、研究机构、事业单位、工业组织和协会组织。一本标准出台以后，就会直接影响建筑技术发展和建筑工程质量。一般新建建筑节能标准都能使建筑在较长的寿命周期内处于相对节能的状态。节能标准的制定及应用也可以提高人们的建筑节能意识，在欧洲一些国家，已经开始逐渐推行既有建筑节能改造工程，节能产品也可以更好地流通。

根据 IEA 统计的 80 个国家的情况，截至 2007 年，已经有 59 个国家制订了"强制性"（如中国）或"强制性＋自愿性"（如美国，联邦制定的标准在一些州通过州法规强制执行，一些州自愿执行）标准，12 个国家计划制定标准，9 个国家还没有制定标准。图 1-3、图 1-4 所示为这 80 个国家标准制定的现状。全球建筑节能标准总数量的变化有多种原因，包括：区域政治的变革、国际协议、国际援助、发展需求、能源安全以及气候变化等。如 1993 年捷克斯洛伐克分裂成了捷克共和国和斯洛伐克共和国，南斯拉夫也在 1991～2006 年分裂成了六个不同的国家，1997 年香港由原英国管辖回归中国，这些都对全球建筑节能标准数量造成影响。

■强制性标准　■强制性+自愿性　□推荐性标准　▨无标准

图 1-3　非居住建筑节能标准各国编制状况

强制性标准　强制性+自愿性　推荐性标准　无标准

图 1-4　居住建筑节能标准各国编制状况

许多国家虽然没有建筑节能标准，但是有建筑设备或家电的能效标准或标识制度。"家用电器标准及标识合作计划"（Collaborative Labeling and Appliance Standards Program，CLASP）已经在超过 27 个国家开展，这些国家和地区包括：阿根廷、澳大利亚、巴林、伯利兹、巴西、智利、哥伦比亚、哥斯达黎加、多米尼加、厄瓜多尔、埃及、萨尔瓦多、加纳、危地马拉、洪都拉斯、印度、墨西哥、尼泊尔、尼加拉瓜、巴拿马、波兰、南非、斯里兰卡、泰国、突尼斯和乌拉圭。对于没有建筑节能标准的国家来说，家电标准及标识可以在一定程度上防止终端能源的过度浪费。

1.2.5　节能性能规定

建筑规范对节能的要求常常是写在一个独立的章节里，如果从业人员对建筑规范里的一般要求比较熟悉，就可以通过综合考虑各种条件，采取最有效的节能措施。也有国家通过独立的标准对建筑节能性能进行要求，这样可以有效避免其他相关建筑标准规范约束。建筑规范里对节能性能的要求通常很简单，具体的标准涵盖的内容比较广泛。

一些国家将标准和规范混淆起来，统称为标准。比如，德国的一般建筑标准指的是DIN标准。在另外的一些国家，伴随着一般建筑标准的还有些特定的导则，这些导则描述了计算的方法和可能实施的措施。国际标准，欧洲标准化委员会（The European Committee for Standardization，CEN）标准或者国际标准化组织（ISO）标准都具有很强的法律意义。

◆　能效限值标准的影响

大多数发达国家通过在建筑规范，或者独立的建筑节能标准里，对建筑围护结构和建筑内安装的设备能效的最小值进行规定，来降低建筑能耗。

1961 年丹麦颁布的《建筑条例》首次系统地规定了对建筑节能的具体要求。此后，《建筑条例》几经修订，丹麦建筑节能水平也大幅度提高。图 1-5 所示为建筑节能标准提高和实际建筑能耗的降低的对应情况。

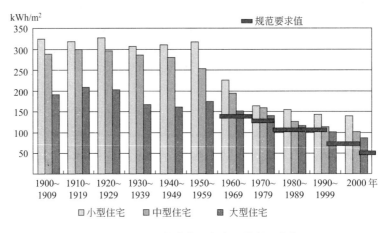

图 1-5　丹麦居住建筑历年实际能耗量指标

1.3　建筑节能标准主要内容

提高新建建筑的节能要求可以有效地降低建筑能耗。建筑节能一般都会规定建筑围护结构、暖通空调系统以及其他的用能设备的性能指标。

最初，建筑节能标准只对建筑围护结构进行要求，目前，几乎所有的新建建筑节能标准里都将围护结构性能和建筑能源系统和设备的效率作为主要内容进行规定。通常来说，建筑节能标准包括建筑围护结构、暖通空调系统、可再生能源、设备、建筑分区、建筑集成设计等主要内容。

1.3.1　围护结构

建筑围护结构指的是围绕着建筑供暖和制冷区域的建筑结构，包括建筑外墙、楼板和地面、屋顶、窗户和门。如果地下室需要供暖，地下室的墙壁和地面也属于建筑围护结构；如果地下室不供暖，则地下室和第一层建筑之间的楼板需要被纳入围护结构范畴。建筑围护结构也包括可以造成热量散失的建筑基础和热桥部位（Thermal Bridges）。

建筑围护结构的热工性能要求一般是通过热阻（R 值）和传热系数（U 值）两个参数来表达。在寒冷地区，低传热系数或者高热阻的围护结构可以有效地抑制热量的散失；在炎热地区，可以抑制热量进入房间。传热系数单位通常用 W/(m² · K)或者 Btu/(ft² · F)表示。

1. 窗户

窗户、门和建筑其他带有透明结构的围护结构需要特别注意。这些结构除了具有隔热的功能外，还具有提供光照和太阳辐射热的功能。在寒冷地区，得到更多的太阳辐射热可以减少建筑对供暖的需求，但是在炎热地区，由于供冷，太阳辐射得热需要得到控制。窗户的朝向和窗户面积需要综合考虑建筑采光、供热和供冷负荷等各种因素。

对于透明围护结构来说还有一些参数，用以衡量进入房间的日光量。在美国和加拿大的标准里对窗户的节能规定是相当复杂的，包括太阳得热系数（solar heat gain coefficients，SHGC）、可见光穿透率（visible light transmission，VLT）和窗户遮阳系数（shading constants，SC)。

提高窗户节能性能的措施通常有：增加窗户的玻璃层数，如双层玻璃或者三层玻璃窗，增加玻璃涂层，或者在玻璃的层与层之间充装惰性气体或者做成真空，以减少通过窗户的热量传递，此外改善窗框和窗棂的热工性能也能提高窗户的节能性能。

2. 遮阳

遮阳板、遮阳百叶和反射遮阳帘都可以从很大程度上减少窗户等玻璃围护结构的太阳得热。遮阳的节能效果通常需要使用复杂的三维计算模型来分析，这些模型需要很多建筑物基本信息，还需要考虑实际地点天空太阳的运动。一些国家已经开发出了一些简化的计算方法，可以直接对简单建筑的遮阳性能进行计算。

3. 空气渗透

通过建筑围护结构四周的渗风会影响室内的气流组织，也会导致室内的热量流失，增加房间所需要的供热和供冷量。

空气的自然渗透可以为室内提供一定量的通风，然而，无组织通风会产生很大的冷热负荷，而且通风时间和通风量都不容易控制。在建筑规范里，气密性通常是单独考虑的，可以通过"门洞鼓风"实验进行测试，随着建筑节能要求越来越高，空气渗透对建筑造成的热损失比重也在逐渐增加。

1.3.2　暖通空调系统

暖通空调系统通过供暖、通风和空气调节为室内创造舒适的热环境，暖通空调系统节能性能的提高可以节约大量的能源。

1. 通风系统

保温性能良好，气密性良好的建筑常常需要机械通风，以排除室内污浊空气。自然通风和机械通风都可以循环空气。通风也可以借助空气调节设备实现。目前，有许多提高通风系统节能性能的技术，包括余热回收技术等。

需要特别注意的是，通风系统的能耗，既包括其本身风机的能耗，也包括其预热能耗，还需要考虑空气热交换带来的热损失。通风系统需要确保其通风效率，以满足换气的需要。

2. 供暖系统

建筑供热系统形式多样。集中供暖系统是一个复杂的系统，其热源既可以是建筑内的锅炉设备，也可以是外部区域供暖热源，还可以是热电厂。建筑也可以从分散的供热系统中得到所需要的热量，如电加热系统，热泵系统或者壁炉。供暖系统也可以集成在通风和空气调节系统里面。

集中供暖系统包括建筑内的热分配系统，包括水管、风管、蓄热水池、水泵、风机、换热器等，系统的总体节能性能取决于构成系统的所有设备的节能性能。一个系统中，即使锅炉的节能性能很高，但与之连接的其他设备节能性能很低，那么整个系统的节能性能也会很低。在单独的供暖系统里，系统的节能性能往往只取决于热源的节能性能。建筑规范一般会同时强调系统整体节能性能和系统组成部分的节能性能。

3. 供冷系统

为了在室外温度较高时保持室内舒适健康的环境，需要向室内供冷。供冷系统可以是集中式供冷系统，也可以是分散到各个房间的分散式供冷系统，比如分体式空调系统。对于集中式供冷系统，其系统本身的规模和控制系统及风管系统决定了系统的总节能性能。对于分体式空调，制冷设备的节能性能和自动控制系统决定了其总体的节能性能。由于空气渗透会显著地降低机械供冷系统的效率，气密性对于建筑供冷尤其重要。

4. 空气调节系统

空气调节系统往往兼有通风、供冷和供热能力。空气调节系统会在室外寒冷的时候向室内供暖，在室外炎热的时候向室内供冷，在建筑只需要通风的时候提供室外新风。

5. 除湿

在潮湿气候区和建筑室内湿度很大的地方，室内需要除湿。除湿设备通常可以集成在空气调节系统里。潮湿气候区的建筑规范应该考虑到湿度控制所需能耗。

6. 热水供应

许多建筑业主需要热水供应以满足卫生、准备食物、清洁和商业上的需要。集中供热系统可以提供这部分热水，也可以利用一个独立的系统，如使用电热水设备、燃油燃气锅炉、太阳能热水设备、热泵设备或者区域供热设备提供这部分热水。

7. 风管和水管

由于风管系统和水管系统在很大程度上决定了供热和供冷系统的效率，所以应该合理设计其规模大小、组装形式、保温形式和排布形式。

8. 自动控制系统

自动控制系统可以在很大程度上影响建筑能源系统的节能性能。供暖、供冷、通风和照明系统可以采用针对设备的单独控制系统，也可以采用针对系统的中央控制系统。单独控制可能会导致系统间的冲突，比如供暖和供冷系统。集中控制的协调能力较强，良好高效的控制系统可以确保暖通空调系统使用的最优化。

1.3.3　可再生能源

建筑对可再生能源的使用可以是主动的也可以是被动的。被动使用可再生能源可以减少建筑供热或供冷，如被动式住宅；主动使用是指将不能直接使用的能源进行转化后使用，比如将太阳能或者风能转化为电能或者热能，再供给暖通空调系统使用。

随着建筑用能的减少，可再生能源在建筑用能中的比例增大。建筑对可再生能源的要求既可以在可再生能源相关的章节里说明，例如：利用太阳能产生生活热水（在西班牙相关规范里），也可以将其纳入到总的建筑能耗要求里，即制定建筑能耗限额。

1. 被动太阳能（Passive Solar）

使用被动太阳能供暖的建筑，窗户的朝向和面积都需要仔细计算设计，使其能够充分获取太阳辐射光和热。在寒冷地区，当建筑保温性能良好时，仅被动太阳能供暖就可以满足建筑大部分的供暖需求。

由于建筑物在一年、一天中暴露在阳光下的部位是逐渐变化的，建筑建造时需要考虑蓄能，并使一定时间内被动太阳能建筑的能量收支平衡。建筑如果获得了太多的热量，可能就会需要供冷，以抵消多余的热量。被动太阳能供暖建筑需要一个很好的计算模型，以平衡不同区域的供热需求，使整个建筑内的温度趋于稳定。

2. 被动供冷和通风(Passive cooling and ventilation)

在被动供冷系统中，可以使用自然冷源(如水和低温土壤)为建筑供冷。被动供冷也可以利用夜晚室外温度较低的情况，通过通风使室内空气降温来实现对建筑供冷。

自然通风常常应用在小型的居住建筑里，这些建筑在建设时都不设计机械通风系统，或者对机械通风的使用很有限。在较大一点的建筑，尤其是在公共建筑里，对自然通风的应用，需要在设计阶段仔细考虑。

当在大型建筑里使用自然通风时，空气会在温差的推动力下流动，从而实现换气。通过在建筑设计阶段的规划，对建筑的外形进行调整，或者进行特别的设计，如对窗户进行特殊设计等，可以很好地实现自然通风。

被动供冷和通风可以明显地减少建筑能耗，但是要在新建筑标准规范里引入被动式技术，通常比较困难。

3. 主动可再生能源系统(Active renewable energy systems)

在主动可再生能源利用系统里面，是将可再生能源转化成热量、冷量或者电能，为不能直接使用可再生能源的暖通空调系统供能，系统可以直接集成在建筑里，或者在建筑表面。

太阳能热水器是一种最常见的可再生能源利用方式，水被太阳能加热并储存起来，直到被使用，同样的系统形式可以用来为建筑供暖，但通常需要增加蓄能装置的容量。

太阳能光伏技术是另外一种在建筑里使用太阳能的例子，将太阳能转化为电能，并为建筑供电；另外还可以利用太阳热能制冷，这些系统常常需要的储能设备容量较小，因为这些系统在建筑最需要供冷的时候产生冷量，即当时产生的电能当时就可以使用。

其他利用可再生能源的方式包括：各种热泵系统，如地源热泵系统；风车与小建筑集成系统；使用生物质能或者建筑废弃物的能源系统。

1.3.4　建筑设备

除了暖通空调系统以外，建筑内安装的设备从两个方面影响建筑的能耗：一是其本身的效率，二是其产生的废热可能导致冷负荷的增加和热负荷的减少。考虑到安装的设备与建筑的关系，一些设备的效率需要在建筑规范里进行规定，在建筑冷热负荷计算时也需要考虑进去。

1. 照明

建筑的设计决定了建筑内所需的照明。在白天的时候，建筑对照明的需要，取决于建筑的窗户大小、分布和建筑位置。通过使用合适的自动控制系统，比如让不同朝向窗户的透光情况、房间的使用情况等来决定房间的照明情况，可以减少室内的照明需求。室内的照明系统会产生废热，不同照明设备产生量也不一样，这可以在供暖季减少室内的热负荷，但却在供冷季增加了室内的冷负荷。

2. 电器用具

许多电气设备，像大型家用电器，如电视机和电脑都会向建筑内排放大量废热，这将会影响建筑的冷热负荷。详细地说，在需要供冷的建筑里，不节能的大型设备可以造成成倍的能量浪费，首先是其自身比较耗能，其次是其供冷系统或者通风系统增加了大量的冷负荷。

全球范围内有很多专门提高电器效率的项目，如北美的能源之星(Energy Star)标准和联邦能源管理计划(Federal Energy Management Program，FEMP)标准、欧盟的电器标签计划(appliance labeling schemes)、日本的领跑者项目(Top Runner)，都可以促进建筑电器节能水平的提高。

在格伦伊格尔斯行动计划(the Gleneagles Plan of Action)和国际能源署(IEA)的出版物里，如《省电在行动》(Saving Electricity in a Hurry)和《清凉的电器》(Cool Appliances)等，都有专门对节能电器的研究内容。

1.3.5　建筑分区

建筑分区就是将一座建筑分成若干个区域，每个区域都有自己独特的室内空气品质要求，如果各个分区的温度不一样，分区之间可能就会出现热传递。在被动太阳房、低能耗建筑、复合式多功能建筑里尤其需要注意分区，以确保室内不同的地方都能满足各自的室内气候条件。

1.3.6　集成设计

集成设计是用来描述利用所有可能的节能措施，对建筑进行节能设计的这一过程的术语。在这个过程中可以采取各种方案减少建筑能耗，比如对建筑进行保温、在建筑内使用不同类型的暖通空调系统、使用可再生能源和其他的自然资源，这些都是集成设计的一部分。集成设计比传统设计在早期的规划阶段更强调节能规划，所以目前很难通过建筑标准和规范进行规定。

1.3.7　结论

影响建筑能耗的因素有很多，建筑节能标准往往只强调这些因素中最重要的因素：建筑围护结构和暖通空调系统，有些规范也包括电气设备和可再生能源等内容。

建筑节能标准都是从对建筑围护结构进行规定开始，随着建筑围护结构性能的提高，建筑节能标准开始强调暖通空调系统的效率，最后，当建筑节能标准包含了所有的建筑围护结构和暖通空调系统以后，就会强调其他的安装设备和与可再生能源相关的内容。

1.4　建筑节能标准主要类型

建筑节能标准有各种不同的表达方式，许多国家都是从规定性方法开始，随着节能水平的提高和节能标准内容的增多，出现了允许对单个数值进行调整的权衡判断法。目前，随着计算机模拟计算等软件工具的广泛应用，参照建筑法、能耗限额法和整体能效法也在逐渐普及。

最基本的有以下几种：

- 规定性方法(Prescriptive)：这种方法独立规定了建筑不同部位必须达到特定的性能规定，不同安装设备的最低效率。
- 权衡判断法(Trade-off)：对建筑的各个部分都有规定值，但是可以对这些规定的遵守情况进行权衡判断。

- 参照建筑法(Model building)：参照建筑里的参数选择服从权衡规定，通过一套计算方案来判断实际建筑是否和参照建筑一样满足节能要求。
- 能耗限额法(Energy frame)：用一个整体的数值规定建筑的最大能耗标准。建筑能耗的计算结果必须服从最大能耗标准。
- 整体能效法(Energy Performance)：以建筑总体的能源消耗或者矿物燃料消耗或者建筑温室气体的排放量来衡量建筑的节能水平。
- 复合规定法(Mixed Models)：以上几种方法的综合使用。

1. 规定性方法

在规定性方法里，对建筑围护结构各个部分都做了最低性能规定，主要指窗户、屋顶和墙壁的传热系数(U-value)。强制性规定还可以包括设备的能效标准、建筑朝向、太阳能的获取以及窗户的数量和尺寸等。对于建筑设计来说，强制性规定中所有规定的部分都是必须遵守的。

简单版本的强制性建筑标准一般只规定建筑基本的5～10个部位的热工性能标准值。要求更复杂的建筑标准里，对建筑所有的围护结构部分和安装的所有设备，包括供暖设备、供冷设备、水泵、风机和照明设备等都进行能效要求。在一些地区，这些规定值甚至可以细化到依据设备容量的大小、窗户的尺寸及单位建筑面积的窗户面积或窗墙比的不同进行修正。

规定性方法实施起来比较容易，通过使用一定的施工方法可以使建筑围护结构传热系数达到要求，通过对设备进行能效标识，也能使设备达到相应的能效要求。

2. 权衡判断法

权衡判断法与强制性标准类似，为单独的建筑和部分建筑安装设备设定最低性能限值，同时，在判断建筑是否满足标准时，可以对建筑的一些部位和其安装的设备的效率进行权衡判断，即使建筑的有些部分性能没达到标准，但另一些部分的性能比标准要求更高，权衡判断的结果也可以是符合标准的。

权衡判断法可以使用于不同传热系数的围护结构之间，也可以使用于围护结构与建筑安装的设备之间。权衡判断的方式比强制性的方式更自由和灵活，通常可以直接手算或者使用简单的电子表格进行计算。

3. 参照建筑法

参照建筑法也是为建筑的不同部位和建筑内安装的设备设定标准值。首先遵守既定的计算方法，利用所有标准规定的参数对设计建筑的能耗进行计算，然后使用实际建筑的设计用参数，采用同样的方法对实际建筑的能耗进行计算，将计算的结果与参考建筑的计算结果相比较，实际建筑性能需要优于或者等同于参照建筑，即设计建筑的能耗应低于参照建筑的能耗。

计算模型通常包括供热、通风、供冷、照明系统的所有组成部分，还可以包括建筑内的设备等。计算过程中也可以包含可再生能源的使用，如当使用太阳能集热器来减少建筑供热所需的能耗时，则可以通过权衡判断来降低建筑围护结构的保温性能要求。

参照建筑法在建筑的设计上比规定性方法更加灵活，通过提高建筑的部分节能性能或者安装性价比比较高的设备可以有效地避免建筑总体的初投资过高。

4. 能耗限额法

能耗限额法是通过提供一些简单的参数指标，如传热系数、温度、太阳得热等，计算出为满足室内环境要求，通过建筑围护结构热损失的过程，通常以单位平方米的能耗值来衡量。计算出的能耗必须小于规定能耗的最大值。这种方法不规定建筑某个部分的能耗指标，只规定建筑整体的能耗指标。

这种方法允许建筑设计时，有更多的自由度，例如，通过提高建筑保温水平，窗户的面积可以不受限制，只要建筑的总体能耗水平达标，则认为其满足节能标准。

5. 整体能效法

这种方法通常是用建筑总的一次能源消耗或者建筑对环境的影响，比如 CO_2 排放量，来设定建筑的能耗标准。设计人员需要使用高配置计算机建立包含建筑所有围护结构特性和所有建筑内安装的设备的模型，并进行模拟计算。

在整体能效方法中，将各种不同的能源使用形式进行对比，比如可以将局部燃气供暖、燃油锅炉供暖和电能供暖进行对比，得出最优化的方案。这种比较也可以是基于能源价格，同时兼顾地区的能源实际状况。

整体能效法可以为建筑设计人员提供最佳的方案选择的空间，如果提高锅炉或者空调器的效率的性价比比提高建筑保温性能的性价比高，建设方就可以选择提高设备的效率，而不是去提升建筑保温性能。同样的道理，也可以用高效的可再生能源系统或者热回收系统替代昂贵的围护结构优化方案，这种方案可以很好地适应价格上的变化、技术上的革新和新产品的使用，但因为这种方法需要对详细的计算方法和计算软件进行统一要求，目前这种方法使用较少。

6. 复合规定法

复合规定法是指将上述方法混合使用，比如，对于建筑安装的设备采用能耗限额法和规定性方法相结合的方法进行规定。另外也可以将简单的规定性方法和整体能效法或能耗限额法进行复合使用。设计者可以使用一个便于计算的简单模型，也可以选择一个可以提供更多的选择和灵活性的复杂模型。通常情况下，使用复合规定法时，规定性方法规定的值在整个计算中占最重要的位置，这就保证了在强制性指标的规范下建造起来的建筑也是满足能耗定额法等其他方法要求。

总之，可以将不同类型的建筑节能标准划分为两个基本类型，一是基于建筑各个部位性能要求的，即"基于传热系数指标的建筑节能标准（U-value based building codes）"，另外就是基于整个建筑总体能耗的，即"基于建筑能耗的建筑节能标准（Performance based building codes）"。

规定性方法和权衡判断法是基于传热系数限值、设备能效限值或其他限值的方法，这些参数通过权衡判断很容易进行比较。参照建筑法、能耗定额法和整体能效法都是基于对建筑能耗进行计算的方法，需要计算模型和计算工具。不同的方法各有优点和不足，基于传热系数的规定性方法易于理解，可以很容易地建造出符合要求的建筑，不需要对其进行专门的计算和进行计算机模型分析，但规定性方法有可能会对建筑的有些部分和安装的有些设备要求过于严格，有可能导致成本过高；权衡判断法在一些节能措施的选择上更具有灵活性，同时也可以避免复杂的计算过程；整体能效法需要使用计算机建模分析，而且对一些基本原理需要有比较深入的理解。

1.5　发达国家围护结构传热系数限值比对

围护结构性能要求是节能标准最重要的组成部分，下文对发达国家建筑节能标准中对围护结构的性能要求进行简单比较，用于了解全球各国建筑节能标准发展水平。

1.5.1　比较方法

对建筑不同组成部分的传热系数值进行分别比较，包括顶棚、外墙、地面和窗户。在北美，通常以热阻值(R-values)的形式对顶棚、墙体和地面进行规定，以传热系数(U-values)的形式对窗户进行规定，后面的比较将所有的值都转化为传热系数，并且在国际单位制下进行比较。

在美国的标准里，窗户的传热系数限值随着窗户的尺寸不同而不同。面积大的窗户，规定的传热系数限值较小，这些取值也与窗户面积和室内面积的比值有关。在欧洲，有一些情况是只给定传热系数的最大限值，所以对于一般的实际建筑对应的参数需要低于规定值才能符合设计要求。

不同国家和地区的传热系数限值的规定与当地气候条件有关，气候条件用供暖度日数来衡量，有的国家使用 18℃ 条件下的供暖度日数，有的国家使用 65℉ 下的供暖度日数，这两个数值本身相差不大。

在以供暖为主要气候特点的地区考虑供冷，需要在 18℃ 供暖度日数的基础上加上 50% 的 18℃ 供冷度日数，以作为比较值，这样就得到了修正后的供暖度日数值，此值与国际气象数据库(National Weather Databases)里的值有一定的差别。所有修正的供暖度日数都是以 18℃ 的供暖度日数为基准的。

计算公式如下：

$$HDD^{❶}_{corr} = HDD_{18℃} + 0.5 \times CDD_{18℃}$$

不同国家和地区都可以通过对传热系数和气象数据的选择得到具有地区代表性的数据。在美国、日本和一些欧盟国家，不同的修正供暖度日数下对应的传热系数限值指标是不一样的。在这种情况下，在一个国家里挑选一些代表性的城市，以阐明这种不同。

1.5.2　对一些规定值的比对分析

一些国家和地区指标值是以规定性指标(传热系数)的形式给出，这意味着建筑围护结构传热系数的实际值往往要比节能规范里的给定值要低，即规范里的给定值只是"满足建筑最小需求的值"。

在另外一些国家和地区，可以对规定值进行权衡判断，但是这也只能从有限的程度上影响建筑的实际节能性能水平。北美国家标准的大多数值都是可以进行权衡判断的，在美国标准里，与窗户有关的标准值都与窗户面积和建筑面积的比值有关，所以，要提高窗户面积则需要提高建筑其他部分性能。窗户面积增大给房间带来的热损失增大，要确保建筑

---

❶　*HDD*：Heating Degree Days，供暖度日数。

整体节能性能的增加，则需要提高包括窗户在内的其他建筑组成部分的节能性能。

1. 顶棚性能比较

由图 1-6 可以看出，大部分发达国家对于顶棚传热系数的规定水平是不一样的。与其他地区相比，北美地区对顶棚的要求相对较高，也即北美地区顶棚的传热系数规定值要比欧洲、日本和澳大利亚地区低。一般说来，美国和加拿大的顶棚传热系数的限值低于 $0.2W/(m^2 \cdot ℃)$。

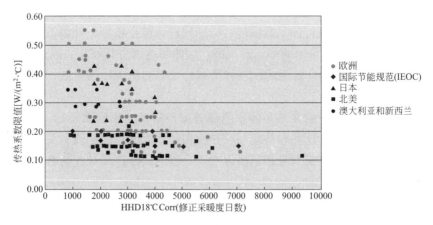

图 1-6　顶棚传热系数比对图

我国建筑节能标准中对顶棚传热系数的规定　　　　表 1-1

标准名称	屋面最小限值
《公共建筑节能设计标准》	$0.3W/(m^2 \cdot K)$
《严寒寒冷地区居住建筑节能设计标准》	$0.2W/(m^2 \cdot K)$
《夏热冬冷地区居住建筑节能设计标准》	$0.5W/(m^2 \cdot K)$
《夏热冬暖地区居住建筑节能设计标准》	$0.5W/(m^2 \cdot K)$

注：我国建筑节能标准中基本不提及"顶棚"一词，故将屋面最小限值列入上表，仅供参考。

2. 墙体性能比较

墙体主要包括木框架结构墙体、加固混凝土墙体和空心墙体。由图 1-7 可以看出，墙体传热系数的地区差异较大，这在欧洲尤其明显，北欧的一些数值与北美的对应数值更为

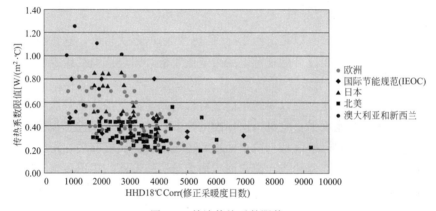

图 1-7　外墙传热系数限值

接近，南欧的数值常常比气候条件类似的北美地区的对应数值要高。日本的墙体，不论是对加固混凝土墙体还是木结构墙体，其传热系数限值一般较高。北美的许多城市一般对不同形式的墙体有很多的规定值。

我国建筑节能标准中对外墙传热系数的规定，见表 1-2。

我国建筑节能标准中对外墙传热系数的规定［取标准中的最小值，单位 W/(m²·K)］ 表 1-2

标准名称	严寒 A 区	严寒 B 区	寒冷地区	夏热冬冷	夏热冬暖
《公共建筑节能设计标准》	0.4	0.45	0.5	1	1.5
《严寒寒冷地区居住建筑节能设计标准》	严寒 A 区	严寒 B 区	严寒 C 区	寒冷 A 区	寒冷 B 区
	0.25	0.3	0.35	0.45	0.45
《夏热冬冷地区居住建筑节能设计标准》	0.8(体形系数＞0.4，热惰性指标≤2.5)				
《夏热冬暖地区居住建筑节能设计标准》	0.7(热惰性指标＜2.5)				

我国《公共建筑节能设计标准》中墙体的传热系数限值都依据建筑体形系数进行分类。体形系数越大，墙体的传热系数要求越严格。《严寒寒冷地区居住建筑节能设计标准》则是按照楼高进行分类，楼越低对建筑的外墙传热系数要求越严格。以上数据只选取不同气候分区的最小限值及要求最严格的指标。

3. 地面性能比较

图 1-8 所示为不同地区地面(包括混凝土地面、与不供暖地下室相连的地面、建筑直接暴露在外面环境里的地面)的传热系数随修正供暖度日数的变化情况。

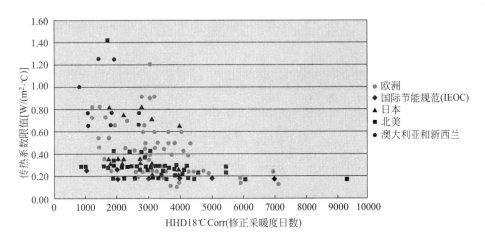

图 1-8　地面传热系数限值

北美供暖地区的地面传热系数要求一般比欧洲类似气候区的地面传热系数高，这在将南欧地区和美国类似气候区对应值相比时就更加明显。然而，在一些北欧国家地面传热系数规定的却比美国和加拿大类似气候区更加严格。日本的规定值与欧洲的规定值颇为类似。

我国建筑节能标准中对地面热阻值的规定，见表 1-3。

我国建筑节能标准中对地面热阻值的规定［取标准中的最大值，单位(m² · K)/W］ 表 1-3

标准名称	严寒 A 区	严寒 B 区	寒冷地区	夏热冬冷	夏热冬暖
《公共建筑节能设计标准》	2.0	2.0	1.8	1.2	1.0
《严寒寒冷地区居住建筑节能设计标准》	严寒 A 区	严寒 B 区	严寒 C 区	寒冷 A 区	寒冷 B 区
	1.67	1.39	1.11	0.83	0.83

我国对地面的传热系数有规定的以上两本标准，都是将地面划分为周边区域和非周边区域，分别给出传热系数限值。

4. 窗户性能比较

在气候条件相似的地区，窗户的传热系数规定值变化范围很大，最低值和最高值之间可以相差 3W/(m² · K)。欧洲地区对窗户传热系数的要求比美国和加拿大地区更严格(如图 1-9 所示)，北美有些城市只对特定的窗户类型，比如双层玻璃窗或者节能型玻璃窗进行了规定，有些地区甚至没有对窗户传热系数的规定。北美国家对窗户传热系数的规定也是多种多样的，某些城市已经实施的标准值比联邦建筑条例的规定值更加严格，总体上窗户面积越大，对性能的要求就越高。

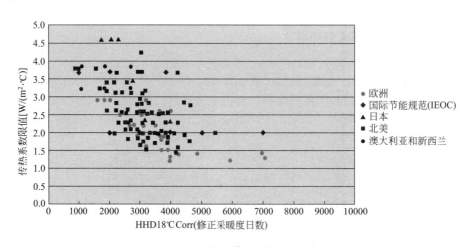

图 1-9　窗户传热系数比较

我国建筑节能标准中对窗户传热系数的规定，见表 1-4。

我国建筑节能标准中对窗户传热系数的规定［取标准中的最小值，单位 W/(m² · K)］ 表 1-4

标准名称	严寒 A 区	严寒 B 区	寒冷地区	夏热冬冷	夏热冬暖
《公共建筑节能设计标准》	1.5	1.6	1.8	2.5	3.0
《严寒寒冷地区居住建筑节能设计标准》	严寒 A 区	严寒 B 区	严寒 C 区	寒冷 A 区	寒冷 B 区
	1.5	1.5	1.5	1.8	1.8
《夏热冬冷地区居住建筑节能设计标准》	2.3(体形系数＞0.4，窗墙面积比在 0.45～0.6 之间)				
《夏热冬暖地区居住建筑节能设计标准》	2.0(最小限值)，6.5(最大限值)				

我国所有建筑节能标准里窗户的传热系数都是与窗墙比相关，窗墙比越大，传热系数的限值越小。对夏热冬暖地区居住建筑窗户传热系数需要特别说明：标准对窗户的传热系

数规定得非常详细，在不同的窗墙面积比，不同的外墙传热系数和热惰性指标下，以及不同的外窗综合遮阳系数下都有对应值，规定的方法与前三本标准差异很大，不适合统一进行比较，故只选取本气候区的最小指标与最大值，以作参考。

5. 所有规定值的综合比较

通过比较建筑的各个不同的组成部分的规定性指标值可以看出，在大部分发达国家不同地区规定值的差别很大。为了评价建筑围护结构的所有强制性指标值的综合值，定义一个新的指标，同时考虑到顶棚、墙体、地面和窗户的传热系数。这里采用的方法是将所有围护结构的传热系数进行简单的叠加，并对窗户的传热系数进行修正。在该综合性指标中，窗户的传热系数只占到 20％的比重，因为对于小型居住建筑，一般情况下窗户面积小于建筑地面面积、顶棚面积和墙体面积总和的 20％；也因为窗户的传热系数相比之下数值较大，需要进行修正：

$$U_{总和}＝U_{顶棚}＋U_{墙体}＋U_{地面}＋0.2×U_{窗户}$$

图 1-10 给出了包含所有围护结构传热系数的建筑综合传热系数限值随修正供暖度日数的变化情况。对于同一参数有许多不同的规定值的情况，比较的时候取最大值和最小值的平均值，每一个城市和地区取具有代表性的一个值参加比较。

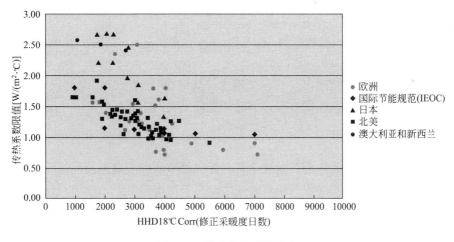

图 1-10　综合传热系数限值

综合传热系数指标最严格的是北欧国家瑞典，接近 0.7W/(m² · K)，其次是丹麦，对于改建和扩建建筑接近 0.77W/(m² · K)，再后面就是挪威，接近 0.84W/(m² · K)，还有芬兰，接近 0.94W/(m² · K)，加拿大安大略湖（Ontario）最冷地区的建筑综合传热系数限值在 0.93W/(m² · K)，该地区的 18℃条件下的供暖度日数超过 5000(℃ · d)。

瑞典的建筑条例对建筑节能性能要求采用整体能效法，建筑不同部分的传热系数指标是为了支撑总节能性能指标，因此，实际上建筑在建造时其传热系数通常比规范规定值低，这样才能保证整栋建筑的节能性能符合标准规定。

中欧地区和北美地区建筑条例的主要强制性指标值水平接近。对于被动太阳房，综合传热系数的指标值更低，接近 0.5W/(m² · K)。被动太阳房由于对围护结构的要求更高，可以实现传热损失比普通新建建筑低一半以上，一些国家的热损失减少量甚至可以达到75％～80％。

1.5.3　结论

当基于供暖度日数对建筑节能标准里的围护结构要求进行比较时可看出，对围护结构传热系数要求最高的是北欧国家和加拿大安大略湖地区，瑞典对传热系数的要求最高，其次是丹麦和挪威；欧洲地区的规定值的变化范围很大，北欧地区的要求很高，南欧地区的要求相对较低，差别也很大；北美地区的美国和加拿大的许多规定值都很接近，对顶棚和地面的要求相对较高，特别是顶棚，美国对墙体传热系数的要求比相同气候条件下的南欧要高。发达国家的建筑节能标准都各有所长，在欧洲地区还有很大的进行规范统一的空间。

1.6　建筑节能标准的相关扩展延伸工作

建筑节能标准为所有的建筑规定了节能性能的最低要求，为了使建筑物达到更高的节能性能要求，很多国家也通过各种项目和活动不断推动和实现能耗更低、节能性能更好的建筑，主要有以下几种形式：

（1）低能耗建筑(Low Energy Buildings)

（2）被动式住宅(Passive Houses)

（3）零能耗建筑和零碳排放建筑(Zero Energy Buildings and Zero Carbon Buildings)

（4）产能建筑(Plus Energy Buildings)

除此之外，很多国家也推出一些相关概念，如绿色建筑、智能建筑、集成设计建筑、可持续建筑和生态建筑，这些概念中，节能都是最重要的组成部分。

1.6.1　低能耗建筑

低能耗建筑通常指的是比传统新建建筑或者按照节能标准建造的建筑能耗还要低的建筑，通常定义为其能耗为基准建筑能耗的一半。需要指出的是，一栋建筑在某一国家被认可为低能耗建筑，用其他国家的标准衡量，其耗能量可能要比其他国家的基准建筑的能耗还要高。由于全球各国建筑标准的不断提高，许多年前的低能耗建筑可能是现在的基准建筑。

许多欧盟国家对于新建建筑除了实行建筑节能标准以外还实行建筑能效标识制度，在典型的分类方法中，将建筑节能性能分成 A～G 几个等级，用 A 或者 B 来表示该建筑的节能性能比一般建筑要好，又或者用 A＋或 A＋＋表示该建筑的节能性能比一般建筑要好。

在德国、澳大利亚、丹麦和瑞士有专门针对低能耗建筑的标准，例如瑞士的最低能源标准(Minergie Standard)规定低能耗建筑的供暖和热水供应年总负荷限值为 $42W/m^2$，丹麦的低能耗建筑分级标准中，一级标准为建筑能耗量比建筑节能标准里的规定能耗量降低50%，二级标准为能耗量降低 25%。

在澳大利亚用星级指标来衡量建筑的节能性能，用五星级表示建筑的最好节能性能。在美国使用"能源之星"(Energy Star)标识来评价建筑的节能性能，适用范围为能耗低于ASHRAE 和 IECC 标准规定 15% 的建筑。

1.6.2　被动式住宅

被动式住宅指的是不利用传统的供暖和制冷系统就能获得舒适的室内环境的建筑。被动式住宅与传统的建筑相比能耗要低很多，在大部分的国家可以低 70%～90%，但是这也取决于该国实际的节能标准，在节能标准要求严格的国家，能耗的相对降低量可能比较小。

1. 被动式住宅的原理

随着建筑节能性能的提高，附加的投资费用也会增加，一般情况下开发商会选择性价比最高的措施，通常情况下，随着建筑越接近零能耗，所需要付出的成本也越高。

当所设计的建筑能耗值降低到一定范围内时，其可以不需要供热系统，此时系统投资会有一个显著的下降，这个值大约是 $15kWh/(m^2 \cdot a)$。

将建筑使用期内所有提高建筑节能性能的投资进行叠加，可以得到建筑节能总投资。通过图 1-11 可以看出建筑年供暖耗能量在 $15kWh/m^2$ 时对应的总投资比按照节能标准建造的建筑(年供暖能耗量为 $50kWh/m^2$)的总投资低。

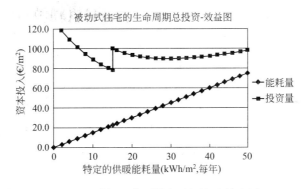

图 1-11　建筑生命周期内总投资和效益图

2. 定义

被动式住宅必须满足以下不同条件：

(1) 建筑供热耗能量需要小于等于 $15kWh/(m^2 \cdot a)$。

(2) 特定情况下热源的设计热负荷小于 $10W/m^2$。

(3) 在室内外压差为 50Pa 时，建筑的渗风换气次数小于等于 0.6 次/h。

(4) 总的一次能源消耗量(包括供热，热水供应和电力)必须小于等于 $120kWh/(m^2 \cdot a)$。

被动式住宅对保温性能的要求非常高，而且随当地的气象条件的变化而不同，需要有非常节能的窗户和暖通空调系统。德国自 20 世纪 80 年代开始推动被动式住宅的相关工作，第一座被动式住宅于 1990 年在德国达姆施塔特(Darmstadt)建成。

3. 约束性指标

对被动式住宅的建设的具体要求：

(1) 高保温(Highly insulated)：所有的建筑外墙、屋顶、地面都使用传热系数在 $0.10～0.15W/(m^2 \cdot K)$ 之间的保温材料进行保温。

(2) 无热桥设计(Designed without thermal bridges)：所有建设过程中可能出现热桥的

情况必须避免。如果建筑的最大热桥部位的导热系数小于 0.01W/(m·K)，就可以认为建筑没有热桥。

（3）舒适的窗户（With comfort windows）：被动式住宅的窗户节能性能尤其要好，三层玻璃窗，外有多种复合涂层，内充有惰性气体。窗户有热边和特别的节能窗框。这种窗户的平均传热系数在 0.70~0.85W/(m²·K)。

（4）气密性良好（Very air tight）：节能建筑必须建造得气密性很好，这尤其需要注意。

（5）装备高能效机械通风系统（Supplied with efficient mechanical ventilation）：为了保证足够的通风量，机械通风系统的换气次数为 0.4 次/h。

（6）使用创新的供热技术（Using innovative heating technology）。

被动式住宅的所有围护结构和暖通空调系统的每一个细节都需要强调节能性能。建筑的构造细节也与传统建筑有很大的区别，保温性能要求更严格，连接处需要特别处理，系统地使用气密性组件，甚至一些建筑构件与传统建筑相比有实质性的变更，例如窗户。

被动式住宅并不局限于几种特定的建筑形式，比如有钢筋混凝土结构、砖木结构、木框架结构等，虽然这种建筑形式在一些标准里被称之为"被动式住宅"，但相关的节能措施也可以直接用于大型公共建筑和政府办公建筑、学校、商场和办公楼。

4. 被动式住宅的推广政策举例

在奥地利和德国南部的一些城市，被动式住宅在一般的房屋市场上都进行销售，在奥地利北部一些城市，被动式住宅正在逐渐渗透并占有低能耗单户住宅建筑的大部分市场，2006 年统计，被动式住宅占单户家庭住宅市场的 7%（见表 1-5）。在奥地利沃拉尔堡（Vorarlberg），被动式住宅已经成为建筑获得公共财政补贴的参考标准。可以预想，未来的几年里奥地利北部传统的住宅建筑将会逐渐消失，人们会主动地接受低能耗建筑。

奥地利北部低能耗建筑市场比例

表 1-5

奥地利北部单户住宅	2003 年	2004 年	2005 年	2006 年
传统新建建筑	67%	45%	24%	15%
低能耗建筑	31%	52%	71%	78%
被动式住宅	2%	3%	5%	7%

1.6.3 零能耗建筑

零能耗建筑指的是不使用化石燃料，只使用太阳能和其他可再生能源的建筑。虽然定义看起来很容易理解，但仍然需要制定更明确的国际通用标准。

1. 名词解释

目前，国际上关于零能耗建筑有如下定义：

（1）净零能耗建筑（Zero Net Energy Buildings）：建筑的年耗能量与年产能量平衡。从能量角度上看，以年为单位的时间内，即使有时候建筑也需要从外部能源供给网络获得能源，但建筑为室内供暖、供冷、提供室内照明等消耗的能源与其产生的能源相等。

（2）隔离式零能耗建筑（Zero Stand Alone Buildings）：建筑不需要与外部的能源网络连接，或者只是将外网能源作为备用。隔离式零能耗建筑可以通过蓄能实现能源不同时间段内的用能平衡。

（3）产能建筑(Plus Energy Buildings)：一定时间段内，建筑产生的能源比建筑消耗的能源多。

（4）零碳排放建筑(Zero Carbon Buildings)：在一年内建筑产生的清洁能源量足以提供其全年能耗量。

2. 零能耗建筑的定义

总体而言，通过使用大规模的太阳能集热器和太阳能电池板，这些与外部能源供应网相连接的建筑在一年里产生的能源量和使用的能源相等，就可以称之为"净零能耗建筑"。零能耗建筑的能耗计算需要包括安装的大型家电、照明、通风设备、空调设备等所有的耗能设备。通常，被动使用太阳能、安装节能性能好的设备和灯具、使用带有热回收装置的通风系统、使用智能遮阳系统及使用可再生能源都可以大量减少建筑的一次能源能耗。

3. 低能耗建筑项目举例

美国的"零能耗住宅"(Zero Energy Homes)项目是以建设零能耗独立住宅为目标的，到目前为止，基本上所有已经建成建筑的能耗可以达到比建筑节能标准规定的能耗量低50%左右，在一定程度上可以说是"迈向零能耗建筑"。美国零能耗建筑实施路线，如图1-12所示。目前，全球各主要国家都在此领域开展大量的研究示范，更多的示范建筑也被建立在全球各地。

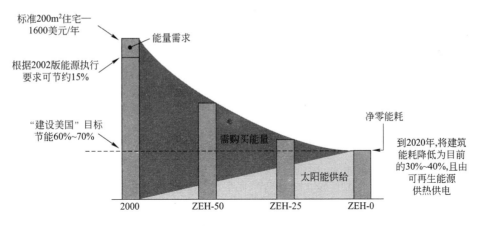

图 1-12　美国零能耗建筑实施路线图

1.6.4　绿色建筑和可持续建筑

绿色建筑是指在建筑的全寿命周期内，最大限度地节约资源(节能、节地、节水、节材)，保护环境和减少污染，为人们提供健康、适用和高效的使用空间，与自然和谐共生的建筑。绿色建筑除对节能进行要求外，还有很多其他要求，如各种资源(水，能源，材料等)，室内空气品质及建造建筑的材料都来源于本地。常常使用生命周期评价理论对绿色建筑进行评价，强调关注在一个生命周期里涉及的所有建筑元素，这包括建筑原材料的生产和运输、建筑运行使用的能源、建筑的拆除及垃圾清理。

各个国家的绿色建筑的标准都不完全相同，在中国、美国、加拿大、澳大利亚和英国都有自己的绿色建筑认证标准。

LEED(Leadership in Energy and Environmental Design)是一套由美国绿色建筑协会(US Green Building Council，USGBC)建立的绿色建筑标准评价体系。LEED 标准可以分为不同的等级，包括初级、银级、金级和白金级。LEED 标准考虑到建筑选址、节水、节能、空气环境、材料资源、室内环境和创新设计等各个方面。建筑的室内环境和能源的使用是最为重要的考察对象，但远不止于此。与此相关的还有美国供暖、制冷与空调工程师学会(ASHRAE)制定的建筑高节能性能设计标准(the Design of High-Performance Buildings——ASHRAE standard)，LEED 的相关工作以及 USGBC 与 ASHRAE 的配合工作得到了美国能源部支持，LEED 认证中的建筑节能部分以 ASHRAE 的建筑节能标准为基础，这也使 LEED 认证更具有说服力。

加拿大绿色建筑委员会(Canadian Green Building Council，CaGBC)已经建立了自己的 LEED 标准。还有其他国家的绿色建筑评价体系，如日本的 CASBEE(Comprehensive Assessment System For Building Environmental Efficiency)体系。世界绿色建筑协会(the World Green Building Council，WorldGBC)也积极开展活动，负责全球不同的绿色建筑组织之间的信息交流和共享。

我国的绿色建筑认证发展迅速，从 2006 年发布《绿色建筑评价标准》及后续相关文件以来，截至 2011 年底，我国标识的绿色建筑数量已经超过 300 栋。

1.7　不断提高的建筑节能标准

1.7.1　建筑节能标准需要与时俱进

建筑市场是一个不断变化的市场，建筑节能的性能都在不断地提高，新技术不断涌现，在过去的几十年里，进入建筑市场并占有一定市场份额的节能产品包括：节能窗户、冷凝式燃气锅炉、高能效热泵、太阳能光电池、被动式住宅等。

随着各国对建筑节能标准的不断重视，各国的建筑节能标准都在不断地修订提升，建筑能耗限值指标也都在不断降低。建筑节能性能要求的提高是促进建筑业市场转变的重要因素，并不断促使更节能技术和产品的出现。

如欧盟 EPBD 要求所有成员国制定建筑节能标准，并定期(不长于 5 年)进行修订，每次修订都需要反映当前建筑业的发展动态；美国 ASHRAE 标准也是定期修订，以满足市场需求。在市场有节能需要之前制定和修订建筑节能标准，可以给建筑市场充足的时间进行调整，以适应新的节能要求，这不仅可以减少能源消耗，更可以有效避免建筑市场的冲突。

1.7.2　以零能耗为目标的建筑节能标准

零能耗建筑、被动式住宅、LEED 认证建筑和其他形式的低能耗建筑在建筑业市场上起到很好的带头作用，并在新型建筑技术的应用、新节能产品的开发、新节能方案的设计等方面起到示范作用。

德国从 20 世纪 80 年代起开始实施"双边政策"，一方面加强建筑节能技术的研发，建筑节能的测试和新节能技术的示范，另一方面加紧被动式住宅和其他低能耗建筑的建造，加强国家财政补贴力度，推动更低能耗建筑的发展，这为最高节能性能建筑的出现创造了条件，并引导新型节能技术走向成熟和完善。德国超低能耗建筑及节能规范的发展，如图 1-13 所示。

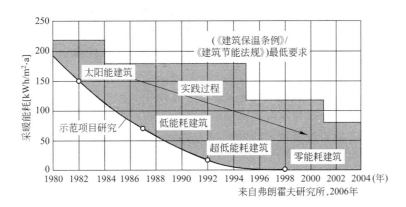

图 1-13　德国超低能耗建筑及节能规范的发展

◆　以零能耗为目标的建筑节能标准举例

目前，一些国家已经对促使建筑物迈向更低能耗采取了一系列的激励措施，并将超低能耗建筑作为建筑节能标准在未来的十年里需要达到的目标。

如丹麦从 2006 年开始实施新的建筑条例，为新建建筑规定了新的节能要求，要求新建建筑的供热和热水供应的总年负荷为 $55kWh/m^2$ 左右。英国政府 2006 年 12 月制定了新的行动计划，目标是到 2016 年所有的新建建筑实现零碳排放。这包括几个步骤：到 2010 年，建筑节能标准规定建筑节能性能提高 25%；到 2013 年，提高 44%；最后到 2016 年实现零碳排放。英国政府的行动计划还在未来十年里采取措施进一步提高建筑法规对节能的要求，颁布可持续居住建筑节能标准，该标准将包含建筑性能的星级评审方面的内容。日本也出台相关零能耗建筑发展路线图，要求居住建筑在 2020 年达到零能耗目标，而公共建筑到 2030 年达到零能耗的目标。

1.8　小结

本章主要是对全球建筑节能标准历史及现状进行简单介绍，随着全球经济不断增长，能源消耗也不断增加，节能与可持续发展越来越受到全球各个国家和政府的重视。由于建筑能耗占有全球总能耗 1/3 左右，做好建筑节能工作会产生良好的经济效益、环境效益和社会效益。

建筑节能的最基础性工作便是建筑节能标准的编制，全球建筑节能标准内容上和形式上的差异都很大，有基于围护结构热工性能指标的，有基于能耗指标的，还有基于节能措施的，所有的标准各有所长，因地制宜，都推动了当地建筑节能事业的发展。

总体上所有的建筑节能标准都包含建筑围护结构、暖通空调系统、建筑内安装的设备等内容，有的建筑节能标准还会提倡可再生能源的使用。建筑节能标准的实现方式总体上有规定性方法、权衡判断法、参照建筑法、能耗限额法以及整体能效法等方法，其中规定性方法实施最为容易，整体能效法的灵活性最强，便于低能耗建筑和零能耗建筑等新型节能建筑的实现。

本章还对部分发达国家和地区的围护结构热工参数——传热系数的限值进行了比较，可以清晰地看出不同国家、地区规定值的差异，并为我国进行相关工作提供参考。

建筑节能标准规定的只是建筑节能性能一般水平，不能代表当前建筑节能的最高水平，为追求更高节能性能，各个国家也出台措施和通过相关项目推动低能耗建筑、被动式住宅、零能耗建筑，甚至是产能建筑等相关工作。

建筑节能标准作为国家节能的最重要标准，作用重大，可以清晰地反映一个国家的建筑节能总体水平，虽然全球建筑节能标准形态各异，但可谓殊途同归，其本质上都可以极大地减少建筑能耗，随着建筑技术的发展，国家能源政策的改变，建筑节能标准也会与时俱进，更加完善。

第 2 部分　中美建筑节能标准比对

第2章 美国建筑节能标准体系

本章简要介绍了美国建筑节能标准的上位法规要求，美国现行的建筑节能相关标准及编写机构，介绍了能源部"建筑节能标准项目"的主要工作内容以及其他相关工作，从标准编制、批准、采纳、执行的全过程对美国建筑节能标准运作体系进行了概述。

2.1 美国建筑节能标准上位法规

2.1.1 建筑节能相关法规发展历史

1973 年石油危机后，美国国会于 1975 年 12 月 22 日通过《能源政策和节约法 1975》(Energy Policy and Conservation Act of 1975)，这部国家能源政策法规赋予联邦能源管理局(Federal Energy Administration)执行此法规的权限，并要求其协助各州政府编制和贯彻州级节能规划，此法律的目的是鼓励各州颁布节能规划，联邦政府并非强制所有州参加此项目，但如果希望得到联邦在技术和资金上的支持，则必须颁布州级节能规划。州级节能规划应包括：对于非政府建筑的强制性照明节能标准；鼓励公共交通；强制性的政府节能采购管理；非政府建筑的强制性最低保温性能要求等。

随后联邦能源管理局颁布的关于建筑节能的政策文件中对建筑节能标准进行了规定，它规定：州级公共建筑的设计标准应采用美国供暖、制冷与空调工程师学会(ASHRAE)于 1975 年颁布的标准《90-75：新建建筑节能设计》(Energy Conservation in New Building Design 90-75)作为最低的节能标准，其他州应以此标准规定为最低要求编制其州级标准；居住建筑则应满足此 ASHRAE 标准或由住房和城市发展部(Department of Housing and Urban Development)对住宅建筑提出的最低要求。

随后，1976 年 8 月 14 日，《节能与产品法 1976》(Energy Conservation and Production Act of 1976)颁布，其中包括"新建建筑节能标准"一章(Title III：Energy Conservation Standards for New Buildings)，此法规规定美国应开发国家级别的新建建筑节能标准并在各州推广。之后，美国相继出台了相关能源政策法规，主要包括 1976 年出台的《资源节约与恢复法 1976》(Resource Conservation and Recovery Act of 1976)，1978 年出台的《国家节能政策法 1978》(National Energy Conservation Policy Act of 1978)，1988 年出台的《联邦能源管理改进法 1988》(Federal Energy Management Improvement Act of 1988)，1992 年颁布的《能源政策法 1992》(Energy Policy Act of 1992)，2005 年 7 月出台的《能源政策法 2005》(Energy Policy Act of 2005)，2007 年出台的《能源独立和安全法 2007》(Energy Independence and Security Act of 2007)[又称为《清洁能源法》(Clean Energy Act)]，2009 年出台的《美国复苏与再投资法 2009》(American Recovery and Reinvestment Act of 2009)。

美国相关政策法规及其更新包含了建筑节能相关组织机构、管理权限、任务分配、项目资金使用、中长期节能目标等内容的规定，随着美国能源政策的不断更新和其建筑节能标准管理部门和组织机构的不断变换，对目前美国建筑节能标准编制、管理和推广影响最大的法规为《能源政策法1992》，此法规将建筑节能标准的编制和推广执行的权限赋予能源部（DOE），并规定将ASHRAE编制的标准规定为公共建筑与高层居住建筑的基础节能标准，将美国建筑管理官员协会（Council of American Building Officials，CABO）编制的标准规定为低层居住建筑的基础节能标准。随着此法的颁布和相应工作的展开，建筑节能的工作得到了快速高效的推广。随后，美国各界逐步提高了建筑节能重要性的认识，在稍后颁布的《能源政策法2005》（Energy Policy Act of 2005）中设立了109和125两节：联邦建筑能效标准和公共建筑节能。2007年出台的《能源独立和安全法2007》又在第4篇"建筑和工业节能"中的1、2、3、5章对建筑节能进行了强调：节能居住建筑章、高性能商业建筑章、高性能联邦建筑章和健康高性能校园章，其中节能居住建筑章包含的第413节对预置住宅节能标准进行了相关要求。在《美国复苏与再投资法2009》中增设第410节，又对州级标准必须满足联邦基础标准进行了强制规定。

下面对《能源政策法1992》第304节和《能源独立与安全法2007》第413节两部分内容进行详细介绍，以使读者初步了解美国建筑节能标准上位法规相关规定。

2.1.2　《能源政策法1992》

美国《能源政策法1992》（Energy Policy Act of 1992，EPAC1992）于1992年10月24日开始实施，其目的为降低美国对石油进口的依赖和通过对可替代燃料、可再生能源和节能的推广强调用能平衡，改善空气质量。《能源政策法1992》通过授权美国能源部（DOE）执行的各种自愿性和强制性建筑节能项目，鼓励使用可替代燃料。《能源政策法1992》第304条对各州建筑节能标准更新、管理等情况进行了规定。值得注意的是，目前美国已经颁布了《能源政策法2005》，但对于建筑节能标准的管理、编制、推广的规定依然参照《能源政策法1992》第304节。

第304节：各州建筑节能标准升级

1. 居住建筑节能标准

（1）自《能源政策法1992》颁布执行两年内，各州需检查其现行居住建筑节能标准，并向能源部部长报告，对该州是否需要修订其现行标准以达到或超过美国建筑管理官员协会（CABO）《基础节能标准1992》（Model Energy Code of 1992）做出决定。

（2）（1）中所指的"决定"应：

① 经过公开征求意见后做出；

② 手写；

③ 基于公开征求意见的相关证明和发现；

④ 向公众公开。

（3）各州可以在与该州现行法律法规保持一致性的基础上，对现行节能标准进行修改或降低，以满足或超过美国建筑管理官员协会《基础节能标准1992》。

（4）如果某州在（1）中所要求做的"决定"中认为该州不适合修改居住建筑节能标准，该州需要向能源部部长递交书面证明说明原因，并向公众公开。

（5）①当美国建筑管理官员协会《基础节能标准 1992》（或此标准的后续版本）修订时，能源部部长需要在修订后的 12 个月内做出决定，判断新标准是否可以提升居住建筑节能性能。能源部部长需要在《联邦公告》中发布类似决定。

②如果能源部部长对①中提到的标准进行了肯定批复决定，各州需要在决定批复后两年检查其现行居住建筑节能标准，并对该州是否需要修订其现行标准，以达到或超过能源部部长最新批准标准要求做出决定。

③（2）（3）（4）同样应用于②中各州政府做出的决定。

2．公共建筑节能标准

（1）自《能源政策法 1992》颁布执行两年内，各州需检查其现行公共建筑节能标准，并向能源部部长报告，并对该州是否需要修订其现行标准以达到或超过美国供暖、制冷与空调工程师学会（ASHRAE）标准《ASHRAE 90.1-1989》做出决定。

（2）①当美国暖通空调制冷工程师协会《90.1-1989》（或此标准的后续版本）修订时，能源部部长需要在修订后的 12 个月内做出决定，判断新标准是否可以提升公共建筑节能性能。能源部部长需要在《联邦公告》中发布类似决定。

②A.如果能源部部长对①中提到的标准进行了肯定批复决定，各州需要在决定批复后两年检查其现行公共建筑节能标准，并对该州是否需要修订其现行标准，以达到或超过能源部部长最新批准标准要求做出决定。

B.如果能源部部长认为①中提到的标准无法提升公共建筑节能性能，各州公共建筑节能标准需要达到或超过美国暖通空调制冷工程师协会《90.1-1989》的相关要求，如此标准已经被修订，则应达到或超过能源部部长在①中批准的最新版本标准。

3．延迟

如果某州对满足 1. 和 2. 中的要求有足够信誉并且做出了很大努力，当该州提出截止日期延迟要求后，能源部部长有权批准。

4．技术支持

能源部部长对州级政府提供技术支持用于满足上述要求，改善和贯彻州级居住建筑和公共建筑节能标准，推动节能建筑的设计和建造。

5．可利用的奖励资金

（1）能源部部长为州级政府执行本节要求和改建并贯彻该州居住建筑和公共建筑节能标准提供奖励资金。是否提供以及资金数量由该州是否执行本节要求、提升居住建筑和公共建筑节能标准以及应用相关标准改善建筑能效决定。

（2）奖励资金用于贯彻本节相关活动。

注：国内相关文献也有将"Model Energy Code"翻译为"国家模式规范"或"范本节能法规"的，考虑到其作用为设定国家级别的建筑节能相关参数最低要求，各州可在此基础上进行完全采用、修订后采用，或独立编写节能要求高于此"国家模式规范"的标准，本文统一将其翻译为"基础节能标准"。

2.1.3 《能源独立与安全法 2007》

在《能源政策法 2005》的基础之上，美国总统布什于 2007 年 12 月 19 日签署了《能源独立与安全法 2007》（EISA 2007）。该法目的旨在提高美国的能源独立性和安全程度，提高可再生燃料的产量，保护消费者、提高产品、建筑、汽车的效率，促进科研和应用碳捕获与埋存技术选项，提高美国联邦政府的能源绩效。

《能源独立与安全法 2007》第 413 节对预置住宅节能标准进行了相关要求，美国目前在此领域展开的工作主要基于此规定。

第 413 节：预置住宅建筑节能升级

1. 标准编制

（1）总则。在本法颁布实施四年内，能源部部长应通过规定的形式颁布预置住宅的节能标准。

（2）通知、评论、咨询。（1）中的"标准"应在满足以下条件后颁布：

① 对预置住宅生产商和其他相关利益集体通知并征求意见后；

② 与住房和城市发展部部长（Secretary of Housing and Urban Development）咨询，住房和城市发展部部长可以从预置住宅协会（Manufactured Housing Consensus Committee）得到咨询。

2. 要求

（1）《国际节能标准》（International Energy Conservation Code，IECC）。在本节要求下建立的节能标准应该满足最新颁布的《国际节能标准》，除非能源部部长认为最新颁布的《国际节能标准》不具备足够的性能价格比，或基于预置住宅的销售价格以及全寿命周期建造和运行花费，可以对预置住宅的节能性能进行更严格要求。

（2）考虑。本节提到的节能标准应：

① 考虑到预置住宅的设计和组装工艺；

② 基于住房和城市发展部划分的气候区，而非《国际节能标准》划分的气候区；

③ 以能耗满足或低于特定标准要求为目标，提供替代方法。

（3）更新。本节提到的节能标准应于以下要求一年内更新：

① 此法实施一年内；

② 任何版本的《国际节能标准》颁布一年内。

3. 执行

任何违背 1. 条要求的生产商，可对其做出不超过其预置住宅销售价格 1％的罚款。

2.2 建筑节能相关标准

与建筑节能有关的标准包括建筑设计标准和设备标准，具体使用中联邦政府和各州级政府对其要求也有一定差异。根据《能源政策法 1992》要求，能源部将用于公共建筑（包括公共建筑和三层以上住宅）节能的《ASHRAE 90.1-1989》标准和用于居住建筑（三层及以下住宅）的 CABO《基础节能标准 1992》（Model Energy Code of 1992）作为州级标准编制参考的基础节能标准。但在后面的 18 年里，标准领域里发生了一些重要变化：

（1）美国建筑管理官员协会（CABO）和美国建筑官员会（Building Officials Council of America，BOCA）、南方国际建筑标准协会（Southern Building Codes Council International，SBCCI）、国际建筑官员会（International Council of Building Officials，ICBO）在 1998

年合并成立了国际标准理事会(International Code Council，ICC)，ICC 延续了 CABO 在标准制定方面的工作。

(2) ICC 开始以 3 年为基础发布新的标准，ICC 的标准发布于 2000 年，2003 年，2006 年和 2009 年。

(3) 在 ASHRAE 发布了《ASHRAE 90.1-2001》后，也将此标准纳入了一个每三年修订一次的循环工作。

目前，在美国各州接受最广泛的建筑节能标准就是由 ICC 编制的《国际节能标准》(IECC)和由 ASHRAE 与北美照明工程师学会(Illuminating Engineering Society of North America，IESNA)联合编制的，并经过美国国家标准学会(American National Standards Institute，ANSI)批准的 ANSI/ASHRAE/IESNA90.1 号标准《除低层居住建筑外的建筑的节能规范》(Energy Standard for Buildings Except Low-Rise Residential Buildings)。这两本最重要的基础标准在更新时，名称不改变，只改变对应的年号，后来为了方便阅读，对两本标准名称按照不同颁布年进行简化，《国际节能标准》简称为《IECC 标准》、《IECC 2003》、《IECC 2006》、《IECC 2009》，ANSI/ASHRAE/IESNA 90.1 号标准《除低层居住建筑外的建筑的节能规范》简称为《ASHRAE 90.1》标准、《ASHRAE 90.1-2004》、《ASHRAE 90.1-2007》、《ASHRAE 90.1-2010》，以此类推。美国建筑节能标准演化，见表 2-1。

美国建筑节能标准演化表 表 2-1

ASHRAE 90.1	ASHRAE 90.2	IECC 系列
90-1975《新建建筑节能设计》	—	1981《节能的基础标准》
90A-1980	90.B-1980	1983《基础节能标准》
—	—	1986《基础节能标准》
90.1-1989	—	1989《基础节能标准》
—	—	1992《基础节能标准》
—	90.2-1993	1993《基础节能标准》
—	—	1995《基础节能标准》
90.1-1999	—	1998 IECC
—	—	2000 IECC
90.1-2001	90.2-2001	2001 IECC
90.1-2004	90.2-2004	2003 IECC
90.1-2007	90.2-2007	2006 IECC
90.1-2010	—	2009 IECC

《IECC 标准》由国际标准理事会(ICC)编写发布，国际标准理事会是一个国际性的标准编写组织，《IECC 标准》是其一个分支委员会编制的标准。IECC 标准为基于不同气候分区对居住建筑和公共建筑进行不同规定的基础节能标准，由于它用强制性语言进行编写，州级和地方政府很容易将这本标准在该州采纳和执行。在采纳 IECC 标准前，州级和地方政府也会根据其州特点和当地建筑节能目标要求对标准进行修改。《IECC 标准》也包

括对公共建筑节能的要求，但其公共建筑部分大多参照了《ASHRAE 90.1》。

《ASHRAE 90.1》由美国供暖、制冷与空调工程师学会联合相关协会编写，其主要针对除低层居住建筑外建筑的节能，即公共建筑和非别墅型居住建筑的节能。针对别墅型居住建筑(低层居住建筑)，ASHRAE 有专用标准 ANSI/ASHRAE 90.2《低层居住建筑节能设计标准》(ANSI/ASHRAE 90.2-2007：Energy Efficient Design of Low-Rise Residential Buildings)，由于此标准非美国基础节能标准且在美国也很少使用，本书不对其进行更详细介绍和比较。

2.2.1　联邦政府部门建筑节能标准

从 20 世纪 90 年代开始，能源部负责的"建筑节能标准项目"就开始参与制定强制联邦政府部门使用的要求更为严格的建筑节能标准，这些更严格的建筑设计标准在私人部门为自愿执行，但在联邦层面要求强制执行。目前，联邦建筑节能标准相关活动在能源部"联邦节能管理项目"(Federal Energy Management Program，FEMP)下单独管理运行，由联邦政府出资建造的政府办公楼、联邦法院、军队建筑、联邦政府的住宅等都必须满足此项目指定的相关标准。

由能源部颁布的，适用于联邦政府建筑的与建筑节能相关的管理规定包括：10 CFR (Code of Federal Regulation)PART 433《联邦新建公共建筑和高层居住建筑节能设计与施工标准》(Energy Efficiency Standards for the Design and Construction of New Federal Commercial and Multi-family High-rise residential buildings)、10 CFR PART 434《联邦新建公共建筑和高层居住建筑节能标准》(Energy Code for New Federal Commercial and Multi-family High-rise residential buildings)、10 CFR PART 435《联邦新建低层居住建筑节能标准》(Energy Efficiency Standards for New Federal Low-rise residential buildings)、10 CFR PART 436《联邦政府节能管理与计划项目》(Federal Energy Management and Planning Program)。

虽然联邦政府对其所出资建造的建筑有单独的管理规定，但其要求的使用标准和相关参数都取自 IECC 或 ASHRAE 的标准基础。为了树立节能榜样，美国联邦机构要求其所有建筑物的能耗在 IECC 或 ASHRAE 相应标准基础上，至少降低 30%。在 2007 年 12 月颁布的《联邦公报》(Federal Register)中，对 10 CFR PART 433、434、435 又进行了最新的更新规定，见表 2-2。

美国联邦建筑节能管理相关法规号及主要内容　　　　　　　　　　　　表 2-2

法规号	主　要　内　容
10 CFR PART 433	范围：建筑供暖、通风、空调、照明、热水和非生产用的用能系统的设计和建造 　自 2007 年 1 月 3 日后设计的由联邦政府使用的公共建筑和高层居住建筑，必须满足 ASHRAE 相关标准要求 　新建建筑的能耗比 ASHRAE 的要求低 30%，且相关技术需要经生命周期成本分析法分析其经济性 　如果节能 30% 所采取的技术经生命周期成本分析法分析为不经济，则必须调整设计，以达到其生命周期成本经济下的最大能效
10 CFR PART 434	自 2007 年 1 月 3 日前设计的由联邦政府使用的公共建筑和高层居住建筑需满足此法规

续表

法规号	主 要 内 容
10 CFR PART 435	自 2007 年 1 月 3 日后设计的由联邦政府使用的低层居住建筑,必须满足 IECC 相关标准要求 新建建筑的能耗比 IECC 的要求低 30%,且相关技术需要经生命周期成本分析法分析其经济性 如果节能 30%所采取的技术经生命周期成本分析法分析为不经济,则必须调整设计,以达到其生命周期成本经济下的最大能效
10 CFR PART 436	范围:为了在联邦建筑节能节水技术应用中,通过推广生命周期费用效果法,节能节水,降低投资

注:美国建筑法规主要规定建筑必须如何设计、建造,使用强制性语言编写。美国建筑标准用于描述建筑应该如何建造、具备何种供能,使用非强制性语言编写。但某些标准经过相关法律规定则赋予其法规相应的强制性地位,如 ASHRAE90.1 标准。

综上,可以看出美国对于联邦建筑和非联邦建筑,对于公共建筑及高层居住建筑和低层居住建筑都有不同的相关规定及标准,而且均在不断更新中。

2.2.2 州级建筑节能标准

由于美国各州的政府管理体系不同、经济发展不平衡、气候差异大,各州可根据其州具体情况确定是否采用《IECC》或《ASHRAE 90.1》的某一版本的标准,也可确定是否对其进行修订后采用,也可采用本州独立编写的标准。

除了建筑节能基础性标准外,州级和地方政府也可以采用目前能源部"高于标准"(Beyond Code)、"超越标准"(Stretch Code)编制的逐步增加的更高级别的节能标准,这些标准也通常基于《IECC》和《ASHRAE 90.1》。

还有一些州也有并不基于《IECC》和《ASHRAE 90.1》的独立的建筑节能标准体系。美国建筑节能标准使用情况,见表 2-3。

美国建筑节能标准使用情况 表 2-3

建筑分类	相关法规或标准
联邦政府公共建筑和高层居住建筑	基于 ASHRAE 标准,节能 30%
联邦政府低层居住建筑	基于 IECC 标准,节能 30%
各州公共建筑	ASHRAE 90.1 标准
	根据该州情况修订的 ASHRAE 90.1 标准
	IECC 标准中公共建筑节能部分
	州级独立编制的节能标准
各州低层居住建筑	IECC 标准中居住建筑节能部分
	根据该州情况修订的 IECC 标准
	ASHRAE 90.2 标准
	州级独立编制的节能标准

2.2.3 设备标准

对于建筑节能起到重要作用的除节能设计标准外,还包括建筑设备,即暖通空调相关产品的能效水平。能源部"家电和商用设备标准"项目(Appliances and Commercial Equipment Standards program)专门负责管理建筑使用的供暖、供冷和热水供应设备和变压器的制造标准,建筑使用的大部分设备的性能要求都在这个项目管理下。尽管建筑节能标准也列出了相关设备的要求,但这些要求都援引于相关的设备标准。在 20 世纪 80 年代和 90 年代,设备制造商、能源部和国会间经过谈判,对如何在建筑节能标准中使用设备性能要求有严格的规定,即设备性能标准不受建筑节能标准制约,但在目前情况下,如果不进一步提升设备节能性能,则很难进一步提升建筑物节能性能,能源部已经和律师就如何解决这方面的问题展开研究探讨。

注:建筑物使用的设备大部分都由能源部"家电和商用设备标准"项目负责管理,但还有一部分设备和产品的节能性能最低要求由美国"能源之星"项目负责管理,"能源之星"项目由能源部和环保署共同管理。

2.3 "建筑节能标准项目"

2.3.1 能源部相关工作背景

目前,美国建筑节能标准的编制、验证、推广、技术支撑等工作都归属能源部进行管理,能源部在建筑节能标准编制方面的工作可最早追溯到能源研究和发展署(Energy Research and Development Administration,能源部的前身)赞助 ASHRAE《90-75:新建建筑节能设计》的编制,能源部在建筑节能标准领域的工作正式开始于《节能和产能法 1976》(Energy Conservation and Production Act of 1976),此法规定位是所有新建居住和公共建筑都要贯彻的节能标准,标准用于设计以达到最佳可行的节能效果并增加非一次能源的使用。1977 年,《能源组织机构法 1977》(The Department of Energy Organization Act of 1977)将标准管理的职责从住房和城市发展部(Department of Housing and Urban Development)转移到了能源部。

随后,能源部在 1979 年底发布了《建筑能效规范》(征求意见稿)(Building Energy Performance Standards,BEPS),此标准对新建建筑设计总能耗($Btu/ft^2/yr$)进行了定额限制。此标准最重要的影响在于它是一个对建筑整体性能进行要求的标准,它要求通过计算机模拟证明新建建筑的设计能耗没有超过其所在地的同等建筑类型的能耗限额。标准定义了 21 种不同类型的典型建筑和每类建筑的详细能耗计算方法,同时提供了从 78 种不同的标准城市气象数据区选择设计气候区的方法。由于《建筑能效规范》对"整栋"建筑而非建筑组成部分提出限制要求,外加其对建筑模拟分析的要求过于超前以致难以执行,其推广不力,能源部在规范征求意见过程中收到了超过 1800 份意见回复。

从 20 世纪 80 年代开始,能源部在 ASHRAE 的技术支持下继续在公共建筑节能标准领域开展工作,ASHRAE/DOE 41 号特殊项目为《ASHRAE 90.1-1989》的编制提供了技术和资金支持。另一个能源部在公共建筑节能标准领域开展的小项目是"目标项目"(Targets Program),这个项目代表了能源部在公共建筑整体节能目标要求上的另一种尝试,在这个项目中,为了生成相关建筑节能目标,开发了一种建筑节能计算方法及一个计算软件。

对于居住建筑,能源部的"自愿居住建筑节能标准项目"(Voluntary Residential Energy Standard (VOLRES) project)开发了一套方法和工具，用于支持州级和地方政府基于建筑全寿命周期成本效益编制节能设计标准。能源部和 ASHRAE 签订协议，为此特殊项目组建技术评估委员会，这个项目的产出是一套名为"居住建筑节能标准自动评价"的软件系统，此软件可以让州级政府通过州级能源价格和能源结构对其居住建筑全寿命周期进行最优分析，编制相应的节能标准。虽然稍后"自愿居住建筑节能标准项目"被《能源政策法 1992》宣布撤销，这套软件仍在 90 年代能源部开发标准的各种活动中被广泛使用。

随着《能源政策法 1992》的颁布实施，"建筑节能标准项目"被正式立项并得到了相应的资金支持，能源部在建筑节能标准编制和推广方面给予了大力支持，"建筑节能标准项目"是建筑节能标准第一次有独立的国家级项目资金进行管理和支持，目前各州执行的主要建筑节能标准大都来自此项目的支持，这个项目目前也在运行中。

除了"建筑节能标准项目"外，DOE 还组织实施了建设美国项目(Building American Program)、公共建筑节能联盟项目(Commercial Building Energy Alliances Program)、高性能公共建筑项目(High Performance Commercial Buildings Program)、家电和商用设备标准项目等与建筑节能相关的项目。此外，DOE 还通过一系列广泛的活动，宣传推广建筑节能技术及标准，例如节能型校园项目(EnergySmart Schools Program)和节能型医院项目(EnergySmart Hospitals Program)，相关项目都支持了节能标准的编制和推广。

2.3.2 "建筑节能标准项目"简介

2.3.2.1 能源部相关项目

美国能源部下设节能与可再生能源司(Energy Efficiency & Renewable Energy，EE-RE)，EERE 工作重点是通过公私合作加强国家能源安全、提高环境质量和增强经济活力，工作重点为：提高能源效率和生产率；向市场推广清洁、可靠和能够承担的能源技术；通过增加可供选择的能源种类，提高美国人民生活质量。

EERE 主要在研发和能源效率配置领域协调联邦政府各部门的工作，并投资于那些私人部门不可能单独涉足的高风险高价值的研发项目。一般地，这些项目是由 EERE 与州和地方政府、私营部门、大学和政府实验室以及其他主体一起共同开发与实施的。EERE 下设的技术发展办公室(Office of Technology Development)负责管理与节能和可再生能源相关的国家项目。

EERE 目前共有十大项目在执行，分别为太阳能科技项目(Solar Energy Technology Program)、风能水能项目(Wind & Water Power Technologies Program)、地热能科技项目(Geothermal Technologies Program)、生物质能项目(Biomass Program)、工业节能项目(Industrial Technologies Program)、汽车节能项目(Vehicle Technologies Program)、氢能、燃料电池、基础设施项目(Hydrogen，Fuel cells & Infrastructure Technologies Program)、建筑技术项目(Buildings Technologies Program，BTP)、气候变化和政府间项目(Weatherization & Intergovernmental Program)、联邦用能管理项目(Federal Energy Management Program，FEMP)。现行项目中与建筑节能直接有关的为建筑技术项目(BTP)和联邦用能管理项目(FEMP)。

"建筑技术项目"(BTP)由"建筑法规项目"(Building Regulatory Program)、"建筑研发项目"(Building Research and Development Program)、"建筑技术验证与市场推广项

目"(Building Technology Validation and Market Introduction Program)三部分组成。通过管理建筑技术项目(BTP),能源部 EERE 和各州、建筑业和制造商一起开展建筑节能技术及其应用的研发工作,能源部还同州及地方政府一同致力于提高建筑法规和家电标准,并设法为建筑者和消费者改进能源效率,增加节约成本的机会。通过各种活动,BTP 开发、实施并协调研发,改进建筑部品,致力于新兴技术研发、新技术集成推广实施。该计划涉及建筑围护(墙、窗、屋顶)和设备(供热、制冷设备、照明设备等)以及整合最优"整体建筑"设计,项目开发了建筑设计软件(REScheck、COMcheck、DOE、EnergyPlus 等)和其他工具以使得建筑师和其他人能将这种整体设计方法应用于个体建筑,也能对具体项目是否满足标准进行检验校核。

"建筑技术项目"(BTP)下设的"建筑法规项目"由三个主要项目组成:"电器与设备节能标准"(Appliance and Equipment Efficiency Standards)、"能源之星"(Energy Star)和"建筑节能标准项目"(The Building Energy Codes Program)。"电器与设备节能标准"和"能源之星"主要针对建筑用的电器和设备标准的提升,"建筑节能标准项目"主要负责建筑节能标准的提升等相关工作。项目受能源部委托参与国家标准的编制过程并帮助各州采纳并实施更为严格的节能标准,自 1992 年后,美国联邦编制的用于指导各州开展建筑节能工作的现行节能标准都受到此项目支持。

2.3.2.2 "建筑节能标准项目"

"建筑节能标准项目"项目组约有 20 人,分为 3 个小组,分别负责标准制定研究组(Code Analysis and Development)、一致性校验工具软件开发组(Compliance Tools)和技术推广组(Deployment)。标准制定研究组主要负责对已有版本的建筑节能标准提出修订建议,对新版本标准进行节能性能审定;一致性校验工具软件开发组负责编写供建筑法规管理人员使用的,可简单快速地对工程节能性能进行评价的规定性验证和权衡判断验证软件;技术推广组主要负责标准培训、技术讲解、在线咨询解答、发布定期期刊等。

1. 主要工作范围

总体来看,"建筑节能标准项目"主要在四个主要领域开展工作:

(1)提升基础建筑节能标准,支持并参与《ASHRAE 90.1》和《IECC》,推动采用技术可行、经济合理的所有节能措施。

(2)在一个新的节能标准颁布后的一年内,确定新标准是否比之前版本的标准更加节能。

(3)为州级政府提供经费和技术支持,用于更新、贯彻建筑节能标准和提升其建筑节能标准的一致性。

(4)到 2011 年冬季前,更新、颁布、执行《预置房屋节能标准》。

以上(1),(2),(3)条为《能源政策法 1992》委托项目执行,(4)是《能源独立与安全法 2007》(the Energy Independence and Security Act of 2007)要求的。

为了完成总统要求的减排目标,在 2007 年,作为"更高级别标准计划"(Advanced Codes Initiative)的部分活动,DOE 和 ASHRAE 就更高级别的公共建筑节能标准编制签订备忘录,要求《ASHRAE 90.1-2010》比《ASHRAE 90.1-2004》节约能源消费 30%。在 2011 年 ASHRAE 年会期间,DOE 和 ASHRAE 签订了对于 2007 年标准编制备忘录协议的补充协议,要求《ASHRAE 90.1-2013》比《ASHRAE 90.1-2004》节能 50%。对于居住建筑，DOE 要求 ICC 编制的《IECC 2012》比《IECC 2006》节约能源消费 30%。

能源部在建筑节能标准的最终目标是：综合考虑建筑的成本效益，到 2025 年让零能耗建筑可以作为传统建筑的替代品，这也就要求建筑节能标准应该能满足其零能耗的相关要求。

近期，《美国恢复和再投资法案 2009》（The American Recovery and Reinvestment Act of 2009）第 410 条还对提升建筑节能标准一致性的授权进行了规定，给能源部在建筑节能标准方面的工作提出新的要求：每个州级建筑节能标准必须与基础建筑节能标准的一致性达到 90% 以上。为支持标准一致性的工作，"建筑节能标准项目"也开发了相应的管理程序和辅助工具，目前正在和州级与地方节能伙伴进行示范研究。

2. 其他工作

由于各州对建筑节能标准的采纳和执行情况差别很大，使州级政府在节能标准与最新版本的联邦《基础节能标准》保持一致性问题上，需要做大量工作，标准一致性方面存在着巨大的改善空间。作为支持，能源部开发并维护了一些免费软件和工具用于支持相关标准规范（包括用于居住建筑标准的 REScheck 和公共建筑标准的 COMcheck）。能源部也开展推广节能标准和高性能可持续建筑设计的其他相关活动，如每年一次的州级培训，基于需求的培训和技术辅导，每季度一次的宣传刊物和包含大量信息的网站。"建筑节能标准项目"也和"建筑标准辅导工程"（Building Codes Assistance Project，BCAP）一起工作，支持与标准相关的辩论活动。

项目组在建筑节能标准执行推广方面也开展了以下工作：

(1) 寻找和评估地方需求；

(2) 开发核心培训材料，开展培训和"培训师培训"项目；

(3) 使用在现有网络和利益相关者的工作网络与项目；

(4) 招募支持者；

(5) 推动内部系统评估资源；

(6) 监控评价项目进展。

"建筑节能标准项目"通过国家级培训、热线电话、基于网络的技术服务，与州级政府的不断沟通，了解州级政府需求，跟踪项目执行情况，并选择执行情况好的州作为典型，将其相关信息与其他州共享。类似的活动包括在《联邦公报》上发布的征求意见信息、由国家能源办公室联合会 [National Association of State Energy Offices（NASEO）] 组织召开的节能标准研讨会、由能源基金（Energy Foundation）和州级能源办公室联合会联合召开的建筑节能标准路线图和战略研讨会等。

项目在执行层面上也非常注意利用现有的国家级、州级、地方级的既有机构和信息渠道，这对工作快速开展非常有效。

据统计，从"建筑节能标准项目"开始执行以来的 20 年间，已经节省能源消耗约 1.5 夸德（quads，能量单位，1quads=10^{15}Btu，1 夸德相当于 2400 百万吨石油），为消费者节省能源支出达 140 亿美元，即"项目"每投入 1 美元经费，每年可节省建筑能源费用 50~60 美元。

2.3.2.3　性能标准和更高级别的节能标准编制

"建筑节能标准项目"和一些自愿工作的标准组织协同工作，如 ASHRAE、IESNA、ICC，也和其他相关机构，如国家建造商协会（National Association of Homebuilders，

NAHB)、美国绿色建筑委员会(US Green Building Council，USGBC)等组织合作，同样也和政府机构，如环保署(Energy Protection Agency，EPA)联合开展合作，推动更高级别建筑节能标准工作，这些工作被命名为"高于标准"、"超越标准"、"绿色建筑标准"(Green Building)项目。其主要工作包括：开发使用建筑整体能效考核节能性能的相关技术文件、编制包括节能的绿色和可持续建筑设计要求、编制节能性能要求高于最低性能要求的类似标准的技术文件，也包括比设计检查和现场监察更延伸一些的系统调试、能耗计量等工作。

一些建筑节能技术首先在此类自愿性项目中得到认可，随后就可以在强制性标准中进行推广。例如在居住建筑中强制使用节能灯具就是一个很好的例子。

目前，"建筑节能标准项目"在此类更高级别节能项目中的主要活动包括：

(1) 2004 年能源部和 ASHRAE 联合发布的《小型办公室先进节能设计导则》(Advanced Energy Design Guide (AEDG) for Small Offices)，这是能源部在开展"高于标准"方面工作的起点。本导则目的是让小型办公室比《ASHRAE 90.1-1999》节能 30%，但此《导则》并不是用标准格式的语言编写，而是采用技术导则的形式。在此之后，能源部和 ASHRAE 相继编写了比《ASHRAE 90.1-2004》节能 30% 的用于零售店、库房、K-12 学校、小型医院和医护设施的标准。2011 年 5 月，ASHRAE 还发布了以节能 50% 为目标的《中小型办公建筑更节能设计导则》(Advanced Energy Design Guide (AEDG) for Small to Medium Office Buildings)。这些工作在能源部"公共建筑计划"(Commercial Building Initiative CBI)项目下展开，并得到了西北太平洋国家实验室(Pacific Northwest National Laboratory，PNNL)和国家可再生能源实验室(National Renewable Energy Laboratory，NREL)的支持。

(2) 在居住建筑方面，"建筑节能标准项目"参与了 ICC 和 NAHB 联合编制的《国家绿色建筑标准》(National Green Building Standard：ANSI/ICC-700-2008)，这本标准对所有居住建筑更高级别的节能和可持续设计提出要求。

(3) 参与编制 ANSI/ASHRAE/USGBC/IES-189.1 号标准《高性能绿色建筑设计标准》(Standard for the Design of High-Performance Green Buildings Except Low-Rise Residential Buildings)。本标准得到了国家可再生能源实验室(NREL)和美国绿色建筑委员会(USGBC)的支持，ANSI/ASHRAE/USGBC/IES 标准《ASHRAE 189.1-2009》于 2009 年发布，"建筑节能标准项目"将于 2011 年开始参与标准的推广。

(4) "建筑节能标准项目"也参与了 ICC 作为起草委员会编制的《国际绿色施工标准》(International Green Construction Code)，"建筑节能标准项目"积极参与《国际绿色施工标准》能源部分的编写。

2.3.3　建筑节能标准执行现状

建筑标准由州级和地方级政府颁布和执行，除了例如加州的一些州，州级标准通常基于《ASHRAE 90.1》和《IECC》编制。在一些州的某些公共建筑，例如学校，其标准执行由州政府负责，而不是地方政府负责。

之前，州级标准遵守联邦标准的程度不太容易判断，但最近，对于"遵守"(Compliance)的定义进行了一些改变。在之前，州级标准中微小的条文违背就被认为是不遵守联邦标准，目前，则开始使用基于不同条文要求对建筑能耗变化产生影响的更为复杂的评价方法。

目前，绝大部分州采纳了等同或高于《ASHRAE 90.1-2007》和《IECC 2009》的标准。然而，截至 2010 年 5 月 25 日，依然有 10 个州没有州级公共建筑节能标准，9 个州标准要求明显低于《ASHRAE 90.1-2007》。同样，11 个州没有州级居住建筑节能标准，9 个州的居住建筑节能标准要求明显低于《IECC 2009》。某些州内不同市县选用不同版本的法规与标准。

1. 公共建筑

目前，能源部批准的最新节能标准版本为《ASHRAE 90.1-2007》，2010 年 9 月 3 日，能源部在《联邦公报》发布了一个初步审核公告，说明《ASHRAE 90.1-2007》可以比《ASHRAE 90.1-2004》更加节能。通过数量分析，2007 版本标准比 2004 版本标准，在公共建筑能耗上节省一次能源 3.7%。

能源部将在 2011 年发布一个《ASHRAE 90.1-2007》的最终审核报告，在能源部发布最终审核报告后的两年内，州级政府可直接采纳本标准，或者升级其地方公共建筑标准满足或超过此标准要求。

目前，ASHRAE 已经发布了 ANSI/ASHRAE/IESNA Standard《ASHRAE 90.1-2010》，能源部正在对此版本标准进行"节能性能分析"和"详细文字分析"。

截至 2011 年 3 月，各州执行公共建筑节能标准情况如图 2-1 所示。

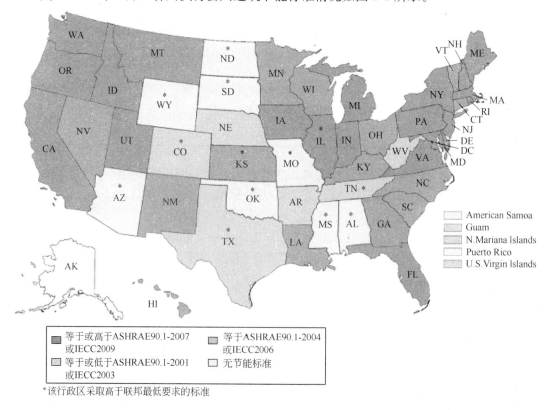

图 2-1　美国公共建筑节能标准执行现状

2. 居住建筑

能源部于 2010 年 9 月 3 日于《联邦公报》颁布了《IECC 2009》的初步批准报告，报告认为对于低层居住建筑，此标准比之前的 2003、2006 版本都可以达到更节能。批准报告的技术支撑文件为 PNNL 对新标准和前一版本标准进行的技术比对分析。

同公共建筑一样，在能源部颁布《IECC 2009》最终审核通过后的两年内，各州需要采纳此标准或修订其州级标准以满足或超过《IECC 2009》。如果州政府认为其州级标准无需修改，需向能源部部长做出书面解释。

能源部于 2010 年 11 月开始对《IECC 2012》标准评估。

截至 2011 年 3 月，各州执行居住建筑节能标准情况如图 2-2 所示。

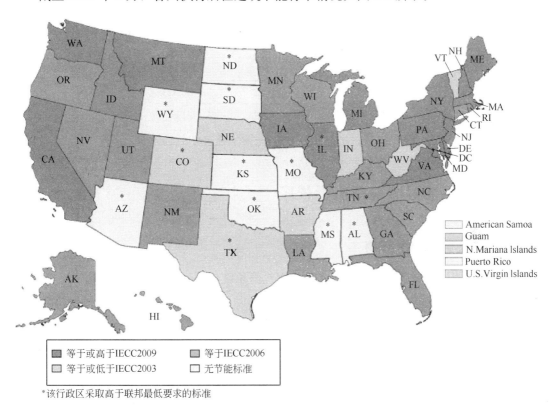

*该行政区采取高于联邦最低要求的标准

图 2-2　美国居住建筑节能标准执行现状

3. 预置住宅节能标准

预置房屋节能标准(预置房屋指在工厂建造组装完成直接运送到使用地点的建筑)由住房和城市发展部于 1994 年 10 月最后更新，它对节能性能要求基本等同于《IECC 1990》。目前能源部正在组织更新此标准，使其节能性能等同于 IECC 最新标准。能源部在 2010 年2 月发布了一个标准编制提前预通知。

2.3.4　建筑节能标准对节能、市场的影响

建筑标准管理新建建筑和既有改造建筑的设计和施工，建筑节能标准让管理者通过设计方案检查、现场监督保护公共健康和生命安全，同时，标准对于推广节能和可再生能源

使用也非常有帮助。

目前，美国新建建筑以每年1%～2%的速度递增。由于一个建筑可持续数十年，或几个世纪，且一旦建筑建造完成，再通过改造提升其建筑节能性通常花费巨大而且难度颇高，所以新建建筑节能潜力非常巨大。图 2-3 所示为到 2030 年，采用 2010 年的建筑节能标准占总体建筑量的比例。

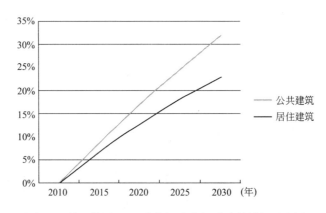

图 2-3　美国使用 2010 节能标准的新建建筑增长示意图

2.4　建筑节能标准编制执行程序

2.4.1　《基础节能标准》编制

"建筑节能标准项目"通过在技术角度和经济角度分别分析现行《ASHRAE 90.1》和《IECC》，然后将：

（1）对《基础节能标准》提出修改建议；

（2）寻求在标准中采纳所有技术可行经济合理的节能措施；

（3）参与《基础节能标准》的编制、审查和修订全过程。

《ASHRAE 90.1》和《IECC》都将在公开的情况下进行编制、修订和采纳。广泛地参与征求意见对标准的采纳起到了非常关键的作用，以下各种利益相关者都可以通过各种方法参与标准更新：

（1）设计师，包括建筑师、照明师、设备师；

（2）政府管理人员，包括建筑规范管理官员，标准组织代表，州级管理职能部门；

（3）建筑拥有者，运行人员，建造人员；

（4）建筑设备生产商；

（5）市政公司；

（6）节能倡议组织；

（7）学会；

（8）联邦、州、地方级政府代表，包括能源部和"建筑节能标准项目"。

广泛地征求意见是标准得以执行的基础，任何团体和个人都可以自由表达他们对标准相关条款看法。建筑科学和建筑节能并非相关标准的惟一出发点，市场接受度、产业公平公正、建造费用都会在标准编制和征求意见中进行体现，其他防火、安全、结构标准的协调也被包括在征求意见中。最终标准的形成是综合考虑所有各方意见的结果。

1.《IECC》修订

IECC 标准每三年完成一个完整的修订程序。任何人都可以通过递交标准修改建议和证明，对《IECC》提出修订建议。"建筑节能标准项目"定期提交标准修改建议，以保证标准的节能性和一致性。在公开征求意见阶段，任何支持或反对标准相关修订建议的证明都会提交到 IECC 标准编制委员会（Code Development Committee）。委员会通常由 7～11 名由国际标准理事会指定的个人组成，他们监督和维护《IECC》的修订。委员会由政府官员、标准官员、建筑商代表、行业组织和其他感兴趣并有影响力的团体组成。委员会根据相关证明材料进行表决，拒绝修改或修改相关条款。委员会会公布修改情况结果。任何对结果有异议的人或团体，可以提交其对修改结果的质疑。相关条款的支持者和反对者可继续补充相关证明材料并进行第二次征求意见，随后进行国际标准理事会全员投票，结果将提交到国际标准理事会董事会进行批准。

2.《ASHRAE 90.1》修订

和《IECC》一样，《ASHRAE 90.1》也是基于公开、自愿的原则，进行为期三年一次的修订，但其程序与 IECC 不同。

针对《ASHRAE 90.1》，ASHRAE 建立由 10～60 个具有投票权的人组成的工作委员会，称为"90.1 编委会"（Standing Standards Project Committee 90.1，SSPC 90.1），SSPC 90.1 下设五个分委会，即外围护结构分委会、暖通机械设备分委会、照明分委会、能源成本预算分委会、型式与达标分委会，组成人员包括来自其他标准机构的代表，如美国国家标准协会（ANSI）、北美照明工程师学会（IESNA）、美国检测和材料学会（American Society of Testing and Materials，ASTM）、美国空调制冷协会（the Air Conditioning and Refrigeration Institute，ARI）和美国保险商实验室（the Underwriters Laboratories，UL），也包括前面提到的所有利益相关者代表。编制《ASHRAE 90.1-2010》时，SSPC 90.1 由 59 人组成，其中 36 人有投票资格。

"建筑节能标准项目"是《ASHRAE 90.1》委员会和其中一个分委会的委员，拥有投票资格。"建筑节能标准项目"也为 ASHRAE 提供大量技术支持，用于标准修改分析和节能潜力评价。

注：2008 年 1 月 1 日，美国空调制冷协会（ARI）与美国气体设备生产商协会（GAMA）合二为一，组建成规模更大、实力更强的空调供热制冷协会（AHRI）。

标准修改提议由委员会内部提出并讨论，当修改意见形成后，所有修改意见会在特定时间内公开征求意见并接受文字回复。非实质性修改意见通常直接接受，不用再进行讨论。实质性修改意见需要另外公开征求意见。通常，不同的观点之间需要进行沟通协调，当大部分人达成一致后，修订后的标准将提交 ASHRAE 董事会，其他人的不同意见也可以提交给董事会进行申诉。如果这类申诉意见得到董事会支持，将会进行进一步的修订、公开征求意见、最终决定。如果董事会拒绝此类申诉，则最新修订的版本将进入出版程序。

ASHRAE 标准修订的依据主要来源于"修订补充材料"（Addenda）。每当 ASHRAE

发布标准后，所有对于标准提到的意见都会反馈到 ASHRAE 标准委员会，ASHRAE 标准委员会和 IESNA 董事会将根据意见所涉及的条文分别负责并联合批准，然后将意见提交到 ASHRAE 董事会，再提交到 ANSI。根据提交意见的时间，将意见按照 a，b，c……排列，经过三层批准后的意见将作为"修订补充材料"，被公布到 ASHRAE 和 ANSI 的网站上并纳入新一轮的标准修订中，未经讨论通过或未达成共识的意见将继续讨论。"修订补充材料"根据收到意见的时间进行排序，依次为 a，b，c，d……x，y，z，aa，ab，ac，ad…… az，ba，bb……

如《ASHRAE 90.1-2004》颁布后，共批准并发布 44 个"修订补充材料"，这些"修订补充材料"的内容将汇入《ASHRAE 90.1-2007》的编制。《ASHRAE 90.1-2007》颁布后，共批准并发布 109 个"修订补充材料"，将《ASHRAE 90.1-2007》按照 109 个"修订补充材料"进行完整修改后，即为《ASHRAE 90.1-2010》。

2.4.2 《基础节能标准》批准

"建筑节能标准项目"会启动一个认证程序对新的《基础节能标准》进行确认，确定其对典型建筑类型的节能性能提升效果，当新的标准完成技术认证后，则可以开始管理审查，并最终公布。能源部被要求在修订的标准出版一年内完成上述确定工作。

1. 公共建筑

能源部在初步批准前，需要对标准进行：

（1）详细文字分析。能源部首先对新标准进行定性判断，判断修订对节能是否有影响，如《ASHRAE 90.1-2004》的 44 个"修订补充材料"，其中 30 个为中性修改，包括文字修改、引用标准修改、可替代校验方法修改和其他的一些为了方便标准使用但不会提升或降低建筑节能性能的修改，其他的修改中：11 个修改可提升建筑的节能性能，2 个修改会降低建筑的节能性能，1 个修改对建筑节能性能影响无法计算。

（2）节能性能分析。能源部对新标准进行节能性能定量判断，如根据分析《ASHRAE 90.1-2010》相对于《ASHRAE 90.1-2007》的 109 个"修订补充材料"中有 34 个对节能性能有影响，则通过对美国 15 个气候区的 16 种建筑原型，分别按照《ASHRAE 90.1-2010》和《ASHRAE 90.1-2007》的规定进行 480 次模拟，模拟结果通过 EUI(energy use intensity，单位面积能耗)进行表示，再按照建筑面积进行加权，得出新标准的总体节能性能。通过对模拟程序运行结果的比较，新标准的节能性能作为能源部批准新标准的支持材料。

根据能源部的分析《ASHRAE 90.1》的 2010 版比 2007 版，节能 18.2%（初步结论）；《ASHRAE 90.1》的 2007 版比 2004 版，节能 3.7%；《ASHRAE 90.1》的 2004 版比 1999 版，节能 13.9%；《ASHRAE 90.1》的 1999 版比 1989 版，节能 6.4%。

如果能源部对最新版本的《ASHRAE 90.1》标准做出肯定确定，能源部将给各州州长发送一封信，说明能源部可能提供的技术及资金帮助，以及可能的时间延长；各州能源管理办公室会收到一封相同内容但更为详细的信件。各州需要在两年内证明其建筑节能标准满足或超过新的联邦基础标准。在要求的两年截止期截止前的六个月，没有提交相关材料的州会被再次通知。

能源部还将在以下方面提供资金和技术支持：

① 修订和更新州级建筑节能标准；

② 州级标准的贯彻、执行和一致性评价；

③ 如果该州有足够信誉并且做出了很大努力，当该州提出截止日期延迟要求后，可以批准。

2. 居住建筑

居住建筑相关情况与公共建筑相同。

能源部还对《ASHRAE 90.1-2007》和《IECC 2009》的公共建筑部分进行了比对分析，此分析结果对于那些想了解这两本标准区别的州级政府提供技术支持。

能源部也对《ASHRAE 90.1-2007》和《IECC 2009》标准在州级政府的实施可产生的影响，完成了一系列的国家分析报告。在《IECC 2009——居住建筑节能标准国家(州级)分析报告》中，通过将《IECC 2009》和《IECC 2006》、国际居住建筑标准(International Residential Code)和州级节能标准相比较，得出此标准在各州的节能潜力。在《ASHRAE 90.1-2007——公共建筑节能标准国家(州级)分析报告》中，通过将《ASHRAE 90.1-2007》与各州现行标准逐一进行比较，得出新标准的节能性能。由于一些州的标准在模式上和 IECC 标准以及 ASHARE 标准无直接联系，并且这些州的州立能源机构会负责检查其标准是否符合或高于联邦标准要求，所以这些州不包括在分析范围内，这些州包括加利福尼亚州、佛罗里达州、俄勒冈州、华盛顿州。

2.4.3　地方政府标准采纳程序

在新的基础节能标准被采纳或修订前，州级和地方级政府通常会组建一个由设计、施工、执行实体组成的咨询顾问组织，该组织负责确定是否采纳基础节能标准，该组织也会考虑修改现行州级标准规范以满足地方特殊性和实际建造的需求，在标准采纳过程中此组织也将提供技术服务。

采纳程序通常包括以下几步：

（1）通常由具有节能标准颁布权利的能源管理机构发起修改，有兴趣和可能受到影响人的或相关团体也可发起修改。通常会确定一个咨询机构并召开会议，确定待修改标准。

（2）修改提议需要经过立法或公众审查程序。公众审查可以在关键的出版物发布通知，申请意向通知，或举行公开听证会。有兴趣和可能受到影响人的或相关团体被邀请提交书面或口头意见。

（3）审查程序的结果纳入建议，并为最终的立法或规定的审批进行准备。

（4）审批机关审查法律或法规。修订可能提交给指定机构等待最终批准或者备案。

（5）经过备案或批准，通常在一些指定的未来日期内，标准生效。此宽限期内要求被规定的人熟悉相关新的要求。批准和生效之间通常为 30 天至六个月。

2.4.4　地方政府标准执行和遵守

采纳或修订联邦颁布的基础节能标准可能是通过一个管理程序，也可能是自动执行。例如某州对标准采纳规定为：基础节能标准颁布后一个月开始生效。

国家和相关管理机构负责执行标准，而设计师和建设者遵守标准，教育和沟通对两者来说都至关重要，标准管理人员需要所有利益相关者了解新颁布的标准和它的具体要求，某些州会在一个标准更替前数月就开展相关培训，宣传和教育对新标准的接受和实施起到重要作用。

沟通和信息交换主要发生在以下群体中：

（1）标准采纳部门和标准执行部门；

（2）标准采纳部门和建造团体；

（3）标准执行部门和建造团体。

在标准执行过程中，培训起到了非常重要的作用。培训需要满足建筑管理人员、建筑师、设计人员、工程人员、建造人员、承包商、业主等所有相关群体的需求。通常可由以下团体提供培训：

（1）州级能源管理办公室和其机构；

（2）大学和学院；

（3）专业组织和学会；

（4）公用事业组织；

（5）贸易组织；

（6）国家和地方标准组织。

"建筑节能标准项目"、ICC、ASHRAE 都可以为州级和地方政府提供工具和材料，使其培训更加高效和容易。

各州和地方政府的权限、资源、人力不同，其执行策略会有所不同，具体执行可包括所有或以下活动：

（1）计划审查；

（2）产品、材料、设备规格审查；

（3）测试、认证报告、产品列表审查；

（4）相关计算审查；

（5）建造过程中建筑和相关系统检查；

（6）现场材料检查；

（7）入住前检查。

地方执法机构与施工现场密切联系，并与设计和建造公司有更多的直接接触，这为其提供了在设计和建造过程中更多定期执法的可能性。然而，有些地方司法管辖区可能缺乏足够的资源支持任务执行。由于各地区执法机构不同，同一州的执行情况也可能存在差异。如州级管理机构积极支持地方政府执行相关标准，情况会更好。有些州也将具体的监督监察权利委托给地方政府，也有的情况是州级政府进行设计审查，地方政府进行现场检查。

通常有以下几种方法可以对建筑设计是否与节能标准保持一致性进行校验——填写规定性表格，用软件生成表格，模拟运行。地方政府可为居住建筑生成简化的规定性表格，通常为 1~2 页的包含该气候区相关最低要求的列表，可以供申请者简单显示其提交的建设计划的细节，诸如保温等级、系统效率等。类似于 REScheck 和 COMcheck 的软件都可以用于一致性校验。使用者通过输入建筑所在地区、相关系数、效率和其他一些要求，可自动产生一个校验报告，软件允许一定范围的灵活性和各参数间的权衡判断。例如，一个设计师选择在走廊墙上安装更大的玻璃，则应通过提高保温等级来进行弥补。

在标准编制、批准、采纳、执行过程中，包括的主要相关机构见表2-4。

建筑节能标准相关组织机构

表2-4

过程	机构名称（中文）	机构名称（英文）	机构英文缩写
编制及修订	美国暖通空调制冷工程师学会	American Society of Heating, Refrigerating and Air-Conditioning Engineers	ASHRAE
	国际标准理事会	International Code Council	ICC
	美国建筑师学会	American Institute of Architects	AIA
	北美照明工程师学会	Illuminating Engineering Society of North America	IESNA
	国际照明设计协会	International Association of Lighting Designers	IALD
	新建筑研究院	New Buildings Institute	NBI
批准	建筑节能标准项目	The Building Energy Codes Program	BECP
	西北太平洋国家实验室	Pacific Northwest National Laboratory	PNNL
采纳	美国承包商联合会	Associated General Contractors of American	AGC
	美国建筑师学会	American Institute of Architects	AIA
	美国引领建造商	Leading Builders of American	LBA
	西方管理者协会	Western Governors Association	WGA
	北美照明工程师学会	Illuminating Engineering Society of North America	IESNA
	国家能源办公室联合会	National Association of State Energy Offices	NASEO
	国家防火联合会	National Association of State Fire Marshals	NASFM
	国家管理者协会	National Governors' Association	NGA
	国家建筑科学研究所	The National Institute of Building Sciences	NIBS
	美国节能经济联合会	American Council for an Energy Efficiency Economy	ACEEE
	节能伙伴	Energy Efficiency Partnerships	EEPS
执行	美国暖通空调制冷工程师学会	American Society of Heating, Refrigerating and Air-Conditioning Engineers	ASHRAE
	国际标准理事会	International Code Council	ICC
	国家能源办公室联合会	National Association of State Energy Offices	NASEO
	国家防火联合会	National Association of State Fire Marshals	NASFM
	国家管理者协会	National Governors' Association	NGA
	国家建筑科学研究所	The National Institute of Building Sciences	NIBS

过程	机构名称(中文)	机构名称(英文)	机构英文缩写
执行	国际照明设计协会	International Association of Lighting Designers	IALD
	建造专家公司	Construction Specifications，Inc	CSI
	美国引领建造商	Leading Builders of American	LBA
	节能伙伴	Energy Efficiency PARTnerships	EEPS

2.4.5　设计和施工

《基础节能标准》包括建筑材料的使用和施工工艺的要求，这两项都会影响整体的节能性。标准全面适用于新建建筑、附属建筑和改造建筑。虽然《IECC》标准和《ASHRAE 90.1》标准都规定了一些特殊情况不需满足标准要求，但通常设计人员都必须满足标准要求。

节能标准对墙体、地板、顶棚、门窗、暖通空调制冷系统、照明系统和热水供应系统的能效性能进行了要求。这些要求影响到居住建筑和公共建筑的设计、材料、设备安装，会在保证建筑全寿命周期健康、舒适、满足要求的同时，降低其所带来的能源消耗，因为建筑节能标准适用于所有建筑，它对所有类型和规模的建筑能耗都产生影响。

（1）建筑围护结构：材料的选择和建筑技术都很重要。基于不同的气候分区，对地板、顶棚和墙体的保温性能提出要求。对建筑如何密封以防止空气和水分渗透也做了具体要求。门窗的性能要求基于不同的气候分区、透过窗户的热损失和得热、该气候区对建筑供冷供热需求是否占主导地位综合考虑。设计人员必须指明正确材料，合同商和分包商必须遵守特定的技术要求，以达到标准要求。

（2）供暖、通风及制冷：对于居住建筑，节能标准主要强调基于建筑能源需求、管道位置和密封的设计和安装。系统如果发生泄漏则会降低效率并且浪费冷热量。《国家电器节能法》(The National Appliance Energy Conservation Act，NAECA)对相关设备的最低性能进行了要求，所以在建筑节能标准中不包括此类要求限制。机电承包商必须根据特定要求进行系统设计，建筑师可以通过选择并确定管道的位置影响改进建筑设计，安装承包商必须遵守标准要求。对于商业建筑，标准通过强调不同类型、不同规模系统的最低效率、管道位置和密封要求、基于不同室外温度的新风量来对供暖通风制冷系统的能效进行限制。对于理想温度的室外新风的使用可以大大降低系统供热供冷系统的能耗。和居住建筑一样，机电承包商和安装承包商都必须遵守标准要求。

（3）照明：最新的《IECC》标准对居住建筑照明要求进行了修订，这将影响到灯具和灯泡的选择，但不会影响整体建筑设计。商业建筑的照明要求比较广泛，包括自然采光要求和以瓦数为基础的室内室外照明的设计选择。建筑设计师、照明设计师和照明承包商都必须决定如何选择照明系统和灯具以满足标准要求。

（4）热水供应系统：节能标准在热水供应设备上的最低要求与 NAECA 保持一致。在《IECC》和《ASHRAE 90.1》中都有对热水供应系统的能量损失要求。

（5）建筑选址和方位：《IECC》和《ASHRAE 90.1》目前不对建筑选址位置、朝向、被动式太阳能设计、现场发电等进行规定。但是，建筑方位和朝向会影响到系统能耗，这在 IECC 和 ASHRAE 的标准的一致性校验中都会有所体现。

2.5　建筑节能标准未来五年计划

能源部于 2010 年 10 月颁布其《建筑管理项目未来发展计划》（Multi-Year Program Plan for Building Regulatory Programs），未来建筑节能标准更新计划见表 2-5。

"建筑节能标准项目"未来计划	表 2-5
主要工作	日期
公共建筑和高层居住建筑节能标准	
公布《ASHRAE 90.1-2010》（节能 30%）	2010 年 10 月
更新《ASHRAE 90.1-2010》相关工具和材料	2011 年 7 月
批准《ASHRAE 90.1-2010》	2011 年 10 月
公布《ASHRAE 90.1-2013》（节能 50%）	2014 年 10 月
更新《ASHRAE 90.1-2013》相关工具和材料	2015 年 7 月
批准《ASHRAE 90.1-2013》	2015 年 10 月
建筑节能标准研讨会和培训	每年 7 月
各州补助问题	每年 5 月
低层居住建筑节能设计标准	
公布《IECC 2012》（节能 30%）	2011 年 10 月
更新《IECC 2012》相关工具和材料	2012 年 7 月
批准《IECC 2012》	2012 年 10 月
公布《IECC 2015》（节能 50%）	2014 年 10 月
更新《IECC 2015》相关工具和材料	2015 年 7 月
批准《IECC 2015》	2015 年 10 月
建筑节能标准研讨会和培训	每年 7 月
各州补助问题	每年 5 月

根据《美国恢复和再投资法案 2009》要求的对于《预置住宅节能标准》的修订，能源部 2010 年 2 月发布了《预置住宅节能标准征求意见稿预通知》，并于 2010 年第四季度发布了《预置住宅节能标准征求意见稿通知》，稍后还会召开一个征求意见会议，任何人或团体对此征求意见稿的意见都可以公开发表，在收集齐所有意见的 90 天后，征求意见最终稿将于 2011 年 12 月 16 日颁布。

能源部项目计划、预算和分析办公室(The office of planning，budget and analysis)为"建筑节能标准项目"提供经费，2006～2010 年，逐年经费分别为 300、200、400、500、1000 万美元。计划自 2011～2016 年每年项目计划经费为 1000 万美元。

根据能源部调查，预计在 2013 年 6 月前，使该州公共建筑达到或超过《ASHRAE 90.1-2007》或《2009 IECC》标准要求的州如图 2-4 所示。

根据能源部调查，预计在 2013 年 6 月前，使该州居住建筑达到或超过《IECC 2009》标准要求的州如图 2-5 所示。

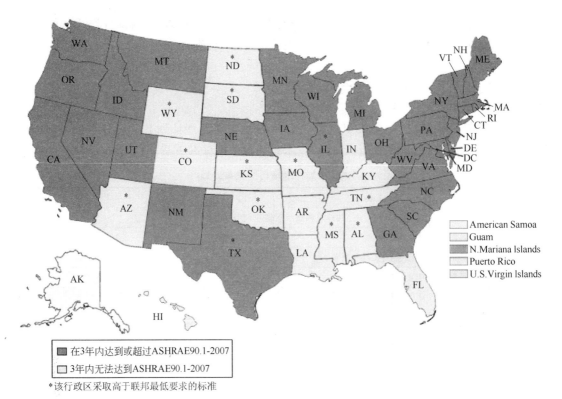

图 2-4   美国公共建筑节能标准执行预期

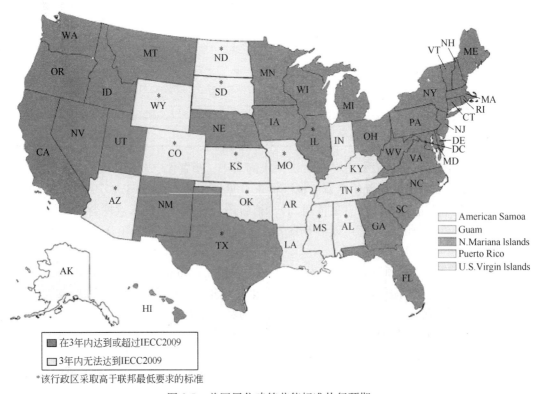

图 2-5   美国居住建筑节能标准执行预期

2.6　小结

从本章相关介绍,可以将美国建筑节能标准体系总结如下:

(1)管理体系。美国建筑节能标准的编制修订、节能性校验、批准、地方政府采纳、执行等相关工作均由能源部下设"建筑节能标准项目"进行协调执行,归口统一,方便管理。"建筑节能标准项目"对于标准未来修订的节能目标有明确的中长期计划和资金支持计划。

(2)现行标准。美国现行建筑节能相关标准主要为由 ICC 编制的《IECC》和 ASHRAE 编制的《ASHRAE 90.1》,各州根据其具体情况,按照各州具体管理规定,采纳其不同版本作为该州基础节能标准。相关标准每三年修订一次,准时颁布,给相关执行人员准确的心理预期;标准在修订过程中充分考虑所有利益相关方的意见和建议,并进行协调,减少了标准在执行过程中的阻力;标准在修订、讨论过程中保持全过程透明公开;标准修订以全国范围总体建筑节能效果作为度量指标,并非单栋建筑的最低节能性能。

(3)政府建筑。联邦政府负责管理的建筑,其建筑节能要求应符合联邦用能管理项目(Federal Energy Management Program, FEMP)相关规定,但其相关技术要求也是基于《IECC》和《ASHRAE 90.1》,其管理建筑的节能性能应比《IECC》和《ASHRAE 90.1》提高 30%。

(4)高于标准项目。除了不断提升建筑节能标准的最低要求,能源部还通过一系列的"高于标准"、"超越标准"、"绿色建筑标准"等项目编制相关技术文件,推动建筑达到更高的节能性能,并完成节地、节材等目标。

(5)技术团队。对于标准修订、节能性校验等技术工作,均由国家级专门团队负责。如《IECC》由 ICC-IECC 编制委员会负责修订、《ASHRAE 90.1》由 ASHRAE 90.1 编委会负责修订,用于建筑节能计算的模拟建筑原型以及模拟计算等工作由西北太平洋国家实验室(PNNL)完成。

(6)气候区划分。为了便于标准执行,美国的气候区划分按照政府管理区域进行了多次重新划分,以确保不会出现某一地区按照多类要求进行管理监督的情况。

(7)经济激励。国家划拨给地方的节能激励资金同建筑节能标准实施情况挂钩。

第 3 章 《国际节能规范》

由国际标准理事会(ICC)编制并发布的《国际节能规范》(International Energy Conservation Code，IECC)主要适用范围为三层及三层以下的居住建筑和所有公共建筑，三层及三层以下的居住建筑总面积占美国居住建筑总面积的89%，但此类建筑目前在我国建设量不是很大，而且 IECC 标准中公共建筑部分内容均参照《ASHRAE 90.1》标准编制，因此，本章仅对 ICC 组织结构和 IECC 系列标准的编制背景、目的及《IECC 2003》、《IECC 2006》、《IECC 2009》前后版本的相关内容进行简单比对介绍。

3.1 国际标准理事会

根据《能源政策法1992》规定：由美国建筑管理官员协会(CABO)编制的《基础节能标准》将作为各州的基础标准。1995 年 12 月，CABO 将其在《基础节能标准》上的所有权利与责任交接给国际标准理事会(ICC)。之后美国建筑官员会(BOCA)、南方国际建筑标准协会(SBCCI)、国际建筑官员会(ICBO)相继合并，并于 1998 年组建了新的国际标准理事会(ICC)，ICC 延续了 CABO 在标准制定方面的相关工作。

目前，国际标准理事会负责编制《国际建筑标准》(International Building Code)、《国际建筑节能标准》(International Energy Conservation Code)、《国际既有建筑标准》(International Existing Building Code)、《国际建筑防火标准》(International Fire Code)、《国际燃气标准》(International Fuel Gas Code)、《国际机械标准》(International Mechanical Code)、《ICC 性能标准》(ICC Performance Code)、《国际管道装修标准》(International Plumbing Code)、《国际私人污水处理标准》(International Private Sewage Disposal Code)、《国际物业管理标准》(International Property Maintenance Code)、《国际居住建筑标准》(International Residential Code)、《国际绿色建造标准》(International Green Construction Code)等 14 项标准规范，此组织编制的标准在美国通过能源部批准，然后在各州政府得到采纳执行。

3.2 《IECC》

目前，美国大部分州采纳的《IECC》最早起源自 1977 年由各州节能部门联合编制的《新建建筑节能标准》(Code for Energy Conservation in New Building Construction)，随后 1981 年，此标准被重命名为《节能的基础标准》(Model Code for Energy Conservation)，1983 年经 CABO 修订，定名为《基础节能标准》(Model Energy Code，MEC 标准)，相关机构不断合并，标准持续修订，后续版本分别由 CABO 于 1983 年、1986 年、1989 年、1992 年、1993 年、1995 年出版，随后由 ICC 于 1998 年、2000 年、2003 年、

2006 年和 2009 年出版系列《IECC》。随着技术不断进步、对建筑节能要求的不断提升以及标准管理团队的转移，同时为了增强和其他标准的协调性，标准在框架上逐步调整，内容上不断丰富，要求上不断提高。本章简要介绍《IECC 2003》、《IECC 2006》、《IECC 2009》的相关情况，并通过前后版本的比较，使读者了解《IECC》的相关情况。

3.2.1 《IECC 2003》简介

《IECC 2003》共包括 10 章，分别为：管理和实施、定义、设计条件、基于系统分析的居住建筑设计和建筑使用可再生能源设计、基于部件性能的居住建筑设计、独立的单户和双户住宅与 R2、R4 或者联排居住建筑的简化规定性要求、公共建筑设计、基于可接受惯例的公共建筑设计、气候区划分、参照标准。下面逐章介绍编制背景、编制目的及主要内容。

3.2.1.1　管理和实施

1. 编制背景

ICC 在 1998 年 2 月提出了《IECC 1998》，《IECC 1998》代替了 1995 年 CABO 发布的《MEC 标准》。为了方便责任的转接，秘书处即委员会成员通过法律直接沿用了 ICC 活动程序和指导手册，未对其做任何更改。

在《IECC 1998》中，吸收了 1995 年 CABO《MEC 标准》，并包含了 MEC 在 1995 年、1996 年和 1997 年标准发展周期内修订的技术内容。

《IECC 1998》包含的重大改变如下：

① 为顺应将 CABO 标准发展为 ICC 国际标准，对各章节进行了结构重组。

② 增加了寒冷气候地区玻璃的最大太阳得热系数(SHGC)的相关条文。

③ 修正受窗户影响的默认 U 因子。

④ 非循环热水系统的集热器。

⑤ 为有一个窗户或玻璃门且面积不超过 40％的使用"简单"暖通空调系统(亦称为单区域系统)的三层及以下商业建筑增加一个简化的要求方法。

在《IECC 2000》中，扩大了适用范围以囊括第 8 章中所有公共建筑的相关节能规定。对特定"复杂"暖通空调系统(亦称为多区域系统)的可用条款使用了概括性语言，另一改进是使用简化的"总建筑性能"代替第 7 章的模拟能耗预算条款，同时也修订了室内照明电力要求部分，并且参照第 7 章采用的相关要求。

《IECC 2003》中添加了一章全新独立的关于单户和双户住宅、联排别墅以及低层多户住宅的内容，新的这章叫做"独立的单户和双户住宅与 R2、R4 或者联排居住建筑的简化规定性要求"，为《国际住宅标准》(International Residential Code，IRC)中相关节能条款建立了技术协调平台。

2. 目的

本标准适用于所有以人员舒适度为主要目标的建筑和围护及其组成部分和系统。因此，本标准主要内容包括节能建筑围护结构的设计以及住宅及类似的商业建筑中暖通空调系统、热水系统、电气系统和设备的设计与安装。

3.2.1.2　定义

1. 编制背景

本标准定义的所有词条在本章按英文字母顺序列出。在管理和实施本标准的过程中，明晰本章定义的词语或条目非常重要。标准使用者应熟悉这些词条,这些定义是正确理解本标准的基础。

2. 目的

标准本身就是技术文档。每个字、每个词、每个标点的变动都会改变想要表达的意思。尤其是这种预期结果依靠于多个特定词语的联合使用,此现象更加明显。此外,标准要具有广泛的使用范围,从而要涉及多个领域的专业词汇,这些词汇使用时根据描述内容或领域的不同往往具有多个意思。因此对本标准中的特定词条给出统一的解释。本章就是这个作用,即给出特定词语在本标准中的意义。

本章共包含 111 个定义。

3.2.1.3 设计条件

1. 编制背景

本章明确了室外设计条件。数据可以从国家海洋与大气管理局(National Oceanic and Atmospheric Administration,NOAA)的天气信息及 ASHRAE 基础手册中获得。

本章给出了用来计算系统规模、围护结构和暖通空调系统要求的室外设计条件。

2. 目的

本章包含了确定室外设计条件的方法,室外设计条件会在第 4 章~第 8 章计算用到。用于确定各行政管辖区的相应气候区的地图在第九章。

3.2.1.4 基于系统分析的居住建筑设计和建筑使用可再生能源设计

1. 编制背景

本标准使用终端用能,而非一次能源作为评价指标,并基于规范性指标和性能性指标给出了达到相应节能目标的特定参数限制。一次能源定义为可经过转化处理产生能量的能源量,如用来发电的能源;在传送能源过程中损失的能量,例如,在传送和分配电力过程中损失的电能,也应该考虑在内。终端用能是指传递给用户的能源量,能量产生、传输和分配过程中的损失不包括在内。一次能源很重要,比如可以用来表示区域能源对全球二氧化碳特定排放量的最终能源影响,但如果有人想知道建筑内的运行状况,那么终端用能则更加重要。此时,燃料的选择并不重要,比如使用燃油加热的用户也需要比电加热的用户消耗更多能源。

从经济学的角度来看,使用能源消费量比使用一次能源或终端用能来考虑问题更可取,宽松政策会影响燃料的选择,用户会自行决定使用哪一种燃料。此种观点以竞争压力会影响能源价格为前提,关于此类的讨论很多,但无论怎样,第 4 章的目的很明确,就是通过对终端用能进行要求达到建筑节能的目的。

第 5 章包含了一些住宅能源使用的规定性要求,一些条款通过强调建筑围护节能性能,最终建立了建筑围护的最小隔热、窗的 U 因子和气密性的要求。第 4 章中给出了一种如果规定性要求不满足第 5 章相关要求的替代设计方法。

2. 目的

本章并未给出一系列简单的规定,而是描述了基于建立以节能目标为目的设计过程。

3.2.1.5 基于部件性能的居住建筑设计

1. 编制背景

本章给出了对隔热、气密性、防潮层、HVAC 系统(包括管道隔热和密封)、管材隔热、热水系统和游泳池的要求。隔热的要求使用特定组件的最大传热系数限值（U 因子或 U_o）或最小热阻限值（R 值）来表示。本章使用范围不包括无供热供冷系统的住宅。

不同围护组件有独立的要求。围护组件类型分为室外空气影响的顶棚和地板、地上墙体（包括门和窗）、非空调区地板、空调区地下室墙体、空调区管道层空间墙和边缘。

（1）U，U_o 和 R

隔热要求通过最大 U_o 或 U 因子（传热系数）或最小 R 值（热阻）给出。U_o 和 U 因子是对热流通过给定部件速率的度量值，值越高说明单位面积热流量越大。"U 因子"是针对单一材料使用的，例如，隔热或木材，或遵循特定路径的一系列混合材料的热流。比如说，通过墙身空隙（支柱间的墙部分）的热流有特定的 U 因子。这个热流路径包括要通过内部石膏板、空隙内的隔热或外部隔热、侧线和空气层。同样是这样的墙体，热流通过另一路径则具有不同的 U 因子。"U_o"描述了通过多个热流路径时的平均量。

R 值是对材料阻止热流能力的度量（热阻）。"R 值"只是针对单一材料而言的，比如隔热，但是不能用来描述多重材料的混合体。具有越高 R 值的材料的 U 因子越低。对单一材料或路径来说，R 值是 U 因子的倒数。

（2）UA

特定建筑部件的总的热损失是由该部件 UA 值决定的。UA 值就是 U_o（或 U 因子）乘以部件面积。当考虑一整栋建筑时，建筑所有不同部分 UA 的和就是"建筑 UA"。通过比较同一建筑不同设计的 UA 值可比出不同设计的热效率如何。具有相同尺寸、相同材料和相同 HVAC 系统的两栋建筑，其总 UA 值更低的建筑被认为是建筑围护的热损失更少，从而更具节能性能。

（3）U 因子和 R 值要求

U_o、U 因子和 R 值的要求在第五章通过相关图和公式给出。墙体 U_o 要求是针对墙整体来说的，这包括了门和窗以及地下室。顶棚的要求是包括天窗在内的整个顶棚。本章中的讨论不限制玻璃面积的大小，只要求设计的总 UA 不比标准规定的 UA（尤其针对本标准）大。

2. 目的

本章给出了证明建筑围护与本标准中住宅规定一致性的四种方法，也包含了 HVAC、水路系统和电力系统的标准要求。

3.2.1.6 独立的单户和双户住宅与 R-2、R-4 或联排别墅的简化规定性要求

1. 编制背景

第 6 章给出了在本标准下进行的设计与施工的节能相关要求。本章和《国际住宅标准》（ICC）的节能规定保持一致。

601 部分包含了本章的实际应用和适用范围，同时限制了材料的鉴别和标记；602 部分包含了对建筑围护（包括屋顶部件、墙部件和地板部件）的隔热 R 值要求和窗户的 U 因子要求；603 部分包含了对供热和制冷系统的要求，设备性能，管道安装及隔热的要求；604 部分包含了热水系统性能的要求；605 部分包含了对电力及照明的要求。

2. 目的

本章定义了建筑及其系统中节能的要求，这部分可影响到新建建筑能源使用情况并改善能源使用效果。本章所列的要求提高了建筑围护、供热和制冷系统以及热水系统的效

率。遵循本章内容会减少新建建筑能源消耗。

3.2.1.7　公共建筑设计

1. 编制背景

《ASHRAE》标准被广泛应用，本章包含了对《ASHRAE 90.1-1989》中商业与高层住宅标准的相关要求提升。这些提升包括：节能要求等级的提高、将既有建筑包含在适用范围内、使用强制性语言、扩充了气候数据以及除性能性方法之外的规定性方法。

大体上看，《ASHRAE 90.1-2001》中的要求与本标准相似，处理的是住户热舒适性影响的建筑系统的设计问题，包括：

① 照明系统和控制；

② 墙面、屋顶和地板的隔热；

③ 窗及天窗；

④ 制冷设备(空调、冷凝器和冷却塔)；

⑤ 供热设备(锅炉、炉与热泵)；

⑥ 泵、管路和液体循环系统；

⑦ 送风扇与回风扇；

⑧ 热水服务系统(厨房和卫生间)；

⑨ 电动机(电梯和扶梯)。

无论《ASHRAE 90.1》还是本标准都不包括办公设备的能耗，如电脑、复印机、打印机、传真机和咖啡机。尽管餐厅厨房、商业厨房和食堂的热水照明和 HVAC 能耗都属于本标准管理范围，其内相关设备的能效要求也不在本标准范围内。

(1) 适用的建筑类型

《ASHRAE 90.1》应用于新建商业建筑和高层住宅。在这里"高层"被定义为四层及以上的建筑。《ASHRAE 90.1》并不适用于低层住宅，如单户家庭，复式带花园公寓或者三层及以下独立公寓，这些建筑类型相关要求见本标准的第 4 章～第 6 章。

(2) 不适用的建筑

《ASHRAE 90.1》特别说明其不适用于为制造、商业或工业过程使用的建筑，但如果建筑中只有一部分是这种用途，剩下部分仍需满足《ASHRAE 90.1》。

2. 目的

《ASHRAE 90.1》的目标是在不以用户生产率和舒适度为代价的情况下通过增加性价比高的节能设计和技术来减少能耗。

《能源政策法案 1992》要求各州政府更新其商业建筑能效标准，以达到《ASHRAE 90.1》或其后标准的严格程度。不像住宅标准，一些州政府在编制公共建筑节能标准上面缺乏技术支持，为此，一些州期望通过采纳相关标准作为商业建筑能源政策的基准或另外制定一部州内标准来达到《ASHRAE 90.1》的要求，美国能源部给各州提供了资金与技术支持。

3.2.1.8　基于可接受惯例的公共建筑设计

1. 编制背景

本章可用于大部分商业建筑和地上四层及以上住宅的设计与施工的一致性证明。

本标准的要求不适用于：

① 能耗极低建筑(低于 3.4Btu/h·ft² 或 1W/ft² 楼板面积);

② 没有供热和制冷的建筑或部分建筑;

③ 历史建筑。

达到本章要求的建筑,其节能性能基本上会达到或超过同类满足《ASHRAE 90.1-2001》要求的建筑。

本章的规定简化并明晰了针对商业建筑的能源标准要求。与《ASHRAE 90.1-2001》相比,考虑到用户的使用,本章删掉了一些多余的和对整体能源性能没有影响的条款。

2. 目的

第 8 章包含了一系列针对商业建筑的更方便使用的节能设计要求,第 8 章使用标准(强制)语言编写,《ASHRAE 90.1-2001》中给出的意见和建议都被删除。

基于一些商业建筑的设计者、建造者和监管官员对于商业建筑节能标准简单易行的要求,在 1997 年,IECC 标准发展委员会批准了本章。

本章由美国西北太平洋国家实验室代表美国能源部编写,目的是在不以住户生产率和舒适度为代价的情况下通过增加使用高成本效益的设计和技术来减少能耗。《能源政策法》要求各州政府更新其能效标准至少达到与《ASHRAE 90.1》标准相当。为此,一些州期望通过采纳简化可用的《IECC 2003》标准中的条款来代替《ASHRAE 90.1-2001》中非常难懂和复杂的技术条款。

3.2.1.9 气候区划分

1. 编制背景

第 9 章给出了美国每个地区的气候分区,这些分区在第 5 章、第 6 章和第 8 章中确定设计条件时使用。地图中的信息也可以在相关表格中查阅,作为确定室外气象参数用,用于确定系统大小、隔热与机械系统的相关要求。将气候分区总结在本章,便于标准使用者确定设计条件,也避免了每次使用标准时的麻烦。鉴于大多数设计者和标准官员只关心其所在区域的设计要求,在设计或实施过程中一旦确定其所在气候区域,就不再需要这些地图了。

2. 目的

本章提供了确定气候分区地图,从而确定与本标准相符的设计条件。

3.2.1.10 参照标准

1. 编制背景

第 10 章包括了本标准中引用的相关标准的完整列表。本章是为了方便查找这些标准而编写。很重要的一点是,并非每一个与节能相关的标准都有资格列为参考文献。国际标准理事会为引用标准设定了一些条件,即可作为 ICC 相关标准的参照标准必须满足以下条件:

① 参考文献:适用范围必须明确。

② 文献内容:文献必须使用强制性语言,并适用于适当的主题。标准不可以要求用户使用某一私人生产的材料或使用某一私人开办的测试代理机构。

③ 标准发布:标准必须很容易获得、发展和修订,比如 ASTM 或 ANSI 系列标准。

标准中的相关要求应该是目前此领域相关知识的主流代表意见集合,即利益相关者一致同意相关要求,"一致同意"包括但不限于:

① 标准编制是一个开放的过程，具有正式的(公布的)程序，考虑了所有观点；

② 在一个明确的周期内对文献进行更新和/或修订；

③ 对所有利益相关者给予通告；

④ 包含上诉过程。

尽管有一些与暖通空调及照明系统的设计、安装和建造有关的技术手册非常有用，但它们并不是标准，也不适宜在标准中作为参考。通常，这些手册，包括安装指南、指导手册与实践等，是为了某些限制目的使用的，其中一些建议、咨询性意见和非强制性词汇也得到了广泛使用，但其并不适宜作为标准参考。

《IECC》标准的目的是提供一个清晰、简洁、可行的管理规则，因此使用强制性语言编写，这并不是说标准中不能包含那些可以帮助用户使用的信息性或解释性的材料。当标准发布者想要标准中含带这些材料时，需要将其放在非强制要求的位置，比如附录或附文中，并且向读者清楚地展示这些东西并不是标准的一部分。

总之，标准中引用的文献必须是权威的、恰当的、最新的，并且最重要的是合理的和可实施的。

2. 目的

作为一个注重实践的标准，《IECC》包括众多的引用文献，这些文献被用来管理建筑的材料和建造方法。本标准中对这些文献的引用标出了这些文献发布组织简写和出版名称。本章包含了确定某一参考文献所需要的所有重要信息，包括文献颁布机构的如下信息：

① 颁布机构；

② 颁布机构简写；

③ 颁布机构地址。

例如，本标准中对某一 ASME 标准的引用表示该文献由美国机械工程师协会(American Society of Mechanical Engineers，ASME)颁布，该协会地点是纽约州纽约市。本章根据字母顺序列出了这些标准的颁布机构以便查找。

本章同样包含了参考文献的如下信息：

① 该文献发表的标识；

② 文献出版年份；

③ 文章标题；

④ 本标准颁布时该文献的任何附录或修订信息；

⑤ 本标准中引用该文献的每一章节代码。

例如，对 ASME A112.18.1 的引用表示该文章可以在第十章以 ASME 开头的部分找到。发布标识为 A112.18.1。为了方便，这些标志根据字母顺序排列。在第 10 章中可以看到：ASME A112.18.1 的标题是"管道固定装置"，使用版本(即出版年份)是 2000 年，并且其在本标准中的某一特定章节被引用。

本章同样给出了一个标准何时被出版机构终止使用或更换。当某一标准被更换时，旁边会有标注告诉用户新标准的出版标识和标题。

设立本章的最终目的还是为了让标准中的参考文献可以非常明确，从而达到标准的一致性。

3.2.2 《IECC 2006》简介及与《IECC 2003》的修订比较

《IECC 2006》于 2006 年 1 月第一次出版印刷,新版本依然强调通过规定性方法和性能性方法达到建筑节能,但对其章节进行了重新编排。总体看来,本次标准修订主要重点在于章节调整,而非节能性能提升。标准尽可能减少与其他标准不必要的联系,也不会对任何型号或等级的材料、产品或施工方法进行优先推荐。本标准和其他 ICC 的 2006 版本标准完全匹配。《IECC 2006》共包括六章,分别为:管理和执行、定义、气候区划分、居住建筑节能、公共建筑节能、参照标准。

《IECC 2006》和《IECC 2003》的主要区别为:

(1) 气候区的重新划分。2003 版本根据供暖度日数(HDD)不同划分了 17 个气候区,而 2006 版本则将气候区降低为 8 个,再根据湿度分为西北沿海(C)、干燥(B)和潮湿(A)三个湿度区,所有气候区的边界都和行政管理区保持一致。值得提到的是,在此版里第一次将美国划分为 8 个主要气候区,此后,其他版本节能标准均沿用此气候区划分方法(在气候区划分上同 ASHRAE 系列标准)。

(2) 将单体住宅(别墅)和多户住宅(多人别墅)进行统一要求。2003 版本,第四章~第六章针对不同类型的居住建筑进行了分别要求:基于系统分析的居住建筑设计和建筑使用可再生能源设计、基于部件性能的居住建筑设计、独立的单户和双户住宅与 R2、R4 或者联排居住建筑的简化规定性要求。而 2006 版本将单体住宅和多户住宅以及其他低层居住建筑的要求进行了统一要求,简化了相关规定。

(3) 不基于窗墙比的围护结构性能要求。取消了基于窗墙比对围护结构性能进行要求的相关条款,大大简化了围护结构的性能指标数量,便于设计、施工与检查。

(4) 新权衡判断情况下,对于透明围护 U 因数和 $SHGC$ 系数的要求。

由于《IECC 2006》和《IECC 2003》在章节结构上进行了大量调整,相关条文的调整修改比对情况见表 3-1。

《IECC 2006》和《IECC 2003》修订内容比较   表 3-1

第 1 章 管理和实施(整体修改)

规范版本		节名	修改情况
2006	2003		
101	101	范围和一般要求	修改节名
101.2	101.2	范围	修订强调本规范适用于居住建筑和公共建筑。居住建筑包括单户和双户住宅以及联排别墅。同时,将附属独立建筑与无空调建筑的豁免要求移入低能耗建筑条款
101.4	101.2.2	应用	修订并重新强调对于既有建筑和翻修建筑的要求范围
101.4.3	101.2.2.2	附加、更改、翻修、维护	增加了四种可以不必满足标准要求的豁免情况
101.5.1	103.1	一致性材料	修订为允许标准管理部门批准特定软件、工作表格、一致性手册或其他类似材料用以保证标准要求

第 1 章　管理和实施（整体修改）

规范版本		节名	修改情况
2006	2003		
表 102.1.3 (1)-(3)	表 102.5.2 (1)-(3)	围护结构 默认值表	玻璃窗、门和天窗以及玻璃阻隔的太阳得热、U 因数默认值修订
103.1.1	新增	高于标准项目 (Above Code Program)	如果被其他"高于标准项目"书面正式其建筑建造满足该项目要求，则也可视为满足本规范规定

第 2 章　定义（整体修改）

202	202	一般定义	增加以下新定义：地上墙、幕墙、热量回收器（空气）、能量回收通风系统、R 值（热阻）、睡眠区域、太阳得热系数、门廊、U 值（传热系数）、蒸汽阻尼材料 修订以下定义：建筑热围护、空调区、公共建筑热量回收器（空气）、外墙、居住建筑、顶棚安装、天窗、通风

第 3 章　气候区（整体修改）

301	902	气候区	将前版本 19 个气候区压缩为 8 个，并根据湿度情况将不同气候区继续细分为湿、干、海洋性气候
301.2	新增	热湿	包括一个热湿郡县列表
301.3	新增	国际气候区	通过表 301.3(1) 和 301.3(2) 对国际（美国外）的气候区进行定义和划分
301.3.1	新增	热湿标准	对热湿地区进行定义
302.1	新增	室内设计条件	对室内设计环境进行了限制，要求冷热负荷计算中，供热最高温度为 22℃(72℉)，供冷最低温度为 24℃(75℉)

第 4 章　居住建筑节能（整章修订）

401.2	新增	一致性	明确说明相关强制条文，必须满足 401，402.4、402.5 和 403 要求，或者满足 402.1 到 402.3 的规定性要求，或者满足 404 的性能性要求
401.3	新增	认证	要求将建筑相关节能信息通过证书形式永久展示在配电柜外部或内部
402	502.2	建筑围护	对围护结构和门窗的规定性要求进行了修订，包括空气泄漏和湿度控制的强制性要求
表 402.1.1	表 502.2	隔热和门窗要求	根据不同的气候区及湿度要求，修订了隔热和门窗要求
403.2.1	表 503.3.3.3	（管道）保温	供回风管要求保温等级 R-8，地板中的风管保温等级 R-6
403.3	表 503.3.3.1	机械系统水管保温	要求所有温度高于 41℃ 或低于 13℃ 的水管最低保温标准为 R-2
403.6	新增	设备规格	设备标准要求参照《国际居住建筑条例》(International Residential Code)M1401.3
404	第 4 章	模拟性能替代	修订了使用模拟能耗分析的一致性要求，包括供热、供冷、生活热水费用

续表

第 5 章 公共建筑节能

规范版本		节名	修改情况
2006	2003		
501.1	801.1	范围	修订强调公共建筑必须遵守本规范全部内容或遵守《ASHRAE 90.1-2004》
502.1.1，502.3	802.2	隔热和门窗要求	根据新划分的气候区对相关系数进行了重新要求。同时要求垂直玻璃面积超过 40% 或天窗面积超过 3% 时，整体建筑能效必须满足 506 条或《ASHRAE 90.1-2004》
502.2.3	802.2.1	地上墙	"重型墙体"包括了如建筑材料重量低于 120 磅/立方英尺，其重量大于 25 磅/立方英寸（表面积）
502.2.5	802.2.6	与室外基础或非空调区域的地板	修订，增加了"重型地板"
502.2.7	新增	不透明门	将不透明门的要求放入表 502.2(1)
503.2.2	803.2.1.1	设备和系统规格	对相关特例进行了豁免
503.2.4.4	803.3.3.4	关断阀控制	增加了特例
503.2.6	新增	能量回收通风系统	增加了对此类系统使用情况和回收效率的要求
503.3.1	803.2.6，803.3.5	热量回收器	在一些气候区降低了设备使用限值
503.3.2	803.2.4	水力系统控制	降低了系统使用限值
503.4.2	803.3.3.6	VAV 风机控制	增加了对分区静压点重设并向中央控制系统汇报的要求
504.7	新增	游泳池	增设了加热、时间控制、泳池覆盖必须配备节能措施的要求
505.2.2.2	805.2.2.2	自动照明关断	修订了无人员时，自控关灯的要求
505.2.4	805.2.3	室外照明控制	修订强调在日光充足或者夜间不需要照明情况下必须设置自动关断的要求。根据时间设定开关。也给出了一些可豁免的情况
505.5.2	805.5.2	室内照明用能	删除了租住区域或建筑部分情况照明
505.6.1	新增	建筑室外地面照明	室外照明＞100W 时，最小照度应为 60lm/W，或设置控制
505.6.2	新增	建筑室外照明用能	新表 505.6.2 列出了不同情况下的室外照明用能密度。对建筑室外照明总用能进行了限制，并给出了豁免情况

3.2.3 《IECC 2009》简介及与《IECC 2006》的修订比较

《IECC 2009》第一版于 2009 年 1 月出版，《IECC 2009》和《IECC 2006》在章节框架上并无修改，只是对相关条文进行了调整增减，并根据节能需要提高了对相关围护保温性能和暖通空调系统、照明系统、热水系统效率的要求，增加了一些新定义。相关条文的调整修改比对情况见表 3-2。

《IECC 2009》和《IECC 2006》修订内容比较 表 3-2

第 1 章 管理和执行

规范版本		节名	修改情况
2009	2006		
101.4.3	101.4.3	附加、更改、翻修、维护	增加了三种豁免情况
101.4.4	101.4.4	使用者变化	增加了根据表 505.5.2 的新要求
102.1.1	103.1.1	高于标准项目（Above Code Program）	按照"高于标准项目"要求建造的建筑业应该满足本标准第四章和第五章的相关强制要求
103	104	建造文件	增加了对预批准、阶段性批准、建造文件修改和存档的要求
104	105	检查	增加了对授权检查机构、复查和测试、批准、废除验收文件等要求
107	新增	费用	增加了对收费的要求
108	新增	停工命令	给予了标准执行机构下令停工的权限
109	新增	申诉处理委员会	增设了对停工进行申诉进行受理的机构

第 2 章 定义

202	202	一般定义	增加以下新定义：空气阻隔、C 值（传热系数）、日光区、需求控制通风、高效照明器、名义功率等

第 4 章 居住建筑节能

402.1	402.1	围护结构相关要求	对透明围护 U 值、SHGC、外墙 R 值、地板 R 值、地下室墙 R 值进行了修订
402.1.4	402.1.4	U 值	根据表 402.1.1 对表 402.1.3 中相关值进行了修订
402.2.3	新增	连接门	增加了对空调区和非空调区连接门密封的要求
402.2.5	402.2.4	钢结构顶棚、墙体和门	增设了对某些气候区的豁免情况
402.3.4	402.3.4	不透明门豁免	增加了对不透明门面积的要求
402.4	402.4	空气泄漏	增加了检测方法等
403.1.1	新增	预置温控阀	增加了强制空气系统中温控阀的要求
403.3	403.3	水管	提升了水管保温级别，从 R-2 提升为 R-3
403.2.2	403.2.2	风管密封	对风管密封提出了新要求。增加了风管密封性能测试要求
403.7	新增	多户住宅系统设置	要求机械系统有能力满足同时为多户住户提供服务的能力，并满足 504 条要求
403.8	新增	融雪系统控制	要求所有融雪设备必须有根据温度自动关断的控制功能
403.9	新增	游泳池	要求所有泳池必须有保温措施
405	404	模拟性能替代	修订了参考设计的相关参数

第 5 章　公共建筑节能

规范版本		节名	修改情况
2009	2006		
501.1	501.1	参照标准	2006 版本参照《ASHRAE 90.1-2004》，2009 版本参照《ASHRAE 90.1-2007》
表 502.2(2)	表 502.2(2)	金属墙体	增加了对金属墙体的描述
5.2.2.1	502.2.1	屋顶安装	增加了对金属屋顶安装的描述
502.3.2	502.3.2	U 值和 SHGC 限值	将不同材料(玻璃、塑料)天窗的不同限制值合并
803.2.3	803.2.3	HVAC 设备性能要求	提升了最低能效要求
503.2.4.5	新增	融雪控制	所有融雪系统必须配有自控装置
503.2.5.1	新增	需求控制通风	对于面积大于 50m² 的场所，平均人数大于 40 人每 93m² 时，需要有需求控制通风
503.2.6	503.2.6	能量回收通风系统	删除了对排风量等于或小于 7.08m³/s 的实验室的豁免要求
503.2.7	503.2.7	管道安装与密封	密封要求参照最新 2009 版本《国际机械规范》(International Mechanical Code)
503.2.8	503.2.8	HVAC 水管保温	增设了豁免情况，扩大了对于水管保温的要求范围
503.3.1	503.3.1	能量回收器	扩大了对使用此设备的范围要求
503.2.10	新增	风机	增加了对风机最大名牌功率的限制
503.4.3.3	503.4.3.3	水环热泵系统	调整了内容顺序，基于气候区对无吸热情况下的旁通设置提出要求
503.4.5.4	新增	送风温度重设控制	增加了对于根据送风温度和室内温度进行再调节控制的要求
505.1	新增	总则(电能和照明系统)	要求至少 50% 的居住单元的照明为高性能灯具
505.2.2.3	新增	日光控制	新增要求日光区的灯具要和非日光区的灯具分开控制
505.2.4	505.2.4	室外照明控制	取消了对于用于安全、保安和眼睛适应情况的豁免
505.5.1	505.5.1	室外照明全部用电	增加了 12 种可以不计算在总电能需求的豁免情况
505.5.2	505.5.2	室内照明用电	修改了室内照明用电总附加量的计算公式
505.6	505.6	室外照明	基于不同室外区域的功能和用途对其用电要求进行了重新要求
506	506	建筑整体能效判断方法	重新编写此节，说明对于使用建筑整体能效对建筑进行要求需要考虑的系统情况。增加了表 506.5.1(1)——标准参考设计和建议设计的细化要求，此表为计算参照标准设计和建议设计的能源消耗费用提供了细化要求

3.3　小结

通过本章可以看出：

（1）美国三层及三层以下居住建筑的总面积占美国居住建筑总面积的 89%，将其区别于高层居住建筑进行单独要求有其合理性。

（2）国际标准理事会编制的《IECC》与其编写的建筑其他相关标准互相配套，每三年全部更新一次，自成体系，互相协调，减少与其他机构和组织的协调工作量，也方便地方州政府统一采用和执行。

（3）《IECC》标准相对于《ASHRAE 90.1》更加简单，方便执行。如《IECC 2006》和《IECC 2009》就是将相对应版本的《ASHRAE 90.1》进行简化，删除相关解释说明性条文而得到的。

（4）《IECC》标准的对居住建筑节能性能的要求在不断地提升。

第4章 《ASHRAE 90.1》及中美比对

本章对《ASHRAE 90.1-2010》标准主要内容进行介绍，对《ASHRAE 90.1-2004》、《ASHRAE 90.1-2007》、《ASHRAE 90.1-2010》主要条文、参数的修订情况进行比较，并将其与我国目前实施的《公共建筑节能设计标准》GB 50189—2005、《严寒和寒冷地区居住建筑节能设计标准》JGJ 26—2010、《夏热冬冷地区居住建筑节能设计标准》JGJ 134—2010、《夏热冬暖地区居住建筑节能设计标准》JGJ 75—2003 相关条文要求、参数设置进行比较分析。

4.1 美国暖通空调制冷工程师学会简介

美国暖通空调制冷工程师学会(American Society of Heating，Refrigerating and Air-Conditioning Engineers，ASHRAE)是一个创立于 1894 年的国际组织，总部位于美国亚特兰大，目前拥有全职工作人员 100 余名，全球会员 51000 名。它通过在暖通空调制冷领域开展科学研究，编制技术标准、导则与手册，开展培训教育等活动，推动建筑中相关能源系统的使用与建筑节能。

在美国，任何一个组织(包括协会、学会、制造商等)，都可以编制自认为有市场需求的技术标准、指南及手册。美国国家标准学会(American National Standards Institute，ANSI)或其他权威性机构通过一定的程序(公告、征询各方面意见修改)将某一标准认可为联邦标准(仍为自愿采用的标准，这与我国的国家标准有本质区别)后，该标准才可能被采纳为某一方面或某一地区的标准。只有在联邦政府某些州、县、市通过相关政府文件对某一联邦标准进行认定后，才能在其行政管辖区内具有法律效力，而成为联邦政府或这些州、县、市政府的强制性标准。ASHRAE 编制的大部分标准都通过美国国家标准学会的批准，进而被各州广泛采用。

ASHRAE 的出版物和相关技术文件主要包括：①书籍和软件(Books & Software)：ASHARE 的在线书店，定期更新。给购买 ASHARE 出版物的用户提供查询。②论文(Papers & Articles)：ASHRAE 出版的学术会议论文和 ASHRAE 期刊文章。③标准和导则(Standards & Guidelines)：ASHARE 标准和导则。④手册(Handbook)：该手册采用 192 条简明、完全、权威的 HVAC&R 主题的处理方法，共四本，每年修订其中一本，四年为一个修订周期。⑤自学课程(Courses)：自学课程提供了一条在 HVAC&R 领域进行继续教育的便利灵活的途径。⑥免费新闻(Free Mailings & Forums)：提供 ASHRAE 的免费新闻与更新情况。⑦文摘中心(Abstract Archives)：文摘中心是 7000 条 ASHRAE 论文和出版物文摘的在线索引，包括了 ASHRAE 学术会议论文、ASHRAE 期刊文章、ASHRAE 联合主办会议论文和 ASHRAE 图书的全部文摘和题录。

ASHRAE 最有影响力的标准包括：62.1 标准《可接受的室内空气质量通风标准》

(Standard 62.1——Ventilation for Acceptable Indoor Air Quality)；90.1 标准《除低层建筑外的建筑节能标准》(Standard 90.1——Energy Standard for Buildings Except Low-Rise Residential Buildings)；与美国绿色建筑委员会和美国照明工程学会联合编制的 189.1 标准《高性能绿色建筑设计标准》(Standard 189.1——Standard for the Design of High-Performance Green Buildings)。

为了配合能源部在建筑节能方面的工作部署，ASHRAE 也针对某一特定类型的建筑，免费公开发布其在现行某版本标准基础上节能 30% 或 50% 的设计指导，统称为"更节能设计导则"(Advanced Energy Design Guide，AEDG)，ASHRAE 将这系列导则称为"为达到零能耗建筑的节能导则"(Achieving 30%～50% energy savings towards a net zero energy building)。截至目前，已经发布了以在现行标准基础上节能 30% 的《高速公路旅馆更节能设计导则》(AEDG for highway lodging)、《K-12 学校建筑更节能设计导则》(AEDG for K-12 school building)、《小型零售建筑更节能设计导则》(AEDG for small retail building)、《小型医院和医护设施更节能设计导则》(AEDG for small hospitals and healthcare facilities)、《小型办公建筑更节能设计导则》(AEDG for small office building)、《小型仓库和存储建筑更节能设计导则》(AEDG for small warehouses and self-storage building)和在现行节能标准基础上节能 50% 的《小型到中型办公建筑更节能设计导则》(AEDG for small to medium office buildings)。

4.2　美国国家标准学会简介

美国国家标准学会(American National Standards Institute，ANSI)是一个准国家式的标准机构，它为那些在特定领域建立标准的组织提供区域许可，如电气电子工程师协会(IEEE)和 ASHRAE。ANSI 是国际标准化委员会(ISO)和国际电工委员会(IEC)5 个常任理事成员之一，4 个理事局成员之一，参加 79% 的 ISO/TC 的活动，参加 89% 的 IEC/TC 活动。ANSI 是泛美技术标准委员会(COPANT)和太平洋地区标准会议(PASC)的成员。

ANSI 成立于 1918 年，原名是美国工程标准委员会(American Engineering Standards Committee，AESC)。此前，美国的许多企业和专业技术团体，已开始了标准化工作，但因彼此间没有协调，存在不少矛盾和问题。为了进一步提高效率，数百个科技学会、协会组织和团体，均认为有必要成立一个专门的标准化机构，并制订统一的通用标准。1918 年，美国材料试验协会(ASTM)与美国机械工程师协会(ASME)、美国矿业与冶金工程师协会(ASMME)、美国土木工程师协会(ASCE)、美国电气工程师协会(AIEE)等组织，共同成立了美国工程标准委员会(AESC)。美国政府的三个部(商务部、陆军部、海军部)也参与了该委员会的筹备工作。1928 年改名为美国标准协会(American Standards Association，ASA)，1966 年改名为美国标准学会(American Standards Institute，USASI)，1969 年正式改为现名美国国家标准学会(American National Standards Institute，ANSI)。

美国国家标准学会是非赢利性质的民间标准化组织，是美国国家标准化活动的中心，许多美国标准化协会的标准制修订都同它进行联合，ANSI 批准标准成为美国国家标准，但它本身不制定标准，标准是由相应的标准化团体和技术团体及行业协会和自愿将标准送交给 ANSI 批准的组织来制定，同时 ANSI 起到了联邦政府和民间的标准系统之间的协调作用，指导全国标准化活动，ANSI 遵循自愿性、公开性、透明性、协商一致性的原则，采用以下三种方法制定、审批 ANSI 标准。

（1）由有关单位负责草拟，邀请专家或专业团体投票，将结果报 ANSI 设立的标准评审会审议批准。此方法称之为投票调查法。

（2）由 ANSI 的技术委员会和其他机构组织的委员会的代表拟订标准草案，全体委员投票表决，最后由标准评审会审核批准。此方法称之为委员会法。

（3）从各专业学会、协会团体制订的标准中，将其较成熟的，而且对于全国普遍具有重要意义者，经 ANSI 各技术委员会审核后，提升为国家标准并冠以 ANSI 标准代号及分类号，但同时保留原专业标准代号。ASHRAE 标准即属于此类标准。

美国标准学会下设电工、建筑、日用品、制图、材料试验等各种技术委员会。

4.3 《ASHRAE 90.1》简介

ASHRAE 于 1975 年颁布的标准《90-75：新建建筑节能设计》（Energy Conservation in New Building Design 90-75)标志着美国建筑节能标准相关工作的正式展开，随后在 1989 年将标准号修改为 90.1 并延续使用，《ASHRAE 90.1》前期的几次修订中，并未将节能量作为非常重要的修订指标。之后，随着各界对建筑节能工作要求的不断提高，标准进入了一个三年一次的修编过程，能源部对于标准修订的要求为：《ASHRAE 90.1-2010》应比《ASHRAE 90.1-2004》节能 30%。根据 ASHRAE 分析，《ASHRAE 90.1-2010》比《ASHRAE 90.1-2004》节约能耗费用 23.4%，节约能源消耗 24.8%。

经过多次反复修订，《ASHRAE 90.1》基本形成相对固定的章节框架。《ASHRAE 90.1-2010》主要内容包括前言、12 个章节和 7 个附录(四个附录是标准的一部分，三个附录仅为辅助信息性质)：

- 前言
- 第 1 章：目的
- 第 2 章：适用范围
- 第 3 章：定义、术语和缩写词
- 第 4 章：行政管理与强制规定
- 第 5 章：建筑围护结构
- 第 6 章：供暖、通风和空调
- 第 7 章：生活热水
- 第 8 章：动力
- 第 9 章：照明
- 第 10 章：其他设备
- 第 11 章：能量成本预算法(参考建筑能量耗费计算法)
- 第 12 章：参照标准
- 附录 A：围护结构的传热系数、导热系数、周边区热损失系数
- 附录 B：围护结构气候标准

- 附录 C：5.6 节建筑围护结构参数权衡选择法
- 附录 D：气象资料
- 附录 E：参考材料
- 附录 F：附录描述信息
- 附录 G：性能评估方法

以下简要介绍各章节主要内容：

1. 前言

介绍了标准的起源、发展历史和修订情况。本版本主要修订内容为：

（1）扩大了标准覆盖范围，这样标准就可以覆盖设备和工艺负荷（如数据中心）。

（2）加强了对围护结构的性能要求，增加了连续空气屏障和冷屋顶的要求。

（3）更低的室内照明密度，对某些区域必须增设传感器和日光的要求，增加了一张五区室外灯光密度表。

（4）提升了设备性能要求，扩大了热回收和省能器应用范围，增加了更多的节能控制要求。

（5）更加清晰以及使用范围更广的建筑建模要求（如可用于 LEED 申请）。

2. 第 1 章：目的

本标准用于除低层建筑外的建筑的设计、建造、运行维护计划和使用可再生能源，以达到建筑的节能性能最低要求。

3. 第 2 章：适用范围

标准适用于：

（1）新建建筑及其系统；

（2）既有建筑的扩建部分及其系统；

（3）既有建筑中的新系统及设备；

（4）作为工业或生产过程的一部分，但在本标准中特别指出的新建建筑及其系统。

标准不适用于：

（1）独户住宅、地上三层或三层以下的多户住宅、可移动房屋和装配式房屋；

（2）不使用电力或其他化石能源的建筑。

4. 第 3 章：定义、术语和缩写词

给出了标准中使用的相关定义术语的解释，并给出了所有缩写的全称。

5. 第 4 章：行政管理与强制规定

本章规定新建建筑或既有建筑扩建都应满足第 5 章～第 10 章的相关要求，或满足第 11 章的相关要求；既有建筑改造需要满足第 5 章～第 10 章的相关要求。

建造商应提供一致性文件供建筑检查人员（Building Officer）核查，文件应包括：可显示建筑与其设备和系统的性能文件，相关诸如计算书、工作表格、一致性表格或其他数据等补充材料，为建筑使用者提供的建筑运行维护信息。

建筑使用的设备和材料应该在明显位置标出其相关信息以表示满足标准要求。

按此标准建造的所有建筑都应由建筑检查人员在系统、设备或材料已经安装到位但并未密封前进行核查，核查内容至少应包括如下：墙体保温情况；屋顶和顶棚的保温情况；楼板与地基墙的保温情况；全部门窗；连续空气阻隔（Continuous Air Barrier）；机械系统和设备的保温；电器设备及系统。

6. 第 5 章：建筑围护结构

本章主要对各个气候区的建筑围护结构限值进行了规定。

首先，所有建筑都应满足本章 5.1 节——一般规定、5.4 节——强制条文、5.7 节——提交文件和 5.8 节——产品信息与安装要求。其次，当建筑每个空调分区的垂直透明窗户面积低于总墙面积(窗墙比)的 40％且天窗面积低于总顶棚面积的 5％时，可以采用 5.5 节的规定性方法，通过查表获得建筑围护结构热工参数限值；如不满足相关比例要求，则需要根据 5.6 节和附录 C 的规定，采用性能性方法，也就是"建筑围护结构参数权衡选择法"，通过软件计算得到所涉及建筑的围护结构热工限制。

5.4 节——强制条文。本节对建筑围护结构和门窗性能检测参数、依据标准、标识等情况都进行了规定。5.4.3 条还对空气渗透率及相关要求进行了详细规定，对连续空气阻隔的适用范围、设计及施工注意事项、所选取材料性能都进行了要求，对不同地区不同类型的门窗都进行密封要求。

5.5 节——围护结构规定性参数选择。本节根据 8 个气候区，分别对非居住建筑、居住建筑、半供暖建筑的屋面、地面以上墙、地面以下墙、楼板、架空楼板、不透明门的传热系数、最低热阻进行了规定；对在窗墙比为 0～0.4 间的不同材料门窗(非金属窗框、金属窗框、金属框入口门、其他金属窗框)和天窗在其与屋顶比例为 0％～2％和 2.1％～5％的不同外形及材料的天窗的传热系数和太阳得热系数(SHGC)进行了规定。

5.6 节——建筑围护权衡判断方法。需要通过附录 C 计算围护性能系数(Envelope Performance Factor)。

7. 第 6 章：供暖、通风和空调

本章对新建建筑、既有建筑扩建改建的暖通空调系统进行规定。

首先，所有的建筑都应满足本章 6.1 节——一般规定、6.7 节——提交文件、6.8 节——设备最低效率要求。其次，根据建筑面积、楼层数、供暖空调系统复杂程度，可分别采用 6.3 节——暖通空调系统简化选择法对系统进行设计；或在满足 6.4 节——强制条文的基础上，根据 6.5 节——规定性方法对系统进行设计；或在满足 6.4 节——强制条文的基础上，满足第 11 章——能量成本预算法相关要求。

6.3 节——暖通空调系统简化选择法。此方法适用于面积小于 2300m² 的一层或二层建筑。对系统的相关规定包括：系统仅服务于一个空调区、系统设备能效必须满足相关要求、系统需配备空气能量回收器、系统需配备人工控制或温度控制、相关水管风管保温要求等。

6.4 节——强制条文。

6.4.1 条——设备能效、核实及标识要求：对空调机组和冷凝机组，热泵机组，水冷机组，整体式末端和房间空调器和热泵，供暖炉、供暖路管道机、暖风机、锅炉、散热设备，传热设备，变制冷剂流量空调系统，变制冷剂流量空气/空气和热泵，计算机房用空调系统的最低效率进行了规定；对非额定工况下相关系统计算进行了规定；对设备效率的核实标识都进行了规定。6.4.2 条——负荷计算：负荷需要根据 ASHRAE 标准 183-2007《除低层建筑外建筑的峰值供热供冷负荷计算》(Peak Cooling and Heating Load Calculation in Buildings Except Low-Rise Residential Buildings)进行计算。6.4.3 条——系统控制：对系统的开关控制、分区控制、温度湿度控制、通风系统控制进行了规定。6.4.4 条——暖通空调系统建造与保温。对风管、水管的保温、泄漏都进行了规定。

6.5 节——规定性方法。

6.5.1 条——省能器：对省能器的适用范围进行了规定，对空气省能器和水省能器的设计、控制进行了规定。6.5.2 条——同时供热制冷限制：对区域控制，三管制系统、两管切换系统、水环热泵系统的水力控制，系统加湿除湿进行了规定。6.5.3 条——风系统设计与控制：对风机功率，变风量系统风机控制，多区变风量通风系统最佳控制，送风温度设定进行了规定。6.5.4 条——水系统设计与控制：对变水量系统、热泵隔离、冷冻水和热水温度再设定、闭式水环热泵进行了规定。6.5.5 条——散热设备：对用于舒适性空调系统中的风冷冷凝器、冷却塔、蒸发冷凝器、风机风速控制进行了规定。6.5.6 条——能量回收：对排风热回收和热水系统热回收进行了规定。6.5.7 条——排风系统：对厨房排风系统和实验室排风系统进行了规定。6.5.8 条——辐射供暖系统：对开敞式空间和封闭式空间的辐射供暖系统进行了规定。6.5.9 条——热气旁通限制：对不同系统的热气旁通最大值进行了限制。

8. 第 7 章：生活热水

在 7.4 节——强制条文：对热水系统的负荷计算、系统效率、保温、温度控制进行了规定；对游泳池的加热设备、水面保温进行了规定；7.5 节——规定性方法：对某些情况下使用燃气或燃油锅炉进行供热进行了规定。

9. 第 8 章：动力

对压降补偿器的压降进行了规定。

10. 第 9 章：照明

对建筑室内、室外照明照度、控制方法等进行了规定。

11. 第 10 章：其他设备

对不属于之前章节规定的发电机、增压器、电梯的能效要求进行了规定。

12. 第 11 章：能量成本预算法（参考建筑能量耗费计算法）

在建筑围护系统、暖通空调系统、热水系统、动力、照明系统无法满足之前各章的规定性要求时，可采取本章规定的能量成本预算法对系统设计进行校核。

本方法先设定一个参照建筑，计算其全年"设计能耗花费"，并以此作为所设计建筑的全年能耗花费限制，以此判断建筑的节能性能是否达标。值得注意的是，此两套计算仅用于比较建筑节能性能，并非对建筑运行能耗花费进行计算。

如满足以下三个条件，可则视为设计满足要求：①设计满足 5.4 节，6.4 节，7.4 节，8.4 节，9.4 节强制条文的要求；②根据 11.3 节计算出的"设计能耗花费"不会超过计算出的"能耗花费预算"，计算软件需满足 11.2 节描述的性能；③设计要求的系统相关部件的效率等于或高于在计算"设计能耗花费"时设定的部件效率。

13. 第 12 章：参照标准

对本标准条文中涉及或引用的 67 本其他设备、检测、计算等标准，列出了标准名称、编号、编制单位名称及联系方式。

14. 附录 A：围护结构的传热系数、导热系数、周边区热损失系数

包含在 A2-A8 中的典型围护结构构造的传热系数、导热系数、周边区热损失系数，可根据具体情况直接选取附表中的数值用于计算和上报。如其建筑构造不属于 A2-A8 中

的类型，则需要根据 A9 款规定对其进行假设计算。

附录 A2-A7 给出了各种不同规格、不同组合的墙体、顶棚、地面、非透明门的整体传热系数和最小热阻限值，并明确给出了市场上可采用的建筑保温材料和围护结构构件。相关材料构造是经过美国材料测试协会(ASTM)和美国建筑制造商协会(AAMA)认定，相关数值根据联邦或州的能源委员会(如加州能源委员会 CEC)批准合格的软件进行计算得到。

附录 A8 规定：所有透明玻璃和天窗的传热系数、太阳得热系数、透射率应根据 NFRC100，200，300 进行确定、认证和标识。其他未经标识的透明玻璃和天窗的传热系数、太阳得热系数、透射率，厂家可根据附表进行选择确定。

附录 A9 给出了不符合前面要求的围护结构传热系数、导热系数、周边区热损失系数的检测程序、测试标准和计算方法。

值得注意的是附录 A 到附录 D 都属于标准的一部分，附录 E-G 只为标准辅助信息。

15. 附录 B：围护结构气候标准

附录 B 给出了气候区划分方法，根据供暖度日数和供冷度日数划分出 8 个主要气候区，再根据湿度情况将其细划为 17 个区域，并将美国、加拿大、全球其他一些大城市的所属气候区进行列表。

16. 附录 C：5.6 节建筑围护结构参数权衡选择法

对于建筑围护结构来说，如果其不满足标准 5.5 节规定的性能性方法，也不按照第 11 章规定的"能量成本预算法"进行计算限制，则可按照附录 C 的"建筑围护结构参数权衡选择法"进行判断。

"建筑围护结构参数权衡选择法"的目的是使建筑总体热工性能满足节能标准要求。通过设定参照建筑，分别计算参照建筑和实际设计建筑的供暖空调照明能耗，并根据其比较结果做出判断。当实际设计建筑能耗大于参照建筑能耗时，则需要调整围护结构设计参数并重新计算设计建筑的能耗，直到设计建筑的能耗不大于参照建筑能耗为止。

本章对参照建筑与设计建筑的相关围护结构、分区、太阳入射等细节进行了约定，并给出了能耗计算方法。

17. 附录 D：气象资料

给出了美国、加拿大、全球其他一些大城市的经度、纬度、海拔、供暖度日数、供冷度日数、供暖设计温度、干球供冷设计温度、湿球供冷设计温度、8am～4pm 中 $55 < T_{db} < 69$ 的小时数。

18. 附录 E：参考材料

给出了标准中提到的相关组织机构和软件或数据的联系单位及网站信息，给出了标准中提到的相关导则、标准(某些标准与第 12 章重复)、软件和数据的出处。

19. 附录 F：附录描述信息

《ASHRAE 90.1-2010》是在《ASHRAE 90.1-2007》以及其 109 个"修改附录"(Addenda)上修订的结果。附表列出了《ASHRAE 90.1-2007》所有"修改附录"的相关章节，"修改附录"信息描述，ASHRAE 标准委员会、ASHRAE 董事会、IESNA 董事会、ANSI 对附录的批准时间。

20. 附录 G：性能评估方法

"性能评估方法"是在第 11 章"能量成本预算法"上进一步修改的，其目的是评价设计参数超过标准要求的建筑的节能性能，并非是验证其是否满足标准最低要求。"能量成本预算法"负责验证建筑设计是否满足标准最低要求。使用者可以通过附录给出的方法对其设计的建筑比标准要求的建筑的节能性能的提高进行量化。

4.4 中美气候区划分比较

对于建筑节能影响最大的围护结构保温性能规定基于不同气候区划分，下面先对中美气候区划分进行比较。我国最早的建筑热工分区依据为《民用建筑热工设计规范》GB50176-93，随后在《严寒和寒冷地区居住建筑节能设计标准》JGJ 26—2010 将严寒和寒冷地区根据 $HDD18$ 和 $CDD26$ 划分为 2 个大气候区，5 个小气候区；现行美国标准则完全根据 $HDD18$ 和 $CDD10$ 划分为 8 个大气候区，再根据大气候区内的湿度划分为 17 个小气候区。中美两国气候区域划分基本原理相似，所以可以将气象条件接近的地区的围护结构相关参数设置进行比较，见表 4-1。

中美建筑节能标准气候区划分比对表　　　　　　　　　　　表 4-1

美国气候分区	美国气候特征	美国气候分区特性	中国气候特性	中国气候分区	中国典型城市
1	极热-湿(1A) 极热-干(1B)	$5000 < CDD10$			
2	热-湿(2A) 热-干(2B)	$3500 < CDD10 \leqslant 5000$	最冷月平均温度＞10℃，最热月平均温度25～29℃。日平均温度≥25℃的天数≥100～200 天。	夏热冬暖地区(南区、北区)	广州(夏季空气调节室外计算日平均温度30.7℃)
3A，3B	温-湿(3A) 温-干(3B)	$2500 < CDD10 \leqslant 3500$	最冷月平均温度 0～10℃，最热月平均温度25～30℃。日平均温度25℃的天数40～110 天。	夏热冬冷地区	上海(舟山：夏季空气调节室外计算日平均温度28.9℃)
3C	热-海洋性	$CDD10 \leqslant 2500$ $HDD18 \leqslant 2000$			
4A，4B	过渡-湿(4A) 过渡-干(4B)	$CDD10 \leqslant 2500$ $2000 < HDD18 \leqslant 3000$	$2000 \leqslant HDD18 < 3800$ $CDD26 > 90$	寒冷 B 区	北京（$HDD18 = 2699$，$CDD26 = 94$）
4C	过渡-海洋性	$2000 < HDD18 \leqslant 3000$	$2000 \leqslant HDD18 < 3800$ $CDD26 \leqslant 90$	寒冷 A 区	
5A，5B，5C	寒冷-湿(5A) 寒冷-干(5B) 寒冷-海洋性(5 C)	$3000 < HDD18 \leqslant 4000$	$3800 \leqslant HDD18 < 5000$	严寒 C 区	哈尔滨（$HDD18 = 5032$，$CDD26 = 14$）
6A，6B	寒冷-湿(6A) 寒冷-干(6B)	$4000 < HDD18 \leqslant 5000$			
7	严寒	$5000 < HDD18 \leqslant 7000$	$5000 \leqslant HDD18 < 6000$	严寒 B 区	
8	亚北极地区	$7000 < HDD18$	$6000 \leqslant HDD18$	严寒 A 区	

美国标准中对湿(A)、干(B)、海洋性(C)的定义分别为：

(1) 湿(A)：不是干和海洋性地区的地区；

(2) 干(B)：年降雨量(cm)<2.0×(年平均温度+7℃)；

(3) 海洋性(C)：最冷月平均温度在−3～18℃；最热月平均温度小于22℃；最少4个月平均温度高于10℃；在寒冷季节最大月降雨量最少为其他时间最小降雨量的三倍，北半球最冷月出现在十月到三月，南半球最冷月出现在四月到九月。

图4−1，图4−2是目前中国与美国在节能设计标准中提出的建筑气候分区比对，以及按 HDD18、CDD26 划分中国与美国城市的气候区属分布情况。

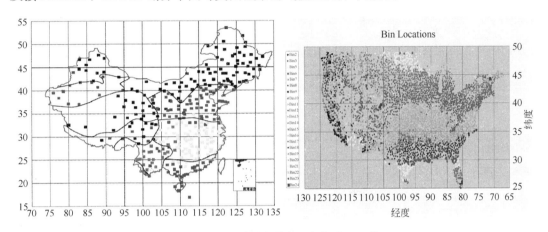

图 4-1　中美建筑节能标准气候分区比较

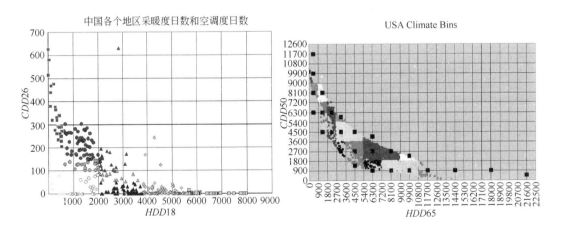

图 4-2　中美各城市供暖度日数、空调度日数的分布情况比较

（注：美国度日数中为华氏度，等同于 HDD18，CDD10）

4.5　中美建筑围护结构限值比较

围护结构性能要求是建筑节能标准最重要的组成部分之一，围护结构主要包括非透明围护结构和透明围护结构，非透明围护结构包括屋面、地面以上和地面以下墙体、楼板、

地板、不透明门，透明围护结构包括窗户、幕墙、天窗、透明门等。下面分别对中美两国建筑节能标准中相关参数设置进行比较。

4.5.1　非透明围护结构限值

首先比较各本标准对非透明围护结构的划分，见表 4-2。

中美标准非透明围护结构划分比对表　　　　　　　　　表 4-2

ASHRAE 90.1	GB 50189—2005	JGJ 26—2010	JGJ 134—2010	JGJ 75—2003
屋面： 　　无阁楼 　　金属建筑 　　带阁楼	屋面	屋面	屋面	屋顶
墙，地面以上： 　　重质墙 　　金属建筑 　　钢框架 　　木框架	外墙（包括非透明幕墙）	外墙	外墙	外墙
墙，地面以下	地下室外墙	—	—	—
楼板： 　　重质楼板 　　工字钢 　　木框架	非供暖房间与供暖房间的隔墙或楼板 底面接触室外空气的架空或外挑楼板	非供暖地下室顶板；分隔供暖与非供暖空间的隔板 架空或外挑楼板	分户墙、楼板、楼梯间隔墙、外走廊隔墙 底面接触室外空气的架空或外挑楼板	— —
接地楼板： 　　不供暖 　　供暖	地面（周边，非周边）	—	—	—
不透明门： 　　平开门 　　非平开门	—	分隔供暖与非供暖空间的户门 阳台门下部门芯板	户门	—

通过上表的比较可以看出：

（1）屋面和地面以上墙体。ASHRAE 的标准在屋面与墙体的种类上更加齐全，分类更加明确，ASHRAE 标准将屋面分为无阁楼、带阁楼和金属建筑三类；将外墙分为地面以上和地面以下两大类，其中地面以上外墙又分为重质墙、金属建筑墙、钢框架、木框架四种类型。中国标准对于屋面和外墙不再划分，而是对其整体传热系数进行限制。

（2）地面以下外墙。中美标准都对其进行了要求。

（3）楼板。ASHRAE 标准将其细分为重质楼板、工字钢、木框架三类，而我国 GB 50189—2005 中对非供暖房间与供暖房间的隔墙或楼板，JGJ 26—2010 对非供暖地下室顶板和分隔供暖与非供暖空间的隔板，JGJ 134—2010 对分户墙、楼板、楼梯间隔墙、外走廊隔墙分别进行了规定。需要说明的是，ASHRAE 标准中的楼板指建筑物内部分隔各层的楼板，我国虽然各版本标准中规定的范围有所不同，但主要都是为了控制供暖空间和非供暖空间的热量损失；除普通楼板外，我国标准还对"底面接触室外空气的架空或外挑楼板"进行了规定。

（4）接地楼板（地面）。ASHRAE 标准中将其分为不供暖和供暖两类，我国标准根据气候区不同将地面分为周边地面和非周边地面两类。

（5）不透明门。ASHRAE 标准将其分为平开和非平开两类，而我国用的是分隔供暖与非供暖空间的户门。我国标准还对"阳台门下部门芯板"传热系数进行了要求。

下面分别挑选 2004 年、2007 年、2010 年《ASHRAE90.1》中表 5.5-2、表 5.5-3、表 5.5-5、表 5.5-7 的非透明围护结构相关规定与我国标准相关内容进行比对（见表 4-3）。公共建筑采用《公共建筑节能设计标准》GB 50189—2005 中表 4.2.2-2、表 4.2.2-3、表 4.2.2-4、表 4.2.2-5、表 4.2.2-6，居住建筑采用《夏热冬暖地区居住建筑节能设计标准》JGJ 75—2003 中表 4.0.6，《夏热冬冷地区居住建筑节能设计标准》JGJ 134—2010 中表 4.0.4，《严寒和寒冷地区居住建筑节能设计标准》JGJ 26—2010 中表 4.2.2-2、表 4.2.2-5 的相关数据。

非透明围护结构参数比对参考 表 4-3

对应美国标准 名称及条文	对应美国气候区编号	对应我国 气候区划分	对应我国标准名称及条文
《ASHRAE90.1》 表 5.5-2(2004 年、 2007 年、2010 年)	热-湿(2A) 热-干(2B)	夏热冬暖地区	《夏热冬暖地区居住建筑节能设计标准》JGJ 75—2003 表 4.0.6、《公共建筑节能设计标准》GB 50189—2005 表 4.2.2-5、表 4.2.2-6
《ASHRAE90.1》 表 5.5-3(2004 年、 2007 年、2010 年)	温-湿(3A) 温-干(3B) 热-海洋性(3C)	夏热冬冷地区	《夏热冬冷地区居住建筑节能设计标准》JGJ 134—2010 表 4.0.4、《公共建筑节能设计标准》GB 50189—2005 表 4.2.2-4、表 4.2.2-6
《ASHRAE90.1》 表 5.5-5(2004 年、 2007 年、2010 年)	寒冷-湿(5A) 寒冷-干(5B) 寒冷-海洋性(5 C)	寒冷地区(B)	《严寒和寒冷地区居住建筑节能设计标准》JGJ 26—2010 表 4.2.2-5、《公共建筑节能设计标准》GB 50189—2005 表 4.2.2-3、表 4.2.2-6
《ASHRAE90.1》 表 5.5-7(2004 年、 2007 年、2010 年)	严寒(7)	严寒地区(B)	《严寒和寒冷地区居住建筑节能设计标准》JGJ 26—2010 表 4.2.2-2、《公共建筑节能设计标准》GB 50189—2005 表 4.2.2-2、表 4.2.2-6

需要说明的是：

（1）严寒和寒冷地区公共建筑选择 GB 50189—2005 表 4.2.2-2 和表 4.2.2-3 中体形系数≤0.3 的建筑围护结构相关参数与 ASHRAE 标准进行比较；严寒和寒冷地区居住建筑选择我国 JGJ 26—2010 表 4.2.2-2 和表 4.2.2-5 中楼层数为 4～8 层的建筑相关参数与 ASHRAE 标准进行比较；夏热冬冷地区居住建筑选择我国标准 JGJ 134—2010 表 4.0.4 中体型系数≤0.40 且热惰性指标 D≤2.5 的建筑围护结构相关参数与 ASHRAE 标准进行比较；夏热冬暖地区居住建筑选择我国标准 JGJ 75—2003 表 4.0.6 中不受热惰性指标约束的屋顶和外墙的传热系数与 ASHRAE 标准进行比较。

（2）对于屋面、地面以上墙体、楼板、不透明门，ASHRAE 标准中对于其传热系数和热阻都有要求，而我国标准仅对传热系数进行要求，所以对比表中只选择了 ASHRAE 的传热系数参加比较，而不包括热阻。后面为了方便比较，将我国标准中"屋面"对应 ASHRAE "无阁楼屋面"进行比较，将我国标准中"墙体"对应 ASHRAE "地面以上重质墙"进行比较。

（3）对于地面以下墙体，ASHRAE 采用热阻对其进行限制，我国公共建筑地面以下外墙也对于其最小热阻进行了要求，对于地面以下墙体，后面仅比较其热阻限值。

（4）对于楼板，将我国对楼板相关要求对应 ASHRAE "重质楼板"进行比较。其中 GB 50189—2005 中选择"非供暖房间与供暖房间的隔墙或楼板"相关要求，JGJ 26—2010 中选择"非供暖地下室顶板"相关要求，JGJ 134—2010 中选择"分户墙、楼板、楼梯间隔墙、外走廊隔墙"相关要求。虽然我国标准中的参数设置和 ASHRAE 的不能完全对应，但考虑到都包括对"楼板"的要求，也将其传热系数要求进行比较。

（5）对于 ASHRAE 的"接地楼板"和我国的"地面"要求进行比较。ASHRAE 的"接地楼板"采用"F 值"进行限制，即周边区热损失因子，单位 W/(m·K)。我国 GB 50189—2005 中对各个地区地面的热阻最小值进行了要求，其中严寒地区和寒冷地区分为周边地面和非周边地面，其他居住建筑节能标准对"地面"无要求。相关参数列入表 4-4 中，供参考。

（6）不透明门。ASHRAE 中"不透明门"指外界空气直接接触的门，将其作为不透明围护结构的一部分进行限制；我国标准中的"门"大多指建筑内部分隔供暖与非供暖空间的户门，主要为防止建筑内部热量损失。两者在参数设置的出发点不同，一个与室外空气接触，一个与建筑物内非供暖空间接触，但考虑到都是对"门"的要求，也将其传热系数归入一行进行比较。

从表 4-4～表 4-7 和图 4-3～图 4-10 中可以看出：

（1）屋面传热系数。ASHRAE 标准中对各个气候区居住建筑和公共建筑的屋面传热系数要求相同，其 2010 版本比 2004 版本要求提升约 25％。我国标准中屋面传热系数由南到北要求逐渐严格；现行标准中，我国屋面传热系数要求低于美国标准。

（2）地面以上墙体传热系数。ASHRAE 标准和我国标准中对于地面以上墙体传热系数限值都为由南到北逐渐严格，ASHRAE2010 版本比 2004 版本要求提升约 11％～18％。我国除居住建筑对此项无要求外，其他地区此系数要求均低于美国标准。

（3）地面以下墙体热阻。ASHRAE 标准对于夏热冬暖地区和夏热冬冷地区此系数无要求；对于寒冷地区、严寒地区公共建筑和寒冷地区的居住建筑，此系数无修订；对于严寒地区居住建筑，其 2010 版本比 2004 版本要求提升约 27％。我国标准中对此值，在所有气候区都有要求；对于寒冷地区和严寒地区的公共建筑，我国标准要求高于 ASHRAE 标准；对于寒冷地区和严寒地区的居住建筑，我国标准要求低于 ASHRAE 标准。

（4）楼板（重质）。ASHRAE 标准对所有气候区都有限值要求，其 2010 版本比 2004 版本要求最大提升约 22％。我国对夏热冬暖地区和夏热冬冷地区的公共建筑以及夏热冬暖地区的居住建筑中，此参数无要求。我国和 ASHRAE 标准中此参数限值都为由南到北逐渐严格，但我国现行标准要求低于 ASHRAE 标准。

ASHRAE90.1 表 5.5-2 与 GB 50189—2005, JGJ 75—2003 围护结构不透明部件相关参数比较表（夏热冬暖地区）　表 4-4

不透明部件 / 标准年号	非居住建筑传热系数 [W/(m²·K)]				居住建筑(>3层)传热系数 [W/(m²·K)]				半供暖建筑传热系数 [W/(m²·K)]		
	90.1-2004	90.1-2007	90.1-2010	GB 50189—2005	90.1-2004	90.1-2007	90.1-2010	JGJ 75—2003	90.1-2004	90.1-2007	90.1-2010
屋面：											
无阁楼	0.360	0.273	0.273	0.900	0.360	0.273	0.273	0.5	0.124	1.240	1.239
金属建筑	0.369	0.369	0.313		0.369	0.369	0.313		0.948	0.948	0.551
带阁楼	0.192	0.153	0.153		0.153	0.153	0.153		0.459	0.459	0.460
墙，地面以上：											
重质墙	0.857	0.857	0.857	1.500	0.857	0.701	0.701	0.7	3.293	3.293	3.295
金属建筑	0.642	0.642	0.528		0.642	0.642	0.528		1.045	1.045	0.642
钢框架	0.705	0.705	0.705		0.705	0.365	0.364		1.998	0.705	0.705
木框架	0.504	0.504	0.506		0.504	0.504	0.506		1.660	0.504	0.506
墙，地面以下：	—	—	—	R≥1.0	—	—	—	—	6.473	6.473	6.477
楼板：											
重质楼板	0.780	0.606	0.606	R≥1.0	0.606	0.496	0.494		1.825	1.825	1.830
工字钢	0.296	0.296	0.295		0.296	0.296	0.295		1.986	0.390	0.392
木框架	0.288	0.288	0.290		0.288	0.188	0.188		1.599	0.376	0.375
接地楼板：											
不供暖	F：1.264	1.264	1.265	—	1.264	1.264	1.265		1.264	1.264	1.265
供暖	F：1.766	1.766	1.768		1.766	1.766	1.768		1.766	1.766	1.768
不透明门：											
平开门	3.975	3.975	3.977		3.975	3.975	3.977		3.975	3.975	3.977
非平开门	8.233	8.233	8.239		8.233	2.839	2.841		8.233	8.233	8.239

ASHRAE90.1 表 5.5-3 与 GB 50189—2005, JGJ 134—2010 相关参数比较表（夏热冬冷地区）　　表 4-5

不透明部件	非居住建筑传热系数 [W/(m²·K)]				居住建筑(>3层)传热系数 [W/(m²·K)]				半供暖建筑传热系数 [W/(m²·K)]		
标准年号	90.1-2004	90.1-2007	90.1-2010	GB 50189—2005	90.1-2004	90.1-2007	90.1-2010	JGJ 134—2010	90.1-2004	90.1-2007	90.1-2010
屋面：											
无阁楼	0.360	0.273	0.273	0.700	0.360	0.273	0.273	0.800	1.240	0.982	0.983
金属建筑	0.369	0.369	0.313		0.369	0.369	0.313		0.551	0.551	0.551
带阁楼	0.192	0.153	0.153		0.153	0.153	0.153		0.459	0.300	0.301
墙、地面以上：											
重质墙	0.857	0.701	0.701	1.000	0.701	0.592	0.592	1.000	3.293	3.293	3.295
金属建筑	0.642	0.642	0.477		0.642	0.642	0.477		1.045	1.045	0.642
钢框架	0.705	0.479	0.477		0.479	0.365	0.364		1.998	0.705	0.705
木框架	0.504	0.504	0.506		0.504	0.504	0.506		0.504	0.504	0.506
墙、地面以下	—	—	—	$R \geqslant 1.2$	—	—	—	$R \geqslant 1.2$	—	—	—
楼板：											
重质楼板	0.606	0.606	0.606		0.496	0.496	0.496	2.000	1.825	1.825	1.830
工字钢	0.296	0.296	0.295		0.296	0.296	0.295		0.390	0.390	0.392
木框架	0.288	0.288	0.290		0.188	0.188	0.188		1.599	0.376	0.375
接地楼板：											
不供暖	F: 1.264	F: 1.264	1.265		F: 1.264	1.264	1.265		1.264	1.264	1.265
供暖	F: 1.766	F: 1.558	1.560		F: 1.766	1.558	1.560		1.766	1.766	1.768
不透明门：											
平开门	3.975	3.975	3.977		3.975	3.975	3.975	2.000	3.975	3.975	3.977
非平开门	8.233	8.233	8.239		2.839	2.839	2.839		8.233	8.233	8.239

ASHRAE90.1 表 5.5-5 与 GB 50189—2005，JGJ 134—2010 相关参数比较表（寒冷地区） 表 4-6

不透明部件 标准年号	非居住建筑传热系数 [W/(m²·K)]				居住建筑(>3层)传热系数 [W/(m²·K)]				半供暖建筑传热系数 [W/(m²·K)]		
	90.1-2004	90.1-2007	90.1-2010	GB 50189—2005	90.1-2004	90.1-2007	90.1-2010	JGJ 26—2010	90.1-2004	90.1-2007	90.1-2010
屋面:											
无阁楼	0.360	0.273	0.273	0.550	0.360	0.273	0.273	0.450	0.982	0.677	0.676
金属建筑	0.369	0.369	0.313		0.369	0.369	0.313		0.551	0.551	0.472
带阁楼	0.192	0.153	0.153		0.153	0.153	0.153		0.300	0.300	0.301
墙，地面以上:											
重质墙	0.701	0.513	0.513	0.600	0.513	0.453	0.453	0.600	3.293	0.857	0.858
金属建筑	0.642	0.642	0.392		0.324	0.324	0.392		0.698	0.698	0.642
钢框架	0.479	0.365	0.364		0.365	0.365	0.364		0.705	0.705	0.705
木框架	0.504	0.365	0.364		0.504	0.291	0.290		0.504	0.504	0.506
墙，地面以下	—	R≥1.3	1.3	R≥1.5	—	1.3	1.3	R≥0.61	6.473	6.473	6.477
楼板:											
重质楼板	0.496	0.420	0.420	1.500	0.420	0.363	0.363	0.650	1.825	0.780	0.778
工字钢	0.296	0.214	0.216		0.214	0.214	0.216		0.390	0.296	0.295
木框架	0.188	0.188	0.188		0.188	0.188	0.188		0.376	0.288	0.290
接地楼板:											
不供暖	F: 1.264	1.264	1.265	R≥1.5	1.264	0.935	0.936	R≥0.56	1.264	1.264	1.265
供暖	F: 1.454	1.489	1.490		1.454	1.489	1.490		1.766	1.766	1.768
不透明门:											
平开门	3.975	3.975	3.977	—	3.975	2.839	2.839	2.000	3.975	3.975	3.977
非平平开门	8.233	2.839	2.841		2.839	2.839	2.839		8.233	8.233	8.239

ASHRAE90.1 表 5.5-7 与 GB 50189—2005, JGJ 134—2010 相关参数比较表（严寒地区）　　　表 4-7

不透明部件 / 标准编号	非居住建筑传热系数 [W/(m²·K)]				居住建筑（>3层）传热系数 [W/(m²·K)]				半供暖建筑传热系数 [W/(m²·K)]		
	90.1-2004	90.1-2007	90.1-2010	GB 50189—2005	90.1-2004	90.1-2007	90.1-2010	JGJ 26—2010	90.1-2004	90.1-2007	90.1-2010
屋面:											
无阁楼	0.360	0.273	0.273	0.450	0.360	0.273	0.273	0.300	0.982	0.527	0.528
金属建筑	0.369	0.369	0.278		0.369	0.369	0.278		0.551	0.551	0.409
带阁楼楼	0.153	0.153	0.153		0.153	0.153	0.153		0.300	0.192	0.193
墙、地面以上:											
重质墙	0.513	0.404	0.404	0.500	0.453	0.404	0.404	0.450	3.293	0.701	0.699
金属建筑	0.324	0.324	0.324		0.324	0.324	0.324		0.642	0.642	0.642
钢框架	0.365	0.365	0.364		0.365	0.240	0.239		0.705	0.705	0.705
木框架	0.504	0.291	0.290		0.291	0.291	0.290		0.504	0.504	0.506
墙、地面以下:	$R \geqslant 1.3$	1.3	1.3	1.8	$R \geqslant 1.3$	1.8	1.8	1.2	6.473	6.473	6.477
楼板:											
重质楼板	0.496	0.363	0.363	0.800	0.363	0.287	0.287	0.500	0.780	0.606	0.608
工字钢	0.214	0.214	0.216		0.214	0.183	0.182		0.296	0.296	0.295
木框架	0.188	0.188	0.188		0.188	0.188	0.188		0.376	0.288	0.290
接地楼板:											
不供暖	F: 1.264	0.900	0.901	$R \geqslant 1.8$	0.935	0.900	0.901	$R \geqslant 1.1$	1.264	1.264	1.265
供暖	F: 1.454	1.459	1.461		1.350	1.191	1.192		1.766	1.558	1.560
不透明门:											
平开门	3.975	2.839	2.841	—	2.839	2.839	2.839	1.500	3.975	3.975	3.977
非平开门	2.839	2.839	2.841		2.839	2.839	2.839		8.233	8.233	8.239

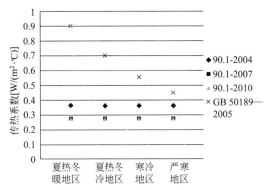

图 4-3 公共建筑屋面传热系数比对图

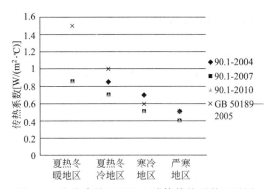

图 4-4 公共建筑地面以上墙体传热系数比对图

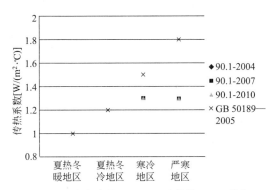

图 4-5 公共建筑地面以下墙体热阻比对图

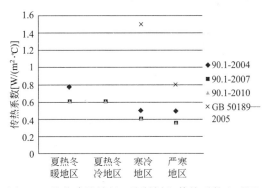

图 4-6 公共建筑楼板(重质楼板)传热系数比对图

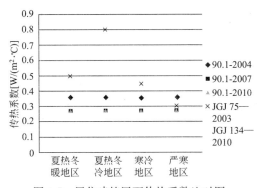

图 4-7 居住建筑屋面传热系数比对图

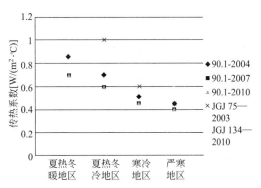

图 4-8 居住建筑地面以上墙体传热系数比对图

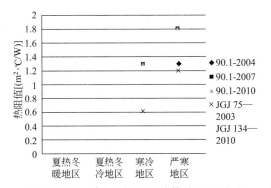

图 4-9 居住建筑地面以下墙体热阻比对图

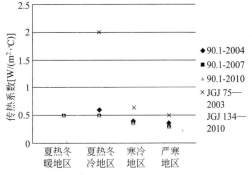

图 4-10 居住建筑楼板(重质楼板)传热系数比对图

4.5.2　窗墙比限值

《ASHRAE 90.1-2010》第 5.5.4.2 条规定：垂直透明围护结构面积不应超过外墙总面积的 40%，天窗面积不应超过顶棚面积的 5%。超过此限制都需要进行围护结构权衡判断。

我国 GB 50189—2005 第 4.2.4 条规定：建筑每个朝向的窗（包括透明幕墙）墙比面积均不应大于 0.70；第 4.2.6 条规定：屋顶透明部分的面积不应大于屋顶总面积的 20%。超过此限制都需要进行围护结构权衡判断。

我国 JGJ 26—2010 第 4.1.4 条、JGJ 134—2010 第 4.0.5 条、JGJ 75—2003 第 4.0.4 条都对各个方向窗墙比进行了规定。中美建筑节能标准窗墙比比对见表 4-8，从表中可以看出我国公共建筑窗墙比要求比 ASHRAE 要宽松，居住建筑要求与 ASHRAE 接近但较为复杂。

中美建筑节能标准窗墙比限值比对表　　　　　　　　　　表 4-8

标准号	ASHRAE 90.1-2010	GB 50189—2005	JGJ 26—2010		JGJ 134—2010	JGJ 75—2003
气候区	全区域	全区域	严寒地区	寒冷地区	夏热冬冷地区	夏热冬暖地区
东向	0.4	0.7	0.30	0.35	0.35	0.3
南向	0.4	0.7	0.45	0.50	0.45	0.5
西向	0.4	0.7	0.30	0.35	0.35	0.3
北向	0.4	0.7	0.25	0.30	0.4	0.45
屋顶	0.05	0.2	—	—	—	0.04
备注	—	—	—	—	每套房允许一个房间 0.6	—

4.5.3　窗户、天窗传热系数

下面对中美两国标准中对于窗户、天窗的传热系数的要求进行比较（见表 4-9）。

窗户、天窗传热参数比对参考　　　　　　　　　　表 4-9

美国标准名称及条文	对应美国气候区编号	对应我国气候区划分	对应我国标准名称及条文
《ASHRAE90.1》表 5.5-2（2004 年、2007 年、2010 年）	热-湿(2A) 热-干(2B)	夏热冬暖地区	《夏热冬暖地区居住建筑节能设计标准》JGJ 75—2003 表 4.0.7-2、《公共建筑节能设计标准》GB 50189—2005 表 4.2.2-5
《ASHRAE 90.1》表 5.5-3（2004 年、2007 年、2010 年）	温-湿(3A) 温-干(3B) 热-海洋性(3C)	夏热冬冷地区	《夏热冬冷地区居住建筑节能设计标准》JGJ 134—2010 表 4.0.5-2、《公共建筑节能设计标准》GB 50189—2005 表 4.2.2-4
《ASHRAE 90.1》表 5.5-5（2004 年、2007 年、2010 年）	寒冷-湿(5A) 寒冷-干(5B) 寒冷-海洋性(5C)	寒冷地区	《严寒和寒冷地区居住建筑节能设计标准》JGJ 26—2010 表 4.2.2-5、《公共建筑节能设计标准》GB 50189—2005 表 4.2.2-3
《ASHRAE 90.1》表 5.5-7（2004 年、2007 年、2010 年）	严寒(7)	严寒地区	《严寒和寒冷地区居住建筑节能设计标准》JGJ 26—2010 表 4.2.2-2、《公共建筑节能设计标准》GB 50189—2005 表 4.2.2-2

需要说明的是：

（1）严寒和寒冷地区公共建筑选择 GB50189-2005 表 4.2.2-2 和表 4.2.2-3 中体形系数

≤0.3 的建筑围护结构相关参数与 ASHRAE 标准进行比较；严寒和寒冷地区居住建筑选择我国 JGJ 26—2010 表 4.2.2-2 和表 4.2.2-5 中楼层数为 4～8 层的建筑相关参数与 ASHRAE 标准进行比较；夏热冬冷地区居住建筑选择我国标准 JGJ 134—2010 表 4.0.4 中体型系数≤0.40 的建筑围护结构相关参数，即表 4.0.5-2 中体型系数≤0.40 相关参数与 ASHRAE 标准进行比较；夏热冬暖地区居住建筑选择我国标准 JGJ 75—2003 南区相关参数与 ASHRAE 标准进行比较。

（2）表 4-10 中，"金属窗框 1"、"金属窗框 2"、"金属窗框 3"分别指"金属窗框（玻璃幕墙、铺面）"、"金属窗框（入口大门）"、"金属窗框（固定窗、可开启窗、非入口玻璃门）"；"天窗 1"、"天窗 2"、"天窗 3"分别指"玻璃凸起天窗"、"塑料凸起天窗"、"玻璃和塑料不凸起天窗"。

通过对不同窗墙比窗户及天窗的传热系数进行比较（见表 4-10～表 4-13），结论如下：

（1）透明围护结构分类。自 2007 版本后，ASHRAE 标准对于垂直透明围护分类更加详细。2004 版本仅对固定窗、可开启窗分别进行了要求，2007 版本中将固定窗、可开启窗合并入其他金属窗框（固定窗、可开启窗、非入口玻璃门）一类；自 2007 版本后，将垂直透明围护划分为非金属窗框、金属窗框（玻璃幕墙和铺面等）、金属窗框（入口大门）、其他金属窗框（固定窗、可开启窗、非入口玻璃门）四类，分别进行传热系数限值要求，这样做更有利于简单快速地确定设计参数。这样划分的原因是不同窗框的窗户其整体传热系数差距很大，新的划分方法整体上加强了对窗户传热系数的要求，而其"金属窗框 2"实际为"入口大门"，其传热系数要求略低于窗。

ASHRAE 标准将天窗分为玻璃凸起天窗、塑料凸起天窗和玻璃和塑料不凸起天窗三类，并分别对 0%～2.0%、2.1%～5% 两种不同面积比的传热系数进行要求。我国只有在公共建筑节能标准中，将"屋顶透明部分"传热系数进行统一要求，这主要是因为两国主要建筑形式差别。

（2）公共建筑与居住建筑的一致性。ASHRAE 各版本标准中，对于透明围护结构的各项传热系数，公共建筑和居住建筑保持一致要求；我国标准中对公共建筑和居住建筑的要求有差异。

（3）窗墙比。在 ASHRAE2004 版本标准中，将窗墙比按比例分为 0%～10%、10.1%～20%、20.1%～30%、30.1%～40%、40.1%～50%，5 个等级，但其前四级相关参数要求都完全相同（少部分地区的 0%～10% 和 10.1%～40% 对 $SHGC$ 要求略有不同），所以在 2007 版本标准中，将前四级合并为一级 0%～40% 进行统一要求。同时要求，无论居住建筑还是公共建筑，当窗墙比大于 40% 均需要进行围护结构权衡判断。而我国公共建筑节能标准和居住建筑节能标准的窗墙比上限是依据建筑类型和气候区划分进行分别要求，窗墙比超出要求则需要进行围护结构权衡判断。窗墙比越大，对窗户传热系数要求越严格，公共建筑中窗墙比划分为（0，0.2]、（0.2，0.3]、（0.3，0.4]、（0.4，0.5]、（0.5，0.7] 五级，严寒地区划分为（0，0.2]、（0.2，0.3]、（0.3，0.4]、（0.4，0.45] 四级，寒冷地区中窗墙比划分为（0，0.2]、（0.2，0.3]、（0.3，0.4]、（0.4，0.5] 四级，夏热冬冷地区中窗墙比划分为（0，0.2]、（0.2，0.3]、（0.3，0.4]、（0.4，0.45]、（0.45，0.6] 五级，夏热冬暖地区中窗墙比划分为（0，0.25]、（0.25，0.3]、（0.3，0.35]、（0.35，0.4]、（0.4，0.45] 五级。

ASHRAE90.1 表 5.5-2 与 GB 50189—2005，JGJ 75—2003 窗户传热系数比较表（夏热冬暖地区）　　　　表 4-10

窗户	垂直窗框	非居住建筑传热系数 [W/(m²·K)]			居住建筑(>3)传热系数 [W/(m²·K)]					半供暖建筑传热系数 [W/(m²·K)]		
标准编号		90.1-2004 固定/开启	90.1-2007 综合最大值	90.1-2010 综合最大值	GB 50189—2005	90.1-2004 固定/开启	90.1-2007 综合最大值	90.1-2010 综合最大值	JGJ 75—2003	90.1-2004 固定/开启	90.1-2007 综合最大值	90.1-2010 综合最大值
垂直窗墙比												
0%~10%	非金属窗框	6.93/7.21	4.26	4.26	6.5	6.93/7.21	4.26	4.26	—	6.93/7.21	6.81	6.81
10.1%~20%	金属窗框 1	6.93/7.21	3.97	3.97	6.5	6.93/7.21	3.97	3.97	—	6.93/7.21	6.81	6.81
20.1%~30%	金属窗框 2	6.93/7.21	6.25	6.25	4.7	6.93/7.21	6.25	6.25	—	6.93/7.21	6.81	6.81
30.1%~40%	金属窗框 3	6.93/7.21	4.26	4.26	3.5	6.93/7.21	4.26	4.26	—	6.93/7.21	6.81	6.81
40.1%~50%		6.93/7.21	—	—	3	6.93/7.21	—	—	—	5.54/5.77	—	—
50.1%~70%		—	—	—	3	—	—	—	—	—	—	—
天窗 1												
0%~2.0%		11.24	11.24	11.24	3.5	11.24	11.24	11.24	—	11.24	11.24	11.24
2.1%~5%		11.24	11.24	11.24	3.5	11.24	11.24	11.24	—	11.24	11.24	11.24
天窗 2												
0%~2.0%		10.79	10.79	10.79	3.5	10.79	10.79	10.79	—	10.79	10.79	10.79
2.1%~5%		10.79	10.79	10.79	3.5	10.79	10.79	10.79	—	10.79	10.79	10.79
天窗 3												
0%~2.0%		7.72	7.72	7.72	3.5	7.72	7.72	7.72	—	7.72	7.72	7.72
2.1%~5%		7.72	7.72	7.72	3.5	7.72	7.72	7.72	—	7.72	7.72	7.72

ASHRAE90.1 表 5.5-3 与 GB 50189—2005, JGJ 134—2010 窗户传热系数比较表（夏热冬冷地区）

表 4-11

窗户 标准编号	垂直窗墙比 0~40%	非居住建筑传热系数 [W/(m²·K)]				居住建筑(>3)传热系数 [W/(m²·K)]				半供暖建筑传热系数 [W/(m²·K)]		
		90.1-2004 固定/开启	90.1-2007 综合最大值	90.1-2010 综合最大值	GB 50189—2005	90.1-2004 固定/开启	90.1-2007 综合最大值	90.1-2010 综合最大值	JGJ 75—2003	90.1-2004 固定/开启	90.1-2007 综合最大值	90.1-2010 综合最大值
垂直窗墙比												
0%~10%	非金属窗框	3.24/3.80	3.69	3.69	4.7	3.24/3.80	3.69	3.69	4.7	6.93/7.21	6.81	6.81
10.1%~20%	金属窗框 1	3.24/3.80	3.41	3.41	4.7	3.24/3.80	3.41	3.41	4.7	6.93/7.21	6.81	6.81
20.1%~30%	金属窗框 2	3.24/3.80	5.11	5.11	3.5	3.24/3.80	5.11	5.11	4.0	6.93/7.21	6.81	6.81
30.1%~40%	金属窗框 3	3.24/3.80	3.69	3.69	3	3.24/3.80	3.69	3.69	3.2	6.93/7.21	6.81	6.81
40.1%~50%		2.61/2.67	—	—	2.8	2.61/2.67	—	—	2.8(40.1%~45%)	5.54/5.77	—	—
50.1%~70%		—	—	—	2.5	—	—	—	2.5(45.1%~60%)	—	—	—
天窗 1												
0%~2.0%		6.64	6.64	6.64	3	6.64	6.64	6.64	—	11.24	11.24	11.24
2.1%~5%		6.64	6.64	6.64	3	6.64	6.64	6.64	—	11.24	11.24	11.24
天窗 2												
0%~2.0%		7.38	7.38	7.38	3	7.38	7.38	7.38	—	10.79	10.79	10.79
2.1%~5%		7.38	7.38	7.38	3	7.38	7.38	7.38	—	10.79	10.79	10.79
天窗 3												
0%~2.0%		3.92	3.92	3.92	3	3.92	3.92	3.92	—	7.72	7.72	7.72
2.1%~5%		3.92	3.92	3.92	3	3.92	3.92	3.92	—	7.72	7.72	7.72

ASHRAE90.1表5.5-5与GB 50189—2005，JGJ 26—2010窗户传热系数比较表（寒冷地区）　表4-12

窗户 标准编号		非居住建筑传热系数 [W/(m²·K)]			GB 50189—2005（体形系数）	居住建筑(>3)传热系数 [W/(m²·K)]			JGJ 75—2003	半供暖建筑传热系数 [W/(m²·K)]		
		90.1-2004 固定/开启	90.1-2007 综合最大值	90.1-2010 综合最大值		90.1-2004 固定/开启	90.1-2007 综合最大值	90.1-2010 综合最大值		90.1-2004 固定/开启	90.1-2007 综合最大值	90.1-2010 综合最大值
垂直窗墙比 0~40% / 0%~10%	垂直窗框 / 非金属窗框	3.24/3.80	1.99	1.99	3.5	3.24/3.80	1.99	1.99	3.1	6.93/7.21	6.81	6.81
10.1%~20%	金属窗框1	3.24/3.80	2.56	2.56	3.5	3.24/3.80	2.56	2.56	3.1	6.93/7.21	6.81	6.81
20.1%~30%	金属窗框2	3.24/3.80	4.54	4.54	3	3.24/3.80	4.54	4.54	2.8	6.93/7.21	6.81	6.81
30.1%~40%	金属窗框3	3.24/3.80	3.12	3.12	2.7	3.24/3.80	3.12	3.12	2.5	6.93/7.21	6.81	6.81
40.1%~50%		2.61/2.67	—	—	2.3	2.61/2.67	—	—	2.0	5.54/5.77	—	—
50.1%~70%		—	—	—	2.0	—	—	—	—	—	—	—
天窗1 / 0%~2.0%		6.64	6.64	6.64	2.7	6.64	6.64	6.64	—	11.24	11.24	11.24
2.1%~5%		6.64	6.64	6.64	2.7	6.64	6.64	6.64	—	11.24	11.24	11.24
天窗2 / 0%~2.0%		6.25	6.25	6.25	2.7	6.25	6.25	6.25	—	10.79	10.79	10.79
2.1%~5%		6.25	6.25	6.25	2.7	6.25	6.25	6.25	—	10.79	10.79	10.79
天窗3 / 0%~2.0%		3.92	3.92	3.92	2.7	3.92	3.92	3.92	—	7.72	7.72	7.72
2.1%~5%		3.92	3.92	3.92	2.7	3.92	3.92	3.92	—	7.72	7.72	7.72

ASHRAE90.1 表 5.5-7 与 GB 50189—2005，JGJ 26—2010 窗户传热系数比较表（严寒地区）

表 4-13

窗户 标准编号	标准编号	非居住建筑传热系数 [W/(m²·K)]			居住建筑（≥3）传热系数 [W/(m²·K)]					半供暖建筑传热系数 [W/(m²·K)]		
		90.1-2004-固定/开启	90.1-2007 综合最大值	90.1-2010 综合最大值	GB 50189-2005	90.1-2004 固定/开启	90.1-2007 综合最大值	90.1-2010 综合最大值	JGJ 75-2003	90.1-2004 固定/开启	90.1-2007 综合最大值	90.1-2010 综合最大值
垂直窗墙比 0%~10%	垂直窗墙比 0~40% 非金属窗框	3.24/3.80	1.99	1.99	3.2	3.24/3.80	1.99	1.99	2.5	6.93/7.21	3.69	3.69
10.1%~20%	金属窗框 1	3.24/3.80	2.27	2.27	3.2	3.24/3.80	2.27	2.27	2.5	6.93/7.21	3.41	3.41
20.1%~30%	金属窗框 2	3.24/3.80	4.54	4.54	2.9	3.24/3.80	4.54	4.54	2.2	6.93/7.21	5.11	5.11
30.1%~40%	金属窗框 3	3.24/3.80	2.56	2.56	2.6	3.24/3.80	2.56	2.56	1.9	6.93/7.21	3.69	3.69
40.1%~50%		2.61/2.67	—	—	2.1	2.61/2.67	—	—	1.7	5.54/5.77	—	—
50.1%~70%		—	—	—	1.8	—	—	—	—	—	—	—
天窗 1 0%~2.0%		6.64	6.64	6.64	2.6	6.64	6.64	6.64	—	11.24	11.24	11.24
2.1%~5%		6.64	6.64	6.64	2.6	6.64	6.64	6.64	—	11.24	11.24	11.24
天窗 2 0%~2.0%		4.94	4.94	4.94	2.6	3.46	3.46	3.46	—	10.79	10.79	10.79
2.1%~5%		4.94	4.94	4.94	2.6	3.46	3.46	3.46	—	10.79	10.79	10.79
天窗 3 0%~2.0%		3.92	3.92	3.92	2.6	3.92	3.92	3.92	—	7.72	7.72	7.72
2.1%~5%		3.92	3.92	3.92	2.6	3.92	3.92	3.92	—	7.72	7.72	7.72

（4）窗户传热系数。选择 ASHRAE 2004 版本中"开启"窗、ASHRAE 2007 和 ASHRAE 2010 标准中"金属窗框 3"与我国标准中对窗墙比 30.1%～40% 的窗户传热系数进行比对，根据图 4-11 可看出：ASHRAE 标准和我国标准中对于窗户传热系数限值都为由南到北逐渐严格，ASHRAE 2010 版本比 2004 版本，不同地区要求提升最大为 41%；在窗墙比在 30.1%～40% 时，我国对透明围护结构要求要高于 ASHRAE 标准（但从表中也可以看出，窗墙比越小，我国标准对玻璃传热系数要求越松）。

（5）天窗传热系数。ASHRAE 标准中，天窗传热系数要求不随着其面积改变而改变；我国标准对天窗传热系数的要求远高于 ASHRAE，两本标准对天窗传热系数要求都由南到北逐渐严格。

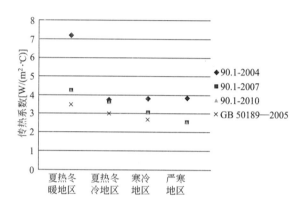

图 4-11　公共建筑外窗传热系数对比图

4.5.4　窗户、天窗遮阳系数

下面对中美标准中窗户及天窗的遮阳系数要求进行比较。需要说明的是：

（1）我国标准中窗户遮挡太阳辐射热的能力采用遮阳系数 SC（shading coefficient）来表示，遮阳系数 SC 的定义为："在给定条件下，太阳辐射透过窗玻璃所形成的室内得热量，与相同条件下的标准窗所形成的太阳辐射得热量之比。"而美国标准应用太阳得热因子 $SHGC$（solar heat gain coefficient）来表示，它的定义为："the ratio of the solar heat gain entering the space through the fenestration area to the incident solar radiation,"即，通过窗户进入室内的太阳得热量与太阳入射辐射量之比。此两者的关系为：$SC = 1.15 \times SHGC$，在下面的描述中，将我国标准中的 SC 换算为 $SHGC$ 与 ASHRAE 标准进行比较。

（2）严寒和寒冷地区公共建筑选择 GB 50189—2005 表 4.2.2-2 和表 4.2.2-3 中体形系数≤0.3 的建筑围护结构相关参数与 ASHRAE 标准进行比较；严寒地区居住建筑无要求；寒冷地区居住建筑选择我国 JGJ 26—2010 表 4.2.2-6 中楼层数为 4～8 层的建筑相关参数与 ASHRAE 标准进行比较；夏热冬冷地区居住建筑选择我国标准 JGJ 134—2010 表 4.0.5-2 中体型系数≤0.40 的建筑围护结构相关参数与 ASHRAE 标准进行比较；夏热冬暖地区（南区）居住建筑选择我国标准 JGJ 75—2003 表 4.0.7-2，$K < 0.7$ 的相关参数与 ASHRAE 标准进行比较。

通过表 4-14～表 4-17 的比较，得出结论如下：

ASHRAE90.1 表 5.5-2 窗户与天窗遮阳系数与我国标准比对表（夏热冬暖地区）　　　　表 4-14

窗户 标准编号	非居住建筑 SHGC			GB 50189—2005（东、南、西向/北向）	居住建筑(>3)SHGC			JGJ 75—2003
	90.1-2004 其他方向/北向	90.1-2007 综合最大值-所有方向	90.1-2010 综合最大值-所有方向		90.1-2004 其他方向/北向	90.1-2007 综合最大值-所有方向	90.1-2010 综合最大值-所有方向	
垂直窗墙比 0%~10%	0.25/0.61	0.25	0.25	—	0.39/0.61	0.25	0.25	0.78(0%~25%)
10.1%~20%	0.25/0.61	0.25	0.25	—	0.25/0.61	0.25	0.25	0.70(25.1%~30%)
20.1%~30%	0.25/0.61	0.25	0.25	0.43/0.52	0.25/0.61	0.25	0.25	0.61(30.1%~35%)
30.1%~40%	0.25/0.61	0.25	0.25	0.39/0.48	0.25/0.61	0.25	0.25	0.52(35.1%~40%)
40.1%~50%	0.17/0.44	—	—	0.35/0.43	0.17/0.43	—	—	0.43(40.1%~45%)
50.1%~70%	—	—	—	0.34/0.39	—	—	—	—
天窗 1 0%~2.0%	0.36	0.36	0.36	0.3	0.19	0.19	0.19	—
2.1%~5%	0.19	0.19	0.19	0.3	0.19	0.19	0.19	—
天窗 2 0%~2.0%	0.39	0.39	0.39	0.3	0.27	0.27	0.27	—
2.1%~5%	0.34	0.34	0.34	0.3	0.27	0.27	0.27	—
天窗 3 0%~2.0%	0.36	0.36	0.36	0.3	0.19	0.19	0.19	—
2.1%~5%	0.19	0.19	0.19	0.3	0.19	0.19	0.19	—

ASHRAE90.1 表 5.5-3 窗户与天窗遮阳系数与我国标准比对表（夏热冬冷地区）

表 4-15

窗户 标准编号	非居住建筑 SHGC			GB50189-2005（东、南、西向/北向）	居住建筑（>3）SHGC			JGJ 134—2010（东、西向/南向）
	90.1-2004 其他方向/北向	90.1-2007 综合最大值-所有方向	90.1-2010 综合最大值-所有方向		90.1-2004 其他方向/北向	90.1-2007 综合最大值-所有方向	90.1-2010 综合最大值-所有方向	
垂直窗墙比 0%~10%	0.39/0.49	0.25	0.25	—	0.39/0.49	0.25	0.25	—
10.1%~20%	0.25/0.49	0.25	0.25	—	0.39/0.49	0.25	0.25	—
20.1%~30%	0.25/0.39	0.25	0.25	0.48/—	0.25/0.39	0.25	0.25	—
30.1%~40%	0.25/0.39	0.25	0.25	0.43/0.52	0.25/0.39	0.25	0.25	夏季≤0.35/夏季≤0.39
40.1%~50%	0.19/0.26	—	—	0.39/0.48	0.19/0.26	—	—	夏季≤0.30/夏季≤0.35（40.1%~45%）
50.1%~70%	—	—	—	0.35/0.43	—	—	—	夏季≤0.22 冬季≤0.52（45.1%~60%）
天窗 1 0%~2.0%	0.39	0.39	0.39	0.35	0.36	0.36	0.36	—
2.1%~5%	0.19	0.19	0.19	0.35	0.19	0.19	0.19	—
天窗 2 0%~2.0%	0.65	0.65	0.65	0.35	0.27	0.27	0.27	—
2.1%~5%	0.34	0.34	0.34	0.35	0.27	0.27	0.27	—
天窗 3 0%~2.0%	0.39	0.39	0.39	0.35	0.36	0.36	0.36	—
2.1%~5%	0.19	0.19	0.19	0.35	0.19	0.19	0.19	—

ASHRAE90.1 表 5.5-5 窗户与天窗遮阳系数与我国标准比对表（寒冷地区）

表 4-16

窗户 标准编号	非居住建筑 SHGC				居住建筑（>3）SHGC			
	90.1-2004 其他方向/ 北向	90.1-2007 综合最大值-所有方向	90.1-2010 综合最大值-所有方向	GB 50189—2005（东、南、西向/北向）	90.1-2004 其他方向/北向	90.1-2007 综合最大值-所有方向	90.1-2010 综合最大值-所有方向	JGJ 26—2010（东西向/南北向）
垂直窗墙比								
0%~10%	0.49/0.49	0.4	0.4	—	0.49/0.49	0.4	0.4	—
10.1%~20%	0.39/0.49	0.4	0.4	—	0.39/0.49	0.4	0.4	—
20.1%~30%	0.39/0.49	0.4	0.4	—	0.39/0.49	0.4	0.4	—
30.1%~40%	0.39/0.49	0.4	0.4	0.61/—	0.39/0.49	0.4	0.4	0.39/—
40.1%~50%	0.26/0.36	—	—	0.52/—	0.26/0.49	—	—	0.30/—
50.1%~70%	—	—	—	0.43/—	—	—	—	—
天窗 1								
0%~2.0%	0.49	0.49	0.49	0.43	0.49	0.49	0.49	—
2.1%~5%	0.39	0.39	0.39	0.43	0.39	0.39	0.39	—
天窗 2								
0%~2.0%	0.77	0.77	0.77	0.43	0.77	0.77	0.77	—
2.1%~5%	0.62	0.62	0.62	0.43	0.62	0.62	0.62	—
天窗 3								
0%~2.0%	0.49	0.49	0.49	0.43	0.49	0.49	0.49	—
2.1%~5%	0.39	0.39	0.39	0.43	0.39	0.39	0.39	—

91

ASHRAE90.1 表 5.5-7 窗户与天窗遮阳系数与我国标准比对表（严寒地区）

表 4-17

窗户	非居住建筑 SHGC				居住建筑(>3)SHGC			
标准编号	90.1-2004 其他方向/北向	90.1-2007 综合最大值-所有方向	90.1-2010 综合最大值-所有方向	GB 50189—2005（东、南、西向/北向）	90.1-2004 其他方向/北向	90.1-2007 综合最大值-所有方向	90.1-2010 综合最大值-所有方向	JGJ 26—2010（东西向/南北向）
垂直窗墙比								
0%~10%	0.49/0.64	0.45	0.45	—	0.49/0.64	—	—	—
10.1%~20%	0.49/0.64	0.45	0.45	—	0.49/0.64	—	—	—
20.1%~30%	0.49/0.64	0.45	0.45	—	0.49/0.64	—	—	—
30.1%~40%	0.49/0.64	0.45	0.45	—	0.49/0.64	—	—	—
40.1%~50%	0.36/0.64	—	—	—	0.36/0.64	—	—	—
50.1%~70%	—	—	—	—	—	—	—	—
天窗 1								
0%~2.0%	0.68	0.68	0.68	—	0.64	0.64	0.64	—
2.1%~5%	0.64	0.64	0.64	—	0.64	0.64	0.64	—
天窗 2								
0%~2.0%	0.77	0.77	0.77	—	0.77	0.77	0.77	—
2.1%~5%	0.71	0.71	0.71	—	0.77	0.77	0.77	—
天窗 3								
0%~2.0%	0.68	0.68	0.68	—	0.64	0.64	0.64	—
2.1%~5%	0.64	0.64	0.64	—	0.64	0.64	0.64	—

（1）ASHRAE 2004 版本中将遮阳系数分为北向和其他方向分别进行要求，自 2007 版本起，则改为对所有方向遮阳系数综合最大值进行统一限制。我国公共建筑节能设计标准中对东、南、西向和北向分别进行要求限制；夏热冬暖地区居住建筑只对南区建筑外窗的综合遮阳系数进行了限制；夏热冬冷地区居住建筑对外窗东西向和南向分别进行限制，对北向无要求；寒冷地区居住建筑对外窗东西向遮阳系数进行了限制，南北向无要求；严寒地区居住建筑对遮阳系数无限制。

（2）ASHRAE 标准中透明围护结构垂直窗墙比 0%～40% 之间的情况下，SHGC 参数限值都一样，我国标准则根据窗墙比改变而逐步降低 SHGC 参数要求。

（3）ASHRAE 标准在严寒、寒冷地区也有要求，我国在此地区无要求。

（4）ASHRAE 2004，2007，2010 三个版本的标准对遮阳系数基本无修订。

4.5.5 围护结构气密性要求

在中美建筑节能标准中，对围护结构要求除传热系数、窗墙比、遮阳系数等，围护结构整体气密性的要求对于保证建筑物整体节能性能也非常重要，中美标准相关要求比对见表 4-18。

中美标准围护结构气密性要求比对表

表 4-18

GB 50189—2005	4.2.9	严寒地区建筑的外门应设门斗，寒冷地区建筑的外门宜设门斗或采取其他减少冷风渗透的措施。其他地区建筑外门也应采取保温隔热节能措施	
	4.2.10	外窗的气密性不应低于《建筑外窗气密性能分级及其检测方法》GB 7107—2002 规定的 4 级	
	4.2.11	透明幕墙的气密性不应低于《建筑幕墙物理性能分级》GB/T 15225—1994 规定的 3 级	
JGJ 26—2010	4.2.6	外窗及敞开式阳台门应具有良好的密封性能。严寒地区外窗及敞开式阳台门的气密性能等级不应低于国家标准《建筑外门窗气密、水密、抗风压性能分级及检测方法》GB/T 7106—2008 中规定的 6 级。寒冷地区 1～6 层的外窗及敞开式阳台门的气密性能等级不应低于国家标准《建筑外门窗气密、水密、抗风压性能分级及检测方法》GB/T 7106—2008 中规定的 4 级，7 层及 7 层以上不应低于 6 级	
JGJ 134—2010	4.0.9	建筑 1～6 层的外窗及敞开式阳台门的气密性能等级，不应低于国家标准《建筑外门窗气密、水密、抗风压性能分级及检测方法》GB/T 7106—2008 中规定的 4 级，7 层及 7 层以上外窗及敞开式阳台门的气密性能等级，不应低于 6 级	
JGJ 75—2003	4.0.11	居住建筑 1～9 层外窗的气密性，在 10Pa 压差下，每小时每米缝隙空气渗透量不应大于 2.5m³，且每小时每平方米面积的空气渗透量不应大于 7.5m³；10 层及 10 层以上外窗的气密性，在 10Pa 压差下，每小时每米缝隙空气渗透量不应大于 1.5m³，且每小时每平方米面积的空气渗透量不应大于 4.5m³（即：1～9 层外窗气密性不低于《建筑外窗气密性分级及检测方法》GB/T 7107—2002 的 3 级，10 层及 10 层以上不低于 4 级）	注：《建筑外窗气密性能分级及其检测方法》GB 7107—2002 已经更新为《建筑外门窗气密、水密、抗风压性能分级及检测方法》GB/T 7106—2008

续表

90.1-2010	5.4.3.1	连续空气阻隔。整栋建筑的围护结构都应设计并建造有连续空气阻隔（连续空气阻隔：由内部链接的材料、配件、封闭链、和其他部分组成的建筑围护结构，可以使通过建筑围护进出的空气达到最少）	主要内容：本条包括空气阻隔的设计、施工和可接受的材料以及配件，并且给出了检测标准
	5.4.3.2	透明围护结构和门。透明围护结构和门可根据 AA-MA/WDMA/CSA 101/I. S. 2/440，NFRC440 或 AST-ME283 进行检测	分别给出了平开门、旋转门、幕墙、天窗、非平开不透明门等检测限值要求
	5.4.3.3	装配货物用门密封。在 4～8 气候区，用于装卸货物的门应装有不受天气影响的密封	
	5.4.3.4	前厅。分隔空调区域与室外空间的前厅应配有围合式的门厅，门应可自动关闭。在人进出时，内部门和外部门不会同时开启	对门的距离和不受此条限值的特殊情况进行了说明和要求

从表 4-18 可以看出：

（1）内容。我国标准对气密性的要求基于《建筑外窗气密性能分级及其检测方法》，对窗、开敞式阳台、透明幕墙设备部品性能分别进行了等级要求；美国 ASHRAE 标准对门、窗、前厅、运货门等一切可能造成空气渗透的位置和相关部品都进行了要求。

（2）范围。和其他条款一样，ASHRAE 标准还对设计、施工、标识、材料等进行了说明，我国标准仅就设计阶段选择设备的性能进行了要求。

4.6　冷热源机组能效比较

4.6.1　标准覆盖范围

除了对围护结构热工参数进行要求，供暖、通风和空气调节系统的设计以及设备选择也是建筑节能标准最重要的组成部分之一，下面对 ASHRAE 规范和我国相关节能规范中覆盖的主要暖通空调设备进行比较，见表 4-19～表 4-23。

结论如下：

（1）中美两国标准对于在建筑暖通空调系统中最经常使用的冷水机组、单元式空调机、分散式房间空调器、多联式空调（热泵）机组、锅炉等设备最低效率都有规定。

（2）ASHRAE 标准中对设备的要求比我国更全面，如将单元式空调机组和变制冷剂流量空调机组分别划分为单冷型和热泵型对其性能进行限值，并且对散热设备、传热设备和用于计算机房的空调机组都进行了单独规定，这主要是基于美国相关设备标准能效检测体系及标准的划分。

需要说明的是：

（1）ASHRAE 标准除了对设备标准工况下的最低能效进行限制外，也给出了非标准工况下最低能效限值或计算方法。如在 2004 版本和 2007 版本中分别通过表 6.8.1H、表 6.8.1I、表 6.8.1J 给出了非标准状况下三种规格离心式冷水机组的能效限值，设备商可以通过设备进水、出水温度和冷凝器流率查找对应的 COP 和 NPLV 限值，但这三个表在 2010 版本标准中被统一为 6.4.1.2 条的计算方法以及表 6.8.1C 中对应的限值；另外对表 6.8.1D 中的电驱动的整体式末端空调器、末端热泵，并未直接给出其最低能效限值，而需要设备制造商或设计人员通过表内给出的公式，根据设备容量对其 COP 进行限制计算。

中美建筑节能标准建筑设备覆盖比对表

表 4-19

ASHRAE 90.1-2010	GB 50189—2005	JGJ 26—2010	JGJ 134—2010	JGJ 75—2003
6.8.1A 电驱动的单元式空调机组和冷凝机组	5.4.8 单元式空调机能效比	5.4.3 制冷量大于 7100W 的单元式空调机	6.0.6 制冷量大于 7100W 的单元式空调机	—
6.8.1B 电驱动的单元式空调（热泵）机组	—	—	—	—
6.8.1C 冷水机组	5.4.5 冷水（热泵）机组制冷性能系数 5.4.6 冷水（热泵）机组综合部分负荷性能系数 5.4.9 溴化锂吸收式机组性能参数	5.4.3 蒸汽压缩循环冷水（热泵）机组	6.0.6 蒸汽压缩循环冷水（热泵）机组；蒸汽、热水型及直燃型溴化锂吸收式冷水机组及直燃型溴化锂吸收式冷（温）水机组	6.0.4 蒸汽压缩循环冷水（热泵）机组
6.8.1D 电驱动的整体末端空调器、末端热泵、整体式立式热泵、整体式立式空调器、房间空调器（热泵）	—	5.4.2 分散式房间空调器	6.0.8 分散式房间空调器	6.0.4 分散式房间空调器
6.8.1E 供暖炉、供暖炉和空调的组合、供暖炉管道机、单元式加热器	—	—	—	—
6.8.1F 燃气和燃油锅炉	5.4.3 锅炉额定热效率	5.2.4 锅炉最低设计效率	6.0.5 燃气供暖热水炉	—
6.8.1G 散热设备	—	—	—	—
6.8.1H 传热设备	—	—	—	—
6.8.1I 变制冷剂流量空调机组	—	—	—	—
6.8.1J 变制冷剂流量空气/空气热泵	—	5.4.3 多联式空调（热泵）机组	6.0.6 多联式空调（热泵）机组	—
6.8.1K 用于计算机房的空调机组和冷凝机组最低效率规定值	—	—	—	—

ASHRAE 表 6.8.1-A　电驱动单元式空气调节机和冷凝机组最低能效值比对表　表 4-20

设备类型	制冷量（kW）	最低能效		
		2004 年	2007 年	2010 年
空调机（风冷）	<19	分体式 SCOP: 2.93; 整体式 SCOP: 2.84	分体式 SCOP: 2.93; 整体式 SCOP: 2.84	分体式 SCOP: 3.81; 整体式 SCOP: 3.81
	[19, 40)	COP: 3.02	COP: 3.02	COP: 3.28; IPLV: 3.34
	[40, 70)	COP: 2.84	COP: 2.84	COP: 3.22; IPLV: 3.28
	[70, 223)	COP: 2.78; IPLV: 2.84	COP: 2.78; IPLV: 2.84	COP: 2.93; IPLV: 2.96
	>223	COP: 2.70; IPLV: 2.75	COP: 2.70; IPLV: 2.75	COP: 2.84; IPLV: 2.87
窗机（风冷）	≤8.8	SCOP: 2.93	SCOP$_C$: 2.93	SCOP$_C$: 3.52
小管高流速（风冷）	<19	SCOP: 2.93	—	—
空调机（水冷或蒸发冷却）	<19	COP: 3.35	COP: 3.35	COP: 3.54; IPLV: 3.60
	[19, 40)	COP: 3.37	COP: 3.37	COP: 3.37; IPLV: 3.43
	[40, 70)	COP: 3.22	COP: 3.22	COP: 3.22; IPLV: 3.28
	[70, 223)	COP: 2.70; IPLV: 3.02	COP: 2.70; IPLV: 3.02	COP: 3.22; IPLV: 3.25
	>223	COP: 2.70; IPLV: 3.02	COP: 2.70; IPLV: 3.02	COP: 3.22; IPLV: 3.25
冷凝机组（风冷）	>40	COP: 2.96; IPLV: 3.28	COP: 2.96; IPLV: 3.28	COP: 2.96; IPLV: 3.34
冷凝机组（水冷或蒸发冷却）	>40	COP: 3.84; IPLV: 3.84	COP: 3.84; IPLV: 3.84	COP: 3.83; IPLV: 3.98

ASHRAE 表 6.8.1B 电驱动单元空调(热泵)机组最低能效值比对表　　表 4-21

设备类型	制冷量(kW)	最低能效		
		2004 年	2007 年	2010 年
风冷(制冷模式)	<19	分体式 $SCOP_C$: 2.93; 整体式 $SCOP_C$: 2.84	分体式 $SCOP_C$: 2.93; 整体式 $SCOP_C$: 2.84	分体式 $SCOP_C$: 3.81; 整体式 $SCOP_C$: 3.81
	[19, 40)	COP_C: 2.96	COP_C: 2.96	COP_C: 3.22; $IPLV$: 3.28
	[40, 70)	COP_C: 2.72	COP_C: 2.72	COP_C: 3.11; $IPLV$: 3.13
	>70	COP_C: 2.78; $IPLV$: 2.70	COP_C: 2.64; $IPLV$: 2.70	COP_C: 2.78; $IPLV$: 2.81
窗机(风冷、制冷模式)	≤8.8	分体式 $SCOP_C$: 2.93; 整体式: 2.84	分体式 $SCOP_C$: 2.93; 整体式: 2.84	$SCOP_C$: 3.52
小管高流速(风冷、制冷模式)	<19	$SCOP_C$: 2.93	—	—
水源(制冷模式)	<5	30℃进水 COP_C: 3.28	30℃进水 COP_C: 3.28	30℃进水 COP_C: 3.28
	[5, 19)	30℃进水 COP_C: 3.52	30℃进水 COP_C: 3.52	30℃进水 COP_C: 3.52
	[19, 40)	30℃进水 COP_C: 3.52	30℃进水 COP_C: 3.52	30℃进水 COP_C: 3.52
地下水源(制冷模式)	<40	15℃进水 COP_C: 4.75	15℃进水 COP_C: 4.75	15℃进水 COP_C: 4.75
土壤源(制冷模式)	<40	25℃进水 COP_C: 3.93	25℃进水 COP_C: 3.93	—
风冷(制热模式)	<19	分体式 $SCOP_H$: 1.99; 整体式 $SCOP_H$: 1.93	分体式 $SCOP_H$: 1.99; 整体式 $SCOP_H$: 1.93	分体式 $SCOP_H$: 2.26; 整体式 $SCOP_H$: 2.26
	[19, 40)	干球 8.3℃/湿球 6.1℃: COP_H: 3.2; 干球 −8.3℃/湿球 −9.4℃: COP_H: 2.2	干球 8.3℃/湿球 6.1℃: COP_H: 3.2; 干球 −8.3℃/湿球 −9.4℃: COP_H: 2.2	干球 8.3℃/湿球 6.1℃: COP_H: 3.3; 干球 −8.3℃/湿球 −9.4℃: COP_H: 2.25
	>40	干球 8.3℃/湿球 6.1℃: COP_H: 3.1; 干球 −8.3℃/湿球 −9.4℃: COP_H: 2.0	干球 8.3℃/湿球 6.1℃: COP_H: 3.1; 干球 −8.3℃/湿球 −9.4℃: COP_H: 2.0	干球 8.3℃/湿球 6.1℃: COP_H: 3.2; 干球 −8.3℃/湿球 −9.4℃: COP_H: 2.05
窗机(风冷、制热模式)	≤8.8	分体式 $SCOP_H$: 1.99; 整体式 $SCOP_H$: 1.93	分体式 $SCOP_H$: 1.99; 整体式 $SCOP_H$: 1.93	分体式 $SCOP_H$: 2.17; 整体式 $SCOP_H$: 2.17
小管高流速(风冷、制热模式)	<19	$SCOP_H$: 1.99	—	—
水源(制热模式)	<40	20℃进水 COP_H: 4.2	20℃进水 COP_H: 4.2	20℃进水 COP_H: 4.2
地下水源(制热模式)	<40	10℃进水 COP_H: 3.6	10℃进水 COP_H: 3.6	10℃进水 COP_H: 3.6
土壤源(制热模式)	<40	0℃进水 COP_H: 3.1	0℃进水 COP_H: 3.1	0℃进水 COP_H: 3.1

ASHRAE 表 6.8.1C 冷水机组最低能效值比对表

表 4-22

类型	制冷量（kW）	能效限值		
		2004 年	2007 年	2010 年
电驱动带冷凝器的风冷机组	<528	COP: 2.80; IPLV: 3.05	COP: 2.80; IPLV: 3.05	COP: 2.80; IPLV: 3.66
电驱动带冷凝器的风冷机组	≥528	COP: 2.80; IPLV: 3.05	COP: 2.80; IPLV: 3.05	COP: 2.80; IPLV: 3.74
电驱动无冷凝器的风冷机组	全范围	COP: 3.10; IPLV: 3.45	COP: 3.10; IPLV: 3.45	—
电驱动往复式水冷机组	全范围	COP: 4.20; IPLV: 5.05	COP: 4.20; IPLV: 5.05	—
电驱动螺杆式/涡旋式水冷机组	<264	COP: 4.45; IPLV: 5.20	COP: 4.45; IPLV: 5.20	—
电驱动螺杆式/涡旋式水冷机组	[264, 528)	COP: 4.45; IPLV: 5.20	COP: 4.45; IPLV: 5.20	—
电驱动螺杆式/涡旋式水冷机组	[528, 1055)	COP: 4.90; IPLV: 5.60	COP: 4.90; IPLV: 5.60	—
电驱动螺杆式/涡旋式水冷机组	≥1055	COP: 5.50; IPLV: 6.15	COP: 5.50; IPLV: 6.15	—
电驱动离心式水冷机组	<528	COP: 5.00; IPLV: 5.25	COP: 5.00; IPLV: 5.25	—
电驱动离心式水冷机组	[528, 1055)	COP: 5.55; IPLV: 5.90	COP: 5.55; IPLV: 5.90	—
电驱动离心式水冷机组	[1055, 2110)	COP: 6.10; IPLV: 6.40	COP: 6.10; IPLV: 6.40	—
电驱动离心式水冷机组	≥2110	COP: 6.10; IPLV: 6.40	COP: 6.10; IPLV: 6.40	—
单效吸收式风冷机组	全范围	COP: 0.60	COP: 0.60	COP: 0.60
单效吸收式水冷机组	全范围	COP: 0.70	COP: 0.70	COP: 0.70
双效非直燃吸收式机组	全范围	COP: 1.00; IPLV: 1.05	COP: 1.00; IPLV: 1.05	COP: 1.00; IPLV: 1.05
双效直燃吸收式机组	全范围	COP: 1.00; IPLV: 1.00	COP: 1.00; IPLV: 1.00	COP: 1.00; IPLV: 1.00

ASHRAE 表 6.8.1D 房间空调器/热泵最低能效值能效比对表

表 4-23

类型	制冷量	能效限值 COP		
		2004 年	2007 年	2010 年
房间空调器（有百叶板）	<1.8	2.84	2.84	2.84
	[1.8, 2.3)	2.84	2.84	2.84
	[2.3, 4.1)	2.87	2.87	2.87
	[4.1, 5.9)	2.84	2.84	2.84
	>5.9	2.49	2.49	2.49
房间空调器（无百叶板）	<2.3	2.64	2.64	2.64
	[2.3, 5.9)	2.49	2.49	2.49
	>5.9	2.49	2.49	2.49
房间空调热泵（有百叶板）	<5.9	2.64	2.64	2.64
	>5.9	2.49	2.49	2.49
房间空调热泵（无百叶板）	<4.1	2.49	2.49	2.49
	>4.1	2.34	2.34	2.34

（2）对于某些设备，ASHRAE 会给出某日期前后采用此设备的最低能效的不同要求。后面为了方便比对，统一选择其对设备能效的最低要求进行比较。

（3）6.8.1H——传热设备、6.8.1I——变制冷剂流量空调机组、6.8.1J——变制冷剂流量空气/空气热泵、6.8.1K——用于计算机房的空调机组和冷凝机组最低效率规定值，四个表为 2010 版本标准新增要求，这也说明了 ASHRAE 非常注意提升设备和系统能效给建筑节能带来的影响。

下面通过挑选 2004 年、2007 年、2010 年三个版本 ASHRAE 标准中表 6.8.1A、6.8.1B、6.8.1C、6.8.1D 典型参数进行比较，分析美国标准中对设备能效提升的要求。

从表 4-19～表 4-23 中可以看出：

（1）设备评价指标。除了常用的 COP 和 IPLV 指标外，ASHRAE 标准还采用 SCOP（季节性能系数）、$SCOP_C$（制冷季节性能系数）、COP_C（制冷性能系数）、$SCOP_H$（制热季节性能系数）、COP_H（制热性能系数）对不同情况的机组能效进行限制。

（2）设备覆盖范围。ASHRAE 标准中逐渐删除了一些不常用的机组，如小管高流速空调机组，另如，在 2004 年版本中，对于水冷或蒸发冷却式单元空调机组归为一类进行要求，在 2010 年版本中，则对其进行分别要求。

（3）性能要求提升。从 2004 年版本到 2010 年版本，对于单元空调和冷凝机组及单元空调（热泵）机组，部分机组 COP 性能限值提升约 10%，IPLV 限值的使用范围也得到了不断扩大，从只覆盖大型机组逐渐扩展到中小型机组。

4.6.2　单元式空调机能效限值

我国 GB 50189—2005 中 5.4.8 条规定：名义制冷量大于 7100W、采用电机驱动压缩机的单元式空气调节机、风管送风式和屋顶式空气调节机组时，在名义制冷工况和规定条件下，其能效比（EER）不应低于表 5.4.8 中规定。

GB 50189—2005 中表 5.4.8 单元式机组能效比　　　　表 4-24

类型		能效比（W/W）
风冷式	不接风管	~2.60（第 4 级）
	接风管	2.30（第 4 级）
水冷式	不接风管	3.00（第 4 级）
	接风管	2.70（第 4 级）

我国 JGJ 26—2010 中 5.4.3 条和 JGJ 134—2010 中 6.0.6 条都规定：当采用名义制冷量大于 7100W 的电机驱动压缩机单元式空气调节机作为住宅小区或整栋楼的冷热源机组时，所选用机组的能效比（性能系数）不应低于现行国家标准《公共建筑节能设计标准》GB 50189—2005 中的规定值。

下面将我国 GB 50189—2005 中 5.4.8 要求与美国《ASHRAE 90.1-2010》标准 6.8.1A 表进行比较（见表 4-25）。需要说明的是：①美国标准中设备能效值容许有 5% 负偏差，在比较时，先将该值进行修正（乘以 0.95）后再进行比较。②《ASHRAE 90.1》表 6.8.1A 规定单元式空调机组限值，而单元式空调（热泵）机组最低能效值则在表 6.8.1B 规定。我国目前只规定设备制冷工况时的能效比，所以，这里以表 6.8.1A 限定值进行比较，对于相同制冷量的机组来说，单冷型机组规定值(表 6.8.1A)要比热泵型机组规定值(表 6.8.1B)稍高一点。

《ASHRAE 90.1-2010》规定的单元机能效限值与 GB 50189—2005 规定值比较　表 4-25

类型	ASHRAE 90.1-2010			GB 50189—2005		中国与美国标准差距(%)
	制冷量(kW)	能效限值(COP)	修正后(COP)	制冷量(kW)	能效限值 EER	
风冷 (制冷模式)	≥19，<40	COP：3.28	3.12	≥7.1 (不接风管)	2.60	−19.85
	≥40，<70	COP：3.22	3.06		2.60	−17.65
	≥70，<223	COP：2.93	2.78		2.60	−7.06
	≥223	COP：2.84	2.70		2.60	−3.77
水冷和蒸发	<19	COP：3.54	3.36	≥7.1	3.00	−12
	≥19，<40	COP：3.37	3.20		3.00	−6.72
	≥40，<70	COP：3.22	3.06		3.00	−1.97
	≥70	COP：3.22	3.06		3.00	−1.97

需要说明的是：对于单元式空气调节机，制冷量小于 19kW 的风冷机组，ASHRAE 用 SCOP(季节性能系数)对其进行限制；其他制冷量的风冷机组和全范围的水冷以及蒸发冷却式机组，除采用 COP 进行限制外，ASHRAE 标准还对其 IPLV 进行了限值。

4.6.3 冷水机组能效限值

表 4-26 为我国《冷水机组能效限定值及能源效率等级》GB 19577—2004 中所列出的能源效率等级指标。

冷水机组能效限定值及能源效率等级指标　表 4-26

类型	额定制冷量 (CC，kW)	能效等级(COP，W/W)				
		1	2	3	4	5
风冷式或 蒸发冷却式	CC≤50	3.20	3.00	2.80	2.60	2.40
	50<CC	3.40	3.20	3.00	2.80	2.60
水冷式	CC≤528	5.00	4.70	4.40	4.10	3.80
	528<CC≤1163	5.50	5.10	4.70	4.30	4.00
	1163<CC	6.10	5.60	5.10	4.60	4.20

我国 GB 50189—2005 中 5.4.5 条规定：电机驱动压缩机的蒸汽压缩循环冷水(热泵)机组，在额定制冷工况和规定条件下，性能系数(COP)不应低于表 5.4.5 规定。在 JGJ 26—2010 第 5.4.3 条、JGJ 134—2010 第 6.0.6 条和 JGJ 75—2006 第 6.0.4 条中，都规定凡是采用集中空调(供暖)的建筑，所应用的机组必须符合现行的《公共建筑节能设计标准》GB 50189—2005 中，对冷水机组的能效最低要求。制订 GB 50189—2005 时考虑了我国产品现有与发展水平，鼓励国产机组尽快提高技术水平，同时，从科学合理的角度出发，考虑到不同压缩方式的技术特点，分别作了不同规定。冷水机组活塞/涡旋式采用 GB 19577—2004 中第 5 级，水冷离心式采用第 3 级，螺杆机则采用第 4 级。

GB 50189—2005 中表 5.4.5 冷水（热泵）机组制冷性能系数　　表 4-27

类型		额定制冷量（kW）	性能系数（W/W）
水冷	活塞式/涡旋式	＜528	3.8（第 5 级）
		528～1163	4.0（第 5 级）
		＞1163	4.2（第 5 级）
	螺杆式	＜528	4.10（第 4 级）
		528～1163	4.30（第 4 级）
		＞1163	4.60（第 4 级）
	离心式	＜528	4.40（第 3 级）
		528～1163	4.70（第 3 级）
		＞1163	5.10（第 3 级）
风冷或蒸发冷却	活塞式/涡旋式	≤50	2.40（第 5 级）
		＞50	2.60（第 5 级）
	螺杆式	≤50	2.60（第 4 级）
		＞50	2.80（第 4 级）

由于《ASHRAE 90.1-2010》标准对部分冷水机组 COP 采用了新的需要计算来确定的规定，而非单纯限值，下面将《ASHRAE 90.1-2007》表 6.8.1C 规定的冷水机组最低能效值（Water Chilling Packages - Minimum Efficiency Requirements）与我国《公共建筑节能设计标准》GB 50189—2005 中表 5.4.5 中规定的能效限值进行比较（见表 4-28）。

《ASHRAE 90.1-2007》规定的冷水机组能效限值与 GB 50189—2005 规定值比较　表 4-28

美国《建筑节能标准—除低层住宅外》ASHRAE 90.1-2007				中国《公共建筑节能设计标准》GB 50189—2005			中国与美国标准差距（%）
类型	制冷量（kW）	能效限值 COP	修正后 COP	类型	制冷量（kW）	性能系数限值 COP	
水冷	活塞式	全范围	4.20	3.78	活塞式	＜528	3.80（第 5 级）	−0.53
			4.20	3.78		528～1163	4.00（第 5 级）	−5.50
			4.20	3.78		≥1163	4.20（第 5 级）	−10.00
	涡旋式	＜528	4.45	4.01	涡旋式	＜528	3.80（第 5 级）	5.39
		528～1055	4.90	4.41		528～1163	4.00（第 5 级）	10.25
		≥1055	5.50	4.95		≥1163	4.20（第 5 级）	17.86
	螺杆式	＜528	4.45	4.01	螺杆式	＜528	4.10（第 4 级）	−2.32
		528～1055	4.90	4.41		528～1163	4.30（第 4 级）	2.56
		≥1055	5.50	4.95		≥1163	4.60（第 4 级）	7.61
	离心式	＜528	5.00	4.50	离心式	＜528	4.40（第 3 级）	2.27
		528～1055	5.55	5.00		528～1163	4.70（第 3 级）	6.28
		≥1055	6.10	5.49		≥1163	5.10（第 3 级）	7.65
风冷，带冷凝机组	全范围		2.80	2.52	风冷或蒸发冷却	活塞式/涡旋式	≤50	2.40（第 5 级）	5.00
			2.80	2.52		＞50	2.60（第 5 级）	−3.08
			2.80	2.52	螺杆式	≤50	2.60（第 4 级）	−3.08
			2.80	2.52		＞50	2.80（第 4 级）	−10.00

需要说明的是：①由于 ASHRAE 对设备要求限制引用自 AHRI550/590 标准，而根据 AHRI550/590 计算，其允许对 COP 存在 5％的负偏差；②我国 GB 18430.1—2001 冷却水侧污垢系数取 0.086，AHRI 标准冷却水侧污垢系数取 0.044，我国标准比美国标准计算值低 3.98％。所以将美国冷水机组 COP 进行 90％修正后与我国标准进行比较。

由表 4-28 中可以看出，现行《公共建筑节能设计标准》GB 50189—2005 对于水冷冷水机组的能效限定值与美国《ASHRAE 90.1-2007》表 6.8.1C 规定的水冷冷水机组最低能效值比较，中国节能设计标准规定值的能效大部分限值低于美国标准，最高可以相差 17.8％。

要特别指出的是，在美国《ASHRAE 90.1-2007》表 6.8.1C 规定的冷水机组最低能效值 COP 的同时，还规定了冷水机组最低"综合部分负荷性能系数" $IPLV$ 值（integrated pant-load value），尽管在中国《公共建筑节能设计标准》GB 50189—2005 中也有条文规定水冷式螺杆和离心机组的最低 $IPLV$ 值，但是并非强制性条文。

4.6.4　房间空气调节器能效限值

房间空调器因体积小、价格便宜、性能可靠、操作灵活等诸多优点而被我国家庭广泛采用。虽然房间空调器功率比较小，但其数量众多，能耗总量也非常大。目前，中国已经是房间空调器生产和消费的大国。

中国定义电驱动的、制冷量在 14kW 以下的空调器称为"房间空调器"，至今已经颁布实施了两本有关房间空调器的能效等级标准，它们是：《房间空气调节器能效限定值及能源效率等级》GB 12021.3—2010（分级表见表 4-29）和《转速可控型房间空气调节器能效限定值及能源效率等级》GB 21455—2008（分级表见表 4-30）。其中，2010 年 6 月 1 日实施的《房间空气调节器能效限定值及能源效率等级》GB 12021.3—2010，能效值有较大幅度的提高。

房间空气调节器能效限定值及能源效率等级　　　　　　　　表 4-29

类型	额定制冷量（CC，W）	能效等级		
		3	2	1
整体式	—	2.90	3.10	3.30
分体式	CC≤4500	3.20	3.40	3.60
	4500＜CC≤7100	3.10	3.30	3.50
	7100＜CC≤14000	3.00	3.20	3.40

转速可控型房间空气调节器能效限定值及能源效率等级　　　　　　表 4-30

类型	额定制冷量（CC，W）	能源效率等级				
		5	4	3	2	1
分体式	CC≤4500	3.00	3.40	3.90	4.50	5.20
	4500＜CC≤7100	2.90	3.20	3.60	4.10	4.70
	7100＜CC≤14000	2.80	3.00	3.30	3.70	4.20

在《转速可控型房间空气调节器能效限定值及能源效率等级》GB 21455—2008 中，

与美国《ASHRAE 90.1-2007》表 6.8.1A 一样，制冷量小于 19kW 的机组(包括过墙式空调机)，采用季节能效的概念进行能效分级。

在《严寒和寒冷地区居住建筑节能设计标准》JGJ 26—2010、《夏热冬冷地区居住建筑节能设计标准》JGJ 134—2010 和《夏热冬暖地区居住建筑节能设计标准》JGJ 75—2003 中，都以非强制性条文规定了"当采用分散式房间空调器进行空调和(或)供暖时，宜选择符合国家标准《房间空气调节器能效限定值及能效等级》GB12021.3 和《转速可控型房间空气调节器能效限定值及能源效率等级》GB 21455—2008 中规定的节能型产品(即能效等级 2 级)。"

美国居住建筑较少应用房间空调器进行空调(供暖)。在标准《ASHRAE 90.1-2010》表 6.8.1D 中，规定了电驱动的整体式末端空调器、末端热泵、整体式立式空调器、整体式立式热泵、房间空调器，房间空调器(热泵)——最低效率规定值，表 4-31 显示了在 ASHRAE 表 6.8.1D 中摘出的房间空调器的能效限值(机组输入为 1.8～5.9kW)。我国定义电驱动的、制冷量在 14 kW 以下的空调器称为"房间空调器"，就制冷量而言，《ASHRAE 90.1-2010》表 6.8.1A"电驱动的单元式空调机组和冷凝机组——最低效率规定值"中制冷量小于 19 kW 的风冷空调器和过墙式空调机都属于该制冷量范围内，表 4-32 则列出制冷量小于 19 kW 的风冷空调器(包括过墙式空调机)的能效限值。

《ASHRAE 90.1-2010》表 6.8.1D 房间空调器最低能效值(部分)　　　　表 4-31

设备类型	规格(输入量)	最低能效
房间空调器，带有百叶窗	<1.8kW	2.84COP
	≥1.8kW，<2.3kW	2.84COP
	≥2.3kW，<4.1kW	2.87COP
	≥4.1kW，<5.9kW	2.84COP
	≥5.9kW	2.49COP
房间空调器，不带有百叶窗	<2.3kW	2.64COP
	≥2.3kW，<5.9kW	2.49COP
	≥5.9kW	2.49COP

《ASHRAE 90.1-2010》表 6.8.1A 电驱动单元式空调机组最低能效值(部分)　　表 4-32

类型	制冷量(kW)	加热器类型	最低能效
空调机组(风冷)	<19	所有型式	分体：SCOP：3.81 整体：SCOP：3.81
窗机(风冷)	≤8.8	所有型式	分体：SCOP：3.52 整体：SCOP：3.52

美国房间空调器一般为整体机，可以看出，其规定的能效值(表 4-31)接近我国 GB 12021.3—2010 中最低一级(第 3 级)要求。对于与我国房间空调器制冷量(14 kW 以下)相当的美国单元式空调机组相比，美国规定的最低季节能效要求大致相当于我国转速可控型房间空气调节器能效的第 3 级。因此可以认为，我国建筑节能设计标准中规定的房间空调器能效限值(第 2 级)均高于美国《ASHRAE 90.1-2010》中规定值。

4.6.5 供暖热源能效

我国供暖方式与美国不同，严寒和寒冷地区以集中热水供暖为主，因此锅炉效率是主要因素之一。在《公共建筑节能设计标准》GB 50189—2005 中 5.4.3 条对锅炉额定热效率进行了强制规定，见表 4-33。

GB 50189 锅炉额定热效率 表 4-33

锅炉类型	热效率(%)
燃煤(Ⅱ类烟煤)蒸汽、热水锅炉	78
燃油、燃气蒸汽、热水锅炉	89

在《严寒和寒冷地区居住建筑节能设计标准》JGJ 26—2010 中，规定了集中供暖热水锅炉的最低热效率(见表 4-34，即该标准表 5.2.4)；对于夏热冬冷地区，随着生活水平提高，居住建筑正在逐步开始进行供暖，目前一般的方式有热泵型空调器，以及热水器和供暖炉进行供暖，在《夏热冬冷地区居住建筑节能设计标准》JGJ 134—2010 中，规定了当设计采用户式燃气供暖热水炉作为供暖热源时，其热效率应达到国家标准《家用燃气快速热水器和燃气供暖热水炉能效限定值及能效等级》GB 20665—2006 中的第 2 级(见表 4-35，即该标准表 6-1)。

JGJ 26—2010 中表 5.2.4 锅炉的最低设计效率(%) 表 4-34

锅炉类型、燃料种类及发热值			在下列锅炉容量(MW)下的设计效率(%)						
			0.7	1.4	2.8	4.2	7.0	14.0	>28.0
燃煤	烟煤	Ⅱ	—	—	73	74	78	79	80
		Ⅲ	—	—	74	76	78	80	82
燃油、燃气			86	87	87	88	89	90	90

GB 20665—2006 中表 6-1 热水器和供暖炉能效等级 表 4-35

类型		热负荷	最低热效率值(%) 能效等级第 2 级
热水器		额定热负荷	88
		≤50%额定热负荷	84
供暖炉 (单供暖)		额定热负荷	88
		≤50%额定热负荷	84
热供暖炉 (两用型)	供暖	额定热负荷	88
		≤50%额定热负荷	84
	热水	额定热负荷	88
		≤50%额定热负荷	84

美国家庭(单栋建筑)供暖方式，一般为采用暖风炉由风管向室内送热风。在《ASHRAE 90.1-2010》的表 6.8.1E "供暖炉、供暖炉和空调机组的组合、供暖炉管道机、单元式加热器"中列出了燃气和燃油的、带风管及不带风管的暖风炉的最低效率要

求，这里仅列出燃气和燃油暖风炉的最低效率规定(不带风管)，见表 4-36。

《ASHRAE 90.1-2010》表 6.8.1E 燃气和燃油暖风炉的最低效率规定　　表 4-36

设备类型	规格(输入量)	额定工况	最低效率
燃气暖风炉	<66kW	最大出力时	78%AFUE 或 80%E_t
	≥66kW		80%E_c
燃油暖风炉	<66kW	最大出力时	78%AFUE 或 80%E_t
	≥66kW		81%E_t

注：AFUE：全年燃料利用效率，即全年输出能量与输入能量之比；E_t：热效率；E_c：燃烧效率。

由于热源类别和供暖方式的不同，中美标准难以进行实质性比较，这里只是作一介绍，了解一下美国标准规定的内容。但可以看出，我国只规定了额定工况下的热效率，而美国标准则规定了全年燃料利用效率(相当于全年运行平均效率)、热效率和燃烧效率。

4.6.6　多联式空调(热泵)机组能效限值

多联式空调(热泵)机组近几年在我国发展迅速，《严寒和寒冷地区居住建筑节能设计标准》JGJ 26—2010 和《夏热冬冷地区居住建筑节能设计标准》JGJ 134—2010 中都强制规定：当设计采用多联式空调(热泵)机组作为户式集中空调(供暖)机组时，所选用机组的制冷综合性能系数不应低于国家标准《多联式空调(热泵)机组能效限定值及能源效率等级》GB 21454—2008 中规定的第 3 级(见表 4-37)。

中国多联式空调(热泵)机组能效限定值及能源效率等级　　表 4-37

名义制冷量 CC(W)	制冷综合性能系数 IPLV(C)
CC<28000	3.20
[28000，84000)	3.15
84000	3.10

表 4-38 为《ASHRAE 90.1-2010》中表 6.8.1J。

《ASHRAE 90.1-2010》表 6.8.1J 变制冷剂流量空气/空气热泵能效限值　　表 4-38

设备类型	制冷量(kW)	分类	能效限值
风冷(制冷模式)	<19		分体式 $SCOP_C$：3.81；整体式 $SCOP_C$：3.81
	[19，40)	无热回收	COP_C：3.22；IPLV：3.60
		有热回收	COP_C：3.16；IPLV：3.55
	[40，70)	无热回收	COP_C：3.11；IPLV：3.46
		有热回收	COP_C：3.05；IPLV：3.40
	>70	无热回收	COP_C：2.78；IPLV：3.11
		有热回收	COP_C：2.72；IPLV：3.05

续表

设备类型	制冷量(kW)	分类	能效限值
水源(制冷模式)	<19	无热回收 30℃进水	COP_C：3.52
		有热回收 30℃进水	COP_C：3.46
	[19，40)	无热回收 30℃进水	COP_C：3.52
		有热回收 30℃进水	COP_C：3.46
	>40	无热回收 30℃进水	COP_C：2.93
		有热回收 30℃进水	COP_C：2.87
地下水源(制冷模式)	<40	无热回收 15℃进水 有热回收 15℃进水	COP_C：4.75 COP_C：4.69
	>40	无热回收 15℃进水 有热回收 15℃进水	COP_C：4.04 COP_C：3.98
土壤源(制冷模式)	<40	无热回收 25℃进水 有热回收 25℃进水	COP_C：3.93 COP_C：3.87
	>40	无热回收 25℃进水 有热回收 25℃进水	COP_C：3.22 COP_C：3.16
风冷(制热模式)	<19	—	$SCOP_H$：2.26
	[19，40)	干球 8.3℃/湿球 6.1℃	COP_H：3.3
		干球−8.3℃/湿球−9.4℃	COP_H：2.25
	>40	干球 8.3℃/湿球 6.1℃	COP_H：3.2
		干球−8.3℃/湿球−9.4℃	COP_H：2.05
水源(制热模式)	<40	20℃进水	COP_H：4.2
	>40	20℃进水	COP_H：3.9
地下水源(制热模式)	<40	10℃进水	COP_H：3.6
	>40	10℃进水	COP_H：3.3
土壤源(制热模式)	<40	0℃进水	COP_H：3.1
	>40	0℃进水	COP_H：2.8

通过比较可以看出：我国标准仅对多联式空调(热泵)机组的制冷综合系数进行了要求，而 ASHRAE 标准则更加详细。首先将其分为制冷、制热两大模式，其次再分为风冷、水源、地下水源、土壤源四种机型，再次将每种机型按有无热回收系统、进水温度等进行划分，最终给出各个机组每种状态下的 COP 限制，对于制冷模式风冷机组同时还使用 IPLV 进行限值要求。当然，在节能标准中选择使用的能效性能限值主要来源于设备的相关标准和要求。

4.7 小结

美国的全部新建和改造的公共建筑和四层及四层以上的居住建筑节能性能均需满足《ASHRAE 90.1标准》相关版本的规定，但各州因具体情况不同，所采用的标准也不同，因此，本章对《ASHRAE 90.1-2004》、《ASHRAE 90.1-2007》、《ASHRAE 90.1-2010》

主要条文、参数的修订情况进行比较。

我国公共建筑节能设计按照《公共建筑节能设计标准》GB 50189—2005 全国统一执行，居住建筑则根据不同气候区分别按照《严寒和寒冷地区居住建筑节能设计标准》JGJ 26—2010、《夏热冬冷地区居住建筑节能设计标准》JGJ 134—2010、《夏热冬暖地区居住建筑节能设计标准》JGJ 75—2003 执行。由于我国城镇新建居住建筑绝大多数高于四层，所以本章将《ASHRAE 90.1 标准》和《严寒和寒冷地区居住建筑节能设计标准》JGJ 26—2010、《夏热冬冷地区居住建筑节能设计标准》JGJ 134—2010、《夏热冬暖地区居住建筑节能设计标准》JGJ 75—2003 进行了比对分析，这样基本符合中美两国标准编制的出发点。

通过比对，可以得出以下结论：

（1）标准内容。美国标准除围护结构和暖通系统外，还涵盖了对照明系统等相关要求，而我国由于标准化体系并未将相关要求合并为一本标准。

（2）气候分区。美国气候分区为先按照供热度日数和供冷度日数划分为大区，再根据湿度细化为小区，并且和政府管理地区划分保持一致。

（3）围护结构。《ASHRAE 90.1-2010》版本比《ASHRAE 90.1-2004》版本标准中对屋面传热系数、地面以上墙体传热系数、地面以下墙体热阻、重质楼板分别提升 25％、11％～18％、27％、22％，我国大部分围护结构传热系数要求低于《ASHRAE 90.1-2010》。

（4）窗墙比。《ASHRAE 90.1》对于所有建筑不同朝向的窗墙比限值均为 0.4，大于此值则需要进行围护结构权衡判断，而我国公共建筑窗墙比限值为 0.7，居住建筑则根据不同朝向均有不同。

（5）窗户及天窗传热系数。ASHRAE 标准对于垂直透明围护分类更加详细，对于透明围护结构的各项传热系数，公共建筑和居住建筑保持一致要求；我国标准中对公共建筑和居住建筑的要求有差异。对于窗户传热系数，《ASHRAE 90.1-2010》比《ASHRAE 90.1-2004》最大性能要求提升为 41％。

（6）冷热源效率。中美两国标准对于在建筑暖通空调系统中最经常使用的冷水机组、单元式空调机、分散式房间空调器、多联式空调(热泵)机组、锅炉等设备的最低效率都有规定。ASHRAE 标准中对设备的要求比我国更全面，如将单元式空调机组和变制冷剂流量空调机组分别划分为单冷型和热泵型，并对其性能进行限值，对散热设备、传热设备和用于计算机房的空调机组也都进行了单独规定，当然这主要是基于美国相关设备标准能效检测体系及标准而划分，美国标准对设备性能的要求大部分高于我国。

第 3 部分　中欧建筑节能标准比对

第5章 欧洲建筑节能标准体系

欧洲标准化政策可分为两类。一类是欧盟发布的，对欧洲标准化发展起着强烈的政府导向作用；另一类是欧洲标准化组织制定的，包括欧洲标准化发展战略、欧洲标准制定的原则和政策等。本章主要介绍欧盟层面建筑节能标准的发展及组织管理，后面三章将分别选取欧洲建筑节能极具代表性的三个国家——丹麦、德国和英国，对该国建筑节能标准进行详细介绍并与我国建筑节能标准作比对。

5.1 欧盟建筑节能标准上位立法

5.1.1 欧盟建筑节能相关立法机构

欧盟是一个拥有广泛权利和特殊法律地位的国际组织，欧盟内部有一个决策大三角：欧盟委员会、欧盟理事会和欧洲议会。欧盟主要的能源和环境政策都是由这3个决策机构经过复杂的运作产生的。欧盟理事会不参与具体的政策制定，但它是欧盟实际的最高决策机构，决定着欧盟的大政方针。欧盟的经济和社会委员会以及地区委员会是欧盟法定的咨询机构，他们分别代表公民、社会和地区的利益。欧洲法院作为欧盟的最高法院，虽不参与决策过程，但可以通过解读欧盟能效政策法案，对欧盟的能效发展和实施产生直接或间接的影响。如图5-1所示反映了欧盟的决策机构。

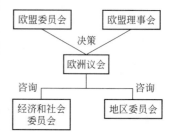

图 5-1 欧盟决策机构示意图

在节能立法领域范围内，欧盟理事会、欧盟委员会可根据条约的授权或联合法规的授权制定理事会或欧盟委员会法规、指令或决定，其中，欧盟委员会是节能立法的重要机构。然而，涉及节约能源的法规一般由欧盟理事会和欧洲议会联合制定，并以联合形式发布。在节能立法政策方面，欧盟理事会、欧盟委员会是主要机构，它们负责欧盟节能管理政策、法规、指令等的制定和决策，欧盟节能产品技术标准的制定也是由它们来完成的。其中，在节能指令的制定上，欧洲议会和欧盟理事会负责制定框架指令，欧盟委员会承担制定实施框架指令的相关政策，即欧盟理事会批准框架指令后，由欧盟委员会制定相关的具体实施指令。

在欧盟委员会的节能决策程序中，欧盟理事会为欧盟委员会设立了特别委员会来监管其行使委任立法权，也就是说，欧盟委员会必须将其在委任立法权限范围内制定的法律、法规草案报送上述的委员会讨论。对于特别委员会讨论意见中所建议的措施，欧盟委员会将通过正式程序予以采纳实施。特别委员会还可以发表相应的独立结论，指导成员国实施欧盟的相关条例。

5.1.2 欧盟建筑节能相关指令

欧盟是当今全球仅次于美国的能源消耗大户，其中建筑能耗占有相当大的比重。欧盟建筑能耗已占欧盟总能源消耗的 40%，其中居住建筑能耗占建筑总能耗的 2/3，公共建筑能耗占建筑总能耗的 1/3。欧盟建筑能源的最大消耗是供暖空调系统，其能耗占到居住建筑能耗的 70%、公共建筑能耗的 50%。欧洲议会和欧盟理事会陆续颁布了有关建筑节能的一些指令，主要有：

《欧盟理事会指令 89/106/EEC，各成员国有关建筑产品法律、条例和管理规定的协调与统一》（Council Directive 89/106/EEC on the approximation of laws, regulations and administrative provisions of the Member States relating to construction products），现已废止。

《欧盟理事会指令 92/42/EEC，关于使用液体或气体燃料的新型热水器的能效要求》（Council Directive 92/42/EEC on efficiency requirements for new hot-water boilers fired with liquid or gaseous fuels）。

《欧盟理事会指令 93/68/EEC，各成员国有关电磁兼容法律的协调和统一》（Council Directive 89/336/EEC on the approximation of the laws of the Member States relating to electromagnetic compatibility）：对指令 87/404/EEC（简单压力容器）、88/378/EEC（玩具安全）、89/106/EEC（建筑产品）、89/336/EEC（电磁兼容）、89/392/EEC（机械）、89/686/EEC（个人保护设备）、90/384/EEC（非自动称重设备）、90/385/EEC（有源可植入式医疗器械）、90/396/EEC（燃气设备）、91/263/EEC（电讯终端设备）、92/42/EEC（热水锅炉）和 73/23/EEC（低电压设备）进行修改。

《欧盟理事会指令 93/76/EEC，通过节能来限制二氧化碳排放》［Council Directive 93/76/EEC to limit carbon dioxide emissions by improving energy efficiency（SAVE）］，现已废止。

《欧洲议会和理事会指令 2002/91/EC，建筑能效指令》（Directive 2002/91/EC of the European Parliament and of the Council on the energy performance of building，以下简称 EPBD 2002）：规定欧盟成员国在 2006 年 1 月 4 日前开始贯彻实施建筑节能新措施，该指令将于 2012 年 2 月 1 日废止。

《欧洲议会和理事会指令 2005/32/EC，为规定用能产品的生态设计要求建立框架并修订第 92/42/EEC 号和第 96/57/EC 号理事会指令与欧洲议会和欧盟理事会第 2000/55/EC 号指令》（Directive 2005/32/EC of the European Parliament and of the Council on establishing a framework for the setting of ecodesign requirements for energy-using products and amending Council Directive 92/42/EEC and Directive 96/57/EC and 2000/55/EC of the European Parliament and of the Council），考虑产品在整个生命循环周期对资源能量的消耗和对环境的影响，该指令现已废止。

《欧洲议会和理事会指令 2010/31/EU，新建筑能效指令》［Directive 2010/31EU of the European Parliament and of the Council on the energy performance of buildings（recast），以下简称 EPBD 2010］：提出在综合当地条件、室外气候、室内气候要求和成本效用各种影响因素的基础上，促进欧盟范围内建筑物能源绩效的改进。新指令自 2010 年 7 月 7 日起正式生效，原指令 EPBD 2002 将于 2012 年 2 月 1 日废止。

其中，EPBD 2002 和 EPBD 2010 从建筑节能的诸方面制定了具体政策、对策，建立了建筑节能相关的制度体系。下面对 EPBD 2002 和 EPBD 2010 的内容进行详细介绍，以使读者初步了解欧盟建筑节能标准上位法规相关规定。

5.1.3 建筑能效指令发展及简介

1. EPBD 2002 简介

近年来，欧盟非常重视节能，将提高能源利用率、实现《联合国气候变化框架公约（京都议定书）》确定的减排义务、发展可再生能源和确保能源安全供应并列为欧盟能源政策的四大指标。欧洲议会和理事会于 2002 年 12 月通过了 EPBD 2002。该指令于 2003 年 1 月开始实施，并于 2006 年 1 月 4 日在 25 个欧盟成员国立法实施。

各成员国在立法实施本国建筑能效指令时，主要考虑室外气候条件和欧盟成员国当地的实际情况，并结合室内环境参数的要求和经济性。

EPBD 2002 主要内容包括：建筑物能耗计算方法；建立建筑最低能效标准；建筑能效标识制度；锅炉和空调系统定期检查制度。

（1）EPBD 2002 规定的能耗计算方法

指令并没有给出统一的计算方法，而是将具体的方法规定交由各成员国制定，不过指令规定了计算方法至少要考虑以下几方面内容：建筑围护结构（外围护结构和内墙等）的热工性能（包括气密性）；供暖设备和热水系统；保温隔热要求；空调设备；机械通风；照明设备；建筑的位置和朝向及室外气象条件；被动式太阳能系统和遮阳装置；自然通风；室内设计参数。有条件时，还应考虑以下方面：主动式太阳能系统和其他基于可再生能源的供暖或发电方式；热电联产；区域供热和区域供冷；自然采光。计算时应对建筑进行必要的分类：不同类型的单户家庭住宅；公寓楼；办公楼；学校；医院；旅馆和餐厅；体育建筑；批发和零售商店；其他建筑。欧盟成员国可将上述计算方法作为本国的国家标准，也可作为地区标准，但必须及时更新标准，另外，标准中应包括有关建筑碳排放量的指标。

（2）建筑最低能效标准

成员国要采取必要的措施，保证根据建筑能耗计算方法确定出建筑节能最低标准。在确定最低标准时，新建建筑、既有建筑以及不同类型的建筑可以区别对待，要考虑室内空气环境、当地条件、建筑功能、气候区、建筑寿命等。对这些要求要采取间隔期少于 5 年的定期检查制度，随着建筑的技术进步，可以进一步提高标准。对于使用面积超过 $1000m^2$ 的新建建筑，成员国在施工前要考虑诸如热泵、热电联产、区域供热或制冷、分散式可再生能源供应系统等备选系统方案，并进行技术、环境和经济可行性分析研究，确保新建建筑达到最低能效标准要求。既有建筑节能改造并不是对建筑进行全面改造，而是对与建筑节能关系比较大的部分进行改造，并且要求成本低廉以及具有合理的投资回收期，同时不能影响建筑的主要功能、特点和质量。

（3）建筑能效标识制度

在建筑节能方面，欧盟一直走在世界前列。欧盟建筑能效标识是一种分级比较标识，以建筑能效标识证书的形式表现，并作出如下规定：第一，要确保建筑物竣工、出售或出租时，向房主或由房主向买主或租房者提供一份建筑能效标识证书，证书的有效期不应超过 10 年。对于集中供热的公寓，可进行整个建筑的一般标识，或参照同一公寓内某个有代表性的单元进行评估，整幢建筑使用统一的能效标识证书即可。第二，能效标识证书要具备参考价值，比如以现行的法定标准和基本指标为依据，以便用户对比评价建筑的节能效果，证书中还应包含改进能耗性能的建议。第三，成员国要采取措施，保证使用面积在 1000m² 以上的政府办公建筑或公共建筑的能耗性能证书放置在公众较易看到的位置。若条件允许，可以将推荐的和实际的室内空气温度和其他相关空气参数列出。

（4）建筑运行管理制度

第一，锅炉检查制度。EPBD 2002 规定，成员国要建立对使用非可再生燃料（液体或固体）、额定输出功率为 20～100kW 的燃烧锅炉或使用其他燃料的锅炉定期检查的制度。对于额定输出功率大于 100kW 的锅炉应至少每两年检查一次，燃气锅炉的检查可延长到四年一次。对于额定输出功率超过 20kW、使用期超过 15 年的供热装置，成员国要建立对整个系统的一次性检查制度。专家对锅炉效率、锅炉容量与实际供热需求匹配情况进行评估后，要向使用者提供锅炉的更新建议、供热系统改造建议和备选解决方案。成员国也可不采取上述措施，但必须保证通过专家评估这个环节，并且每两年向欧盟委员会提交一份对比报告。第二，空调系统检查制度。成员国要建立对额定输出功率大于 12kW 的空调系统定期检测的制度。检测应包括空调系统效率、空调额定功率与实际制冷需求匹配情况的评估，同时应向用户提供空调系统更新或改造的建议以及备选方案。考虑到近几年南欧各国空调使用量大幅增加，造成电力成本增加、电力平衡破坏以及电力超负荷等严重问题，这些国家应该优先实施在夏季提高建筑热工性能的战略。为此，需要被动制冷技术的进一步发展，主要包括改善室内空气环境以及建筑物周围微气候的技术措施。第三，用户行为节能制度。此项内容并无具体规定，在此不再详述。第四，建筑节能监管制度。其主要包括：独立专家制度、审查制度、实施和宽限、建筑节能信息服务制度，该部分内容为管理措施，主要与欧盟的管理制度相关，在此不再详述。

（5）有关说明

可不满足建筑节能最低标准制度和建筑能效标识制度要求的特殊建筑类型，包括以下几种：第一，作为某种特定环境的一部分或由于特殊建筑学或历史意义受官方保护的建筑和纪念性建筑。第二，用于膜拜或宗教活动的建筑。第三，计划使用期少于 2 年的临时建筑、厂址、车间、能耗很低的非居住农业用房，或是在国家级能耗协议中允许的非居住农业类建筑。第四，年使用时间少于 4 个月的居住建筑。第五，总使用面积少于 50m² 的单幢建筑。

2. EPBD 2002 在欧盟各国的实施情况

由于欧盟各国经济发展水平参差不齐，尤其是中欧和东欧国家经济相对落后，因此 EPBD 2002 在欧盟也并未全面实施。到 2005 年为止只有十余个成员国愿意贯彻实施 EPBD 2002，并转化成为本国相应的法规。表 5-1 给出了截至 2005 年 7 月该指令的执行情况。

建筑能效指令在欧洲的执行情况（2005-7-11）　　　　　　　　　　表 5-1

国家/地区	分别为住宅和公共建筑设立不同的建筑能效认证	私人住宅		公共建筑		开始执行时间	
		能效标识	运行评价	能效标识	运行评价	2006 年 1 月 4 日	推迟到 2009 年
奥地利	可能是	有	有	有	有	部分	部分
捷克	否	有	考虑中	有	考虑中	计划	否

国家/地区	分别为住宅和公共建筑设立不同的建筑能效认证	私人住宅		公共建筑		开始执行时间	
		能效标识	运行评价	能效标识	运行评价	2006年1月4日	推迟到2009年
丹麦	否	有	无	有	无	计划	部分
芬兰	否	有	可能	有	可能	是	是
希腊	很可能	未知	未知	未知	未知	未知	未知
爱尔兰	否	很可能	未知	很可能	未知	——	是
荷兰	是	有	无	有	无	是	可能
挪威	可能否	有	可能	有	可能	计划	两年
波兰	是	有	或许	有	或许	是	可能
瑞士	否	有	或许	有	或许	部分已实施	未知
德国	是	有	有	有	有	计划	可能

从表 5-1 可以看出，欧盟各成员国将该指令转化实施的程度相差较大。德国、丹麦、奥地利、荷兰等发展较好的成员国在该指令的转化实施中做得比较好，而爱尔兰和希腊等相对较差。从具体的实施情况来看，各国的能耗标识评价工作做得较好，而对锅炉和空调系统运行情况的检测和评估普遍实施程度不好。此外，只有少数几个成员国将公共建筑能效标识和住宅能效标识区别颁发。

3. EPBD 2010 简介

2010 年 6 月 18 日，欧盟正式出台 EPBD 2010 指令(2010/31/EU)。其主要内容包括：建立建筑物及其内部设施综合能效计算的通用框架；规定新建筑物及其内部设施和翻新的建筑物、建筑单元、建筑构件应实现的最低能效标准；提出增加"近零能耗"建筑数量的国家计划；建筑能效标识；定期检测建筑物内的供热及空调系统；能效标识和检查报告的独立控制系统。

(1) 建筑物及其内部设施综合能效计算的通用框架

与 EPBD 2002 指令相同，此次指令也没有给出统一的计算方法，而是将具体的方法规定由各成员国制定。此方法可以分为国家层面和地区层面。指令指出，在该方法中，除常规的热特性外，其他因素也在发挥着越来越重要的作用，如供热空调设备、可再生能源应用、被动式供热供冷要素、遮阳、室内空气质量、充足的自然光和建筑的设计。计算建筑能效的方法不应仅考虑需要供热的季节，而应考虑建筑的全年能耗。方法应考虑现有的欧洲标准。指令规定了计算方法至少要考虑以下几方面内容：

① 建筑包括内部分区以下方面的实际热特性：热容、保温、被动加热、供冷构件、热桥。

② 供热设备和热水供应，包括保温特性。

③ 空调设备。

④ 自然和机械通风，可能包括气密性。

⑤ 内置照明设备(主要是在非居住建筑中)。

⑥ 建筑的设计、方位及朝向，也包括室外气象条件。

⑦ 被动太阳能系统和遮阳。

⑧ 室内环境，包括室内设计条件。

⑨ 内部负荷。

以下因素对节能的促进作用，也要考虑进去：

① 当地太阳能开发条件、主动式太阳能系统和基于可再生能源的其他供热及电力系统。

② 热电联产发电。

③ 区域供热/冷或分片供热/冷。

④ 天然光。

为使能耗计算更有准确，建筑应适当分为以下几类：

① 不同类型的单一家庭住宅。

② 公寓。

③ 办公建筑。

④ 教育机构建筑。

⑤ 医院。

⑥ 宾馆和旅馆。

⑦ 体育场。

⑧ 批发和零售贸易服务建筑。

⑨ 其他类型的能耗建筑。

欧盟成员国可将上述计算方法作为本国的国家标准，也可作为地区标准。

（2）最低能效要求

EPBD 2010 规定，成员国须采取必要的措施确保建筑或建筑单元、建筑围护结构或对建筑能耗有重要影响的组件更换或升级时，达到最低能效要求。设置要求时，成员国可根据新建建筑、既有建筑以及不同类型的建筑区别设置。这些要求应考虑常规的室内环境条件以采用可能的被动措施，如合理通风，也要考虑当地条件、设计功能和建造年代。

成员国最低能效要求的设置不应使最经济年限值超过估算的经济寿命周期。最小能效要求的设置周期不应超过五年，如果必要的话，应及时更新以推动建筑行业的技术进步。

以下建筑可不设置最低能效要求：

① 官方保护的指定环境建筑、特殊工艺建筑或历史建筑，如果某一最低能效要求与其特性或表面要求相冲突时。

② 战争或宗教活动用建筑。

③ 使用时间不超过两年的建筑，工厂遗址、商店和能源需求很小的非居住农业建筑以及签订了能源管理协议的非居住农业建筑。

④ 使用时间或计划使用时间每年不超过四个月的建筑，或年使用时间有限制的预期能耗不超过其全年运行模式下能耗 25% 的建筑。

⑤ 总使用面积不超过 50m² 的单栋建筑。

欧盟委员会应在 2011 年 6 月 30 日之前通过授权法案的形式为计算建筑或建筑构件的最低能效要求最经济值建立一种综合的方法框架。综合方法框架对新建建筑和既有建筑以及不同类型的建筑可区别对待。成员国应建立建筑能耗计算方法框架及其相关参数(如气候条件、能源基础设施的实际可达性)计算最低能效要求的经济值,并通过提到的最低能效要求比较有效的计算结果。成员国应报告委员会所有的输入参数、计算的假定条件和计算结果。成员国应定期向委员会提交这些报告,提交周期不应超过五年。第一次报告提交的截止时间是 2012 年 6 月 30 日。如果提到的比较结果显示有效最低能效要求明显比最低能效要求的最经济值的能效低,成员国在向委员会提交的报告中应注明这些不同,同时,对于不同因素造成的结果差异,应提交在下一次版本中减少这些差异的行动规划。欧盟委员会将发布关于成员国在达到最低能效要求的经济值方面的进展报告。

建筑或建筑单元基于节能要求的经济值比较确定方法框架考虑用户使用习惯、室外气象条件、投资费用、建筑类型、维护和运行费用(包括能耗和节能)、产能量,如果可能的话,处置费用也要考虑进去。欧盟委员会应提供使用该框架的导则和能源价格的长期走势预测。

比较方法框架对成员国提出以下要求:确定功能、地理位置及室内外气象条件有代表性的参考建筑(这些参考建筑应涵盖居住和非居住建筑,新建和既有建筑);确定评定参考建筑的节能措施(这些措施可以为针对单栋建筑的,也可针对单一建筑构件,还可针对建筑构件的集成);评估参考建筑的一次能耗和终端能耗以及采用了节能措施后的参考建筑的一次能耗和终端能耗;通过应用比较方法框架的原则,计算参考建筑在预期经济寿命周期内的节能措施的费用。通过计算预期经济寿命周期内的节能措施的费用,成员国就可估计最小能效要求的不同经济值。

(3) 增加"近零能耗"建筑数量

EPBD 2010 规定,成员国应从 2020 年 12 月 31 日起,所有的新建建筑都是近零能耗建筑;2018 年 12 月 31 日以后,政府当局使用或拥有的新建建筑均为近零能耗建筑。成员国应制定各自增加近零能耗建筑数量的规划,并将国家规划提交欧盟委员会。这些国家规划可根据建筑类型的不同区别对待。国家规划应特别包括以下方面:

① 成员国对近零能耗建筑定义的详细解释,成员国及其地区或当地的条件,一系列以 $kWh/(m^2 \cdot a)$ 为单位的一次能耗指标。确定一次能耗的一次能源因素应基于国家或地区的年平均值,也可考虑相关的欧洲标准。

② 到 2015 年,新建建筑提高能效要求的中期目标,为实现近零能耗建筑目标所做的准备。

③ 制定的为推动近零能耗建筑制定的政策、财政或其他措施,包括根据 EPBD 2010 指令第 13 章第 4 款以及 EPBD 2010 第 6 章、第 7 章关于可再生能源在新建和较大改建的既有建筑中使用的国家要求和措施。

欧盟委员会应评估国家规划,主要评估成员国的措施是否足够针对本指令的主要目的。欧盟委员会,主要遵循辅从原则,制定进一步的具体措施。相关成员国应根据欧盟委员会的要求在 9 个月内提出所需信息或提出修订。评估完之后,欧盟委员会可提出建议。

欧盟委员会应在 2012 年 12 月 31 日之前,且此后每三年发布成员国在增加近零能耗建筑数量方面的进展报告。基于这个报告,欧盟委员会应开展一项行动计划,如果必要的话,提出增加近零能耗建筑数量的措施并鼓励关于既有建筑的低成本高节能率转变成近零能耗建筑。

成员国可决定在特定和有正当理由的案例中不满足 2020 年和 2018 年两个时间限的要求，这些案例是指经成本效益分析得出回收期超过了建筑经济寿命周期的案例。成员国应报告欧盟委员会相关立法体系的原则。

（4）能效标识

EPBD 2010 规定成员国应制定必要的措施建立建筑能效标识制度。能效标识应包括一栋建筑的能耗值和最低能效要求等参考值，以使建筑或建筑单元的业主或房客比较或评估其能耗状况。能效标识应包括其他信息，如非居住建筑的年能耗和总能耗中可再生能源的百分比。能效标识应包括建筑或建筑单元经济运行或成本效益可行的改进措施的建议，除非相比节能要求，没有合理的提升潜力。

能效标识中的建议应包括：与建筑围护结构较大改建或建筑技术系统有关的措施；与建筑围护结构的较大改建或建筑技术系统无关的单一建筑构件措施。能效标识的建议应对其特定建筑技术可行，也可提供在其经济寿命周期内的预期投资回收期。能效标识应向业主或房客提供进一步了解信息（有关能效标识中的成本效益值和提升建筑能效建议）的渠道。费效比的评估基于设置的标准状况，如评估节能、基本的能源价格和预测的初步费用。另外，也应包括实施建议的措施。相关的其他信息，如能源审计或财政支持及其他类型的可能的金融支持也可提供给业主或房客。

建筑单元的能效标识基于以下方面：整栋建筑的一般能效标识；在同一建筑内其他具有相同能源相关特性的代表建筑单元的评估。如果这些相关性由从事能效标识的专家担保，单一家庭的能效标识可基于其他类似设计、尺寸和能效的代表建筑。

能效标识的有效性不超过 10 年。与其他相关部门协商后，委员会于 2011 年提出一种欧盟自愿非居住建筑通用能效标识框架。措施的建议过程参考 EPBD 2010 第 26 章第 2 款。鼓励成员国承认或使用这些大纲，或基于本国国情在部分使用的基础上进一步改进。

成员国应确保在建筑或建筑单元建造、出售或租赁时，将其能效标识或复件出示并交付给新房客或购买者。建筑在建造前出售或租赁时，成员国要求出售者提供其未来能效的评估，此时，有关实际建筑能效标识要求的内容自动废除，但一旦建筑完工其能效标识要至少发布一次。

成员国应采取措施确保 500m² 以上的总有效建筑面积，且由政府机构使用的经常有公众出入的建筑，能效标识展示在可被公众清晰看到的显著位置。2015 年 7 月 9 日，500m² 的门槛将改为 250m²。成员国应要求 500m² 以上的总有效建筑面积且经常有公众出入的建筑，能效标识展示在可被公众清晰看到的显著位置。而以上要求不包括展示能效标识中的建议。

与 EPBD 2002 类似，EPBD 2010 中也有有关定期检查供热和空调系统，还有对能效标识和检查报告的独立控制系统的规定，以上两部分内容，这里不再详述。

4. EPBD 2010 相比 EPBD 2002 的主要改进

总体来说，EPBD 2010 相比 EPBD 2002 要求更加现实，内容也更全面。主要变化体现在以下几个方面：

（1）参考了欧洲标准化委员会（the European Committee for Standardization，以下简称 CEN）相关标准。

（2）提出了国家节能措施的经济效益计算方法和解决方案。

（3）一次能源目标值均应以 kWh/（m² · a）为单位。

（4）原对 1000m² 以上新建建筑和既有建筑中规定实施能效标识，现取消面积限制，使得能效标识的实施范围更广。

（5）新建建筑的部分规定扩展应用到部分改建建筑中。

（6）EPBD 2002 的部分非强制规定在 EPBE 2010 中强制实施到建筑技术系统以及新建建筑运行中。

（7）截至 2020 年，所有新建建筑都必须成为近零能耗建筑，而政府机构及其相关的建筑的截止时间为 2018 年。

（8）制定国家措施来打破市场壁垒。

（9）能效标识更明显的张贴位置。

（10）将锅炉的检测升级为整个供热系统的检测。

（11）空调系统的检测更多地强调减少冷负荷。

（12）所有国家能效标识检测报告的独立控制系统。

（13）欧盟研究委员会和生态设计指令都必须考虑 EPBD 指令。

5.2 建筑节能相关标准

5.2.1 欧盟建筑节能标准组织

尽管欧洲议会和理事会发布的指令有上位立法的色彩，但是建筑节能领域最常用的指令 EPBD 2002 和 EPBD 2010 的规定与我国建筑节能标准这一层次对应，故在本节仍然将 EPBD 列为建筑节能相关标准的层次之一。这样，欧盟系统的建筑节能标准就可以分为两个层次，一是由欧洲议会和理事会指令，如 EPBD 2002 和 EPBD 2010；一是由欧洲标准化委员会（CEN）开发的针对 EPBD 2002 和 EPBD 2010 中某些具体内容的技术标准（由于标准更加具体，本研究中并未做过多介绍）。所以，欧盟的建筑节能标准组织也可以分为两类，一是建筑节能指令颁布组织（详见 5.1.1 节的介绍）；一是具体标准颁布组织，详见以下介绍。

欧盟委员会按照 83/189/EEC 指令及其随后的修改版 98/34/EC 指令正式认可欧洲标准化委员会（CEN）、欧洲电工标准化委员会（CEN-ELEC）和欧洲电信标准化组织（ETSI）为欧洲标准化组织。欧洲标准化委员会（CEN）负责除电工、电信外所有领域欧洲标准的制定。

CEN 制定标准的原则可以归纳为四个方面：①开放和透明原则：所有利益相关方都可以参加标准制定工作，CEN 的政策制定机构和技术委员会主要是由 CEN 国家成员派出的代表组成，技术委员会对协会成员、顾问、欧洲贸易联盟和国家组织开放。②一致性原则：标准必须在自愿条件下达到一致。③国家承诺和技术协调原则：欧洲标准由 CEN 国家成员投票产生，国家成员必须将欧洲标准等同转化为其国家标准，并撤销与欧洲标准相冲突的国家标准。④整合资源原则：标准化工作是昂贵的、耗时的，只要可能，CEN 都会同其他欧洲机构和国际机构共同工作。

CEN 的停止政策，是指 CEN 国家成员的一种义务，即：在欧洲标准指定期间，任何国家成员都必须立即停止相同内容的国家标准的制定活动，以便把资源集中到欧洲标准的制定上来；任何国家成员不得出版与现行欧洲标准不一致的新标准或修改版标准。

CEN 的语言政策，是指 CEN 确认的官方语言（英语、法语和德语），所有参加 CEN 会议的代表都必须至少能够运用英语、法语或德语中的一种。欧洲标准草案应当用三种官方语言书写（除非技术管理局同意的例外情况）。英国、法国、德国标准化组织负责本国语言版本的翻译或校对工作。

CEN 制定的标准涵盖到社会生活的绝大多数层面，如图 5-2 所示。

图 5-2　CEN 标准范围

按标准化工作共同程序的规定，CEN 编制的标准出版物分为以下三类：

EN（欧洲标准）：按参加国所承担的共同义务，通过此 EN 标准将赋予某成员国的有关国家标准以合法地位，撤销与之相冲突的某一国家的有关标准。也就是说成员国的国家标准必须与 EN 标准保持一致。

HD（协调文件）：这也是 CEN 的一种标准。按参加国所承担的共同义务，各国政府有关部门至少应当公布 HD 标准的编号及名称，与此相对应的国家标准也应撤销。也就是说成员国的国家标准至少应与 HD 标准协调。

ENV（欧洲预备标准）：由 CEN 编制，拟作为今后欧洲正式标准，供临时性应用。在此期间，与之相对立的成员国标准允许保留，两者可平行存在。

目前，欧洲标准化委员会（CEN）负责制定建筑能源性能方面的标准，标准制定过程由 CEN 技术局 BT 173 工作组（建筑能源性能项目工作组）监管。CEN 以下几个技术委员会（TC）涉及建筑节能标准的相关工作：

CEN/TC 89 建筑热性能和建筑组件标准技术委员会；

CEN/TC 156 建筑通风标准技术委员会；

CEN/TC 169 日光灯和照明设备标准技术委员会；

CEN/TC 228 建筑供热系统标准技术委员会；

CEN/TC 247 建筑自动控制和管理标准技术委员会。

5.2.2 欧盟建筑节能标准体系

1. 标准框架

EPBD2002 首先分析了欧盟建筑能耗的现状，提出在考虑室外气候、室内环境要求和经济性的基础上，降低欧盟内建筑的整体能耗。文件要求，制定通用的计算方法，计算建筑的整体能耗；新建建筑和改造项目要满足最低的能效要求；为建筑颁发能效标识；对锅炉和空调系统进行定期检查。

为了实现这些目标，欧盟成立了专门的标准技术委员会，负责相关标准的制定和修编。整个标准框架共分为五部分：

（1）计算建筑总体能耗的系列标准；

（2）计算输送能耗的系列标准；

（3）计算建筑冷热负荷的系列标准；

（4）其他相关系列标准；

（5）监控和校核的系列标准。

主要的相关标准及其主要内容见附录5。

2. 建筑能耗计算方法

标准框架中，按照计算的复杂程度分为简化逐时计算方法、简化月计算方法和详细计算方法。按照计算流程，分为建筑负荷的计算、输送能耗的计算和一次能源的计算（包括 CO_2 排放量的计算）。图 5-3 所示为能耗的计算流程。

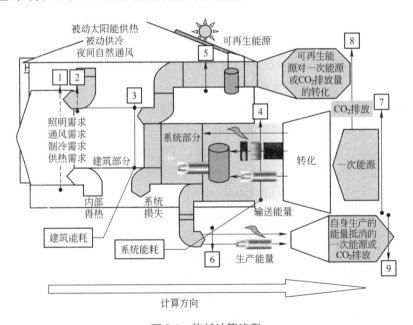

图 5-3 能耗计算流程

图 5-3 中，1 表示总体能源需求，包括用户供热、制冷、照明等系统的负荷需求；2 表示被动得热，包括被动太阳能得热、自然冷却、日照等；3 表示建筑负荷，是考虑了建筑自身特性后，由前两项得到；4 表示输送能耗，分别以不同的能源形式给出，如电、燃煤、天然气等，考虑可再生能源和建筑本身生产的能源；5 表示建筑本身生产的可再生能源；6 表示建筑本身生产的能源，建筑自身生产的并输出到市场上的能源，可能包含在 5 中；7 表示建筑使用的一次能源，或 CO_2 排放量；8 表示建筑自身生产的能源并用于本建筑，并不从 7 中扣除的一次能源量；9 表示建筑自身生产的能源并输送到能源市场，从 7 中扣除的一次能源量。

首先，计算建筑负荷，仅考虑了建筑围护结构的特性，《建筑物能效——计算区域供热供冷负荷》EN ISO 13790（Energy Performance of buildings——Calculation of energy use for space heating and cooling）中包括了供热负荷的计算，并将扩展到空调负荷的计算。第二步，计算输送能耗，要考虑供暖、空调、生活热水、照明系统的特性，包括楼宇自控系统的因素。还要考虑热辐射、蓄热、风机、水泵的热损失，自身的能源生产等条件，主要应用标准框架第二部分中的标准。最后，应用框架中第一部分的标准，通过转换系数把不同用途、不同种类的能耗转换为一次能源消耗量，或者 CO_2 排放量，用整体能效指标 E_P [kWh/（m² · a）] 表示。

根据不同建筑类型（住宅、办公建筑、学校、医院、旅馆和餐厅、体育建筑等）计算的 E_P 值不能超过给定的标准 E_P 值。

5.2.3　建筑节能标准编制执行程序

1. EPBD 等指令

一般来说，指令（Directives）——是对成员国有约束力的欧洲经济共同体法律。

指令的内容一般由欧盟委员会在咨询各专家后提出，之后草案提交给欧洲议会和欧盟理事会评估，并由其批准或拒绝批准。

指令的实施，须使指令变成各成员国的法律，一般给成员国一定的时间开始执行，实施方法各成员国可自行选择。如果某成员国没有通过要求的国家法律，或国家通过的法律不符合指令的要求，欧盟委员会可采取法律手段将成员国告上欧盟法庭。

2. CEN 标准等

在欧盟一致性原则的基础上，工业、贸易联合会、政府机关、学术界和非政府组织代表都被邀请共同推动标准化进程。开放的原则也增强了欧盟标准的影响力。

标准编制过程包括如图 5-4 所示的几个过程。

（1）提议

首先，任何利益方都可以向 CEN 提出标准提议。大多数的标准提议是由各国标准机构提出的。

（2）接受

相应的欧盟标准化技术指导委员会就是否接受提议做出裁定。已接受提议的标准项目交由其相关第一稿专家工作组。如果提议属于标准的某个新领域，欧盟标准化技术指导委员会将首先做出决定。技术委员会的成员包括所有国家的标准机构以及所有标准化参与方，如消费者、贸易协会、工业界、欧盟委员会顾问和欧洲自由贸易协会秘书处（欧洲自由贸易联盟)。CEN 标准的一个原则是：一旦决定编制标准，各国标准机构有关此范围内的标准项目都必须停止。这意味着他们不得开始新标准的编制或修改现有标准。这项义务称为"停止"（standstill），以使所有的力量都集中到欧洲标准编制上来。

（3）编制

EN 标准由欧洲标准化技术委员会制定的专家来编制。

（4）CEN 征求意见

一旦欧盟标准初稿完成，就将开始公开征求意见，这个过程称为"征求意见"（CEN Enquiry)。在此期间，任何相关利益方（如生产商、政府机构、消费者等）都可以就初稿发表意见。这些意见由各国标准结构汇总整理，并交由欧洲标准化技术委员会分析。

（5）加权投票通过

在吸纳了公开征求的意见后，标准的最终版本将提交给 31 个欧盟成员国加权投票。

（6）标准发布

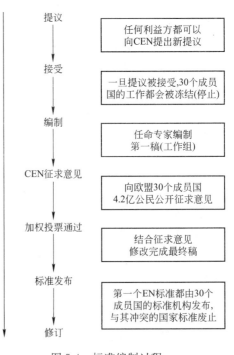

图 5-4　标准编制过程

标准投票通过后，30 个国家标准机构发布新的欧洲标准作为国家标准并废除与其冲突的国家标准。这在世界上是独一无二的，保证一个生产商只要采用了欧洲标准就很容易进入所有欧洲国家市场。

（7）修订

为保证其适宜性，欧洲标准至少每五年修编一次。标准实施 4 年后由技术委员会秘书处着手组织修订。如果技术委员会、技术管理局、欧盟成员国、欧盟委员会、欧洲自由贸易协会秘书处或欧洲标准化委员会管理中心提出要求，标准也可能会提早修订。如果不存在相关的技术委员会，则由技术管理局作出裁定。最终，欧洲标准会被确定、废止或修订。

5.3　低能耗建筑发展

5.3.1　欧洲低能耗建筑定义

目前，全球尚没有一个统一明确的低能耗建筑定义，通常来讲，"低能耗建筑"是指能效消耗比建筑标准中规定的限值更低的建筑。低能耗建筑通常特点包括：良好的保温、节能窗、热回收、可再生能源利用。

在欧洲，广义的低能耗建筑有近 20 种表达方式，主要包括：低能耗建筑（low energy house）、高性能建筑（high-performance house）、被动建筑（passive house）、零碳建筑（zero carbon house)、三升房(3-litre house)等。以下为欧洲几个主要国家有关本国低能耗建筑的定义(见表 5-2)。

欧洲国家低能耗建筑定义　　　　　　　　　　　　　　表 5-2

国家	定义
奥地利	低能耗建筑：年供暖能耗低于 40～60kWh/m²
比利时	低能耗建筑 1 级：居住建筑比标准建筑节能 40%，办公和学校建筑节能 30%； 超低能耗建筑：居住建筑比标准建筑节能 60%，办公和学校建筑节能 45%
捷克	低能耗级别：51～97kWh/m²； 超低能耗级别：低于 51kWh/m²； 被动建筑：15kWh/m²
丹麦	低能耗级别 1：低于新建建筑能耗要求的 50%； 低能耗级别 2：低于新建建筑能耗要求的 25%
芬兰	低能耗标准：比标准建筑节能 40%
法国	新建居住建筑：年建筑能耗(含热水能耗)低于 50kWh/m²(不同的气候区和朝向不同，则波动范围为 40～65kWh/m²)； 其他： 改造建筑：80kWh/m²
德国	居住建筑低能耗要求：低于德国 kfW60 标准和 kfW40 标准的能耗要求； 被动房：符合 kfW60 标准的建筑，年供暖能耗低于 15kWh/m²，总能耗低于 120kWh/m²
英国	逐步提高的要求： 2010 年级别 3(比当前节能条例要求节能 25%)； 2013 年级别 4(比当前节能条例要求节能 44%，接近被动房)； 2016 年级别 5(供暖和照明零能耗)； 2016 年级别 6(所有设备零能耗)

5.3.2　欧洲低能耗建筑发展目标

表 5-3 为欧洲几个主要国家有关本国低能耗建筑的发展目标。

欧洲主要国家低能耗建筑发展目标　　　　　　　　　　表 5-3

国家	定义
奥地利	自 2015 年起，只有被动建筑可享受补贴
丹麦	到 2020 年，所有新建建筑比 2006 年标准节能 75%。具体步骤为：到 2010 年，节能 25%；到 2015 年，节能 50%
芬兰	到 2010 年，节能 30%～40%；到 2015 年，被动房标准
法国	到 2020 年建筑运行不可再采用化石燃料
匈牙利	2020 年新建建筑零能耗
爱尔兰	2010 年节能 60%，2013 年零能耗建筑
新西兰	2010 年节能 25%，2015 年节能 50%，2020 年零能耗
英国(英格兰和威尔士)	2013 年基本达到被动房水平，2016 年零能耗
瑞典	以 1995 年建筑总能耗为标准，2020 年节能 20%，2050 年节能 50%

第6章　丹麦建筑节能标准及中丹比对

本章主要介绍丹麦建筑节能标准的发展历史、标准化管理体系、现行建筑节能标准以及中丹建筑节能标准的比对。丹麦并没有单独的节能标准，而是在其建筑条例《(DEN) Building Regulation》中第7章专门对节能进行要求。本章将介绍丹麦建筑条例中节能一章的内容，并与我国建筑节能标准要求进行比对。

6.1　建筑节能标准发展历史

6.1.1　建筑节能政策法规

1. 建筑能耗现状

丹麦建筑能耗约占总能耗的41%，其中大部分是供暖和制冷的能耗。相比北京，丹麦平均供暖能耗仅为其1/2，但室内舒适度却比北京还高。1990～2008年，丹麦建筑节能近16%，其中供暖节能约为15%，主要措施是用天然气锅炉替换原来的燃油锅炉。同时，大型用电设备节能效果明显，近30%。大型用电设备的节能以及供暖电能的减少使得丹麦建筑领域总电能逐步降低。分析更近几年的情况，2000年以来，丹麦建筑用电节能4%，其中，供暖节能3.5%，大型用电设备节能9%。

2. 建筑节能政策法规

丹麦历来重视建筑节能的发展，出台一系列的相关政策法规来促进本国建筑节能的发展，其出台政策详见表6-1。

丹麦建筑节能相关政策法规　　　　　　　　　　　　表6-1

名称	类型	状态	颁布时间
财政法2009——国家的能源目标	管理体系	现行	2009
节电行动法2008	资源协议	现行	2008
节能行动计划	政策	现行	2007
丹麦能源政策2025	政策	废止	2007
促进建筑节能	管理体系	废止	2006
实施EPBD	管理体系	现行	2006
建筑保温法修订	管理体系	现行	2006
促进公共建筑节能	管理体系	废止	2005
可再生能源节约行动计划	政策	现行	2005
促进节能协议	政策	现行	2005
国家可持续发展策略	政策	现行	2002

续表

名称	类型	状态	颁布时间
大型建筑能效标识	管理措施	废止	1996
小型建筑能效标识	管理措施	废止	1996
既有建筑能源管理	管理措施	废止	1992
区域供暖和热电联产	政策	现行	1980
供暖法	管理措施	现行	1979（2006 年更新）

下面将对丹麦建筑节能有较大影响的政策法规按照时间线进行整理，如图 6-1 所示，并进行简要介绍。

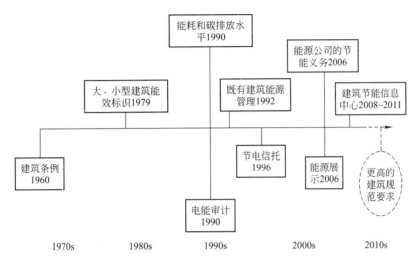

图 6-1　丹麦重要节能措施时间线

3. 建筑条例

从 20 世纪 60 年代开始，丹麦对新建建筑的能耗要求变得逐渐严格。近些年，为推动欧盟指令 2002/91/EC 在丹麦的实施，政府发布了数项标准，包括当前和未来的最大热负荷。更进一步，丹麦建筑条例也对新建建筑外窗和既有建筑更换外窗进行了能源性能的规定。最新版本的标准计划对屋顶的更换、燃油和燃气锅炉、供暖改造等进行要求。以往建筑标准中要求的能耗限值如图 6-2 所示。

丹麦建筑条例对于减少新建建筑能耗作用明显。之前的版本具有较大的灵活性，体现在关注建筑总能耗需求而不是建筑构件的单独要求。2010 版的建筑条例要求较之前严格许多，预计 2015 版的建筑条例要求将更加严格。

4. 大、小型建筑能效标识

丹麦建筑的能效标识制度始于 1979 年，已有较长历史。能效标识至今仍被认为是促使新建建筑和既有建筑节能的有效手段之一。丹麦在大型建筑（建筑面积超过 1500m² ）和小型建筑，如单户住家、公寓和其他居住建筑（建筑面积不超过 1500m² ）中开展能效标识工作。

作为对欧盟指令 2002/91/EC 的回应，丹麦从 2006 年开始实行新的能效标识。新建建

125

筑、既有建筑出租或销售时，都要求出具能效标识。既有建筑能效标识有效期最长为 5 年。能效标识中共分 14 个级别，从最低水平的 G2 到最高水平 A1。新建建筑必须至少达到 B1 级别的能耗要求。丹麦有一本手册专门供能源顾问专家出具能效标识使用。

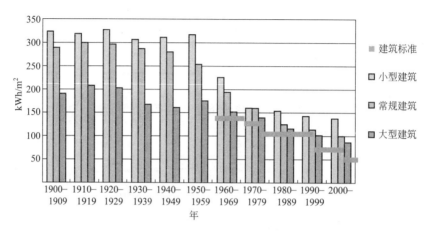

图 6-2　丹麦新建住宅供暖负荷限值❶（1900～2000 年）

尽管能效标识制度是强制的，但其影响却是有限的，其中一个很重要的原因就是费效平衡（如图 6-3 所示）。支付出具能效标识的顾问费用是非常高的，而业主并不对顾问们的信息或标识感兴趣。数据显示，只有约 50％的房屋销售时提供了能效标识，而新建建筑中很少有能效标识。

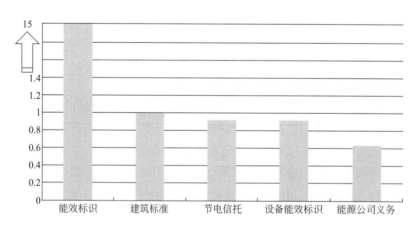

注：指标低于 1 是指总的节能投资费用低于节能费用。能效标识的指标值远大于 1。

图 6-3　丹麦重要节能措施的投资效益对比

5. 奖金和补贴

奖金可为私人或公共机构提供其节能总投资的 30％～40％的费用，但法律要求的单位和接受其他资助的单位不包括在内。从 1993～2003 年，国家资助补贴退休人员居住的

---

❶　根据丹麦建筑科学研究院对 20 万幢建筑的分析获得，小型建筑多为几十平方米，常规建筑多为一百几十平方米，大型建筑多为二百平方米以上。

房屋进行节能改造，该补贴制度的目的在于减少热负荷，从而减少丹麦政府的供暖费用。同时，良好的保温、外窗等也会带来良好的室内环境，为退休人员营造高质量的生活。

6. 窗户自愿能效标识

丹麦也有一些自愿协议。比如：

商业组织加入的窗户自愿能效标识。公司或产品经过严格检测从而贴上分为 A～C 三个级别的标签。

丹麦能源局、玻璃工业协会、玻璃工贸易组织和窗户生产商联合会均已加入一项推广使用节能窗的协议中。

7. 节电信托

节电信托是在 1996 年由丹麦政府发起的，主要是通过提供节能信息、自愿协议、技术措施等推动公共机构和家庭的节电工作。节电工作必须要兼顾考虑社会和环境效益。其中一项很重要的节电工作是关停小型供暖厂和小型天然气厂。节能设备及设备的高效运行也是其中比较重要的工作。

节电信托发布了一项导则以鼓励购买节能装置和设备、办公设备、信息和通信技术、用电器、照明设备、通风、电机和循环泵、大型设备、冷水机、售卖机等。节电信托要求所有政府机构都必须购买基于节电信托导则的节能设备。

节电信托的投资信用很容易获得，但其影响却较难估量。研究发现，节电信托要求采用节能设备，同时这项制度又会影响能源价格，从而带来间接节能。但节电信托中针对家庭和公共机构的某些活动其实是不必要的。

8. 教育和信息

从 2005 年开始，丹麦能源服务部就开始为公民组织提供能源建议。由 12 家当地机构发起，目标是推动行为节能，推广采用可再生能源。这项活动有 4 个组成部分，包括：公共信息；学校能源研讨会；一家公司为小型和中型企业服务；为某些机构、商店和公司提供"绿色"证书。

从 2006 年开始，丹麦的能源公司，即电力公司、供气公司和区域供暖公司，均被要求采取节能措施。通过打印的宣传材料、电话信息、媒体报道和研讨会等联系和组织能源公司参与到节能行动中。目的是提高节能意识，普及节能知识。但研究表明，如果没有能源公司的参与，已知的节能中 50％都将无法实现。

从 1992 年开始，国家用建筑的能源管理和年度能耗报告就成为了一项强制制度，包括中央机构、国家机构、国防机构、类似铁路等实体建筑都纳入到这项制度中。

9. 建筑节能知识库

从 2008～2011 年，每年将有 1 千万克朗(约合 1300 万人民币)的基金支持建筑节能知识库的建设。知识库由丹麦技术研究院、丹麦奥尔堡大学的建筑研究院等几家机构具体负责。知识库的筹建在于确定建筑的节能潜力、建筑条例要求的解释以及实际的节能行动等。其中最主要的群体由建筑相关的贸易商、承包商、咨询师和小型公司组成。

10. 电力审计

其始于 20 世纪 90 年代，电力审计制度为电力公司提供了经济效益较高的节能措施，以及实施方案。这项制度与建筑有部分关系，仅关注非居住建筑的电力消费者。多年之后，这项制度经过改良，既可以提供全部审计，也可提供部分审计。电力审计主要包括以下方面：电耗和节能潜力的综述；13 个不同种类的详细电耗以及较详细的节电措施；节电方案；电力审计后 6～12 月的跟踪；最终报告提交到非公开的数据库中。

曾有研究深入分析这项制度的效果。分析过程分为三个阶段，包括：浏览现有材料，实际到审计单位调研；基于数据信息的图标和经济分析（宏观尺度）；10 个不同类型公司的实际案例分析（微观尺度）。结果显示，平均每个公司收到了 5～6 条建议。在调查的 56 条建议中，有 36 条被采纳实施，这其中主要是投资回收期较短的建议，尤其与国家补贴相关联的建议实施的最多。

6.1.2　建筑条例中节能要求的发展

丹麦最早一版有节能要求的建筑条例是在 1961 年。从那之后，每版建筑条例都不断提高对节能的要求（如图 6-4 所示）。尤其是最近的 08 版和 10 版，为推动欧盟指令 EPBD 的实施，丹麦建筑条例的修编更是注重了节能方面的要求。

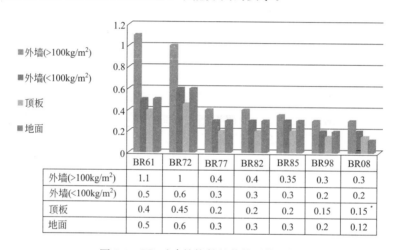

	BR61	BR72	BR77	BR82	BR85	BR98	BR08
外墙(>100kg/m²)	1.1	1	0.4	0.4	0.35	0.3	0.3
外墙(<100kg/m²)	0.5	0.6	0.3	0.3	0.3	0.2	0.2
顶板	0.4	0.45	0.2	0.2	0.2	0.15	0.15*
地面	0.5	0.6	0.3	0.3	0.3	0.2	0.12

图 6-4　BR 对建筑构件的传热系数比较

从图 6-4 可以看出，建筑条例对传热系数的要求越来越严格，尤其是从 BR61 到 BR77（实际生效时间是 1979 年）。BR82 仅改变了计算热负荷的方法。BR98 进一步降低了总热负荷。BR98 给出了可供选择的执行方式，或减少建筑构件的传热系数值，或减低建筑的总热负荷。用建筑的总热负荷限制取代对建筑构件的限制实际给建筑设计带来了很大的灵活性。

下面将丹麦建筑条例的要求与其他北欧国家相比较，详见表 6-2。

北欧国家建筑传热系数要求					表 6-2
建筑构件的传热系数限值［W/(m²·K)］					总的传热系数限值
国家	顶板	墙	地面	窗	
瑞典	0.13	0.18	0.15	1.3	0.72
丹麦	0.15	0.20	0.12	1.5	0.77
挪威	0.13～0.18	0.18～0.22	0.15	0.29	0.70～0.90
芬兰	0.15～0.18	0.24～0.29	0.15～0.29	1.4～1.7	0.91～1.10

从表 6-2 不难看出，丹麦建筑条例对建筑传热系数的限值要求与北欧各国大体相当。

6.2　标准化体系

6.2.1　建筑节能标准法规层次

丹麦现行的建筑节能相关法规标准有四个不同的层次：

（1）欧盟建筑能效指令——EPBD。按成员国的授权，欧盟于 2002 年 12 月 16 日通过了这个法律文件，并于 2010 年 5 月进行了更新（文件详细内容详见第 5 章介绍）。

（2）建筑法——Building Act，建筑法是丹麦建筑节能的总体法源，与此同时，还有其他类型的相关立法，比如规划法（Planning Act）、古建筑保护法（Act on the Preservation of Ancient Buildings）和工作环境法（Working Environment Act）。建筑法适用于新建建筑、改扩建建筑、建筑用途发生较大改变或建筑拆除时。建筑法的目标是：确保新建或重建建筑具备足够高的防火、安全和健康性能；确保建筑及其周边能有效运行；提高生产率；避免建筑不必要的能源浪费；避免建筑中不必要的原始材料的浪费。

（3）建筑条例——Building Regulation，分为适用于小型或居住建筑的 BR-S 98 和适用于其他类型建筑的 BR 95。建筑条例的每章开头都阐述了其设置目的。为满足建筑条例，许多机构相继出台了一系列的具体标准，如 SBi 指南（丹麦建筑研究院指南）及其他部门和机构发布的标准，特别是劳工部的标准。建筑条例并没有明确给出解决方案，但也有少数规定给出具体的方案，一个典型例子就是直接限定多层建筑的电梯使用。

（4）SBi 指南，由丹麦建筑研究院发布。SBi 指南给出了如何达到建筑条例要求的具体做法。指南不是强制的，但通常用户、咨询师、承包商等都会遵循指南。SBi 指南可以分为三大组：

① 第一组是给出公认的成熟方案来满足建筑条例的要求。

② 第二组是给出方法和技术来验证建筑是否满足建筑条例的要求。

③ 第三组是手册或导则用于规划和实施过程中的投资、评估特定问题，如室内环境等。

6.2.2　标准编制机构

1. 丹麦经济和商业部企业和建筑署

丹麦建筑业的政府主管部门是丹麦经济和商业部下属的企业和建筑署，负责制定相关政策、法规。丹麦建筑条例即由丹麦经济和商业部下属的企业和建筑署制定。

2. 丹麦建筑研究院

丹麦建筑研究院是丹麦经济和商业部下属的研究机构，简称 SBi。SBi 通过开展建筑相关的各项研究来促进建筑设备和环境等各个方面的发展。SBi 编制关于建筑条例的导则，以及 SBi 具体的建筑相关指南，以指导丹麦建筑行业的发展。

6.3　建筑条例节能要求介绍

丹麦现行建筑条例是 2010 版，共分 8 章，分别是：管理规定；建筑规定；建筑设计、

129

布局和装置；结构；防火；室内环境；节能；设备。建筑条例中左边是条文正文规定，右边是条文说明。建筑节能的基本规定都在本条例第7章中。以下对其第7章内容进行介绍。

6.3.1　一般规定

（1）规定新建建筑和既有建筑改造要在满足健康条件的同时避免供暖、热水、供冷、通风和照明不必要的能耗。

（2）与外界接触的建筑构件（如外窗、外门），其冷桥应是不明显可忽略的。冷桥的能源供应应根据每一建筑构件的负荷计算确定。

（3）建筑和建筑构件，也包括窗、门，不因湿气、风火其他未考虑的空气而增加较多热负荷。

（4）最低加热温度为5℃的建筑构件热负荷应满足本章要求。

（5）存在明显热负荷的建筑构件的局部空间，如锅炉房等，若供暖温度超过5℃应设置保温措施。

（6）输送负荷的计算根据DS 418中规定的建筑热负荷计算方法确定。材料的保温特性根据丹麦或欧盟相关标准确定。

（7）6.3的规定不适用于园艺温室或绿色建筑。

（8）本章有关新建建筑节能要求、既有建筑改造要求、节能的特殊措施及更换锅炉的规定不包括度假村。非供暖建筑或建筑供暖温度低于5℃的建筑不用满足本章有关新建建筑节能要求、既有建筑改造要求、节能的特殊措施及更换锅炉、度假村等的规定要求。

6.3.2　新建建筑节能要求

1. 一般规定

（1）节能要求包括建筑供暖、通风、供冷、生活热水，适当的情况下，也包括照明。不同种类的能源供应必须计量。包含设计负荷的附录（详见6.3.7节）应根据节能要求确定。

（2）根据（1）确定的建筑能源负荷不应超过本节"2. 住宅、学生宿舍、旅馆等的节能要求"和"3. 办公建筑、学校、公共机构以及不满足6.3.2节中2. 要求建筑的节能要求"。

（3）混合多用建筑一般具有不同的节能结构，建筑总供暖面积应根据建筑用途进行细分，细分是为了确定建筑的节能结构。

（4）建筑围护结构的空气渗透率应在压力条件50Pa时不超过总供暖面积的$1.5l/s/m^2$，而低能耗建筑的空气渗透率不应超过$1.0l/s/m^2$。压差测试应表达为超压或负压时的平均值。当建筑层高较高，建筑围护结构的表面积与地板面积之比大于3时，空气渗透率不应超过$0.5l/s/m^2$，而低能耗建筑的空气渗透率不应超过$0.3l/s/m^2$。

（5）可采用实验的换气率计算通风能耗，如果没有实验值，则选用50Pa时$1.5l/s/m^2$。

（6）6.3.2节中1的（4）和（5）的规定不适用于供暖温度低于15℃的建筑。

（7）围护结构中单独构件的保温应至少等价于6.3.6节中的值。

(8) 6.3.2 节中 2 或 3 要求建筑其输送负荷应满足：单层建筑不超过 $5W/m^2$，二层建筑不超过 $6W/m^2$，三层及以上建筑不超过 $7W/m^2$。计算不包括窗和门的负荷以及通过它们的输送负荷。

(9) 6.3.2～6.3.4 节所提到的"供暖面积"是指需要供暖的总建筑面积或其中一部分。

(10) 6.3.2 节中"4. 低能耗建筑"要求的输送负荷应满足：单层建筑不超过 $4.0W/m^2$，二层建筑不超过 $5.0W/m^2$，三层及以上建筑不超过 $6.0W/m^2$。计算不包括窗和门的负荷以及通过它们的输送负荷。

(11) 区域供暖建筑，采用能源因子 0.8 用于验证其总体是否符合低能耗建筑的节能要求。

2. 住宅、学生宿舍、旅馆等的节能要求

对于住宅、学生宿舍、旅馆等，供暖区供暖、通风、供暖和热水供应的总能源需求不应超过每年 $52.5kWh/m^2$ 加上每年 1650kWh 除以供暖面积。

3. 办公建筑、学校、公共机构以及不满足 6.3.2 节中 2. 要求建筑的节能要求

(1) 对于办公建筑、学校、公共机构等，供暖区供暖、通风、供暖和热水供应的总能源需求不应超过每年 $71.3kWh/m^2$ 加上每年 1650kWh 除以供暖面积。

(2) 供暖温度在 5～15℃ 的建筑，供暖区供暖、通风、供暖和热水供应的总能源需求不应超过每年 $71.3kWh/m^2$ 加上每年 1650kWh 除以供暖面积。

(3) 如果建筑或建筑构件有较高的功能要求，如：较高的照明度、额外的通风、较高的生活热水消耗、功能季节较长或层高较高，则节能要求的限值应在能耗计算结构的基础上适当放宽。类似排风柜等的能源设备未包括在节能要求中。

4. 低能耗建筑

(1) 住宅、学生宿舍、旅馆等的低能耗要求

当供暖区供暖、通风、供暖和热水供应的总能源需求不超过每年 $30kWh/m^2$ 加上每年 1000kWh 除以供暖面积时，建筑为 2015 版的低能耗建筑。

(2) 办公建筑、学校、公共机构以及不满足 6.3.2 节中 2. 要求建筑的低能耗要求

① 当供暖区供暖、通风、供暖和热水供应的总能源需求不超过每年 $41kWh/m^2$ 加上每年 1100kWh 除以供暖面积时，办公建筑、学校、公共机构以及不满足 6.3.2 节中 2. 要求建筑的低能耗要求可认定为 2015 版的低能耗建筑。

② 如果建筑或建筑构件低于 2015 级别是因为较高的照明度、额外的通风、较高的生活热水消耗、功能季节较长或层高较高，则节能要求限值应根据计算得到的能耗增加比例适当放宽。类似排风柜等的能源设备未包括在节能要求中。

6.3.3 既有建筑改造要求

1. 一般规定

(1) 6.3.3 节的要求适应于 6.3.2 节中建筑改扩建时。

(2) 临时用途的独立建筑，其要求在 6.3.7 节中规定。

2. 建筑构件保温

(1) 窗、门、小窗口、天窗、开天窗的圆屋顶，传热系数不应超过表 6-3 和表 6-4 规

定的限值。

传 热 系 数 限 值 表 6-3

建筑构件	传热系数限值 W/(m²·K)	
	供暖温度>15℃	5℃<供暖温度<15℃
外墙及与地下室墙	0.15	0.25
与非供暖房间或与供暖房间温差大于5K的房间相连的隔断墙或悬浮的上层楼面	0.40	0.40
地坪、地下室地面和与室外相通的悬浮上层楼面或半地下室通风	0.10	0.15
顶棚,包括侧墙、平屋顶、与顶相连的斜墙	0.10	0.15
窗,包括玻璃窗、外门和与室外相连或与供暖房间温差大于5K的房间相连的小窗口(不适用于通风口小于500cm²时)	1.40	1.50
天窗、开天窗的圆屋顶	1.70	1.80

沿 程 损 失 限 值 表 6-4

建筑构件	沿程损失 W/(m²·K)	
	供暖温度>15℃	5℃<供暖温度<15℃
供暖房间或供暖区	0.12	0.20
外墙及与地下室墙	0.03	0.03
与非供暖房间或供暖房间温差大于5K的房间相连的隔断墙或悬浮的上层楼面	0.10	0.10

(2) 表 6-3 和表 6-4 规定的传热系数限值应用于供暖温度不低于 15℃建筑的窗、外门,包括天窗和开天窗的圆屋顶、玻璃墙以及与室外相连的 22%以上的供暖面积扩建。计算不包括地板面积、窗户面积和商店外门面积等。

(3) 当建筑用途改变时,6.3.3 节中 1. 和 2. 的规定可能不再适用,此时应补充其他的节能方案规定。

(4) 结构变化带来的能耗增加应由补偿性的节能措施。这种改变应符合 6.3.2 节 2. 中的相关规定。

3. 扩建的热损失要求

如果扩建部分热损失不超过 6.3.3 节中 2. 的要求,供暖温度不超过 15℃的扩建部分的传热系数限值和沿程损失及窗户面积可增加。不过,单独建筑构件的保温应至少等价于 6.3.6 节的要求。

6.3.4　节能的特殊措施及更换锅炉

1. 一般规定

(1) 教堂、被列入历史建筑或有纪念意义名单的建筑或其部分,受法律或当地政策保护的建筑可不符合 6.3.4 节中 2.、6.3.4 节中 3. 和 6.3.6 节 2. 中(2)的规定。

(2) 外墙、房间地面、顶棚和窗户等投资效益较高的节能措施列于 6.3.4 节中 2. 里面。由于建筑结构形式及保温材料的不同,有些措施可能并不是投资效益较高,有些措施也可能会对防潮处理造成损害。以上这些措施不应实施。6.3.7 节中给出了投资效益较高的节能措施的指导。如遇复杂建筑结构，6.3.7 节中给出的节能措施不一定是投资效益较高的，此时经济是否可行应经验证。

（3）当建筑构件改造时，处于节能目的，构件应满足 6.3.4 节中 2. 的规定。除参考经济性外，改造还要符合防潮处理规定。基于用途的构件重大改建规定在 6.3.3 节中，即使经济性较大也要满足规定。

2. 节能的特殊措施及维护更新

（1）建筑改扩建时必须实施节能措施。特定措施仅应用于围护结构发生改变时。

（2）围护结构的传热系数限值及沿程损失见表 6-5 和表 6-6。

传 热 系 数 限 值　　　　　　　　　　　　　　　　表 6-5

建筑构件	传热系数限值 W/(m² · K)
外墙及与地下室墙	0.20
与非供暖房间或与供暖房间温差大于 5K 的房间相连的隔断墙或悬浮的上层楼面	0.40
地坪、地下室地面	0.12
顶棚，包括侧墙、平屋顶、与顶相连的斜墙	0.15
外门、小窗口、临时窗、开天窗的圆屋顶	1.65

沿 程 损 失 限 值　　　　　　　　　　　　　　　　表 6-6

建筑构件	沿程损失 W/(m · K)
基础	0.12
外墙、窗或外门和小窗户的连接处	0.03
顶棚、天窗或开天窗的圆屋顶连接处	0.10

（3）结构因素可能会使投资效益较高的节能措施不免破坏其防潮处理。不过，减少能耗较高的扩建是可以的，应开展这方面的工作。

（4）更换窗时，供暖季从窗户获得的能量不应少于每年 33kWh/m²。

（5）更换天窗时，供暖季从窗户获得的能量不应少于每年 10kWh/m²。

（6）外墙上窗框的表面温度不应低于 9.3℃。

（7）更换窗时，没有对噪声和光污染的限制，主要是参考生产商提供的得能参数。其他措施，如活动的太阳屏主要用于需要进行太阳光控制的玻璃。

（8）预计 2015 版的主要规定

2015 版建筑条例会对节能要求更加严格，以下措施很可能出现在 2015 版中：

① 2015 年 1 月 1 日以后更换的窗，供暖季从窗户获得的能量不应少于每年 17kWh/m²。

② 2015 年 1 月 1 日以后更换的天窗，供暖季从窗户获得的能量不应少于每年 0kWh/m²。

③ 2015 年 1 月 1 日以后更换的天窗，其传热系数不应超过 1.4W/(m² · K)。

④ 外墙上窗框的表面温度限值也将重新规定。

3. 主要的节能及其他能源相关变动

(1) 建筑进行较大改扩建或与能耗有关的改扩建时，其围护结构和用能设备应满足 6.3.4 节 2. 中(1)～(8)的规定及建筑条例第 8 章有关设备的规定，以保证每一项不独立的措施都具有较高的经济能效性。重大用途改变的节能要求应符合 6.3.3 节的规定，即使措施并不经济。

(2) 对于节能比较重要的是建筑围护结构的改扩建、会影响 25% 围护结构或比官方数据(除去地基外)高出 25% 能耗的设备装置。

(3) 对于单栋住宅，6.3.4 节 3. 中(1)、(2)的规定仅应用于节能或改建的建筑构件和设备。

6.3.5　度假村[1]

(1) 度假村及其改建时，应满足表 6-7 和表 6-8 的传热系数限值和沿程损失要求。

传 热 系 数 限 值　　　　　　　　　　　　　　　表 6-7

建筑构件	传热系数限值 W/(m² · K)
外墙及与地下室墙	0.25
与非供暖区相连的隔断墙或悬浮的上层楼面	0.40
地坪、地下室地面和与室外相通的悬浮上层楼面或半地下室通风	0.15
顶棚，包括侧墙、平屋顶	0.15
与室外或非供暖区相连的窗、外门、天窗、开天窗的圆屋顶	1.80

沿 程 损 失 限 值　　　　　　　　　　　　　　　表 6-8

建筑构件	沿程损失 W/(m · K)
基础	0.15
外墙、窗或外门和小窗户的连接处	0.03
顶棚、天窗或开天窗的圆屋顶连接处	0.10

(2) 表 6-7 和表 6-8 的要求应用于建筑面积 30% 的窗户面积。

(3) 如果可提供材料证明 6.3.6 节中(1)、(2)的要求可满足，表 6-7 和表 6-8 的限值规定也可不满足。

(4) 6.3.5 节中(1)的要求主要是用于必需的投资效益较高的措施。

6.3.6　最低保温要求

(1) 如果采用 6.3.2 节中给出的节能要求、6.3.3 节中 3. 给出的最大允许热损失或 6.3.5 节中(3)规定的度假村节能要求，则独立建筑构件应采取保温措施以使其传热系数限值和沿程损失符合表 6-9 和表 6-10 的限值要求。

(2) 透过窗户和外墙玻璃的能量不应少于每年 33kWh/m²。

(3) 透过天窗的能量不应少于每年 10 kWh/m²。

(4) 在度假村建筑中，固体墙的材料，如木材、轻型混凝土或黏土砖的传热系数限值

---

[1]　度假村，丹麦建筑条例中原文为：Holiday homes，一般多为郊区的房子，假期使用较多，平时闲置。

可能会超过 0.50W/(m² · K)，不过，6.3.5 节中(3)规定的最大热损失限值仍应满足。

传 热 系 数 限 值   表 6-9

建筑构件	传热系数限值 W/(m² · K)
外墙及与地下室墙	0.30
与非供暖房间或与供暖房间温差大于 8℃的房间相连的隔断墙或悬浮的上层楼面	0.40
地坪、地下室地面和与室外相通的悬浮上层楼面或半地下室通风	0.20
供暖房间地板下面的悬浮的上层楼面	0.50
顶棚，包括侧墙、平屋顶、与顶相连的斜墙	0.20
外门、天窗、与室外相连的门和小窗口，也包括与供暖房间温差大于 5℃的房间相连的玻璃墙和窗	1.80

沿 程 损 失 限 值   表 6-10

建筑构件	沿程损失 W/(m · K)
周围空间供暖温度>5℃的基础	0.40
周围空间不供暖的基础	0.20
外墙、窗或外门和小窗户的连接处	0.06
顶棚、天窗或开天窗的圆屋顶连接处	0.20

6.3.7 对应附录

与节能章对应的附录主要内容包括：经济性和能效都较高的节能措施；计算建筑能源需求时用到的假定条件；临时可移动小屋的不同条件。

1. 经济性和能效都较高的节能措施

表 6-11 中所列措施是建筑改扩建时较常用的，不过仅是节能中相对材料和劳力来说，不包括如顶棚费用、脚手架或其他不是改建部分但却与完工有关的费用。

较大规模的改建工程应考虑节能措施，详见 6.3.4 节中 3. 的规定。如果非改建工程中涉及非常有效果的措施，也应通过计算和分析确定其可行性。

如果燃料是当地的废料或木柴，表 6-11 所列就不再是经济性和能效都较高的节能措施。

表 6-11 中所列建筑构件及其保温层厚度限值单位为 mm，主要是基于现有结构中经常含有传热系数为 0.037W/(m² · K)的岩棉确定的，但也存在其他的保温材料。

如果建筑现状很容易受潮、生霉或腐烂，则应采取补救措施。许多老建筑由于受潮造成电器系统或聚光灯安装时屋顶直接被穿透。为防止进一步的破坏，应对受潮膜进行处理。顶棚下保温结构改造以引入新风可解决受潮问题。参考 BYG-ERFA(建筑经验分享)关于引入新风来避免顶棚下受潮和发霉的介绍。

某些特殊情况下，保温工作很难进行，所以保温工作必须是现实可行的才可开展。当地有非常便宜的废物或木柴可提供能源时，也是同样的原则。判定原则为：全寿命周期效益/投入<1.33，则工作并不是节能经济双赢的，业主就可不履行规定要求。表 6-12 列出

了不同节能措施的寿命周期。

| 建筑改扩建时常用的节能保温措施 | 表 6-11 |

一、顶棚和屋面结构	
现状	改造后 保温、厚度根据表 6-5 和表 6-6 的要求确定
传热系数＞0.20W/(m²·K) 保温层厚度≤175mm	保温水平：表 6-5 和表 6-6 要求 保温层厚度：300mm

1. 阁楼内的顶棚

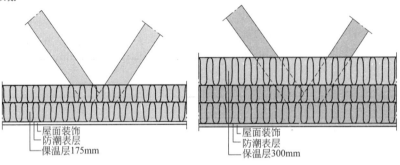

2. 斜墙和脊处的顶

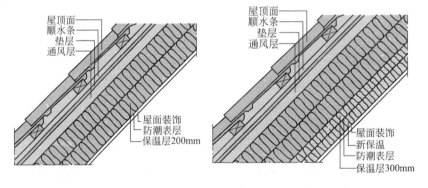

3. 屋檐空隙

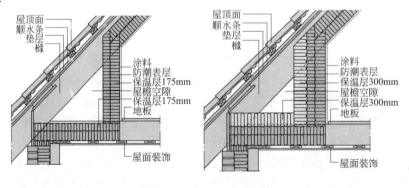

续表

4. 平屋顶

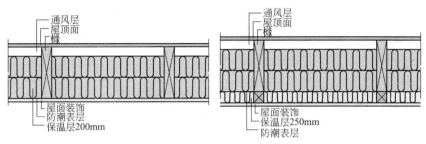

二、外墙

（一）轻型外墙（骨架架构）
包括拱和填充板

现状	改造后 保温、厚度根据表 6-5 和表 6-6 的要求确定
传热系数＞0.25W/(m²·K) 保温层厚度≤150mm	保温水平：表 6-5 和表 6-6 要求 保温层厚度：250mm

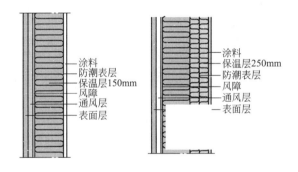

（二）空心墙

现状	改造后 保温、厚度根据表 6-5 和表 6-6 的要求确定
未保温	膨胀保温

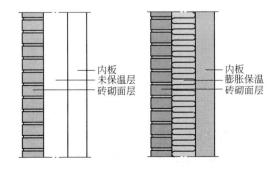

续表

（三）实心砖和砖层	
现状	改造后 保温、厚度根据表 6-5 和表 6-6 的要求确定
未保温	通常不是经济节能双赢但可用于未保温板的连接处。 保温层厚度 200mm

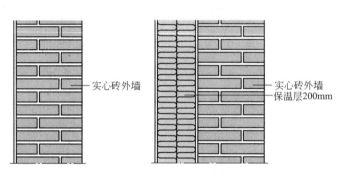

（四）加气混凝土或轻型混凝土	
现状	改造后 保温、厚度根据表 6-5 和表 6-6 的要求确定
传热系数＞0.70W/(m² · K) 保温层厚度≤50mm	通常仅在改建的连接处才是经济节能的， 比如已坏的建筑围护结构。保温层厚度 150mm

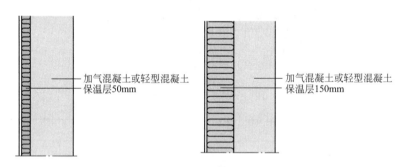

三、地面和地坪

（一）与非供暖区的连接处	
现状	改造后 保温、厚度根据表 6-5 和表 6-6 的要求确定
未保温	楼板格栅膨胀保温

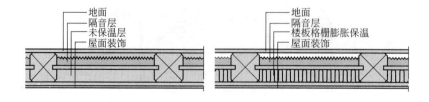

（二）非供暖区上面的其他坪板	
现状	改造后 保温、厚度根据表 6-5 和表 6-6 的要求确定
传热系数＞0.70W/(m²·K) 保温层厚度≤50mm	在顶棚底部可做保温情况下 保温层厚度 100mm

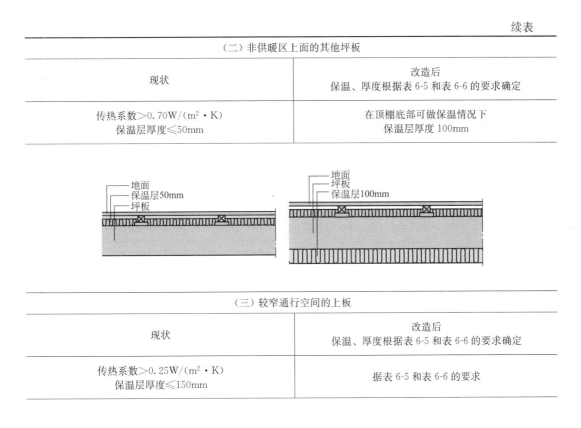

（三）较窄通行空间的上板	
现状	改造后 保温、厚度根据表 6-5 和表 6-6 的要求确定
传热系数＞0.25W/(m²·K) 保温层厚度≤150mm	据表 6-5 和表 6-6 的要求

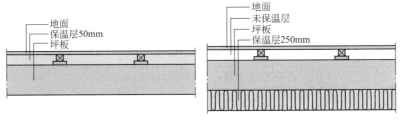

（四）下部保温的坪板	
现状	改造后 保温、厚度根据表 6-5 和表 6-6 的要求确定
传热系数＞0.20W/(m²·K) 保温层厚度≤175mm	坪板下可以保温时 保温层厚度 300mm

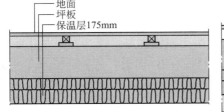

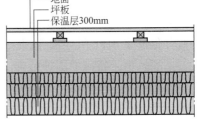

续表

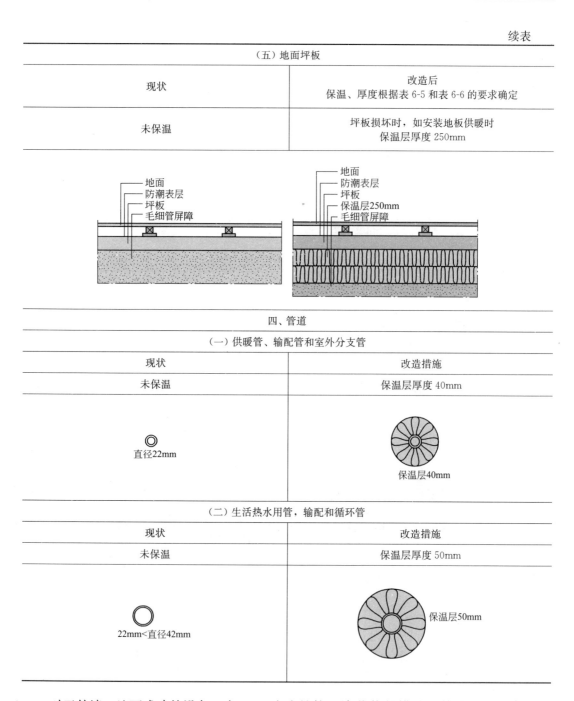

（五）地面坪板	
现状	改造后 保温、厚度根据表 6-5 和表 6-6 的要求确定
未保温	坪板损坏时，如安装地板供暖时 保温层厚度 250mm

四、管道

（一）供暖管、输配管和室外分支管

现状	改造措施
未保温	保温层厚度 40mm
直径22mm	保温层40mm

（二）生活热水用管，输配和循环管

现状	改造措施
未保温	保温层厚度 50mm
22mm<直径42mm	保温层50mm

对于外墙、地面或建筑设备，表 6-11 改造是较经济节能的措施。外墙、地面或建筑设备更换时，无论是否经济节能，保温规定都应实施。

也有一些其他非表 6-11 所列的原因来选用更厚的保温，比如保温工作施工简单，能源价格将大幅增长，由于特殊的围护结构使得较厚的保温更有利。选用原则可参照"建筑节能信息中心"（Vedencent for energibesparelser i bygniner）的网址：http：//www. byggeriogenergi. dk/25872。

计算费效比用的寿命周期

表 6-12

节能措施	寿命(年)
后增加建筑构件保温措施	40
带次视窗和双架结构的窗	30
供暖系统、散热器、地下供暖和通风管、含保温的设备	30
供暖装置等，比如：锅炉、热泵、太阳能供暖系统、通风装置	20
照明装置	15
依据气象对供暖自动调控的设备	15
密接、密封	10

更换窗户时，应满足 6.4.4 节中 2. 的规定。

（1）侧窗

生产商计算侧窗透过能量的公式为：

$$E_{ref} = I \times g_w - G \times U_w = 196.4 \times g_w - 90.36 \times U_w$$

式中　I——随入射角度变化的与 g 相关的太阳能参数；

　g_w——通过窗的总太阳能；

　G——按室温温度 20℃计算的供暖季度时数；

　U_w——窗的传热系数。

供暖季的太阳能得热 I 以及度时数 G 基于参考年 DRY 确定。通过窗的太阳能得热取决于窗的方向，单栋建筑可参考以下值：

北向：26%

南向：41%

东/西：33%

计算采用单光的 1.23m×1.48m 的窗。计算得到的 E_{ref} 可用于对比供暖季不同窗的节能效果。另外，应单独分析窗户太阳能得热所带来的损害，以及夏季的过热。

尽管 E_{ref} 是根据单栋建筑计算出来的，但除可用于住宅外，也可用于建筑更换窗选型时的窗对比。根据相关规定，E_{ref} 不可应用于度假村，因度假村中侧窗仅在供暖季应用较短时间。

新的窗户可能会使晴天时房间过热，因此应通过多个案例来分析太阳屏的潜力。

（2）采光天窗

生产商计算采光天窗透过能量的公式为：

$$E_{ref} = I \times g_w - G \times U_w = 345 \times g_w - 90.36 \times U_w$$

式中　I——随入射角度变化的与 g 相关的太阳能参数；

　g_w——屋顶坡度为 45°时通过窗的总太阳能；

　G——按室温温度 20℃计算的供暖季度时数；

　U_w——窗的传热系数。

计算用参考窗 1.23m×1.48m。E_{ref} 用于计算屋顶坡度为 45°、方向与侧窗相同的参考建筑。由于屋顶坡度的存在，使得供暖季和夏天的太阳得热都较大，故也可考虑安装屏板。

E_{ref}也可作为除住宅外建筑更换采光天窗的一个参数。根据相关规定，E_{ref}不可应用于度假村，因度假村中侧窗仅在供暖季应用较短时间。

2. 建筑能耗需求计算

（1）建筑供能

节能要求包括建筑功能的供暖、通风、生活热水、供冷和照明。

因为独立建筑的业主不能对区域供暖管网的损失、转换损失或热电联产工厂的效率产生影响，因此考虑以上因素是无意义的。

对于某街区集中供暖或供暖锅炉集中供暖的建筑，供暖锅炉和输配管网的损失都应包括在计算中。

（2）可再生能源系统（RES）

如果新建建筑由可再生能源系统提供部分供能，这也应考虑到节能要求框架中。计算应包括所有的损失。例如，太阳能供暖系统可能会有储罐的热损失，建筑的管道损失，以及不同的泵和自控装置的损失。以上规定应用于新建建筑安装可再生能源系统时或由可再生能源系统安装在新建建筑区域供暖外的部分时。新建建筑的业主们共同拥有可再生能源系统则是不必需的。

（3）复合供能

大多数建筑是由两种及以上供能系统组成的。

为评估建筑的节能效果，采用 2.5 作为因子数用于对比电力和热能。

2015 低能耗建筑采用区域供暖时，采用因子数 0.8 来对比区域供暖和其他能源。

（4）室内温度

节能要求及相关计算时，假设住宅、办公建筑、学校、公共机构等保持全年的月平均温度不低于 20℃。以上建筑如果在供暖季室内温度在 5～15℃，可等同认为供暖，正常供暖其室内温度不应低于 20℃。认为未供暖的区域不包括在供暖面积中。

当建筑用于工业用途，供暖季室内温度在 5～15℃时，计算能源需求则按照月平均温度 15℃计算。

采用机械供暖的房间/空间，计算时其最大室内温度不应超过 25℃。

当房间/空间温度部分时间超过 26℃时（根据室内温度最大为 26℃），可认为多余热量由电力驱动的机械供冷抵消。此要求也应用于不采用机械供冷的房间/空间。

采用可活动的太阳屏或增加通风等措施对降低过度高温是有益的。很多建筑都可采用根据室温自动调节的通风窗户开启状态达到以上目的。

（5）设计假设

计算建筑能源负荷的方法详见"SBi 指南 213 建筑能源负荷"的规定。如果建筑的部分条件不能根据实际或其他方式确定，则应采用"SBi 指南 213"的规定。

（6）混用建筑

在混用建筑中，如既有住宅又有商用，建筑的供暖面积按照建筑用途进行分区，而不同的分区满足不同的节能要求。

在混用建筑中，如某功能建筑占总建筑面积的 80% 及以上，则认为此建筑以该功能为主。比如，在商用和住宅复合建筑中，如果商用仅占总建筑面积的 15%，则此建筑可认为是住宅建筑。

(7) 扩建建筑

扩建建筑的节能要求仅适用于建筑的扩建部分，建筑的既有部分则不必满足节能要求。但扩建部分的节能要求则是根据建筑的总建筑面积计算的。如果一个原 $130m^2$ 的建筑拟再扩建 $20m^2$，则要求的能耗为 $63.5kWh/m^2$。但如果仅以扩建部分为基数计算的话，节能要求的能耗值为 $145kWh/m^2$，这将比改造的节能要求松很多。

无论改建部分是否有水管系统，改建部分都应满足有关生活热水能耗的要求。扩建部分不应再有新的供暖系统，供暖系统可满足建筑条例的最低要求即可。如果扩建部分有自然通风，应考虑到节能要求的计算中。如果扩建部分设置了机械通风，也应考虑到节能要求的计算中。

(8) 层高较高建筑

对于层高较高的建筑，比如，层高超过 4.0m 的建筑，节能要求也可适当提高。例如，对于工业建筑和体育场来说，允许提供建筑围护结构面积除以地面超过 3.0m 部分面积的面积能耗。增加的节能能耗要求用于计算常规层高 2.8m 的建筑能耗和层高较高建筑的实际能耗的差别。

如果层高较高建筑有窗、门灯，其面积占到总建筑面积的 22% 以上，则窗户和门的面积按比例缩减，比例值为 2.8m 除以实际层高。

(9) 输入参数和结果的表达

节能要求中能耗等的计算所需设计假设条件和输入参数都应表述清楚。

(10) 输入参数规范化

计算用输入参数和生产商提供的相关输入参数详列如下：

建筑产品的相关信息可采用欧盟建筑产品的 CE 标示中的数据。

窗户在这方面的问题较复杂。相关参数用于计算实际窗户的传热系数。因此仅根据基于标准尺寸窗户的欧盟窗标准（包括 1230mm×1480mm 窗）获得的参数是不够的。透过窗的太阳热以及可能透过的日光等参数也是需要的。

圆顶天窗的传热系数可通过 DS 418 中的规定计算获得。

(11) 结果要求规范化

除建筑能源负荷外，计算结果还应包括足够的支持结果的数据。除能源负荷外，计算结果还应显示出电能消耗、热能消耗、生活热水消耗以及各种系统的损失。

另外，计算结果中应给出传热系数和线性损失满足 6.3.6 节中要求的证明以及建筑围护结构传热损失的计算，不包括门、窗。

(12) 临时搭建建筑

临时搭建建筑多是与其他新建或改扩建工程在一起，比如学校或幼儿园改建以满足空间的要求。这里的临时是指 0~3 年时间内。搭建建筑使用寿命拟超过 3 年时也应满足新建建筑的节能要求。

临时搭建建筑必须满足建筑条例的相应规定。表 6-13 和表 6-14 为其围护结构的规定。另外，临时搭建建筑可设置达到 2015 级别的供暖系统。

临时搭建建筑围护结构的节能要求可能在 2015 年之后也不会改变。如果这样的话，2015 年之后，其供暖系统应更换，改成由可持续能源作为供暖源的供暖系统。可持续供暖，比如热泵。其热泵系统应满足建筑条例的相关要求。

表 6-13 和表 6-14 中规定的传热系数和线性损失值是按照窗和门的面积不超过总供暖面积的 22% 计算得出的。

传热系数和线性损失值也可改变，窗户面积等也可增加，但须提供资料证明搭建建筑的热损失不高于表 6-13 和表 6-14 中的限值。

临时搭建建筑的传热系数限值 表 6-13

建筑构件	传热系数限值 $[W/(m^2 \cdot K)]$
外墙	0.20
与非供暖房间相连或与临室温差大于 5℃的外墙	0.40
地坪室外相通的悬浮上层楼面或半地下室通风	0.12
顶棚，包括侧墙、平屋顶、与顶相连的斜墙	0.15
窗，包括玻璃窗、外门和与室外相连或与供暖房间温差大于 5℃的房间相连的小窗口（不适用于通风口小于 500cm² 时）	1.50
天窗、开天窗的圆屋顶	1.80

临时搭建建筑的线性损失限值 表 6-14

建筑构件	线性损失 $[W/(m \cdot K)]$
基础	0.20
外墙、窗或外门和小窗户的连接处	0.03
顶棚、天窗或开天窗的圆屋顶连接处	0.10

6.3.8　设备章相关节能规定

丹麦对于建筑设备的要求是在其建筑条例的第 8 章，是跟第 7 章节能并列的一章。设备章主要分为 8 节，分别是 1. 一般规定；2. 供暖、制冷和生活热水的分布式系统；3. 通风系统；4. 给排水系统；5. 燃烧室和排气系统；6. 太阳能供暖系统、太阳能光伏系统、供冷系统和热泵系统；7. 废弃物处置系统；8. 电梯。一般规定中指出，建筑设备系统除满足安全、防火等常规性能外，还应注意节能，减少或避免不必要的浪费，在此方面需满足丹麦《建筑保温、技术设备和供应系统》DS 452 标准。其中与节能相关的主要条款如下。

1. 一般规定（略）

2. 供暖、制冷和生活热水的分布系统

（1）供暖系统应根据安全、能源和室内环境等条件设计和安装。

（2）热水供暖系统应根据丹麦《热水供暖系统》DS 469 标准的规定进行设计、安装和调试。

（3）电力驱动的空气供暖系统应能够根据单独房间的室内温度自动调控，且应安装根据时间和温度控制传热的装置。

（4）供冷和热泵应根据输出冷（热）量自动调控，且供冷系统应安装根据时间和温度控制冷量传输的装置。

（5）供暖系统应节能运行，其型式、尺寸和功能应满足设计热负荷并适应全年能耗。

应保证同一房间不同时既供暖又供冷。

（6）空气源热泵系统供生活热水的最小 COP 应达到 3.1。

（7）供暖、热水、地热（冷）系统的循环泵应达到 A 级或满足相关的能源要求。无法满足 A 级要求的大型循环泵，参考丹麦《热水供暖系统》DS 469 标准的相关规定。

3. 通风系统

（1）通风系统应根据安全、能源和室内环境等条件设计和安装。

（2）通风系统不应被其他吸气设备干扰，且不应有不必要的能源浪费。当通风负荷减少时，应有限制新风的措施。应制定符合高品质变风量通风需求的新风负荷规定。

（3）通风系统应根据丹麦《机械通风工程》DS 447 标准的规定进行安装、运行和调试。

（4）通风设备应包含干球温度效率不少于 70％ 的热回收。当废气无法合理利用时，热回收率也可适当改变。可结合热泵装置做热回收，供暖模式时 COP 值不应小于 3.6。

（5）单栋住宅的通风系统应包含干球温度效率不小于 80％ 的热回收。

（6）定风量系统，空气流动能耗不应超过 1800J/m³ 新风。变风量系统，空气流动能耗不应超过 2100J/m³ 新风。无机械新风供应的排气系统，空气流动能耗不应超过 800J/m³。以上规定不适用于年空气流动能耗不超过 400kWh 的工业过程（或设备）。

（7）住宅定/变风量通风系统，空气流动能耗不应超过 1000J/m³。通风设备应在与能源供应端中间安装计量装置。

（8）自然通风管道应良好密封。

4. 给排水系统（略）

5. 燃烧室和排气系统

（1）小型热电联产是指输出不超过 120kW 的热电联产系统。

（2）热电联产系统应是经济节能的。采用斯特林发动机（Sterling motor）、活塞液压马达或燃料电池的设备，其总能效（包括产热）应不低于 80％。其他动力热系统，如热电系统，要求查看其热效率加上 2.5 倍的电效率大于 90％。

（3）输出热超过 30kW 的工厂应安装各自的耐火单元。

（4）欧盟 CE 标签认证要求燃油锅炉全负荷运行效率至少为 93％，部分负荷运行效率至少为 98％。

（5）欧盟 CE 标签认证要求燃气锅炉全负荷运行效率至少为 96％，30％负荷运行时效率至少为 105％。

（6）以上（4）、（5）的规定适用于有效输出超过 400kW 的锅炉。

（7）当现有锅炉更换时，也应满足（4）、（5）的规定。

（8）满足（4）规定的锅炉不应与其他供暖设备共用烟囱。

（9）以煤、焦煤、生物燃料、生物质为原料的锅炉，其效率不应低于丹麦《集中供暖锅炉》DS/EN 303-5 标准规定中的等级 3。300kW 的效率要求适用于 300kW 以上的锅炉。

（10）（9）的规定不适用于输入能量低于 130kW 的烧秸秆锅炉。

（11）可分开的、已准备更换的固体燃料燃烧器应满足 DS/EN 15270 标准的相关要求。

（12）供暖建筑的燃油热空气单元应满足丹麦 DS 2187 标准中等级 A 的空气供暖系统。

（13）燃油锅炉应满足 DS/EN 230 标准燃油器自动控制系统的相关规定以及 DS/EN

267 标准强制通风系统的相关规定。

(14) 大型集中供暖锅炉应有良好的保温,以满足外表面温度(apart from hatches)在室温 20℃时不超过 35℃。

(15) 大型燃油或燃气集中供暖锅炉若其有效输出超过 400kW,其满负荷运行时烟道气体损失不应超过 7%,且应在合适情况下,设置烟道气体冷却器。

(16) 大型集中供暖炉应具有监测点和测试设备以调节其到经济运行状态。

6. 太阳能供暖系统、太阳能光伏系统、供冷系统和热泵系统

(1) 太阳能供暖系统和太阳能光伏系统应合理设置以达到最大的能量获取。

(2) 无区域供暖的新建建筑或改建建筑,若其日热水耗量超过 2000L,太阳能供暖系统应在正常运行条件下满足其热水相关能耗。

(3) 热泵和供冷系统应根据实际负荷设计,应保证系统相关的设计考虑了区域供暖和生活热水的负荷。

(4) 水源热泵系统供应地板供暖时正常能源因子不低于丹麦能源局能效标识的规定。0~3kW 的热泵系统,因子数为 3.0,对应的 3~6kW 为 3.6,6kW 以上为 3.7。

(5) 水源热泵系统供应散热器供暖时正常能源因子不低于丹麦能源局能效标识的规定。0~3kW 的热泵系统,因子数为 2.6,对应的 3~6kW 为 2.8,6kW 以上为 3.0。

(6) 空气-水热泵系统供应地板供暖时正常能源因子不低于丹麦能源局能效标识的规定的 3.2。类似的,供应散热器时,不应低于 2.7。

(7) 空气-空气热泵系统供暖模式时能效不应低于 DS/EN 14511 标准规定的 3.6,与 EU 规定的住宅空调的 A 级相当。

(8) 以上(4)~(6)未规定的热泵系统,生产商应出示 COP 以及单独的能耗参数。

7. 废弃物处置系统(略)

8. 电梯

电梯能耗应可单独计量并在每天预计输送能耗中显示出来。电梯待机模式能耗也应显示出来。

6.4　中丹建筑节能标准比对

6.4.1　节能目标

1. 当前节能目标比较

在我国,建筑节能的目标分为三步,建设部提出的设计标准是:第一步,新建供暖居住建筑从 1986 年起,在 1980~1981 年当地通用设计能耗的基础上节能 30%;第二步,1996 年起在达到第一步节能要求的基础上再节能 30%,即总节能达到 50%;第三步,2005 年起在达到第二步节能要求的基础上再节能 30%,即总节能达到 65%。其中每次的30% 节能中,建筑物约承担 20%,供暖系统约承担 10%。《严寒和寒冷地区居住建筑节能设计标准》JGJ 26—2010 并没有明确提出节能目标,《公共建筑节能设计标准》GB 50189—2005 在其总则中给出了节能目标——"1.0.3 按本标准进行的建筑节能设计,在保证相同的室内环境参数条件下,与未采取节能措施前相比,全年供暖、通风、空气调节和照明的总

能耗应减少 50%。"

1961 年，第一版丹麦国家建筑条例出台时就已经制订了用能相关要求。从那之后，经历了几次较大的节能目标提升。2011 年 1 月 1 日开始实施的建筑条例，新的年能耗限值计算公式为：居住建筑，$52.5+1650/A$ kWh/m²；非居住建筑，$71.3+1650/A$ kWh/m²，比 2008 年建筑条例的要求节能 25%。下面将中丹两国的建筑节能标准目标进行比较（见表 6-15）。

中丹建筑节能标准节能目标比较 表 6-15

参数		中国	丹麦
节能标准	名称	《公共建筑节能设计标准》GB 50189	《建筑条例》（BR 10）
	建筑类型	公共建筑	几乎所有类型的建筑
	颁布时间	2005	2010
节能目标		50%	25%
能耗内容		供暖、通风、空调、照明	供暖、通风、空调、照明、生活热水
基准建筑		20 世纪 80 年代初的公共建筑	2008 版建筑条例要求的节能建筑

从表 6-15 的对比可以发现，虽然我国的节能目标值比丹麦高，但我国的基准建筑是 20 世纪 80 年代初的公共建筑，而丹麦的基准建筑是已经很节能的建筑。图 6-5 是对中丹两国基准建筑围护结构的传热系数进行对比。

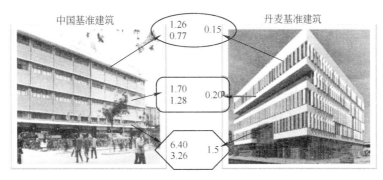

图 6-5 中丹基准建筑围护结构传热系数比较❶

从图 6-5 的对比，不难发现，丹麦的传热系数远远低于我国的要求。由此得出结论，丹麦的节能目标实际比我国高很多。

2. 下一次修订目标比较

目前，我国的三步节能在稳步实施中，但三步节能之后的规划，尚未有统一认识。而在丹麦，关于 2015 年版和 2020 年版的建筑条例已有初步设想。2010 年版建筑条例中低能耗建筑的相关要求将成为 2015 年新建建筑的最低要求。

2015 年的年能耗限值计算公式为：

---

❶ 中国基准建筑部分围护结构传热系数要求，上面数值对应严寒地区围护结构传热系数，下面数值对应寒冷地区围护结构传热系数。

居住建筑：$30+1000/A$ kWh/m²

非居住建筑：$41+1000/A$ kWh/m²

预计，2015 年的建筑条例节能目标将会更高，可能会再提高 25%。丹麦目前正在制定 2020 年的节能目标以及 2020 年的低能耗级别，预计这一低能耗级别将是丹麦首次尝试定义的"近零能耗建筑"。

6.4.2　节能标准的建筑类型

我国建筑首先划分为民用建筑和工业建筑两大类。工业建筑目前尚无统一的国家节能标准，某些行业编制了行业内部的节能设计标准。而对于民用建筑来说，我国的节能标准可按建筑用途和工程类型两种大的方式分类，如图 6-6 和图 6-7 所示。

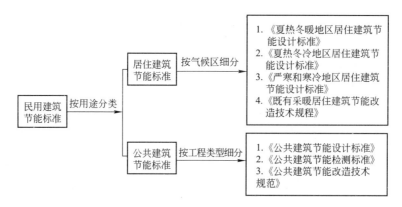

图 6-6　民用建筑节能标准按用途分类

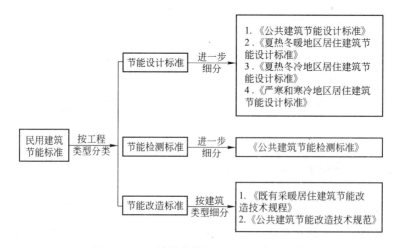

图 6-7　民用建筑节能标准按工程类型分类

与我国不同，丹麦建筑条例中对建筑的分类首先是按新建建筑和既有建筑划分的，对于新建建筑又进一步划分为"住宅、学生宿舍、旅馆等"、"办公建筑、学校、公共机构等"以及"低能耗建筑"；对于既有建筑，主要是节能改造的要求，按照改造部分进行要求设置，未进一步细分建筑类型。如图 6-8 所示。

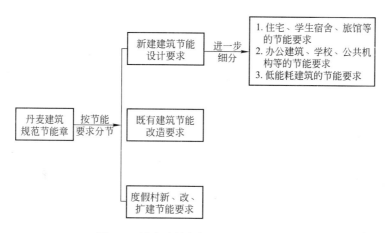

图 6-8 丹麦建筑条例节能章的节细分

6.4.3 新建建筑能耗要求及节能评价

我国的新建建筑节能设计标准重点关注的是具体参数的过程控制，而丹麦与其他大多数欧洲国家类似，重点关注的是最终能耗的效果控制。以下是我国和丹麦节能设计的强制条文要求比较，从两国的要求内容即可看出两国节能要求的不同思路。丹麦国家各地的供暖度日数与我国寒冷地区相近，故采用我国新进出台的标准《严寒和寒冷地区居住建筑节能设计标准》JGJ 26—2010 与丹麦《建筑条例》进行比较(见表 6-16 和表 6-17)。

《严寒和寒冷地区居住建筑节能设计标准》JGJ 26—2010 强制条文要求　　表 6-16

参数	节能强制要求
围护结构热工设计	1. 体形系数要求 2. 窗墙比要求 3. 围护结构传热系数要求 4. 外窗及敞开式阳台门的密闭性要求
暖通空调系统设计	1. 冷热负荷计算要求 2. 锅炉设计效率要求 3. 热计量表安装要求 4. 室外管网水力平衡要求 5. 锅炉房和换热站自动监测和运行要求 6. 分室温度调控和热计量要求 7. 冷机的效率要求 8. 热泵系统的环境要求

丹麦《建筑条例》新建建筑节能设计强制条文要求　　表 6-17

参数	节能强制要求
用能要求	能源计量要求
围护结构	1. 空气渗透率的限值 2. 保温要求
建筑负荷	1. 按类型细分后的建筑总负荷限值 2. 输送负荷的限值

149

6.4.4　围护结构节能改造要求

丹麦供暖度日数与我国寒冷地区供暖度日数接近，对比性较高。北京作为我国寒冷地区的典型代表，按照《严寒和寒冷地区居住建筑节能设计标准》JGJ 26—2010 中第 3.0.1条对严寒和寒冷地区进一步划分的方法，北京属于寒冷(B)区；而哈尔滨作为我国严寒地区的典型代表，保温要求相对较高，属于严寒(B)区。以下以丹麦、北京、哈尔滨三地为代表进行既有建筑的节能标准要求对比。

1. 围护结构传热系数限值的比较

我国现行《既有采暖居住建筑节能改造技术规程》JGJ 129—2000 中对围护结构保温改造设计需满足以下两项控制指标中的一项，即不同地区供暖居住建筑各部位围护结构的传热系数应满足一定限值或通过围护结构单位面积的耗热量指标不应超过现行行业标准《民用建筑节能设计标准(供暖居住建筑部分)》JGJ 26—2010 的规定。我国现行《公共建筑节能改造技术规范》JGJ 176—2009 规定，公共建筑外围护结构进行节能改造后，所改造部位的热工性能应符合现行国家标准《公共建筑节能设计标准》GB 50189—2005 的规定性指标限值的要求。

丹麦《建筑条例》对既有建筑改造时围护结构的要求也是采用限值法，主要按设计室温划分为两大类进而规定不同的指标量值。中丹既有建筑改造围护结构传热系数限值比较详见表 6-18。

从表 6-18 可以看出，丹麦既有建筑改造围护结构的传热系数普遍比我国同气候区的要求低很多，而比我国严寒地区也低很多。将表 6-18 的数据与图 6-4 进行比较，不难发现，我国现在既有建筑改造围护结构的传热系数限值要求与丹麦 20 世纪 70 年代的水平大体相当。这里，我们还应注意以下三个问题：

(1) 丹麦建筑室内温度的要求更低。我国供暖季的最低设计室温为 16℃，而丹麦为15℃。也就是说，尽管丹麦供暖季室内温度比我国要求更低，但围护结构的节能要求远严于我国。

(2) 一般来说，新建建筑的节能要求要高于既有建筑的节能改造要求。故此，将表 6-18 的值与我国《严寒和寒冷地区居住建筑节能设计标准》JGJ 26—2010 中表 4.2.2的新建建筑围护结构热工设计值比较，不难发现，丹麦既有建筑改造的围护结构传热系数要求仍比我国寒冷地区新建建筑设计值低很多，甚至比我国最冷的严寒(A)区不高于 3 层建筑类型(属于我国传热系数要求最严)的还要低一些。

2. 围护结构保温的比较

我国《既有采暖居住建筑节能改造技术规程》JGJ 129—2000、《公共建筑节能改造技术规范》JGJ 176—2009 都没有对围护结构的保温提出明确的厚度要求，一般都是对其保温材料的性能进行规定。

而丹麦对围护结构保温的要求首先是因地制宜。如规定："某些特殊情况下，保温工作很难进行，所以保温工作必须是现实可行的才可开展。当地有非常便宜的废物或木柴可提供能源时，也是同样的原则。判定原则为：全寿命周期效益/投入<1.33，则工作并不是节能经济双赢的，业主就可不履行规定要求。表 6-12 列出了不同节能措施的寿命周期。"同时，丹麦对围护结构保温的厚度要求远比我国高很多，从表 6-11 中即可看出，丹

表 6-18

中丹既有建筑改造围护结构传热系数 [W/(m²·K)] 限值比较

围护结构	指标细分	丹麦 供暖温度>15℃	丹麦 5℃<供暖温度<15℃	中国(北京//哈尔滨) 居住 指标细分	体形系数≤0.3	0.3<体形系数≤0.4	公建 指标细分	体形系数≤0.3	0.3<体形系数≤0.4
屋面	地坪、地下室地面和与室外相通的悬浮上层楼面或半地下室通风	0.10	0.15	—					
屋面	顶棚、包括侧墙、平屋顶、与顶相连的斜墙	0.10	0.15	包括非透明外墙	0.80//0.50	0.60//0.30	包括非透明外墙	0.55//0.35	0.45//0.30
墙	外墙及与地下室外墙	0.15	0.25	包括非透明外墙	0.90(1.16)//0.52	0.55(1.82)//0.40	包括非透明外墙	0.60//0.45	0.50//0.40
隔墙或楼板	与供暖房间或与供暖房间温差大于5℃的房间相连的隔墙或悬浮的上层楼面的房间	0.40	0.40	不供暖楼梯间隔墙	1.83//—		非供暖空调房间的隔墙或楼板	1.50//0.60	1.50//0.60
隔墙或楼板		—	—	地板 不采暖地下室上部地板	0.55//0.50		底面接触室外空气的架空或外挑楼板	0.60//0.45	0.50//0.40
隔墙或楼板				地板 接触室外空气地板	0.50//0.30				
外门	窗、包括玻璃窗、外门和与室外相连或供暖房间温差大于5℃供暖房间相连的小窗口(不适用于通风口小于500cm² 时)	1.40	1.50	窗户(含阳台门上部)	4.70(4.00)//2.5		单一朝向外窗(含透明幕墙) 窗墙比≤0.2	3.5/3.0	3.0/2.7
外门					—//2.50		0.2<窗墙比≤0.3	3.0/2.8	2.5/2.5
外门							0.3<窗墙比≤0.4	2.7//2.5	2.3/2.2
外门							0.4<窗墙比≤0.5	2.3/2.0	2.0/1.7
外门							0.5<窗墙比≤0.7	2.0/1.7	2.8/1.5
窗	天窗、开天窗的屋顶	1.70	1.80				屋顶透明部门	2.7/2.5	2.7/2.5

注：我国外墙的传热系数限值有两个数据，括号外数据与传热系数为 4.70 的单层塑料窗相对应，括号内数据与传热系数为 4.00 的单框双玻金属窗相对应。

麦建筑围护结构改造前的保温厚度就已经比我国高很多，而其改造后厚度更将大大高于我国，这也是其传热系数要求明显低于我国的重要原因之一。相对而言，丹麦屋面的内保温较多一些。另外，从 6.3.6 节的介绍可知，丹麦的保温要求比我国的保温要求划分详细，更有针对性。这与丹麦建筑总量少，高层和超高层少有较大关系，建筑类型相对统一、低层建筑较多使得保温厚度上限较高是其制订严格的节能要求的基础。而且，丹麦建筑节能经历了较长时间的发展，相对比较成熟。

6.4.5　建筑设备系统要求

相比我国，丹麦虽仅在建筑条例的设备一章设置了有关节能的规定，但从 6.3.8 节的介绍可以明显看出，丹麦的设备节能政策是"紧抓常规系统，不放松可再生能源系统"，丹麦对常规能源做热源的锅炉供暖系统有较严格的规定，但同时对可再生能源系统及设备也有很多量化指标规定。下面对不同设备系统，中丹两国的要求进行对比，见表 6-19。

中丹两国建筑设备要求比较　　　　　　　　　　　　　　　　表 6-19

设备	中国	丹麦
供暖	热源、热力站、热网、供暖系统都有性能、做法等较详细规定	主要是对锅炉、热电联产等进行了能效要求的规定
空调	与通风章节合并，主要是管道保温要求	规定相对较少
通风	居住建筑未设置热回收要求，公共建筑设置了排风热回收装置时，要求热回收率不低于 60%	除特殊情况外，要求热回收率不低于 70%
生活热水	无规定	对其热源和供暖设备有规定
可再生能源系统	单独条文较少	有单独一节规定，并对其性能要求有定量指标
电梯	无规定	规定电梯能耗必须单独计量且待机能耗也要计量

6.4.6　建筑能效标识要求

我国从 2008 年开始实施民用建筑能效测评标识制度，规范测评标识行为。丹麦则从 1997 年就开始实施能效标识制度。表 6-20 对中丹两国建筑能效展示要求进行比较。

中丹建筑能效展示对比　　　　　　　　　　　　　　　　　表 6-20

参数	中国	丹麦
颁布时间	2008 年	1997～2006 年，第一阶段 2006～2010 年，第二阶段 2010 年至今，第三阶段
颁布机构	住建部	能源局
应用范围	(1) 新建(改建、扩建)国家机关办公建筑和大型公共建筑(单体建筑面积为 2 万 m² 以上的)； (2) 实施节能综合改造并申请财政支持的国家机关办公建筑和大型公共建筑； (3) 申请国家级或省级节能示范工程的居住建筑； (4) 申请绿色建筑评价标识的居住建筑	几乎所有类型的建筑

参数	中国	丹麦
展示内容	建筑基本信息、建筑能效理论值、建筑能效实测值	建筑基本信息、供热标识、电力标识、水标识、能耗、环境影响、建议
有效期	5 年	5 年

从表 6-20 的对比中不难发现，我国的能效标识工作相对丹麦的能效标识起步要晚很多。丹麦的能效标识经历了三个阶段，第一个阶段是 1997～2006 年的能效标识 EP，这一阶段丹麦实施自己的能效标识制度；第二个阶段是在 2006～2010 年之后的 EPC，这一阶段丹麦的能效标识开始全面规范化；第三个阶段是 2010 年之后，随着建筑条例 2010 的出台，以及 EPBD 2002 和 EPBD 2010 的发布，采用 EPBD 的能效标识已酝酿成熟。由于第三个阶段刚刚起步，下面主要对前几个阶段的能效标识工作进行介绍。

1. 第一阶段 EP

丹麦能效标识 EP 将建筑按照能效标识分为 A～G，A 级别又分成 A1 和 A2 两个，这两个级别在 2008 版的丹麦建筑条例中被定义为两个级别的低能耗建筑。具体级别的能耗要求见表 6-21。

丹麦能效标识 EP 的级别划分　　　　　　　　表 6-21

级别	住宅	非居住建筑
A1	$<35+1100/A$	$<50+1100/A$
A2	$<50+1600/A$	$<70+1600/A$
B	$<70+2200/A$	$<95+2200/A$
C	$<110+3200/A$	$<135+3200/A$
D	$<150+4200/A$	$<175+4200/A$
E	$<190+5200/A$	$<215+5200/A$
F	$<240+6500/A$	$<265+6500/A$
G	$>240+6500/A$	$>265+6500/A$

丹麦的 EP 要求能耗计算程序应与丹麦建筑条例中新建建筑的负荷计算方法一致。任何一家公司都可以基于此建立自己的认证工具，但应与 SBi 的 213 号指令规定的计算内核一致。目前，丹麦有两个比较成熟的工具，分别是 EK-Pro 和 Energy08。两个工具都采用要求的内核程序，但界面不同。图 6-9 是两个工具的不同界面。

丹麦的获得能效标识的建筑应上网（www. ois. dk）发布其相关信息，包括出具证书的工程师名称也要能看到，以方便公众查看其能耗数据和节能建议。建筑业主可以对数据进行修改。从 1997～2006 年，合计约 77 万个能效标识被出具。其中，包括每年近 1.8 万个大型建筑（1500m² 以上）和每年近 5.5 万个单栋住宅。

2. 第二阶段 EPC

从 2006 年 9 月～2010 年 11 月，第二阶段的 EPC 总计发布了 25.8 万个能效标识。也就是说，加上第一阶段的能效标识，丹麦总共已发布 100 万以上个能效标识。第二阶段的能效标识情况如图 6-10 所示。

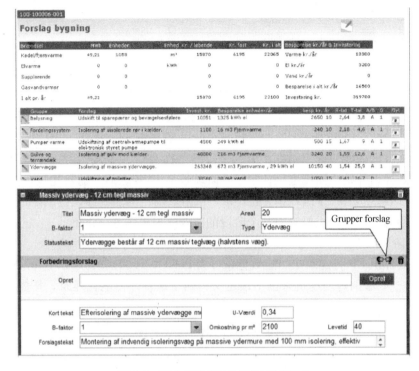

图 6-9 两个丹麦 EP 认证的不同界面

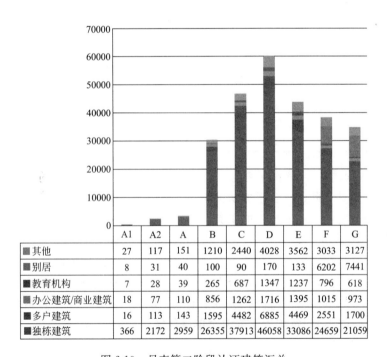

	A1	A2	A	B	C	D	E	F	G
■其他	27	117	151	1210	2440	4028	3562	3033	3127
■别居	8	31	40	100	90	170	133	6202	7441
■教育机构	7	28	39	265	687	1347	1237	796	618
■办公建筑/商业建筑	18	77	110	856	1262	1716	1395	1015	973
■多户建筑	16	113	143	1595	4482	6885	4469	2551	1700
■独栋建筑	366	2172	2959	26355	37913	46058	33086	24659	21059

图 6-10 丹麦第二阶段认证建筑汇总

从图 6-10 可以看出，丹麦认证的主要是独栋建筑，占到 74％，C、D、E、F 级建筑比例较高，均在 15％～25％。

丹麦能源局规定了最大至 299m² 的居住建筑的能效标识认证费用。不足 100m² 的建筑，为 730 欧元；100～200m² 的建筑，为 800 欧元；200～299m² 的建筑，为 875 欧元。对于大型建筑和其他类型的建筑，费用是市场化的，通常每个认证的价格是每 m² 1.3～3 欧元。能效标识机制的运行费用由各个认证专家支付。每个专家每年支付费用 135 欧元，另外每认证一个小型居住建筑额外支付 17 欧元，其他建筑 47 欧元。

6.5　小结

本章通过对丹麦建筑节能标准发展历史、标准化体系、建筑节能条例、中丹建筑节能标准比对的介绍，对丹麦建筑节能标准条例及其相关内容进行了梳理汇总，形成以下主要结论：

（1）中丹建筑节能工作起步时间不同。丹麦从 1961 年开始第一次在建筑条例中出现节能内容，而我们真正意义的建筑节能标准是从 20 世纪 80 年代开始的，相比丹麦，我国建筑节能标准工作起步较晚。

（2）建筑节能标准法规层次不同。丹麦作为欧盟成员国的一员，其建筑节能的规定是建立在欧盟统一建筑节能规定（EPBD 2002/2010）基础上，以欧盟的建筑节能统一框架为基本依据。由于体制不同，我国没有与 EPBD 2002/2010 对应的建筑节能标准条例。尽管丹麦建筑节能要求很高，但是丹麦并没有一部完整的建筑节能标准/法规，建筑节能相关要求是在其建筑条例的第 7 章中规定的。截至目前，我国已颁布 7 本专门的建筑节能标准，足见我国各级政府及工程界对建筑节能标准工作是非常重视的。

（3）建筑类型划分不同。由于中丹两国国情和历史发展背景不同，中丹两国设置建筑节能要求时对建筑类型划分也不同，我国是按照居住建筑、公共建筑来划分，而丹麦则是分为新建建筑、改造建筑及特殊建筑。

（4）围护结构传热系数要求不同，但都是日趋严格。按照供暖度日数的计算，丹麦气候与我国寒冷地区气候相当，但其对围护结构传热系数的要求明显比我国严寒地区还要严格。20 世纪 70 年代，由于石油危机，丹麦 77 版建筑条例明显比 72 版建筑条例中围护结构传热系数严格很多。我国现行建筑节能标准围护结构传热系数的要求基本相当于丹麦 77 版建筑条例的水平。

（5）丹麦保温结构具有明显优势。我国建筑围护结构内保温、外保温都有，但以外保温居多，丹麦的保温型式也是外保温居多。丹麦的保温层厚度明显高于我国，这也是其围护结构传热系数要求明显低于我国的一个重要原因。

（6）丹麦在能效标识方面的经验值得我国参考学习。丹麦从 1997 年就开始实施能效标识，经过第一个阶段 1997～2006 年的能效标识 EP 和第二个阶段 2006～2010 年之后的 EPC 的发展，丹麦的能效标识已逐步全面规范化，我国建筑能效标识工作近年来才刚刚起步，可以参考丹麦在此方面的经验教训，使我国建筑能效标识工作顺利发展。

第 7 章　德国建筑节能标准及中德比对

本章主要介绍德国建筑节能标准的发展历史、标准化管理体系、现行建筑节能标准以及中德建筑节能标准的比对。作为东欧国家的典型代表，德国的建筑节能发展较早，标准体系比较完备，标准更新较快。考虑到德国最新建筑节能条例是对建筑整体能效的要求偏多，前一版本建筑节能条例是对建筑构件的具体要求偏多(这与我国现行建筑节能标准规定方法类似)，故本章将介绍德国最新建筑节能条例的内容以方便读者了解德国最新的建筑节能要求，而将德国建筑条例的前一版本与我国现行节能规范进行比较，以期能够给读者更清晰的比对效果。

7.1　建筑节能标准发展历史

德国从 20 世纪 70 年代开始逐步重视建筑节能，相继出台了《节能法》、《建筑节能法》，在这些法律框架条件下，又颁布了一系列的建筑节能保温法规和建筑节能条例，以此规范和指导德国建筑节能工作。这方面的法律和条例的制定和管理权属联邦政府。

7.1.1　建筑节能标准的前身

1. 1973 年石油危机之前

早期德国建筑设计时多使用砖墙结构，首先注重其稳固性，兼带考虑防潮要求。佩腾科沃尔(Pettenkofer)早在 19 世纪中期就对建筑物室内卫生和空气质量(墙体透气性)提出了要求。建筑保温当时只是一个无足轻重的话题。到了二战时期，住宅建筑结构类型与 19 世纪相比几乎没有发生变化。最可靠的建筑方式仍然是传统的砖墙结构或中间砌砖的木桁架结构配木格栅调平顶。当时，窗户常常没有特殊的密封措施，大多使用单层玻璃，总有透风现象，到了冬季玻璃窗内侧常会结霜。为达到足够的舒适度，人们必须利用火炉供暖。为营造卫生的室内空气条件，必须提高换气率，从而浪费了大量热能。没有人关注霉变、热桥，更谈不上节能问题。

1934 年版的《对新建筑类型审批中的技术规定》DIN 4110(Technische Bestimmungen für die Zulassung neuer Bauweisen，以下简称 DIN 4110)仍然没有重视保温问题。该标准对新建筑提出了 20 项要求，其中首要关注的是稳固性和承载能力，只在最后一点提到了保温和隔音要求。按此规定，$1\frac{1}{2}$ 块砖厚的内外抹灰粉刷的实心砖墙，即可视为满足保温要求。

1938 年第二版 DIN 4110 以较大篇幅对新型建筑保温和隔音提出了要求。按照新标准，外墙热阻值不得小于 $0.47(m^2 \cdot K)/W$。这一首次提出的保温性能量化指标不是通过科学试验计算得出的，而是从常规砖墙结构的经验中推算出来的。

156

1952 年德国颁布了第一本《建筑保温条例》DIN 4108（Wärmeschutz im Hochbau，以下简称 DIN 4108）。第一版 DIN 4108 引入了三个保温等级Ⅰ、Ⅱ和Ⅲ，中等保温等级Ⅱ的热阻仍为最低值 0.47(m² · K)/W。较宽松的等级Ⅰ和较严格的等级Ⅲ的热阻分别为 0.39(m² · K)/W 和 0.55(m² · K)/W。无论是上述 3 个保温等级还是外墙保温的最低要求，都没有经过科学论证，通常将当时常见的墙体厚度作为保温的最低要求，并且将其规定在标准中。1952 年第一版 DIN 4108 标准颁布之后，1960 年和 1969 年又接连出版了保温条例修订版，但都只做了少量修改。1960 年版的 DIN 4108 所确定的建筑保温责任是：建筑保温应长期服务于在建筑中生活的人员，它有以下重要性：住户的身体健康；建筑物的运营成本（省煤）；建筑物的建造成本。良好的保温效果是营造健康、舒适居住环境的首要条件。将 1934 版或 1938 版 DIN 4110 对建筑保温提出的要求与 1969 版 DIN 4108 的规定相比较，两者几乎没有区别。新版标准依然参照常见墙体厚度来规定保温条例，其主要目的是保证室内环境卫生和舒适度。当时能源供应充足，价格低廉，能源问题还没有被提到议事日程上来。

2. 1973 年石油危机之后

1973 年的石油危机使人们清醒地认识到石油并不是取之不尽用之不竭的，所以有必要思考节约能源的问题。油价短时间内翻了五倍的严峻现实，使节能问题开始深入人心。

作为对石油危机的第一反应，1974 年对 1969 版 DIN 4108 提出了补充规定，把最低保温要求的保温等级Ⅰ升级到保温等级Ⅱ。同时还规定，自 1974 年起所有起居室及其附属房间必须安装 K 值小于等于 3.5W/(m² · K)的双层中空玻璃窗（复合玻璃、双层中空玻璃窗或隔热玻璃）。单层玻璃窗退出了市场，对窗的气密性也提出了新的要求。

1976 年，联邦政府颁布了《建筑节能法》（Energieeinspargesetz，以下简称 EnEG），并立即生效。《建筑节能法》较为笼统地规定了新建建筑或既有建筑改造时的保温要求，它需要通过制定配套法规具体规定建筑供暖能耗。

能源危机推动了对保温条例的全面修订和补充工作。1981 年出版的 DIN 4108 标准，规定了最低保温要求，借以减小建筑围护结构热损失及高温房间通过隔墙向低温房间的热损失。新标准废除了原先的三个保温等级，提出了 0.55(m² · K)/W（以前的保温等级）外墙热阻值Ⅲ作为最低保温要求。

《窗户、接缝气密性、不透水性和机械应力的要求和检验》DIN 18055（Fenster；Fugendurchlässigkeit，Schlagregendichtheit und mechanische Beanspruchung；Anforderungen und Prüfung）对窗户气密性提出了要求。DIN 4108 要求必须按照当时的技术水平对建筑物传热围护结构的缝隙进行永久性气密处理。1981 版 DIN 4108 在建筑节能保温方面引述了《建筑保温条例》。

经历过第二次石油危机之后，德国政府更加重视节能，节约能源和保护环境成为德国政府开发利用能源的一贯政策。

7.1.2　建筑节能标准发展历程

德国最早的《建筑节能法》（EnEG）是 1976 版，现行 EnEG 是 2009 年。第一版《建筑节能条例》（Energieeinsparverordnung，以下简称 EnEV）于 2001 年 11 月 16 日公布，2002 年 2 月 1 号起实施。其前身是《建筑保温条例》和《供暖设备条例》。最早可追溯到 1976 年的建筑物节能条例。之后 EnEV 每隔 2～3 年出一次修订版。目前最新版本为

EnEV 2009，于 2009 年 10 月 1 号起实施。下一版本 EnEV 2012 定于 2012 年公布和实施。德国建筑节能标准条例一览表如图 7-1 所示。

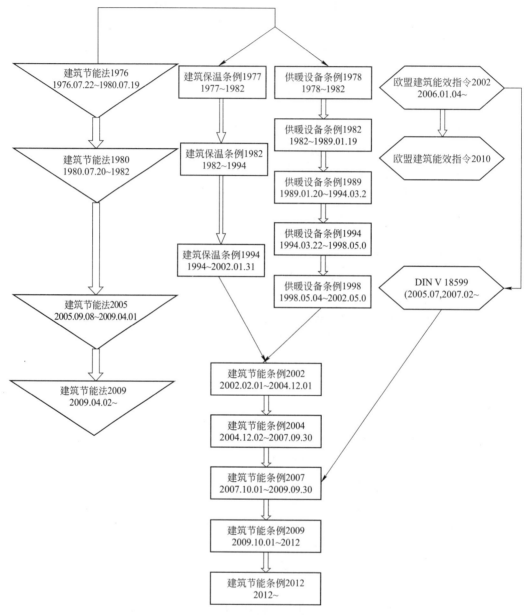

图 7-1　德国建筑节能条例一览表

7.1.2.1　建筑节能标准发展简介

1. 建筑节能法 1976

1976 年 7 月 22 日德国政府制定的第一步《建筑节能法》（EnEG）开始生效，该法规定建筑物保温、供暖及室内通风设备及工业用水设备的要求较为笼统，需要制定配套法规来具体规定建筑供暖能耗。

图 7-2 所示为《建筑节能法》（EnEG）1976 的结构，第 1 章针对新建建筑物保温；第

2 章针对新建建筑或既有建筑改造或扩建时的暖通及用水装置；第 3 章为第 2 章所述设备的运行规定。

2. 建筑保温条例 1977

依据 1976 版《建筑节能法》，1977年 8 月 11 日德国政府颁布了第一版《建筑保温条例》（WSVO），于 1977 年 11月 1 日起生效实施。该法规是一部以节能和建筑保温为目的的法规，规定了建筑传热围护结构的最大传热系数，限制了建筑的围护结构、热损失量。

该法规规定室温达标的建筑物供暖建筑外窗和玻璃门至少应安装中空玻璃或双层玻璃，其传热系数不得超过3.5W/（m² · K）；室温较低新建建筑物供暖建筑外窗和玻璃门如果安装单层玻璃，这部分建筑构件的传热系数不得低

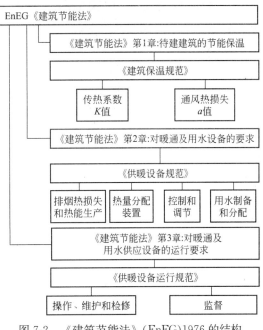

图 7-2　《建筑节能法》（EnEG)1976 的结构

于 5.2W/（m² · K），如果建筑物安装了室内空气调节装置，可以自动升高或降低空气温度或湿度，安装中空玻璃或双层玻璃；散热器安装在外窗前面时，应在散热器背面设置隔热层；建筑围护结果传热面上的其他缝隙必须依照最新的技术标准进行耐久性密封处理等。

3. 建筑保温条例 1984

1982 年 2 月 24 日，德国政府颁布了第二版《建筑保温条例》，于 1984 年 1 月 11 日起生效。该法规的目标在于通过建筑保温来节约供暖和制冷的能源消耗，保温要求更加严格，如室温达标建筑物供暖，建筑外窗和玻璃门传热系数降到了 3.1W/（m² · K），如果与室外空气、土壤或者温度明显降低的建筑区域相临界的供暖建筑部分安装了墙体供暖系统时，供暖表面与室外大气、土壤或者与温度明显较低的建筑区域之间的隔墙的传热系数不得超过 0.45W/（m² · K）。

该法规新增加了对既有建筑节能改造热传导的限定，规定自 1984 年起，安装、更换或更新既有建筑物外部结构时，必须改进保温性能。当既有建筑首次更换、更新、修缮改造所涉及的面积超过总面积的 20%时，最大传热系数和保温材料最小厚度不得超过表 7-1规定，而 20%的规则一直沿用至今。

第一次安装、更换以及更新建筑构件时对热传导的规定　　　　　　表 7-1

建筑构件	最大传热系数 W/（m² · K）	保温材料最小厚度要求
外墙	0.60	50mm
窗户	中空或双层玻璃	
未扩建屋顶房间下方的楼板，以及将房间上部或下部与室外大气隔离的楼板（包括屋顶斜坡）	0.45	80mm
地下室楼板和接触土壤的楼板，与不供暖房间相临界的墙壁和楼板	0.70	40mm

该法规还规定了如果建筑物配备了室内通风设施，并可以自动将室温冷却到设定温度，应限制窗户和玻璃门夏季的能量传导。

4. 建筑保温条例 1995

1994 年 8 月 16 日德国政府颁布了第三版《建筑保温条例》，于 1995 年 1 月起生效。该版法规不仅在于它的要求更高，而且要求的阐述方式也完全不同，主要针对新建建筑，首次提出限制年供暖热耗和能耗证明，规定如果购房者、租户或其他使用人提出要求，必须向其提供暖能耗证明，以便对方查询。

该法规要求新建建筑达到低能耗建筑标准，每 m² 居住建筑每年理论油耗(供暖能源需求)小于 10L，即 100kWh/($m^2 \cdot a$)。该法规采用了热增量和热损耗平衡法，并根据建筑体形系数 A/V_e(传热围护结构面积 A 与其包容的建筑物体积 V_e 之比)规定建筑物的年供暖热耗(按围护结构面积计算的方法)。关于限制室温达标建筑物年供暖热耗的规定见表 7-2。

不同体型系数 A/V_e 下，各供暖建筑体积或建筑使用
面积 A_N 所对应的最大供暖热耗　　　　表 7-2

A/V_e, m^{-1}	年最大供暖能耗	
	根据建筑体积，kWh/($m^2 \cdot a$)	根据使用面积，kWh/($m^2 \cdot a$)
≤0.2	17.3	54.0
0.3	19.0	59.4
0.4	20.7	64.8
0.5	22.5	70.2
0.6	24.2	75.6
0.7	25.9	81.1
0.8	27.7	86.5
0.9	29.4	91.9
1.0	31.1	97.3
≥1.05	32.0	100.0

该法规对既有建筑改造时的供暖热耗提出了更严格的限制要求。规定首次安装、更换或改造既有建筑外部构件时，不得超过表 7-3 列出的最大传热系数，在此过程中不得减少建筑构件原有的保温性能。

首次安装、更换及改造建筑构件时对热传导的限制　　　　表 7-3

建筑构件	最大传热系数 K_{max}，W/($m^2 \cdot K$)	
	室温达标建筑物	室温较低建筑物
外墙	$K_W \leq 0.50$	≤0.75
改造措施安装外保温的外墙(在墙体上做外包装如安装板材、板式的建筑构件或外衬及墙砌体装饰板；安装保温层)	$K_W \leq 0.40$	≤0.75
与室外大气接触的窗户、玻璃门以及天窗	$K_F \leq 1.8$	—
未扩建屋顶房间的底部楼板，以及将房间上部和下部与室外空气隔离的楼板(包括屋顶斜坡)	$K_D \leq 0.30$	≤0.40
地下室顶板，接触土壤的楼板，与不供暖房间相临界的墙壁和楼板	$K_G \leq 0.50$	—

该法规主要针对新建建筑，但降低二氧化碳排放的主要潜力在于既有建筑。德国境内（原属西德的联邦州）约 90％的住宅是在 1978 年前，即首部《建筑保温条例》生效前修建的，保温性能明显较差，所有房屋的平均供暖能耗居高不下，为 217kWh/(m² · a)；而新联邦州的平均能耗甚至还要高，为 282kWh/(m² · a)。因此《建筑保温条例》也对相应部分进行了扩充，最终目标是使既有建筑能源消耗量逐步向新建建筑能耗标准靠拢。

该法规仅限定了目标值而未对具体数值提出要求，设计人员在设计时拥有很高的自由度，可以决定哪些建筑构件应特别进行保温，或是否采用带有热量回收的通风设施来实现设计目的。

大多数情况下，设计人员会将该法规规定的数值视为最大值，这样在使用热回收装置时，可以轻易实现低于该数值。不同建筑朝向、玻璃种类和窗户大小的影响也明显不同。规划人员会越来越注重从能源角度考虑进行设计，并在其设计方案中体现节能意识。同时不再简单要求减小 K 值，而是根据目标值降低供暖需求量。根据建筑物规模和紧凑性的不同情况，即便在使用相同的建筑构件时，也要设定不同的供暖需求量。因此要力求在设计时使体形系数 A/V_e 越小越好。

5. 建筑节能条例 2002

2001 年 11 月 16 日德国政府颁布了第一版《建筑节能条例》（以下简称 EnEV 2002），于 2002 年 2 月 1 日起生效，原《建筑保温条例》和《供暖设备条例》停止执行。该法规在 1976 年颁布的《建筑节能法》的基础上，将保温和供暖设备运行法规合并成一个新法规。

EnEV 2002 阐述了在建筑领域降低能源消耗的基本策略，以及为降低二氧化碳排放和保护人类生存环境作出的重要贡献。该法规将设备和建筑技术作为一个整体来处理，以期推动所要求的综合能效设计工作。该法规对建筑保温、供暖、热水供应和通风等设备技术的设计和施工提出了全面和全新的要求，阐述了如何使用基本计算方法作为设计工具，开辟了建筑节能新途径。

6. 建筑节能法 2005

自 2005 年 9 月 8 日起生效的新版《建筑节能法》制定的目的是落实欧洲议会与欧洲理事会于 2002 年 12 月 16 日颁布的 2002/91/EG 号建筑物综合能效准则。

与 1976 年版《建筑节能法》相比，新版《建筑节能法》新增了关于能效标识的规定，规定以能源需求及能耗为基础编制能效标识的内容和用途，同时规定能效标识中应注明反应建筑物、建筑物部分能效的数据和特性参数，其中特别需要说明：①相关建筑物的系统或设备的类型；②颁发和更新能效标识的时间和缘由；③数据资料及固定参数的检测、记录及更新情况；④参考值数据，如适用的法律标准及对比参数；⑤附录对于经济合理地提高能效的建议；⑥将能效标识提交有关当局及特定第三方的义务；⑦公共建筑应悬挂能效标识；⑧颁发能效标识的资格和对颁发者的资质要求；⑨能效标识的格式等；⑩能效标识仅用于提供信息。

7. 建筑节能条例 2007

为落实欧洲议会和欧盟理事会于 2002 年 12 月 16 日颁布的关于建筑物综合能效的 2002/91/EG 号准则，依据 2005 年 9 月 11 日颁布的《建筑节能法》，德国政府 2006 年 11 月 6 日颁布了第二版《建筑节能条例》（以下简称 EnEV 2007）——关于建筑节能保温和设备技术的规定，于 2007 年 10 月 1 日起开始实施。

　　EnEV 2007 是充分考虑各种实际因素后制定的，如不同地区及不同气候条件下建筑的特点，不同类型的建筑对室内环境的不同需求，以及经济技术条件的差异等方面。该法规强调改善建筑整体能源利用效率和可实施性，对新建建筑、既有建筑、暖通空调等做了更加具体的规定，为实现较高可操作性，制订了新旧条例过滤时期的政策。

　　7.1.2.2　建筑节能标准发展方向

　　从石油危机之后，德国建筑节能标准不断发展，可以体现在两个方面，一是指标的要求日趋严格，二是指标的要求范围更广。第一个方面，较易理解。下面，以图 7-3 来说明德国建筑节能标准指标要求的范围发展。

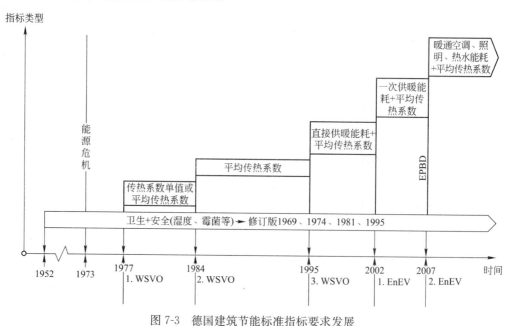

图 7-3　德国建筑节能标准指标要求发展

7.2　标准化管理体系

7.2.1　标准化体系建设

　　德国标准化体系建设历史久远，早已自称一体，其主要特点表现在以下几方面：

　　1. 协调性

　　德国的标准化体系呈现高度的协调性。尽管除德国标准化学会（德国全称为 Deutsches Institut für Normung，以下简称 DIN）外，德国还有近 140 个其他组织涉及标准的研订，但 DIN 是唯一的国家权威标准制订机构，该机构在地区或国际领域代表关于产品标准问题的德国权益。

　　2. 连续性

　　德国的标准化体系不允许存在相互矛盾的标准。只要 DIN 出台一项新的产品标准，或是引入欧洲或其他国际性产品标准，德国国内的其他相关标准一概废除。

　　3. DIN 标准的事实法律约束力

德国法律没有强制要求企业参与标准制订，也未要求企业必须采纳 DIN 制订的产品标准。但绝大多数情况下，德国的法律法规常常引用 DIN 标准。尽管 DIN 并不具备直接的法律效力，但在德国法庭上享有特殊的认同地位，这种特殊的法庭认同使得 DIN 标准享有事实上的法律约束力。

4. DIN 标准兼顾德国社会各方利益

DIN 标准必须有利于维护并促进德国的国家公共利益。德国政治、经济界人士在涉及标准化建设的讨论中一致认为，能够服务于社会公益的国家标准化体系才是"健康"的标准体系，国家标准体系应有助于促进经济增长、增强企业的国际竞争力、协助政府管理经济、保护消费者的健康与安全。DIN 在与德国联邦政府签署的法律协议中对此也做出了承诺，同时承诺遵循透明的标准制订程序；联邦政府对 DIN 的上述承诺进行法律监督并对 DIN 施以有力的财政扶持。德国标准化建设给国家带来的经济收益占国民生产总值的 1% 左右，约合 150 亿欧元。

7.2.2　建筑节能标准法规层次

德国现行的建筑节能相关法规有四个不同的层次：

（1）欧盟建筑能效指令—EPBD。按成员国的授权，欧盟于 2002 年 12 月 16 日通过了这个法律文件，并于 2010 年 5 月进行了更新（文件详细内容详见第 5 章介绍）。

（2）建筑节能法，是建筑节能的总体法源。最新的版本是 2009 版。联邦政府以此制订实施条例。

（3）在 2003 年以前，根据建筑节能法制订了若干条例，《建筑保温条例》和《供暖设备条例》是其中的两个主要条例。2003 年这两个条例合并为新的《建筑节能条例》（EnEV），具体规定不同类型的建筑和设备的设计标准。后来 EnEV 经过局部修改，是因为欧盟的相关法律的调整而做的法律关系的重新定义，对建筑保温和设备节能本身的要求并没有明显的改动。EnEV 是设计和建造者的直接执行依据。EnEV 可以分为 4 个方面的内容：法源、建筑类型定义和技能要求、欧盟建筑节能认证指南的实施方法、各参数和计算方法（附录和相关的 DIN 标准）。

（4）建筑保温和建筑设备的测试和计算方法等依据相关的德国工业标准 DIN。德国工业标准是全球最权威的工业标准之一。随着欧盟的统一进程和工业标准的发展，很多 DIN 标准和欧盟标准（EN）及国际标准组织（ISO）的标准取得了统一，这些标准采用了 DIN、EN 和 ISO 的统一编码，如 DIN EN ISO 13789。

7.2.3　编制、实施、管理机构及制定流程

德国最常用的两个建筑节能标准层次是《建筑节能条例》和 DIN 标准，下面分别针对这两个层次，对其相关程序进行介绍。

1. 《建筑节能条例》相关制定程序

德国一项新的条例的制定，是一套复杂、严谨的体系，并且在严格的流程下进行。通常为有关部门提交草案，然后由州政府举行听证，对草案进行研究审议，然后参议会提议，参议会听证，最后如果会议通过，确定下具体的实施日期。表 7-4 为 2005 年 10 月德国有关部门设定的 EnEV 2007 法规制定通过时间表。

EnEV 2007 法规制定通过时间表(2005 | 2006)　　　　　　表 7-4

节能条例修改						2005.09.01					
草案											
专业协会及各州的听证											
内阁提案及决议											
议会通过											
法规生效											
	12 月	1 月	2 月	3 月	4 月	5 月	6 月	7 月	8 月	9 月	10 月	11 月

2005 | 2006

2. DIN 标准管理机构及相关制定程序介绍

德国对技术标准采用公认标准化机构集中管理,即法律授权本国的标准化社会团体 DIN 负责制定。DIN 前身是 1917 年创建的"德国标准委员会"(Deutscher Normenausschuss,简称 DNA)。DIN 是一个非政府组织,下辖 78 个标准委员会,管理着 28000 多项产品标准并负责德国与地区及国际标准化组织间的协调事务。1975 年,联邦政府和 DIN 签署协议,承认 DIN 是德国标准化主管机构,其对技术标准实行全过程管理,拥有标准最终审定权,并代表德国参加国际标准化活动。DIN 下设的标准实施委员会(ANP)负责对德国 DIN 标准的实施情况进行收集和反馈,从而促进 DIN 标准的制修订工作和实施。标准实施委员会共有 15 个地方分会,800 多个会员。除每两年举行一次全体会员大会外,平时的活动由地方分会领导。各地方分会通常每年举行 5 次研讨会,其主要的内容是交流和汇总标准在实施中所取得的效益和存在的问题以及对现行标准的评论意见,并由 ANP 秘书收集后转达给有关标委会,以供制修订标准时考虑。

(1) DIN 的会员组成

DIN 采用会员制作为基本组织形式。会员资格并不是参与技术标准制订的前提,但会员制的结构使得股东,不论是来自政府部门还是私人都可以参与德国的标准化建设。目前,DIN 有 1682 个会员,绝大多数会员来自于企业界,主要是大型及中型企业。2/3 的会员企业雇员数超过 100 人,1/3 会员企业人数超过 500 人。会员中还包括 23 所大学,7 个协会和 2 个联邦部门。

雇员数在 100~500 名的企业是 DIN 会员的最大组成部分。DIN 的执行董事会成员及下辖各技术委员会工作人员大多是大型企业的代表。这在一方面造成了德国的标准制订并没有完全代表德国中小企业,包括消费者的利益。

(2) DIN 的管理机制

DIN 管理体制由会员大会、主席、主任及标准委员会组成;每个标准委员会下设有为数不等的工作组。

会员大会是 DIN 最高层也是最重要的管理机构,但在实际工作中,该大会的管理作用并不明显。会员大会两年一届,届时选出 DIN 的执行董事会,负责管理 DIN 的日常事务。执行董事会选举产生董事会主席,各业务领域主任,并决定设立或取消某一标准委员会。执行董事会的另一重要权力是可以投票决定修改 DIN 的成立章程。

产品标准的实际制订者是 DIN 下辖的标准委员会及该标准委员会下设的工作组。但这并不意味着 DIN 的权力中心——执行董事会对某一具体标准的开发制订没有任何影响力。DIN 为这些标准委员会制定工作程序框架，但具体标准的制定就由企业选派的代表在标准委员会中完成。

（3）DIN 的资金来源

对于其核心业务——标准制订工作，DIN 在 2003 年时雇员为 398 名。DIN 还建设了标准研发的基础组织，并向其参加的地区及国际标准化组织支付会费。DIN 的资金主要来自三方面：一是 DIN 子公司的商业运作收入；二是会员的会费及捐款；三是联邦政府拨款。2000 年，DIN 的标准化建设预算为 8700 万欧元，2002 年减至 6600 万欧元，2003 年减至 6500 万欧元。2002 年，13％的预算源于联邦政府拨款，联邦政府拨款的前提是款项必须与特定项目挂钩，也是常说的"专款专用"。此外，联邦政府还补贴 DIN 必须缴纳给欧洲及国际标准组织的会费，并补助由 DIN 执行的对于第三国的扶持项目，借此来鼓励 DIN 参与地区及国际标准化建设，维护德国的外部权益。目前，DIN 资金的最大来源是其子公司的商业运作，如出版社，软件公司等；还包括 DIN 在其他公司的控股。2003 年，DIN 的子公司数量达 267 个，该年度 DIN 从这些子公司的收入高达 5200 万欧元。

其他资金来源于会费及会员的捐助，会费的收取根据会员企业的雇员人数。

（4）DIN 的制定程序原则

DIN 实际的标准制订工作是由其下属的 76 个标准委员会（2003 年）及其所属的 3700 个工作组来完成。1994 年来，DIN 所颁布的标准数量逐年急剧上升，主要原因是落实欧盟统一的产品标准及国际标准组织和国际工程委员会（ISO/IEC）的相关标准。同时，由 DIN 颁布的仅适用于德国国内的标准数量大幅下降。2002 年，DIN 颁布的标准只有 20％是国内标准，其他 80％都是落实欧盟或国际标准。

超过 25000 名专家，大多是来自会员企业的工程技术人员定期参与 DIN 下设标准委员会或其下设的工作组的标准研发制订工作。DIN 的工作人员负责管理标准委员会并协调标准制订程序。DIN 的财务委员会负责安排对于标准委员会的资金划拨。一般情况下，一个标准委员会的资金来源除了 DIN 财务委员会的划款外，还包括 DIN 预算中的资金，以及会员的自愿捐款。标准制订程序遵循国际通行的"合意制"（consensus）。在几乎每一个标准开发阶段都有一些公开的要求，以便让所有股东及公众了解新的标准项目并提出自己的修改意见。一般来说，DIN 开发一项新的标准需要耗时三年的时间。每隔五年，DIN 都要对其制订的标准进行一次审订，根据技术发展情况，对标准做出修改。

（5）与欧盟标准化组织与国际性标准组织的关系

DIN 于 1951 年参加国际标准化组织（ISO）。由 DIN 和德国电气工程师协会（VDE）联合组成的德国电工委员会（DKE）代表德国参加国际电工委员会（IEC）。针对上述两个权威性国际标准制订组织中的每一个技术委员会，DIN 下都设有一个"镜像委员会"，负责收集国内该领域的来自企业及社会的意见建议，并总结成为德国在国际标准机构中的国家意见。德国对于国际标准组织的热情从几个数据可见一斑。ISO 下设 187 个技术委员会中有 29 个是由 DIN 负责，ISO 的 532 个技术分委员会有 90 个是 DIN 负责。2002 年 DIN 公布的标准中有 27％与 ISO 或 IEC 标准完全相同。DIN 目前的执行董事会主席是 ISO 的副主席。DIN 对于 ISO 和 IEC 的深入参与使得德国企业对于国际标准领域的最新动态有着准确地把握。

DIN 还通过欧洲标准化组织对世界标准化组织间接施以影响。虽然 CEN 与 CEN-ELEC 并不是 ISO 或 IEC 的投票成员，但 CEN 与 CENELEC 的出现在地区内对 ISO 和 IEC 在国际上的权威性提出了巨大挑战。1991 年"维也纳协议"的签署为双方解决这一问题铺垫了基础。协议规定了双方最基本的两种合作方式，一是 ISO 一般应首先启动一项标准研发项目，CEN 只是视情况采纳该项标准。再者，如果欧盟通过欧盟指令形式指出有必要创建欧盟的技术标准，ISO 应视情况采纳该项标准。

"维也纳协议"受到来自美国及日本等国的强烈批评，认为欧盟将借此左右国际标准的制订。但现实中，由欧盟倡议的国际标准占 ISO 标准的比例很小。如 2002 年，ISO 共颁布 5000 项产品标准，其中仅有 300 项是首先由欧盟倡议的。

7.3　建筑节能标准介绍

《建筑节能条例》（EnEV）于 2002 年发布，分别于 2005 年、2007 年、2009 年进行了修订。2002 条例具体明确了保温隔热指标和供暖设备指标；2004 条例进一步明确了节能的保温隔热指标和节能的设备技术指标；2007 条例的目标是供暖和热水系统的能耗降低 30%。现行版本是 2009 版，以下对其主要内容进行介绍。

7.3.1　新建建筑

7.3.1.1　居住建筑的节能要求

（1）新建的一般居住建筑的一次能耗包括供暖、热水、通风和制冷的能耗（其中，制冷是此次版本最新添加的），每年一次能耗的限值是依据预期同形状、建筑面积和布局的新建居住建筑作为参考建筑依据给定的流程计算得到的。没有集中热水存储而以电制取生活热水的新建居住建筑可不参考表 7-5 中 6 标号的规定，其可根据 DIN V 4701-10：2003-08，由 A1：2006-12 进行修订。如果存在上面的情况，最终一次能耗限值可减少 10.9kWh/(m² · a)，这不包括根据《德国可再生能源供暖法》（German Renewable Energies Heat Act）section 7 No. 2，No. Ⅵ.1 采取节能措施的情况。

参 考 建 筑 构 建　　　　　　　　　　　　　　　　　　表 7-5

序号	构件/系统	参考设计/数值	
		参数(1.1-3)	
1.1	外墙、裸露于室外空气的顶棚	传热系数	$U=0.28\text{W}/(\text{m}^2 \cdot \text{K})$
1.2	接地外墙、基础底板、非加热区墙和顶棚(除 1.1 外)	传热系数	$U=0.35\text{W}/(\text{m}^2 \cdot \text{K})$
1.3	屋顶、顶楼顶棚、长玻璃顶围墙	传热系数	$U=0.20\text{W}/(\text{m}^2 \cdot \text{K})$
1.4	窗、玻璃门	传热系数	$U_\text{W}=1.30\text{W}/(\text{m}^2 \cdot \text{K})$
		玻璃的总透射率	$g^\perp=0.60$
1.5	天窗	传热系数	$U_\text{W}=1.40\text{W}/(\text{m}^2 \cdot \text{K})$
		玻璃的总透射率	$g^\perp=0.60$

续表

序号	构件/系统	参考设计/数值	
		参数(1.1-3)	
1.6	天棚灯	传热系数	$U_W=1.40W/(m^2 \cdot K)$
		玻璃的总透射率	$g^\perp=0.64$
1.7	外门	传热系数	$U=1.80W/(m^2 \cdot K)$
2	1.1-1.7 的组件	热桥容限	$\triangle U_{WB}=0.05/(m^2 \cdot K)$
3	建筑外墙板	与 η_{50} 有关的值	根据以下标准计算： • DIN V 4108-6：2003-06 • DIN V 18599-2：2007-02
4	遮阳装置	无遮阳装置	
5	供暖系统	• 通过(改进的)冷凝式锅炉产热，民用燃料油 设置： (1) 2 层以内的具有隔热包层的建筑； (2) 超过 2 层不具备隔热包层的建筑 • 设计温度 55/45℃，集中分配系统包括热传递表面、内部管线和分配管线，泵布置(可控、定压)，管网水力分布，热保温按照附录 5 选择 • 自由静态传热表面，与一般外墙对齐，温控阀比例在 1K 范围内	
6	热水制备系统	• 集中热水制备 • 根据第 5 条热制备与供暖系统相通 • 太阳能热装置(太阳能平板集热器的混合多用系统)符合 DIN V 4701-10：2003-08 或 DIN V 18599-5：2007-02 的规定 • 存储罐间接加热(常设)，与产热装置的设置相同，布置按照 DIN V 4701-10：2003-08 或 DIN V 18599-2：2007-02，当下列情况发生时： (1) 建筑使用面积小于 500m²，小型太阳能板(二元燃料太阳能存储)； (2) 建筑使用面积大于等于 500m²，大型太阳能板 • 分配系统有热传递表面、内部关系、常规安装墙、管道保温按照附录 5 选取，如有循环需要，泵可以设置(可控，定压)	
7	制冷	无制冷	
8	通风	集中排风系统，以负荷为主要控制依据的直流风机	

（2）新建居住建筑设计时应使与表面传热系数有关的最大传热损失不超过表 7-6 的规定值。

与传热表面相关的热损失传热限值　　　　表 7-6

序号	建筑类型		最大传热损失值
1	独立居住建筑	$A_N \leqslant 350m^2$	$H_T'=0.40W/(m^2 \cdot K)$
		$A_N > 350m^2$	$H_T'=0.50W/(m^2 \cdot K)$
2	半独立居住建筑		$H_T'=0.45W/(m^2 \cdot K)$
3	其他居住建筑		$H_T'=0.65W/(m^2 \cdot K)$
4	根据第 9 章第 5 款解释或延伸的居住建筑		$H_T'=0.65W/(m^2 \cdot K)$

传热面积 A 根据 DIN EN ISO 13789：1990-10 附录 B 的外形尺寸示例计算。传热面积是由一个封闭加热区域的外边界确定的。另外，计算传热面积时单区域模型是根据 DIN V 18599-1：2007-02 或 DIN EN 832：2003-06 描述的方法确定的。建筑的热体积 V_e 是根据传热面积 A 限定的封闭空间的体积。

居住建筑的根据下式计算：

$$A_N = 0.32 \mathrm{m}^{-1} \cdot V_e$$

式中　A_N——建筑地板面积（m^2）；

V_e——建筑热体积（m^3）。

如果居住建筑楼层平均高度 h_G（地面到上一层地面距离）超过 3m 或少于 2.5m，上面的公式将不再适用，建筑地板面积 A_N 应如下计算：

$$A_N = \left(\frac{1}{h_G} - 0.04 \mathrm{m}^{-1} \right) \cdot V_e$$

式中　A_N——建筑地板面积（m^2）；

h_G——层高（m）；

V_e——建筑热体积（m^3）。

（3）新建居住建筑和参考建筑的年一次能源需求根据以下方法计算。

① 计算年一次能源需求

方法一：居住建筑年一次能源需求 Q_p 根据 DIN V 18599：2007-02 计算。其中，非可再生能源比例根据 DIN V 18599-1：2007-02 确定。对于液体生物质来说，这个值采用非可再生能源"民用燃料油 EL"比率值，对于气态生物质来说，采用非可再生能源"天然气 H"的比率值。对于《可再生能源供暖法》中第 2 章第 1 款第 4 点中提到的气态或液态燃料，如果其是从直接与建筑相连的空间产生的，可认为非可再生能源比率值为 0.5。对于电能，非可再生能源比率值为 2.6。新建建筑及其参考建筑的计算年一次能源需求时的一般限制见表 7-7。

计算年一次能源需求的一般限制

表 7-7

序号	参数	一般限制
1	阴影系数 F_S	$F_S = 0.9$（当提供的结构参数不够齐全时）
2	通过非透明结构的太阳辐射热	外表面辐射热的放射系数 $\varepsilon = 0.8$ 不透明表面的辐射吸收系数 $\alpha = 0.5$； 如果是黑顶，$\alpha = 0.8$

方法二：居住建筑年一次能源需求也可由 DIN EN 832：2003-06 结合 DIN V 4108-6：2003-06 和 DIN V 4701-10：2003-08 确定。非可再生能源的比例可根据 DIN V 4701-10：2003-08 确定。计算中用到的年供暖负荷根据 DIN EN 832：2003-06 与 DIN V 4108：2003-06 附录 D.3 月平衡计算得到。如涉及考虑通风的热回收，计算方法参考 DIN V 4701-10：2003-08 的 4.1 节。

如果结构或设备组件用于居住建筑，但评估他们能源需求的方法还没有被公认，则根据第 9 章第 2 款第二句的第三分句测试实验值，采用能源特性与其相近的组件特性值。

② 考虑热水制备

居住建筑中，如采用方法一计算有效热水负荷应根据 DIN V 18599-10：2007-02 的表 3；如采用方法二计算有效热水负荷应根据 DIN V 4701-10：2003-08 ［修订版为 A1：2006-12，设置值为 12.5kWh/(m² · a)］。

③ 计算传热损失

传热损失计算公式如下：

$$H'_T = \frac{H_T}{A}$$

式中　H_T——传热系数 W/(m² · K)；

$\quad\quad H'_T$——传热损失(W/K)，根据 DIN EN 832：2003-06 计算，一般规定详见 DIN V 4108-6：2003-06 附录 D。简化方法根据 DIN V 4108-6：2003-06 与 DIN EN 832：2003-06 计算；

$\quad\quad A$——传热面积(m²)。

④ 热空气体积

计算年一次能源需求中热空气体积 V，采用方法一根据 DIN V 18599-1：2007-02 计算；采用方法二可根据 DIN EN 832：2003-06 计算；也可采用以下简化方法计算：

当居住建筑不超过三层时，$V = 0.76 · V_e$；

其他情况，$V = 0.80 · V_e$。

⑤ 确定在建建筑或对比建筑的太阳辐射热得热

如果按照原计划，新建建筑只是在位置上有了不同，则太阳得热的计算主要根据窗户朝向估计。

⑥ 相连结构

在计算相连结构时，建筑隔墙：

A. 如相连建筑室内温度都不低于 19℃，可认为其之间不存在导热；

B. 如相连建筑室内温度介于 12～19℃，计算传热系数时用的温差修正系数可根据 DIN V 18599：2007-02 或根据 DIN V 4108-6：2003-06 确定；

C. 如相连建筑明显较低，根据 DIN 4108-2：2003-07 可确定计算传热系数时用的温差修正系数 $F_u = 0.5$。

如建筑供暖部分单独计算，A. 的情况适用于建筑各部分的隔墙。如果相连建筑同时建造，可认为他们为同一建筑。

⑦ 机械运行通风系统的折扣

热回收系统或机械控制减小换热率的折扣系数仅在机械通风系统以下情况下允许：

A. 不渗透性满足本条例附录 4 第 2 款相关要求；

B. 通风换气满足本条例第 6 章第 2 款要求。

折扣系数根据公认的技术条例或采用的一般建筑中监督批准的产品确定。通风系统应配置设备允许使用者设置不同单元的空气流速。应保证排气中回收的热量用在加热系统产生热量之前。

⑧ 供冷能量消耗

如果室外空气需要供冷，年一次能能源需求根据 DINV V 18599-1：2007-02 或 DIN V 4701-10：2003-08 计算，能效标识中输送能耗的信息可根据本条例第 18 章计算。每 m² 建筑供冷面积，能源需求增加如下：

A. 当永久安装能效等级为 A、B、C(根据欧盟指令 2002/31/EC)房间空调器时，且利用可逆热泵进行家庭通风系统供冷时，年一次能源需求增加 16.23kWh/(m² · a)，输送能源需求增加 6kWh/(m² · a)；

B. 当房间与冷水循环相连的供冷表面和电制冷(如可逆热泵)时，年一次能源需求增加 10.8kWh/(m² · a)，输送能源需求增加 4kWh/(m² · a)；

C. 当周围覆盖了可再生散热器(如土壤集热器、地下蓄水池等)时，年一次能源需求增加 2.7kWh/(m² · a)，输送能源需求增加 1kWh/(m² · a)；

D. 其他情况，年一次能源需求增加 18.9kWh/(m² · a)，输送能源需求增加 7kWh/(m² · a)。

(4) 新建居住建筑设计应满足以下夏季隔热要求：

最大允许太阳辐射得热见 DIN 4108-2：2003-07 第 8 部分。

太阳辐射得热值根据 DIN 4108-2：2003-07 第 8 部分给出的过程计算。如果采用模拟计算，则根据比较 DIN 4108-2：2003-07 第 8 部分给出的过程计算结果与模拟结果哪个更能在建筑当前布局下反映出当前的气候和天气状况的结果进行选择。

7.3.1.2　非居住建筑的节能要求

(1) 新建的一般非居住建筑的一次能耗包括供暖、热水、通风、制冷和照明的能耗，每年一次能耗的限值是依据预期同形状、建筑面积和布局的新建居住建筑作为参考建筑依据给定的流程计算得到的(见表 7-8)。热水系统的局部设计仅在热水负荷不大于 200Wh/(m² · d)时考虑。

参 考 建 筑 构 建　　　　　表 7-8

序号	构件/系统	参数(1.1-1.13)	参数设计/数值	
			目标房间温度 ≥19℃	目标房间温度 在 12~19℃
1.1	外墙、裸露于室外空气的顶棚	传热系数	$U=0.28W/(m^2 · K)$	$U=0.35W/(m^2 · K)$
1.2	幕墙(参见 1.14)	传热系数	$U=1.40W/(m^2 · K)$	$U=1.90W/(m^2 · K)$
		玻璃的总透射率	$g^⊥=0.48$	$g^⊥=0.60$
		玻璃的透光率	$τ_{D65}=0.72$	$τ_{D65}=0.78$
1.3	接地外墙、基础底板、非加热区墙和顶棚(除 1.4 外)	传热系数	$U=0.35W/(m^2 · K)$	$U=0.35W/(m^2 · K)$
1.4	(除 1.5 外)屋顶、顶楼顶棚、长玻璃顶围墙	传热系数	$U=0.20W/(m^2 · K)$	$U=0.35W/(m^2 · K)$
1.5	玻璃门	传热系数	$U_W=2.70W/(m^2 · K)$	$U_W=2.70W/(m^2 · K)$
		玻璃的总透射率	$g^⊥=0.60$	$g^⊥=0.60$
		玻璃的透光率	$τ_{D65}=0.76$	$τ_{D65}=0.76$
1.6	照明带	传热系数	$U_W=2.40W/(m^2 · K)$	$U_W=2.40W/(m^2 · K)$
		玻璃的总透射率	$g^⊥=0.55$	$g^⊥=0.55$
		玻璃的透光率	$τ_{D65}=0.48$	$τ_{D65}=0.48$

续表

序号	构件/系统	参数(1.1-1.13)	参数设计/数值	
			目标房间温度 ≥19℃	目标房间温度 在12~19℃
1.7	天棚灯	传热系数	$U_W=2.70$W/(m²·K)	$U_W=2.70$W/(m²·K)
		玻璃的总透射率	$g^\perp=0.64$	$g^\perp=0.64$
		玻璃的透光率	$\tau_{D65}=0.59$	$\tau_{D65}=0.59$
1.8	窗、落地窗(参见1.14)	传热系数	$U_W=1.30$W/(m²·K)	$U_W=1.90$W/(m²·K)
		玻璃的总透射率	$g^\perp=0.60$	$g^\perp=0.60$
		玻璃的透光率	$\tau_{D65}=0.78$	$\tau_{D65}=0.78$
1.9	天棚灯(参见1.14)	传热系数	$U_W=1.40$ W/(m²·K)	$U_W=1.90$ W/(m²·K)
		玻璃的总透射率	$g^\perp=0.60$	$g^\perp=0.60$
		玻璃的透光率	$\tau_{D65}=0.78$	$\tau_{D65}=0.78$
1.10	外门	传热系数	$U=1.80$W/(m²·K)	$U=2.90$W/(m²·K)
1.11	1.1、1.3~1.10 的组件	热桥容限	$\triangle U_{WB}=0.05$/(m²·K)	$\triangle U_{WB}=0.1$/(m²·K)
1.12	建筑密闭性	额定值 η_{50}	种类Ⅰ(根据 DIN V 18599-2：2007-02 的表4)	种类Ⅰ(根据 DIN V 18599-2：2007-02 的表4)
1.13	来自太阳或遮光板的日光	日光供应系数 $C_{TL,Vers,SA}$(根据 DIN V 18599-4：2007-02)	无太阳或遮光板取值：0.70；遮光板取值：0.15	
1.14	遮阳装置	对于参考建筑，拟建建筑的实际遮阳装置是估算的；由夏季隔热要求决定。 如采用遮阳玻璃，该玻璃可参考以下值： (1) 取代序号 1.2 中的值 —玻璃的总透射率 $g^\perp$，$g^\perp=0.35$ —玻璃的透光率 τ_{D65}，$\tau_{D65}=0.58$ (2) 取代序号 1.8 和 1.9 中的值 —玻璃的总透射率 $g^\perp$，$g^\perp=0.35$ —玻璃的透光率 τ_{D65}，$\tau_{D65}=0.62$		
2.1	照明类型	—采用 6 和 7 情况(参见 DIN V 18599-10：2007-02 的表4)的区域：与设计建筑相同 —其他情况：直接/间接 每个电子镇流器及杆状荧光灯		
2.2	照明条例	现场控制： —采用 4、15~19、21 和 31 情况(参见 DIN V 18599-10：2007-02 的表4)的区域，需有探测器； —其他情况，人工即可 日光独立控制，人工即可 持续光控： —采用 1~3、8~10、28、29 和 31 情况(参见 DIN V 18599-10：2007-02 的表4)的区域，需要； —其他情况，不需要		

续表

序号	构件/系统	参数(1.1-1.13)	参数设计/数值	
			目标房间温度 ≥19℃	目标房间温度 在 12～19℃
3.1	供暖(层高≤4m) —产热设备	根据 DIN V 18599-5：2007-02 改良的冷凝锅炉，燃烧器，民用燃料油 EL，置于外面的热封，水分含量>0.15l/kW		
3.2	供暖(层高≤4m) —热输配	—稳态供暖和对流供暖(后有空调系统)： 双管网络，外管网用于非供暖区，内部上行管，内部连接管，系统温度 55/45℃，水力分布，定压差，需要时设置泵，泵间歇运行，无溢出阀，参考建筑管长取标准管长的 70%，标准管外温度根据 DIN V 18599-5：2007-02 选择 —集中空调系统： 双管系统，系统温度 70/55℃，水力分布，定压差，需要时设置泵，作为参考的管长和管线位置根据拟建建筑估算		
3.3	供暖(层高≤4m) —传热	—稳态供暖： 外墙玻璃区有辐射遮阳的自由供暖表面，比例控制器(1K)，无备用热源 —对流供暖(暖通空调系统过热时)： 控制室内变温，高质量控制		
3.4	供暖(层高>4m)	供暖系统： 暖空气供暖采用常规诱导比，面空气出口，比例控制器(1K)(DIN V 18599-2：2007-02)		
4.1	热水 —集中系统	产热装置： 根据 DIN V 18599-8：2007-02 中的 6.4.1 的太阳能装置，且 —表面集热器：$A_C=0.09(1.5_{\text{ANET FLOOR AREA}})^{0.8}$； —太阳能储热罐的容积：$V_{s,sol}=2(1.5\times A_{NFA})^{0.9}$。 —如果 $A_{NFA}>500\text{m}^2$，(A_{NFA}：由集中系统供应的净地板面积)大型太阳能装置其余负荷通过供暖系统的产热装置获取 储热罐：间接储热装置(独立的)，安装外部热覆盖层 热输配：循环，定压差，需要时设置泵，作为参考的管长和管线位置根据拟建建筑估算		
4.2	热水 —局部系统	电热水器，一个小型供应站，6m 管线		
5.1	通风和空气调节 —排气系统	特定能量输入风机，$P_{SFP}=1.0\text{kW}/(\text{m}^3/\text{s})$		
5.2	通风和空气调节 —输配和排气系统 (无过热或制冷功能)	特定能量输入 —新风风机，$P_{SFP}=1.5\text{kW}/(\text{m}^3/\text{s})$ —排气机，$P_{SFP}=1.0\text{kW}/(\text{m}^3/\text{s})$ 当出现 HEPA 过滤器，空气过滤器或 H2\1 级别的热回收时，根据 DIN EN 13779：2007-04(6.5.2)允许偏差 —热回收通过板式换热器(逆流) 热回收率，$\eta_t=0.6$ 压比，$f_P=0.4$ 空气管道：建筑内		

续表

序号	构件/系统	参数(1.1-1.13)	参数设计/数值	
			目标房间温度 ≥19℃	目标房间温度 在 12~19℃
5.3	通风和空气调节 —输配和排气系统 （有可控空调器）	特定能量输入 —新风风机，$P_{SFP}=1.5\text{kW}/(\text{m}^3/\text{s})$ —排风机，$P_{SFP}=1.0\text{kW}/(\text{m}^3/\text{s})$ 当出现 HEPA 过滤器，空气过滤器或 H2\1 级别的热回收时，根据 DIN EN 13779：2007-04(6.5.2)允许偏差 —热回收通过板式换热器(逆流) 　热回收率，$\eta_t=0.6$ 　新风温度，18℃ 　压比，$f_P=0.4$ 　空气管道：建筑内		
5.4	通风和空气调节 —空气加湿	作为参考情况，空气加湿装置根据拟建建筑估算		
5.5	通风和空气调节 —通风-仅有空调系统	设计为变风量系统 压比，$f_P=0.4$ 空气管道：建筑内		
6	房间供冷	—供冷系统： 冷冻水风机盘管，女儿墙； 冷冻水温度，14/18℃ 冷冻水循环系统房间供冷： 溢流，10%； 特定电配，$P_{d,spec}=30\text{W}_{el}/\text{kW}_{cold}$ 水力分布： 控制泵，泵水力分离， 季节性、夜间和周末关闭		
7	供冷	产生装置： 活塞或涡旋多级压缩机，R134a，空冷 冷冻水温度： —超过 5000m^2 净建筑面积的由房间供冷，14/18℃ —其他情况，6/12℃ 冷冻水循环系统发生器(包括空调系统供暖)： 溢流，30% 特定电配，$P_{d,spec}=20\text{Wel}/\text{kWcold}$ 水力分布： 控制泵，泵水力分离，季节性、夜间和周末关闭，输配系统位于控制区外 对于 DIN V 18599-5：2007-02 表 4 中 1~3，8，10，16~20，31 情况下的功能，仅允许一次能源需求的 50%用于供冷系统和通风及空调系统供冷功能		

新建非居住建筑的热传递表面(除外门)的传热系数不应超过表 7-9 给出的值。

新建非居住建筑传热表面的最大传热系数　　　　　　表 7-9

序号	结构	传热系数最大限值(与相关组件的平均值有关)	
		室温拟≥19℃的区域	室温拟在 12~19℃的区域
1	不包含在 3、4 中的非透明外结构	$\overline{U}=0.35\text{W}/(\text{m}^2\cdot\text{K})$	$\overline{U}=0.50\text{W}/(\text{m}^2\cdot\text{K})$
2	不包含在 3、4 中的透明外结构	$\overline{U}=1.90\text{W}/(\text{m}^2\cdot\text{K})$	$\overline{U}=2.80\text{W}/(\text{m}^2\cdot\text{K})$
3	幕墙	$\overline{U}=1.90\text{W}/(\text{m}^2\cdot\text{K})$	$\overline{U}=3.00\text{W}/(\text{m}^2\cdot\text{K})$
4	玻璃顶、照明带、天棚灯	$\overline{U}=3.10\text{W}/(\text{m}^2\cdot\text{K})$	$\overline{U}=3.10\text{W}/(\text{m}^2\cdot\text{K})$

（2）新建非居住建筑和参考建筑的年一次能源需求根据以下方法计算。

① 计算年一次能源需求

非居住建筑的年一次能源需求根据 DIN V 18599-1：2007-02 计算。非可再生能源比例根据 DIN V 18599-1：2007-02 确定（示例同居住建筑）。计算用的气象数据从 DIN V 18599-10：2007-02 中查表 4～8。一次能源需求比例根据以下确定：

A. 用于供暖系统或通风及空调系统中的供暖功能的年一次能源负荷应保证其供暖房间的温度至少达到 12℃，且平均供暖时间为每年至少 4 个月。

B. 用于供冷系统或通风及空调系统中的供冷功能的年一次能源负荷应保证其为建筑或建筑区供冷时间每年超过 2 个月且每天超过 2 小时。

C. 用于供蒸汽的年一次能源负荷应保证合格蒸汽供应平均每年超过 2 个月且每天超过 2 小时。

D. 用于供热水的年一次能源负荷应保证每天平均有效供热水负荷至少达到每人(/员工)每天 0.2kWh。

E. 用于照明的年一次能源负荷应保证平均照度至少为 75lx，且每年平均照明时间超过 2 个月，每天超过 2 小时。

F. 用于备用的年一次能源负荷可用于供暖系统或通风及空调系统中的供暖功能、供冷系统或通风及空调系统中的供冷功能、供蒸汽、供暖水及通风，如用于通风应保证年平均使用期的供应超过 2 个月且每天超过 2 小时。

根据 DIN V 18599-10：2007-02 中表 4 的要求，在用途 6 和 7 的区域，实际照度水平可以达到，但对于用途 6 的区域不超过 1500lx，对于用途 7 的区域不超过 1000lx。在参考建筑中，年一次能源照明负荷按照 DIN V 18599-4：2007-02 给出的计算过程计算。

根据 DIN V 18599-2：2007-02 要求，对于接触室外的不透明结构，建筑单位面积质量的传热系数根据 DIN V 18599-02：2007-02 计算。

如果结构或设备组件用于非居住建筑，但评估他们能源需求的方法还没有被公认，则根据第 9 章第 2 款第二句的第三分句测试实验值，采用能源特性与其相近的组件特性值。

表 7-10 中的要求同样应用于计算非居住建筑及其参考建筑的年一次能源需求。

计算年一次能源需求的一般规定　　　　　　　　　　表 7-10

序号	参数	一般规定
1	阴影因子 F_S	$F_S=0.9$（如具体条件没有给定）
2	结构指数 I_V	$I_V=0.9$（也可根据 DIN V 18599-4：2007-02 具体确定）
3	供暖间隔	一层高超过 4m 建筑的供暖系统 暂停模式的运行时间根据 DIN V 18599-10：2007-02 确定 一层高大于 4m 建筑的供暖系统 待机模式的运行时间根据 DIN V 18599-10：2007-02 确定
4	通过不透明结构的辐射得热	一外表面热辐射的发射系数：$\varepsilon=0.8$ 一非透明表面的辐射吸收系数：$\alpha=0.5$ 对于黑顶：$\alpha=0.8$

续表

序号	参数	一般规定
5	照明维护系数	维护系数如下设定： —在 14、15 和 22 用途区❶，乘以 0.6 —其他，乘以 0.8 计算能耗时，根据 DIN V 18599-4：2007-02，5.4.1 式（10）选择的参数： —在 14、15 和 22 用途区❶，乘以 1.12 —其他，乘以 0.84
6	定照度控制的考虑	当采用定照度控制时，根据 DIN V 18599-4：2007-02，5.1 式（2）选择的参数： —在 14、15 和 22 用途区❶，乘以 0.8 —其他，乘以 0.9

注：❶ 用途参见 DIN V 18599-10：2007-02 的表 4。

② 分区

在建筑中，由于用途、技术设备、内部负荷或日照的不同，造成其功能面积不同，根据 DIN V 18599-1：2007-02、DIN V 18599-10 2007：02 以及本条例的相关规定进行建筑分区。根据 DIN V 18599-10：2007-02 表 4 中用途 1 和 2 可合并为用途 1。

对于 DIN V 18599-10：2007-02 中没有列出的功能，可使用 DIN V 18599-10：2007-02 表 4 中的用途 17 或基于专业知识基于 DIN V 18599-10：2007-02 的选择对其划分。

③ 计算平均传热系数

在计算各结构的平均参数值时，将考虑结构的面积比。裸露于室外的或与地面接触的结构平均传热系数计算应考虑系数为 0.5。计算与地面相接的基板时，远离建筑外边缘 5m 以上的可不用考虑。如建筑需要供暖，应分别计算各区房间的供暖温度。结构设计时用到的传热系数将在后面有介绍。

（3）新建非居住建筑和参考建筑的年一次能源需求简化计算方法

① 目标及应用条件

在简化计算时，（2）中的规定仅当（3）中规定不合适时才采用。简化计算时，非居住建筑的年一次能源需求可采用一个区域的模型。

简化计算方法应用于：

A. 用于销售、贸易的办公建筑或餐馆；

B. 不超过 1000m² 建筑面积的批发/零售建筑，除主要功能外，其余仅为办公或存储间、卫生设施或交通区；

C. 不超过 1000m² 建筑面积的贸易中心，除主要功能外，其余仅为办公室、存储间、卫生设施或交通区；

D. 学校、体育场、幼儿园、托儿所及类似设施；

E. 无室内游泳池的旅馆、桑拿房或水疗浴室；

F. 图书馆。

在上述建筑类型内，如果下列条件成立，则简化方法可以使用：

A. 表 7-11 中所列主要功能的建筑面积与交通区域面积之和占到总建筑面积的 2/3 以上；

175

B. 建筑所有区域的供暖与热水制备采用相同的方式；

C. 建筑不供冷；

D. 最多 10％的建筑面积内照明采用灯泡、卤素灯或根据 DIN V 18599-4：2007-02 采用间接照明。

E. 不采用通风及空调系统用于非主功能外的其他用途，通风机的输入值未超过表 7-8 中 5.1 和 5.2 的规定值。

如果建筑存在供冷，在下列情况之一发生时也可采用简化计算方法：

A. 某隔断房间供冷，且供冷能力不超过 12kW；

B. 办公建筑中存在销售设备、商业机构或餐馆需要供冷，且每个供冷区面积不超过 450m²。

② 特殊规定

如一般计算方法(2)中规定的用途外，表 7-11 第 4 列中的用途也可用于分区。热水供应的年一次能源需求采用第 5 列中的对应值。

计算年一次能源需求的简化计算方法的一般规定　　　　　表 7-11

序号	建筑类型	主要用途	用途(据 DIN V 18599-10：2007-02 的表 4)	热水供应有效能源需求
1	办公建筑	独立办公室(No.1) 集中办公室(No.2) 开放式办公室(No.3) 会议室(No.4)	独立办公室(No.1)	0
1.1	有零售设备或商业机构的办公建筑	同上	独立办公室(No.1)	0
1.2	有餐馆的办公建筑	同上	独立办公室(No.1)	餐馆每天每位 1.5kWh
2	批发或零售的建筑，面积不超过 1000m²	批发、零售/百货商店	零售/百货商店(No.6)	0
3	非居住机构建筑，面积不超过 1000m²	非居住机构	工作间、组装间、制造间(No.22)	每位雇员每天 1.5kWh
4	学校、体育场、幼儿园、托儿所及类似设施	教室、休息室	教室、组室(No.8)	无淋浴：85Wh/(m²·d) 有淋浴：250Wh/(m²·d)
5	体育场	体育场	体育场(No.31)	每人每天 1.5kWh
6	无室内游泳池的旅馆、桑拿房或水疗浴室	宾馆房间	宾馆房间(No.11)	250Wh/(m²·d)
7	图书馆	阅览室、开放区域	图书馆、阅览室(No.28)	30Wh/(m²·d)

注：与区域面积相关的值参考总建筑面积。

如果建筑某隔断房间供冷，且供冷能力不超过 12kW，则其隔断房间的年一次能源需求将因供冷每 m² 供冷面积增加 650kWh/(m²·a)；如果办公建筑中存在销售设备、非居住机构或餐馆需要供冷，且每个供冷区面积不超过 450m²，则其销售设备、非居住机构或餐馆的年一次能源需求将因供冷每 m² 供冷面积增加 50kWh/(m²·a)。

照明所需年一次能源需求将根据日照最差区域的结果简化计算。

参考建筑和设计建筑最终确定的年一次能源需求将在计算基础上增加 10% 的富余量。

（4）新建非居住建筑设计应满足以下夏季隔热要求：

最大允许太阳辐射得热见 DIN 4108-2：2003-07 第 8 部分。

各建筑区太阳辐射得值根据 DIN 4108-2：2003-07 第 8 部分给出的过程计算。如果采用模拟计算，则根据比较 DIN 4108-2：2003-07 第 8 部分给出的过程计算结果与模拟结果哪个更能在建筑当前布局下反映出当前的气候和天气状况的结果进行选择。

7.3.1.3　可再生能源电力折扣

如果新建建筑的电力由直接与建筑相关的空间内的可再生能源产生，且产生的电力主要供建筑自身使用，只有多余的能量输送到公共电网中，则这部分电力可以从前述计算的年一次能源需求中扣除，扣除的最大电能是根据各个电力设备的用途要求计算的。

7.3.1.4　渗透，最小换气

新建建筑传热表面及其连接处的气密性设计应采用公认的技术准则。外窗、落地窗及天窗连接处的渗透应满足表 7-12 的技术等级要求。

外窗、落地窗及天窗连接处的渗透等级　　　　　　　表 7-12

序号	建筑层数	连接处的等级要求（据 DIN EN 12207-1：2000-06）
1	2 层及以下	2
2	2 层以上	3

进行外窗、落地窗及天窗连接处的气密性测试时，如果下面的条件无法满足，屋顶的气密性可根据年一次能耗需求中给出的计算方法进行计算获得：测试换气次数可根据 DIN EN 13829：2001-02 在内外压差 50Pa 时进行，无通风及空调系统的建筑换气次数至少为 $3.0h^{-1}$，有通风及空调系统的建筑换气次数至少为 $1.5h^{-1}$。

7.3.1.5　最小绝热保温，热桥

新建建筑暴露于外面、与地面或温度较低的建筑部分相接的构件，其最低保温设计应采用公认的技术手段。如果新建建筑的相邻建筑没有保温要求，则建筑隔墙必须采用公认的技术手段以使其满足最低保温要求。

新建建筑的热桥影响应经技术经济分析，越低越好。新建建筑的热桥影响应考虑到年一次能源需求的计算方法中。如果可提供等效证明，则无需再提供相邻构件的传热系数低于 DIN 4108 Supplement 2：2006-03 中要求证明。

7.3.1.6　小型和模块化建筑要求

对于拟服务寿命不超过 5 年且由不超过 $50m^2$ 的模块单元组成的建筑，对其外墙、窗、玻璃顶、外门、屋顶、与非供暖区相连的墙（或顶、地面）、幕墙的要求进行了详细规定，并对初始安装、更换或改建构件的最大传热系数给出了量值的规定。

7.3.2　既有建筑

7.3.2.1　改扩建建筑要求

对供暖/冷区的外墙、窗、玻璃顶、外门、屋顶、与非供暖区相连的墙（或顶、地面）、幕墙进行改造时，应使其传热系数不超过一定的限值。如改建后的居住/公共建筑未超过其参考建筑的年一次能源需求和最大传热系数的 40％，则认为上句要求满足。

如果改建建筑的外结构面积不超过 10％，则上述要求可不满足。

在扩建建筑时，新增供暖/冷区域面积在 15～50m²，则相关外构件性能应不超过一定的的要求；如新增供暖/冷区域面积超过 50m²，应按新建居住建筑或非居住建筑的设计。

各外构件性能要求如下：

1. 外墙

如果处于供暖/冷区的外墙，当其①初建、更换或改建；②板块、板状部件或盘状覆盖层以及砖石饰面可以应用；③铺盖绝热层；④传热系数超过 0.9W/(m²·K) 的墙体外层被改造时，允许的最大传热系数值详见表 7-13 中序号 1。如果铺设一个多芯绝缘壳砌筑，其现有的腔壳之间完全用绝缘材料填充，则认为其已经符合要求。如果在内侧安装绝热层，墙体传热系数未超过 0.35W/(m²·K)，则认为其已满足要求。如果裸露的木结构外墙中，根据 DIN 4108-3：2001-06 位于暴雨压力区或其他受保护的位置，在进行①、②、③情况时，只要其墙传热系数未超过 0.84W/(m²·K)，则认为其已满足要求。其他方面，句 1 的要求对于裸露的木结构外墙来说仅当②情况出现时起作用。当采取句 1 措施且由于技术条件绝缘层厚度受限制时，如果根据当前公认的技术准则［参考导热系数 λ＝0.040W/(m·K)］，绝缘层已经尽可能做到最厚，可认为句 1 要求已满足。

2. 窗、落地窗、天窗和玻璃顶

如果位于供暖/冷区的窗、落地窗、天窗和玻璃顶由于以下原因被改造：①全部构建新建或更换；②新增加前窗或内窗；③更换玻璃时，应满足表 7-13 中序号 2 的要求。句 1 的要求不应用于玻璃门的安装。在出现情况③时，当框架不适合采用要求的玻璃时，句 1 要求失效。当③情况时，由于技术条件玻璃厚度受限制，如果使用的是最大传热系数为 1.30W/(m²·K) 的玻璃，可认为句 1 要求已满足。当窗扇或平开窗更换玻璃时，如果玻璃表面涂了发射率 ε≤0.2 的红外线层，则认为满足要求。如果句 1 出现下列情况：根据 DIN EN ISO 717-1：1997-01 隔声玻璃的隔声能力 $R_{w,R}$≥40dB 或其相当；根据公认技术准则的特殊结构防弹、防撞或防爆玻璃；根据 DIN 4102-13：1990-05 单元素厚度至少 18mm 的防火玻璃或与其相当时，可认为满足表 7-13 中序号 3 的要求，即已经符合句 1 的要求。

3. 外门

外门改造时，要求安装传热系数不超过 2.9W/(m²·K) 的外门。

4. 顶棚、屋顶和屋顶坡度

(1) 坡屋顶

坡屋顶、未完工阁楼的顶棚以及顶棚和墙（包括屋顶坡度）等处于最高层与室外空气直接相连的构件，当其①初建、更换或改建；②屋顶或外墙覆面或侧面镶板更换或重建；③内侧外壳或覆盖物初建或更换；④保温层安装；⑤额外的绝缘层、墙壁或不加热的阁楼空间要安装的覆盖物时，表 7-13 中序号 4a 的要求应满足。②或④情况发生，保温是常见的橡保温，保温层厚度由于内部高度限制，如果根据当前公认的技术准则，保温层已经尽可能做到最厚，可认为要求已满足。句 1 和句 2 的要求仅应用于非透明结构。

(2) 平屋顶

处于供暖/冷区的平屋顶，当其①初建、更换或改建；②屋顶或外墙覆面或侧面镶板更换或重建；③内侧外壳或覆盖物初建或更换；④保温层安装时，表 7-13 中序号 4b 的要求应满足。平屋顶改造时，有楔形放置的绝缘层形成了斜屋顶，则其传热系数根据 DIN EN ISO 6946：1996-11 的附录 C 确定。新绝缘层最深点的最小绝热保温应满足 4.3.1.5 的要求。当采取句 1 措施且由于技术条件绝缘层厚度受限制时，如果根据当前公认的技术准则［参考导热系数 λ＝0.040W/(m·K)］，绝缘层已经尽可能做到最厚，可认为句 1 要求已满足。句 1～句 4 的要求仅应用于非透明结构。

5. 与非供暖区、地面或室外空气相连的墙或顶

与非供暖区、地面或室外空气相连的墙或顶，当其①初建、更换或改建；②安装或更换外部覆层或包层，防潮或排水设施；③加热区内的地板初建或更换；④供冷区的顶棚；⑤安装绝热层时，表 7-13 中序号 5 的要求应满足(若其未包含在坡屋顶中)。当采取句 1 措施且由于技术条件绝缘层厚度受限制时，如果根据当前公认的技术准则［参考导热系数 λ＝0.040W/(m·K)］，绝缘层已经尽可能做到最厚，可认为句 1 要求已满足。

6. 幕墙

处于供暖/冷区的幕墙初建或更换时，应满足表 7-13 序号 2d 的要求。如果采用前面提到的特殊玻璃，则达到表 7-13 中序号 3c 的要求即可认为已满足句 1 的要求。

初建、更换或改建构件的传热系数限值　　　　　　　　　　　　表 7-13

序号	构件	措施根据	室温不低于 19℃的建筑构件的最大传热系数限值 U_{max} ❶	室温在 12～19℃的建筑构件的最大传热系数限值 U_{max} ❶
1	外墙	NO.1①～④	0.24W/(m²·K)	0.24W/(m²·K)
2a	外窗、落地窗	NO.2①、②	1.30W/(m²·K)❷	1.90W/(m²·K)❷
2b	天窗	NO.2①、②	1.40W/(m²·K)❷	1.90W/(m²·K)❷
2c	玻璃窗	NO.2③	1.10W/(m²·K)❸	无要求
2d	幕墙	NO.6 句 1	1.50W/(m²·K)❹	1.90W/(m²·K)❹
2e	玻璃顶	NO.2①、③	2.00W/(m²·K)❸	2.70W/(m²·K)❸
3a	外窗、落地窗、特殊玻璃天窗	NO.2①、②	2.00W/(m²·K)❷	2.80W/(m²·K)❷
3b	特殊玻璃	NO.2③	1.60W/(m²·K)❸	无要求
3c	特殊玻璃幕墙	NO.6 句 2	2.30W/(m²·K)❹	3.00W/(m²·K)❹
4a	顶棚、屋顶和屋顶坡度	NO.4(1)	0.24W/(m²·K)	0.35W/(m²·K)
4b	平屋顶	NO.4(2)	0.20W/(m²·K)	0.35W/(m²·K)
5a	紧邻非供暖区或地面的顶和墙	NO.5①、②、⑤	0.30W/(m²·K)	无要求
5b	地面	NO.5③	0.50W/(m²·K)	无要求
5c	与室外相连的顶棚	NO.5①～⑤	0.24W/(m²·K)	0.35W/(m²·K)

注：❶ 考虑新建和原有层的传热系数；估算非透明结构时，参照 DIN EN ISO 6946：1996-11。
　　❷ 窗的传热系数：窗户的传热系数值是产品的测定值或根据传统建筑条例公布的产品能效值确定。这里提到的传统建筑条例包括欧盟技术法案、建筑标准 A 的第一部分以及在此基础上制定的一般建筑监管条例。
　　❸ 玻璃的传热系数：玻璃的传热系数值是产品的测定值或根据传统建筑条例公布的产品能效值确定。这里提到的传统建筑条例包括欧盟技术法案、建筑标准 A 的第一部分以及在此基础上制定的一般建筑监管条例。
　　❹ 幕墙的传热系数：幕墙的传热系数根据公认的技术准则确定。

7. 要求

评估既有居住建筑的一般规定

新建居住建筑的年一次能源需求计算方法也适用于既有居住建筑，既有居住建筑还

应满足以下规定：如果 50％以上的外墙有内部保温层和顶棚，可通过提高传热表面的传热系数 $\Delta U_{WB}=0.15\mathrm{W}/(\mathrm{m}^2\cdot\mathrm{K})$ 来等效热桥损失；尽管有 DIN V 4108-6：2003-06 表 D.3 序号 8 的规定，但当有明显缝隙时，换热率仍要计算，当窗户没有唇功能密封或加热区阁楼的顶没有密封板时，可认为换气次数为 $1.0\mathrm{h}^{-1}$；根据 DIN V 18599：2007-02 或 DIN V 4108-6：2003-06 第 6.4.3 计算太阳辐射得热时，窗户框架部分的折减系数可设为 $F_F=0.6$。

7.3.2.2　其他

该部分还对系统和建筑物内的改造、关闭电蓄冷系统、能源质量的维护及空调系统的能源检测进行了详细规定。

7.3.3　供暖、空调及热水供应

7.3.3.1　开启锅炉及其他供热系统

（1）供暖用的燃油或燃气锅炉，标称功率在 4～400kW，应符合以下之一法规的要求才可以安装使用：①依据建筑产品法（1998 年 4 月 28 日）制订的供暖锅炉和设备安装条例；②欧盟燃油燃气锅炉的效率指南，92/42/EEC，1992 年 5 月 21 日，第 7 章第 1 节第 2 款，同时符合欧盟议会对此指南的修正案，2005/32/EC，2005 年 7 月 6 日的相关条款。

（2）仅当设备耗热系数 e_g 和一次能源系数 f_p 不超过 1.30 时，才可开启和安装锅炉。耗热系数 f_p 根据 DIN V 4701-10：2003-08 中表 C.3-4b～C.3-4f 确定。如果一次能源系数不能直接从这本条例中查到，则可根据 DIN V 4701-10：2003-08 中非可再生能源比例确定。如果低温锅炉或冷凝锅炉用作小型供暖系统的发热装置，上面的要求也要满足。如果根据本条例要求关停了电蓄热系统，上面的要求也应用到供暖能力超过每 $\mathrm{m}^2 20\mathrm{W}$ 的其他供热系统中。但是，一次能源需求为超过参考建筑的 40％的既有建筑可以例外。

（3）单独生产的锅炉、使用非常规燃料的锅炉、专门用于制备热水的锅炉系统、主要用于取暖同时也供应热水或其他用途的厨房火炉和设备、不超过 6kW 的热水重力循环系统设备，可不用符合（1）的规定。

（4）功率小于 4kW 或大于 400kW 的锅炉以及（3）中的锅炉，经公认技术分析后，可安装使用。

7.3.3.2　分布设备和热水系统、空调

（1）集中供暖必须安装可根据室外温度（或其他参考值）和时间调节的自控设备以达到节能目的。如果既有建筑中设备未达到上述要求，业主必须进行改造。对无换热站的小型热水供暖系统，即使建筑或用户无相应调控设备，但如果流体温度可由热源处的设备根据室外温度和时间调节，按照节能的要求设置上句的规定也需考虑。

（2）热水供暖系统应安装房间调节器，此规定不用于以液态或固态燃料运行的独立供暖设备。除居住建筑外，可对相同类型和用途的房间组控。尽管首句有规定，但 2002 年 2 月 1 日前建的建筑可能较适合各房间调控。如若上述三个规定都没有，业主必须进行改造。

（3）集中供暖能力超过 25kWh 时，循环泵的电力输出要至少有三个等级水平，此条固定不与锅炉的安全性要求冲突。

（4）热水系统循环泵须设自动启停装置。

（5）初始安装、更换的热量分配、热水管线及建筑内系统的热损失应满足表 7-14 的要求。

冷/热分配及冷/热水管线的保温要求　　　　　　　　　表 7-14

序号	管线/设备类型	保温层最小厚度 （参照导热系数 0.035W/(m·K)）
1	内径≤22mm	20mm
2	22mm<内径≤35mm	30mm
3	35mm<内径≤100mm	与内径相同
4	内径>100mm	10mm
5	墙或顶棚口处符合 1～4 情况、管线交叉处、管线连接处、中心网络分配处	1～4 情况要求的 1/2
6	1～4 情况下的组件位于不同用户加热区的中心管线，且 2002-1-31 后建成	1～4 情况要求的 1/2
7	6 情况中地面施工的管线	6mm
8	供冷分配、冷水管线及空气处理装置和空调系统	6mm

如果热水分配或热水管线与室外相连，保温层厚度应在上表序号 1～4 情况的要求下增加一倍。表 7-14 不适用于供暖区内的情况 1～4 下的集中热网或某热用户供暖空间内的热分配受到启闭装置影响的构件。表 7-14 不适用于长度不超过 4m 的热水管线（其不包括在循环系统中或配备电子跟踪器的分支管线）。

使用导热系数不是 0.035W/(m·K) 的材料时，最小保温层厚度应相应改变。对于保温材料的传热系数和厚度改变值，应采用公认的计算方法计算。

热/冷水管线的热分配，表 7-14 的保温层最小厚度应减少至与已知绝缘效果的其他管线达到热损耗或热吸收相当程度时，同时应考虑管壁的保温效果。

（6）建筑内供暖设备的安装及更换，其热损失须据公认技术予以限制。

7.3.3.3　空调及其他空气处理系统

（1）在安装、更换系统时，如果安装的空调设备的标称功率大于 12kW，或通风设备的换气量大于每小时 4000m³，设备的下列指标之一：每一个通风机的单位耗电量的气流量；进/出风通风机的加权平均的单位耗电量的气流量，不应超过 DIN EN 13799：2005-05 的类型 SFP4 的规定指标。DIN EN 13799：2005-05 的类型 SFP4 的规定指标对于气体和 HEPA 过滤器也包括 DIN EN 13053 中 H2/1 级别的热反馈元件可适当增加。

（2）在安装符合上述规定的设备或者更换空调和通风设备时，如果该设备有调节房间湿度的装置，其必须可以独立调节以适应每个房间的实际需求，而且能够分别设置进风和出风的湿度，能够测试进风和出风的湿度。如果既有系统没有这样的装置，对于本条例给出检测时间限制的空调系统，应在检测时间起 6 个月内进行更换；对于本条例没有给出检测时间限制的其他通风和空调系统，也应在检测时间起合适时间内进行更换。

（3）在安装符合上述规定的设备或者更换空调和通风设备时，进气量为每 m² 净使用面积（不包括辅助使用面积）或居住建筑的建筑使用面积大于 9m³/h，这些设备必须具备根据温度和空气需求量自动调节通风流量或者按时间设置通风量。如果因为工作和健康原因需要更高的通风量，或者测试技术上难以鉴定需求量的变化，也难以评定不同时间的需求量的变化，则不需要满足这一要求。

（4）在安装符合上述规定的供冷系统、管线和设备时，其热吸收能力应满足 7.3.3.2 中（5）的要求。

（5）在安装符合上述规定的设备或者更换系统时，应配备至少达到 DIN EN 13053：2007-09 中 H3 级要求的热回收装置。运行时间的规定根据 DIN V 18599-10：2007-02 确定，其中空气流速取室外空气流速。

7.3.4　能效标识及提高能效的建议

7.3.4.1　能效标识的签发和应用范围

（1）当建筑新建、按 7.3.2.1 的要求改建外墙、窗、玻璃顶、外门、屋顶、与非供暖区相连的墙（或顶、地面）、幕墙或房间供暖/冷区面积增加了 1/2 时，业主必须按照本条例的要求认证建筑在建成时或完成改建时的能源消耗的指标，并获得能效标识。

（2）当一个含有建筑物的物业整体、一栋独立的建筑、居住建筑或其部分出售的时候，卖方尽可能提供本条例要求的能效标识，如果购买方有兴趣，应立刻提供按本条例签发的能效标识。业主也应向租赁者提供同样的文件。

（3）所有政府建筑和其他对公众服务的建筑，如果使用面积大于 1000m²，都应按本条例的要求获得能效标识，并且要将能效标识张贴页张贴在公众容易看见的位置，如在建筑的主要入口处张贴。

（4）本部分的规定不适用于小型建筑。（2）和（3）的规定不适用于历史建筑。

7.3.4.2　其他

本部分还包括以下内容：能效标识的签发原则、基于能源需求的问题、基于能源消耗的问题、提高能效的建议、既有建筑能效标识签发的资格等。在此不再详述。

7.3.5　重要支撑标准介绍

《德国建筑节能条例》（EnEV 2009）引用了很多德国工业化标准 DIN V 18599 中的技术规定及指标分类，DIN V 18599 共分为 10 个具体标准，分别为：

DIN V 18599-1：建筑物能效．计算加热、冷却、通风、家用热水和照明用净能、最终和初始能量．第 1 部分：通用平衡程序、术语；

DIN V 18599-2：建筑物能效．计算加热、冷却、通风、家用热水和照明用净能、最终和初始能量．第 2 部分：建筑物区域的加热和制冷；

DIN V 18599-3：建筑物能效．计算加热、冷却、通风、家用热水和照明用净能、最终和初始能量．第 3 部分：空调用净能；

DIN V 18599-4：建筑物能效．计算加热、冷却、通风、家用热水和照明用净能、最终和初始能量．第 4 部分：照明的净能和最终能量要求；

DIN V 18599-5：建筑物能效．计算加热、冷却、通风、家用热水和照明用净能、最终和初始能量．第 5 部分：加热系统最终能量要求；

DIN V 18599-6：建筑物能效．计算加热、冷却、通风、家用热水和照明用净能、最终和初始能量．第 6 部分：住宅建筑通风系统和空气；

DIN V 18599-7：建筑物能效．计算加热、冷却、通风、家用热水和照明用净能、最终和初始能量．第 7 部分：非住宅建筑用空气处理和空调系统最终能量要求；

　　DIN V 18599-8：建筑物能效．计算加热、冷却、通风、家用热水和照明用净能、最终和初始能量．第 8 部分：家用热水系统净能和最终能量要求；

　　DIN V 18599-9：建筑物能效．计算加热、冷却、通风、家用热水和照明用净能、最终和初始能量．第 9 部分：热电联产最终和最初能量要求；

　　DIN V 18599-10：建筑物能效．计算加热、冷却、通风、家用热水和照明用净能、最终和初始能量．第 10 部分：使用边界条件和环境数。

7.4　中德建筑节能标准比对

7.4.1　节能设计标准要求

1. 中国

　　我国的建筑可以分为民用建筑和公共建筑两大类。对于民用建筑，国家政府部分或地方将之分为居住建筑和公共建筑两大类，并按不同的建筑气候分区，制定了相应的建筑节能标准。最早住建部和各地编制的居住建筑节能设计标准都是按建筑气候划分的，后来北京市将之细分为 3 层及以下建筑(具备别墅特征)和 4 层级以上建筑两类，目前，北京市将住宅其分为低层(1～3 层)、多层(4～6 层)、中高层住宅(7～9 层)、高层(10 层级以上)。我国 2010 年颁布的《夏热冬冷地区居住建筑节能设计标准》JGT 134—2010 将住宅分为 3 层级以下、4～11 层、12 层及以上三类；它们都只对可再生能源利用提出定性要求，对外围护结构(包括屋面、外墙及其上的外门窗等)的热工参数提出定量要求，对供暖设备的效率、建筑照明的功率密度等提出定量要求。这些节能标准的要求是针对居住建筑使用人员少、空间规模小、连续使用供暖系统这些特征而制定的。

　　现行国家标准《公共建筑节能设计标准》GB 50189—2005 同样是按建筑气候区划分的，对可再生能源的利用提出定性要求，对外围护结构(包括屋面、外墙及其上的外门窗等)的传热系数、遮阳系数等提出定量要求，对供暖、空调系统及设备的节能以及建筑照明的功率密度等提出定量要求。这些要求对应的是公共建筑类型多、使用人流复杂且相对密集，在满足使用人舒适性室内环境质量前提下，提出的适应我国目前经济状况的节能标准。

2. 德国

　　德国《建筑保温条例》DIN 4108-1985 修订之前，德国有类型建筑分区的规定。此时，德国仍分为两部分，东德和西德。东德建筑保温分区从五十年(1901～1950 年)资料中选取最冷期(五天为期)的空气平均温度作为指标。将全国分为三区。I区大部分是东德的平原地区。II区在东德的东部，受到较多的大陆性较冷气候影响，又是山脉的前部。III区是山区气候所控制。热工设计计算温度条例值取：I区−15℃；II区−20℃；III区−25℃。有关这个分区及指标实际上还有不少争议。分区图上的分区界线是不存在的，而是以 50km 为范围的过渡地带。西德当时没有专门的建筑气候区规定，仅在 DIN 4108《建筑保温条例》中列有三个保温分区，即 WDGI，WDGII，WDGIII，其相应的室外计算温度为−12℃，−15℃和−20℃。室外空气计算温度是累年最低日平均温度的平均值。1985 年 DIN 4108 重新修订时，完全取消建筑保温分区，一律以原来的 WDGII 作为全国统一的保温区并提出相关要求。

德国首先将建筑分为新建建筑和既有建筑两大类，从 2002 年第一版《建筑节能条例》起（原《建筑保温条例》和《供暖设备条例》修改汇编而成），就要求对设计的建筑物作整体节能设计与计算，通过全面的节能设计措施，计算出建筑物所需一系列的能耗值；据此，考虑不同能源形式的能量与转化系数，反推出一次性能源消耗量，要求建筑在使用期间的能耗不超过条例规定的限值。该条例强调的是对每一栋建筑物作具体的整体的量化计算，而不仅是遵守条例一条条量化的条文。现行《建筑节能条例》与建筑节能相关的主要要求详见 7.3 节。

7.4.2　围护结构节能改造要求

德国供暖度日数与我国北京供暖度日数接近，对比性较高。而哈尔滨作为我国严寒地区的典型代表，保温要求相对较高。以下以德国（或柏林代表）、北京、哈尔滨三地为代表进行既有建筑的节能标准要求对比。

围护结构传热系数限值的比较

我国现行《既有供暖地区建筑节能改造技术规程》JGJ 129—2000 中对围护结构保温改造设计需满足以下两项控制指标中的一项，即不同地区供暖居住建筑各部位围护结构的传热系数应满足一定限值或通过围护结构单位面积的耗热量指标不应超过现行行业标准《民用建筑节能设计标准（供暖居住建筑部分）》JGJ 26—1995 的规定。我国现行《公共建筑节能改造技术条例》JGJ 176—2009 规定，公共建筑外围护结构进行节能改造后，所改造部位的热工性能应符合现行国家标准《公共建筑节能设计标准》GB 50189—2005 的规定性指标限值的要求。

德国《建筑节能条例》对既有建筑改造时围护结构的要求也是采用限值法。首先按设计室温与 19℃ 的比较分为两大类，然后不同的改造措施或屋面有不同的技术要求。

从表 7-15 的对比可以看出：

（1）中德两国对围护结构的分类方法不同，德国的分类较为细致

我国对建筑的分类首先是分为居住建筑和公共建筑两大类。对居住建筑围护结构的细分较少，屋顶和外墙也只按体形系数进行进一步细分；对公共建筑的划分主要以体形系数进行划分，外窗又按窗墙比进行进一步细分。而德国首先将建筑分为室温≥19℃ 和 12℃≤室温＜19℃ 两大类。对每种围护结构又详细列出不同的改造措施，尤其值得一提的是，将窗户按用途又细分为 5 大类以及特殊情况 3 类（由于对比意义不大，表 7-15 并未详细给出特殊情况的要求）。

（2）德国围护结构的传热系数限值普遍比我国要求严格

对于对比度较高的屋面和墙，德国对室温≥19℃ 的屋面和墙的传热系数限值比与其供暖度日数相当的北京地区要求低很多，与我国东北部保温要求较高的哈尔滨相比也是低很多；甚至德国对 12℃≤室温＜19℃ 的屋面和墙的传热系数限值也明显低于我国北京和哈尔滨地区。对于外门的比较可以发现，北京地区对外门的传热系数是没有限制的，而德国对外门的要求与我国哈尔滨地区相当。对于窗户的划分类型不同，导致其无法直接比较，但不难看出，德国对室温≥19℃ 的外窗传热系数限值要求均值多在 $1.5W/(m^2 \cdot K)$ 以下，对 12℃≤室温＜19℃ 的外窗传热系数限值要求均值多为 $1.9W/(m^2 \cdot K)$；而我国北京多为 $2.3 \sim 3.0W/(m^2 \cdot K)$，哈尔滨多为 $1.7 \sim 2.5W/(m^2 \cdot K)$，可以得出结论，德国对窗的传热系数限制仍比我国严格很多。

中德既有建筑改造围护结构传热系数 [W/(m²·K)] 限值比较

表 7-15

围护结构	德国 指标细分	室温 ≥19℃	12℃≤室温<19℃	中国(北京//哈尔滨) 居住 指标细分	居住 体形系数≤0.3	居住 0.3<体形系数≤0.4	公建 指标细分	公建 体形系数≤0.3	公建 0.3<体形系数≤0.4
屋面	顶棚、屋顶和屋顶坡度、平屋顶，措施 NO.4.1、措施 NO.4.2	0.24 / 0.2	0.35 / 0.35	—	0.80(1.16)//0.50	0.60//0.30	—	0.55//0.35	0.45//0.30
墙	措施 NO.1a 至 d	0.24	0.24	包括非透明外墙	0.90(1.16)//0.52	0.55(1.82)//0.40	包括非透明外墙	0.60//0.45	0.50//0.40
外门	—	2.90		—	—/2.50		—	—	—
隔墙或楼板	紧邻非供暖区域或地面的顶和墙，措施 NO.5 a、b、e	0.30	—	不供暖楼梯间隔墙	1.83/—		非供暖空调房间与供暖房间的隔墙或楼板	1.50//0.60	1.50//0.60
	地板 地面、措施 NO.5 c	0.50	—	地板 不供暖地下室上部地板	0.55/0.50		底面接触室外空气的架空或外挑楼板	0.60//0.45	0.50//0.40
	与室外相连的顶棚、措施 NO.5 a 至 e	0.24	0.35	接触室外空气地板	0.50/0.30				
窗	外窗、落地窗，措施 NO.2 a、b	1.30	1.90	窗户 (含阳台门门上部)	4.70(4.00)//2.5		单一朝向外窗(含透明幕墙) 窗墙比≤0.2	3.5/3.0	3.0/2.7
	天窗，措施 NO.2 a、b	1.40	1.90				0.2<窗墙比≤0.3	3.0/2.8	2.5/2.5
	玻璃窗，措施 NO.2 c	1.10	—				0.3<窗墙比≤0.4	2.7/2.5	2.3/2.2
	幕墙，措施 NO.6 句 1	1.50	1.90				0.4<窗墙比≤0.5	2.3/2.0	2.0//1.7
	其他特殊玻璃 3 种情况	略	略				0.5<窗墙比≤0.7	2.0//1.7	2.8//1.5
	玻璃顶、措施 NO.2 a、b、c	2.00	2.70				屋顶透明部门	2.7/2.5	2.7/2.5

注：我国外窗的传热系数限值有两个数据，括号外数据与传热系数为 4.70 的单层塑料窗相对应，括号内数据与传热系数为 4.00 的单框双玻金属窗相对应。

185

7.4.3　建筑设备系统要求

中德两国的建筑节能条例都有单独章节对建筑设备系统中耗能较大的部分进行相应规定，详见表 7-16。

中德两国建筑节能条例建筑设备系统要求　　　　　表 7-16

条例	建筑设备规定内容
德国　《建筑节能条例》EnEV 2009	供暖、空调、热水供应
中国　《严寒和寒冷地区居住建筑节能设计标准》JGJ 26—2010	供暖、通风、空调
中国　《夏热冬暖地区居住建筑节能设计标准》JGJ 75—2003	供暖、通风、空调
中国　《夏热冬冷地区居住建筑节能设计标准》JGJ 134—2010	供暖、通风、空调
中国　《既有供暖居住建筑节能改造技术规程》JGJ 129—2000	供暖
中国　《公共建筑节能设计标准》GB 50189—2005	供暖、通风、空调
中国　《公共建筑节能改造技术规范》JGJ 176—2009	供暖、通风、空调、供配电与照明

从表 7-16 可以看出，相对于中国的建筑设备规定，德国更强调了热水供应，中国公共建筑节能改造时考虑了供配电与照明系统。

从规定要求的类型上看，德国更强调准入条件和性能要求，我国更强调的是影响节能的各种细节指标规定及其性能要求。另外，德国要求建筑的能效标识中必须有对建筑设备（主要是供暖和热水）的能耗展示。我国对建筑设备系统的规定多为性能性指标。此种方法如果具体用于建筑能耗评估，有许多不利之处：一是某些评价因素简单化，不易量化。二是确定权重系数的原始数据来自于专家调查问卷，过于主观评价。三是有些评价指标之间不是孤立的，而是相互影响的，造成各指标评分不容易确定，仅从专家主观评价很难判定。四是采用此方法对建筑进行能效评估，评分等级能标识能效相对高低，但不能反映建筑实际能耗值，对用户而言比较抽象，而且都未能提供建筑物在能源效率方面的特定信息。

对于建筑设备的规定中，德国强调了供暖/冷管道的保温厚度，并根据管道内径、不同位置情况等有详细的区别固定，详见表 7-14。我国的建筑节能标准对于供暖管道都有没有特别要求，仅在《公共建筑节能设计标准》GB 50189—2005 中对空调冷热水管绝热保温有如下规定："5.3.28 空气调节冷热水管的绝热厚度，应按现行国家标准《设备及管道保冷设计导则》GB/T 15586 的经济厚度和防表面结露厚度的方法计算，建筑物内空气调节冷热水管亦可按本标准附录 C 的规定选用。"

7.4.4　可再生能源应用要求

德国能源匮乏，石油几乎 100％ 进口，天然气 80％ 进口。近年来，德国不断加强对可再生能源的重视并取得明显效果。根据德国联邦统计局的最新统计，2010 年德国风能、太阳能等可再生能源占电能消耗的比重已经达到 16.9％，与 1990 年相比，翻了两番，相当于原来的四倍，其中，风力发电机和生物质利用设施提供可再生能源发电量超过 70％。最新数据显示，2011 年上半年德国有超过 20％ 的电力来自可再生能源，据德国能源与水经济协会(BDEW)估计，上半年可再生能源发电提供电能 573 亿 kWh，约占总电力需求的 20.8％，其中风能发电比例最高，达到 7.5 个百分点。自 2011 年日本核危机以来，德国积极响应并成功"弃核"，决定 2022 年前关闭所有核电站，成为首个"弃核"的先进工业国家。德国将通过采用先进税收体系、不断通过提高可再生能源法的要求等措施，继续推动可再生能源发电的比例。德国可再生能源发电的目标是：到 2020 年，电力供应的 39％来自可再生能源。预计，到 2020 年，德国可再生能源领域年投资将超过 280 亿欧元。

德国建筑领域的可再生能源法律是《可再生能源取暖法》(Erneuerbare Energie-Waermegesetz，以下简称"取暖法")，最新版本已于 2009 年 1 月 1 日生效。该法律要达到的具体目标是 2020 年使德国可再生能源达到终端用于取暖消耗的 14％(2005~2007 年分别为 5.4％、6.1％和 7.5％)，终端取暖消耗包括房间取暖、制冷、工艺加热及热水。《取暖法》规定使用面积为 50m² 以上的新建房屋的所有人有使用可再生能源的义务。如 2009 年 1 月 1 日之前已经提交了建房申请(Bauantrag)或建房通知，则不承担使用义务。除了新建房屋外，《取暖法》还授予了各联邦州特权，可以要求已建房屋的所有人同样履行使用可再生能源的义务。《取暖法》同时规定了符合规定但不承担使用义务的特例情况，如：根据使用目的每年使用期少于 4 个月的新房屋的主人没有使用可再生能源的义务。《取暖法》规定了使用不同新能源占供暖能量需求的最低比例：如新房屋主人选择了太阳能，则新房屋供暖能量至少应有 15％来源于太阳能；如主人选择了生物质能，则因其状态不同最低比例为 30％~50％；如选择了地热或环境热量(指从空气或水中提取的热量)，则比例至少为 50％。房屋主人可以不限于选择一种单一的能源方式，而是可以组合不同的新能源方式来满足法律关于使用义务的要求。《取暖法》在规定了新能源使用义务的同时，还对于不履行该义务的义务人做出了明确的罚款规定，最高至 5 万欧元。国家对使用可再生能源的财政支持也体现在了《取暖法》中。从 2009~2012 年德国联邦将根据需求每年提供最多至 5 亿欧元的支持。具体实施办法将由德国联邦环境、自然保护和核安全部在近期颁布。在新实施办法出台之前，2007 年 12 月 5 日的促进方针(Foerderungsrichlinien)将继续有效。

中德两国建筑节能标准对可再生能源的要求对比见表 7-17。

我国建筑节能标准中对可再生能源应用要求的规定多为定性的推荐要求，仅在 2009 年版的《公共建筑节能改造技术规范》JGJ 176—2009 中提出了具体指标的要求。而德国很早就制订了可再生能源和非可再生能源的比例值，并且在节能条例中明确规定对于新建建筑由可再生能源产生的电力可不计入其年一次能源需求中。

中德建筑节能标准可再生能源要求对比　　　　　　　　　　　　　　　表 7-17

国家	规范	要求
德国	《建筑节能条例》EnEV 2009	(1) 计算居住建筑年一次能源需求 Q_p 根据 DIN V 18599：2007-02 计算，非可再生能源比例根据 DIN V 18599-1：2007-02 确定。居住建筑年一次能源需求也可由 DIN EN 832：2003-06 结合 DIN V 4108-6：2003-06 和 DIN V 4701-10：2003-08 确定，非可再生能源的比例可根据 DIN V 4701-10：2003-08 确定； (2) 如果新建建筑的电力由直接与建筑相关的空间内的可再生能源产生，且产生的电力主要供建筑自身使用，只有多余的能量输送到公共电网中，则这部分电力可以从前述计算的年一次能源需求中扣除，扣除的最大电能是根据各个电力设备的用途要求计算的

续表

国家	规范	要求
中国	《严寒和寒冷地区居住建筑节能设计标准》JGJ 26—2010	5.1.4 (5)居住建筑集中供暖热源形式的选择，有条件时应积极利用可再生能源
	《夏热冬暖地区居住建筑节能设计标准》JGJ 75—2003	6.0.7 ……有条件时，在居住建筑中宜采用太阳能、地热能、海洋能等可再生能源空调、供暖技术
	《夏热冬冷地区居住建筑节能设计标准》JGJ 134—2010	6.0.9 当技术经济合理时，应鼓励居住建筑中采用太阳能、地热能等可再生能源，以及在居住建筑小区采用热、电、冷联产技术
	《既有供暖居住建筑节能改造技术规程》JGJ 129—2000	无
	《公共建筑节能设计标准》GB 50189—2005	5.4.2 (5)利用可再生能源发电地区的建筑，可不受"不得采用电热锅炉、电热水器作为直接供暖和空气调节系统的热源"的限制
	《公共建筑节能改造技术规范》JGJ 176—2009	第 9 章　可再生能源利用，分为一般规定、地源热泵系统、太阳能利用 3 节

7.4.5　建筑能效评价标识要求

我国从 2008 年开始实施民用建筑能效测评标识制度，规范测评标识行为。德国则要求出具建筑能效标识。表 7-18 对中德两国建筑能效展示要求进行比较。

中德建筑能效评价标识对比　　　　　　　　　　　　　　表 7-18

参数	中国	德国
颁布时间	2008 年	2002 年第一版，2005 年第二版，2007 年第三版，2009 年第四版
应用范围	(1) 新建(改建、扩建)国家机关办公建筑和大型公共建筑(单体建筑面积为 2 万 m^2 以上的)； (2) 实施节能综合改造并申请财政支持的国家机关办公建筑和大型公共建筑； (3) 申请国家级或省级节能示范工程的居住建筑； (4) 申请绿色建筑评价标识的居住建筑	(1) 当建筑新建、围护结构改造或房间供暖/冷区面积增加了 1/2 时； (2) 当一个含有建筑物的物业整体、一栋独立的建筑、居住建筑或其部分出售的时候，卖方尽可能提供本条例要求的能效标识，如果购买方有兴趣，应立刻提供按本条例签发的能效标识，业主也应向租赁者提供同样的文件； (3) 所有政府建筑和其他对公众服务的建筑，如果使用面积大于 1000m^2 时； (4) 本部分的规定不适用于小型建筑。(2)和(3)的规定不适用于历史建筑
展示内容	建筑基本信息、建筑能效理论值、建筑能效实测值	建筑概况、建筑节能质量标准的说明、建筑能耗的计算值、建筑实际能耗的测试值、供暖和热水能耗的分项指标、典型建筑和设计标准能耗比较、测试统计方法说明、专业名词的注释、有经济效益的改造建议、可替代的改建方案/措施示例
有效期	5 年	10 年

从表 7-18 的对比中不难发现，虽然我国的能效标识工作相对德国的能效标识起步要晚很多，但中德两国的建筑物能效标识工作大体类似，都包括建筑物基本信息、建筑能效/耗理论值、建筑能效/耗实测值三个重要的部分。相比较来说，德国的能效标识内容较全，由于

设置了参考建筑，可比较性高。

7.5　小结

本章主要介绍了德国建筑节能标准发展历史、标准化管理体系、建筑节能标准，并从五个方面对中德建筑节能标准进行比对。以下为本章形成的主要结论：

（1）中德两国供暖能耗的计算取值依据及指标单位不同。中德两国供暖能耗的计算都是采用供暖度日数，但具体的计算参数不同，德国采用的一般为 $HDD15/19$ 或 $HDD15/20$，在连续 3 天室外平均温度为 15℃时就算开始供暖，室内温度取 19℃或 20℃。德国供暖系统常年处于设备用满水运行状态，打开温控阀就有暖气。另外，德国用的平方米不是建筑面积，而是一个人造数字，即建筑使用面积，计算方法是 $A_n = V_e \cdot 0.32/m$，V_e 为建筑物供暖体积，即建筑物传热外围护面积包容的体积。这里考虑了建筑物层高的影响。另外中德两国供暖能耗指标单位不同。德国建筑节能条例规定的供暖能耗为 $kWh/(m^2 \cdot a)$，热计量收费也是用的 kWh。我国用耗热量指标，W/m^2，是个中间值。

（2）围护结构与供暖系统要求并存。德国 2002 年前的建筑保温条例具有建筑物热工性能标准的痕迹，即更多的是强调外围护结构的传热系数。从 2002 年开始把外围护结构保温和供暖系统要求合并在一部法规《建筑节能条例》中，并引入了一次能源的概念，目的是加强环境和气候保护意识，即目光不仅仅放在建筑本身的供暖能耗上，而是引导大家对供暖能源构成的重视，比如电供暖的一次能源系数可能比热电联产高许多。那么在选择供暖能源时就应该有一个综合的考虑和安排。也是基于这种考虑，德国才决定停止使用电蓄热供暖系统。也是从 2002 年开始，在节能节能法规中提出了供暖能耗的具体指标要求，即 $kWh/(m^2 \cdot a)$。在一段时间内传热系数和供暖能耗要求并存。这样做一方面提倡建筑设计师要综合考虑选择最经济合理的优化措施来实现节能目标，同时又限定传热系数，防止作假。在这个过程中市场逐渐成熟，节能产品价格不断下降。到了 2006 年，尤其在 2009 年的修订版中，出现了弱化传热系数，强化供暖能耗的趋势，但是没有完全放弃对外围护结构关键部位的传热系数要求。总的趋势是进一步鼓励建筑设计师利用可再生能源和合理设计建筑结构，同时又防止忽视建筑物热工性能而造成结露霉变的危险。我国严寒和寒冷地区的节能标准中都有对围护结构传热系数和供暖系统的要求。

（3）德国对围护结构的分类较为细致，且围护结构的传热系数限值普遍比我国要求严格。而德国首先将建筑分为室温≥19℃和 12℃≤室温<19℃两大类。对每种围护结构又详细列出不同的改造措施，尤其值得一提的是，将窗户按用途又细分为 5 大类以及特殊情况 3 类。对于屋面、墙、窗，德国对屋面和墙的传热系数限值比与其供暖度日数相当的北京地区要求低很多，甚至与我国东北部保温要求较高的哈尔滨相比也是低很多。对于外门的比较可以发现，北京地区对外门的传热系数是没有限制的，而德国对外门的要求与我国哈尔滨地区相当。

（4）德国对可再生能源要求更为具体。而德国很早就制订了可再生能源和非可再生能源的比例值，并且在节能条例中明确规定对于新建建筑由可再生能源产生的电力可不计入其年一次能源需求中。德国《可再生能源取暖法》规定使用面积为 $50m^2$ 以上的新建房屋的所有人有使用可再生能源的义务，规定了使用不同新能源占供暖能量需求的最低比例，规定了对于不履行义务的义务人做出了明确的最高至5万欧元的罚款规定。国家对使用可再生能源的财政支持也体现在了《可再生能源取暖法》中。而我国建筑节能条例中对可再生能源应用要求的规定多为定性的推荐要求，仅在2009年版的《公共建筑节能改造技术规范》中提出了具体技术指标的要求。

（5）中德建筑能效标识既有理论能耗，也有实测能耗。德国能源证书一般基于理论能耗，但也有基于实测能耗的能源证书。实测能耗需要连续三年的测试数据，并进行气候修正。理论能耗和实测能耗之间没有可比性。后者受用户行为的影响很大。我国同德国类似，能效标识中也是理论能耗居多。

第8章 英国建筑节能标准体系及中英比对

本章主要介绍英国建筑节能标准的发展历史、标准化体系、现行建筑节能标准以及中英建筑节能标准的比较。英国的建筑节能标准在其辖区三大部分而略有不同：英格兰和威尔士、苏格兰、北爱尔兰。因英格兰和威尔士的建筑节能标准最具代表性，故本章主要介绍该地区标准。

8.1 建筑节能标准发展历史

1966 年的伦敦大火促使了英格兰建筑相关法规的诞生。1967 年，《伦敦建筑法》(London Building Act)颁布，规定了建筑需要满足的一些防火要求。

工业革命时代，人们发现，围护结构、给排水系统、洁净等都需要相关法规标准，建筑相关的法规开始大范围发展。

在英国，第一本强制性《建筑条例》(Building Regulation)于 1966 年生效，当时并没有关于节能的规定。

石油危机驱动油价持续暴涨，各国在努力寻找替代能源的同时，也高度重视建筑节能的发展。英国也不例外，在 1972 版的《建筑条例》中首次出现了节能篇，并在此后版本修订中不断提高对建筑节能的要求。从表 8-1，英国建筑相关法规不同年代要求的建筑围护结构传热系数，即可看出其建筑节能要求日趋严格。

英国不同年代建筑围护结构传热系数要求 表 8-1

年	传热系数 W/(m² · K)			
	墙	屋面	地面	窗
1965	1.7	1.42	—	5.7
1974	1.0	0.60	—	5.7
1981	0.6	0.35	—	5.7
1990	0.45	0.25	0.45	5.7
1995	0.45	0.25	0.45	3.3
2002	0.35	0.16	0.25	2.0

8.2 标准化体系

8.2.1 标准化体系组成

作为一个典型的法制化国家，英国拥有较为完备的管理体制。在其标准化体系管理中，法律(Act)为最高层次(如不考虑欧盟的相关指令)。法律是由议会组织制定并审批通过的，如《建筑法》(Building Act)、《住宅法》(Housing Act)、《环境保护法》(Environmental Precautions Act)等。第二个层次为条例(Regulation)。条例的制定，是按照法律的授权和要求，由国家政府主管部门草拟，经部长同意后，由国务大臣批准的，在法律规定的范围内强制实施，如《建筑条例》、《建筑产品条例》(Building Product Regulation)等。第三个层次为技术准则或实用指南(反映具体方法、途径和标准)，它们往往是根据条例中规定的功能性要求而制定的。它们由相应的主管部门或其代理组织制定。这些指南或准则虽不要求强制执行，但不按照此则需提供能优于它的证明。第四个层次则为我们最熟悉的技术标准。

8.2.2　编制及管理

1. 建筑法的编制与管理

由议会组织制定并审批通过。

2. 建筑条例的编制与管理

目前，英国的建筑条例由社区和地方政府部(Department of Communities and Local Government，简称 DCLG)负责。规划和建筑管理则是地方政府的责任。有关条例技术内容的研究则是由 DCLG［包括 BRE(英国建筑科学研究院)］进行。有关建筑条例的修订内容介绍以及技术准则则是由英国建筑条例咨询委员会(Building Regulation Advisory Council，简称 BRAC)建议的，BRAC 主要由行业代表组成。

3. 技术准则的编制与管理

在英国，建筑条例的每一部分要求分别由一个专门的文件来支持，这就是建筑技术准则(Approved Documents)。技术准则所给出的是在满足建筑条例要求的条件下的具有操作性和技术性的指南。每一本技术准则里首先会引用建筑条例中的相应要求，然后给出一系列可操作性的方法指南，但是这些方法并不是强制执行的，如果有其他的替代方法，同样可以满足要求，建造者也可以用其他的方法。也就是说，技术准则是建筑条例的指导手册。

建筑技术准则也是由 DCLG 负责。

4. 技术标准的编制与管理

英国政府委托民间独立的非盈利性组织——英国标准化协会(The British Standards Institution)，简称 BSI，统一领导主持标准的编制和监督。它是英国发布国家 BS 标准的唯一组织。建筑技术标准的编写和发布是非政府行为。每个标准成立专门的专家组进行编制，这些专家还包括来自学术机构、设计院和科研院所的人员。一般，政府委托 BSI 编制标准，BSI 组织专家进行编制，然后征求意见。编制小组里一般会有政府的代表参加，以协调和解释建筑法规、条例的要求。

8.2.3　建筑节能标准上位立法

1. 英国《建筑法》

早在 1984 年，英国就制定了《建筑法》(Building Act 1984)，其中就提到了建筑节能的要求。而经过版本的不断更新，最新的英国《建筑法》内容完整，涉及结构、安全、消防、环保、节能、使用功能包括残疾人无障碍设施等多种领域，并且根据实行情况，对不适应的法律条款及时修订，法律、法规是强制性的，违法即受判罚。《建筑法》是英国建筑节能标准本国内的上位法规。

2. 欧盟 EPBD

另外一本具有上位法规意义的是欧盟《建筑能效指令》（EPBD 2002 和 EPBD 2010），此指令对于建筑节能有更具体的规定，更具有指导意义，且对欧盟各成员国的建筑节能标准发展有重要影响。目前，欧洲各国都在 EPBD 2002 和 EPBD 2010 的过渡期，而现行建筑节能标准条例主要是受到 EPBD 2002 的影响。下面将对 EPBD 2002 在英国的实施进行介绍。

（1）立法相关

在英格兰和威尔士，EPBD 2002 的实施是由地方社区与政府发展部（Department for Communities and Local Government，CLG）负责，环境、食品与农村事务部（Department for the Environment，Food and Rural Affairs）和能源与气候变化部（DePARTment of Energy and Climate Change，DECC）协助。在苏格兰和新爱尔兰，EPBD 2002 的实施是由独立地方政府（devolved administrations）负责。

英国建筑节能条例对 EPBD 2002 的实施主要体现在其第 3 章～第 6 章、第 7 章、第 9 章和第 10 章上。

（2）能效标识

在英格兰和威尔士，英国建筑能效标识在 2007 年 8 月之后得到较快实施。其实施主要体现在居住建筑能效标识（domestic EPC）和公共建筑能效标识（non-domestic EPC）上，截至 2010 年 12 月 31 日，已颁发 570 万居住建筑能效标识，21 万公共建筑能效标识，且有 7.2 万个能效标识被展示。

对于 EPBD 2002 中要求经济效益投资，居住建筑能效标识和公共建筑能效标识又有不同的处理方式。居住建筑是按总投资额划分为两类，一类为较低投资，即总投资不超过 500 英镑；另一类为较高投资，即总投资超过 500 英镑。对于公共建筑，则是按照投资回收期划分为三类，一类为短回收期，即回收期不超过三年；另一类为中回收期，即回收期为三～七年；最后一类为长回收期，即回收期超过七年。

苏格兰和新爱尔兰对于经济效益投资的划分与英格兰和威尔士大致相同，只是苏格兰对于公共建筑的能效分级略有不同。

对于 EPBD 2002 中要求的国家通用计算工具（NCM），英国已经完成。对于居住建筑来说，NCM 是 SAP，SAP 2009 已于 2010 年 3 月公布，并在 2010 年 10 月进行了更新。公共建筑的 NCM 是 SBEM，于 2010 年 6 月更新。

（3）国家激励政策

2009 年开始，达到零能耗的居住建筑被免除印花税。在英格兰和威尔士，从 2010 年 4 月开始实行固定电价制度（feed-in tariffs，FiTs）以鼓励小规模的可再生能源发电系统（小于 5MWe），详见 http：//www. decc. gov. uk/en/content/cms/what _ we _ do/uk _ supply/energy _ mix/renewable/feedin _ tariff/fits _ grant/fits _ grant. aspx。

另外，可再生能源供热激励（Renewable Heat Incentive，RHI）也于 2011 年引入到新的能效标识中。房屋业主如果想要获得可再生能源供热激励，则必须具备有效的能效标识展示相关数据。虽然上面的做法会带来额外的投入，但是政府相信从长远利益来看这项工作仍是有价值的。

8.3　建筑节能条例介绍

英国的建筑节能条例(在英格兰及威尔士，苏格兰，北爱尔兰都大同小异的有地方立法权，所以我们这里所指的英国节能条例只是对英格兰和威尔士)，简称 Building Regulation PART L。所有的建筑条例都是以 PART A，B，C，D……编的。通风条例是 PART F，防火条例是 PART B 等。

条例又是按年代更新的。对于 PART L 来说，2002 年以后是每 4 年一次，即 PART L 2002、PART L 2006、PART L 2010。每次都有更高的节能标准。从 2010 年以后，就要变成 3 年一次了(PARTL 2013)，原因是英国意识到达到承诺的 2020 年节能减排目标已非常困难了。英国确定的总体目标是：对新建的公共建筑减排标准，PART L 2006 是在原 PART L 2002 的基础上减排 20%(自然通风建筑 15%)，PART L 2010 是在 PART L2006 的基础上平均减排 25%。PART L 2013 将制定进一步的减排目标。

两个版本之间存在过渡期，如 PART L 2006 和 PART L 2010 的过渡时期，所有在 2010 年 10 月 1 日前报批的建筑执行 2006 年条例，之后报批的执行 2010 年条例。PART L 可分为 4 个文件。PART L 1A，PART L 1B，PART L 2A，PART L 2B。1 是民用建筑(住宅)，2 是公共建筑，A 是新建建筑，B 是既有建筑。所以 PART L 1B 就是对应民用既有建筑的条例。PART L 2A 就是对应公用新建建筑的条例。

对新建建筑，建筑节能条例在五大项上有要求：

1. CO_2 的排放量。建筑排放量不能大过目标建筑排放量($BER<TER$)

2. 设计标准的限制：这个限制包括了围护结构标准，漏风量标准，建筑设备效率标准，照明，自控，能源计量等一系列的标准。有一本和条例一起发布的《暖通空调条例细则》(No-Domestic/Domestic Heating，Cooling，ventilation compliance guide)就规定了具体的数据。

3. 夏天日照强度的限制

4. 施工和调试的质量

5. 向业主提供建筑说明、信息

对公用既有建筑，只要是改建后会对建筑的能耗产生增加的改造，比如说增加了空调房间的面积，或者建筑的围护结构有变动的，就都要符合 PART L 2B 的要求。这个条例对围护结构的 U 值，建筑设备的寿命(15 年以上的要换)及效率，照明效率，自控系统，夏日日照强度，建筑说明等都有具体的要求。

对新建建筑，住宅与公共建筑有不同的计算 CO_2 排放量的方法。住宅对应的是 SAP (Standard Procedure Assessment)。公共建筑对应的是 SBEM (Simplified Building Energy Model)，还有 DSM (Dynamic Simulation Method)。

一般，每本建筑条例会对应出版一本技术导则，用以较具体的阐明条例中的具体技术指标、方法工具等。

下面对英国建筑节能条例进行详细介绍。

8.3.1　新建居住建筑节能条例

PART L 1A 包括 7 部分内容以及 3 个附录：1 介绍；2 要求；3 一般规定；4 设计标准；5 建造和运行质量；6 数据要求；7 模型设计；附录 A 报告依据；附录 B 参考文件；附录 C 引用标准。

第 1 部分主要是对条例相关的基础知识进行概述，包括以下几个问题，什么是批准文件、技术风险考虑、如何使用批准文件、如何获得更多的帮助、守归责任。

第 2 部分主要是介绍本条例（新建居住建筑部分）与建筑条例的其他 PART 之间的协调关系，并以较大篇幅列出了各部分中对能效标识的具体规定，包括能效标识的应用对象、出具人资质、展示信息内容等。

第 3~5 部分是其主体内容，后面将对其重点内容详细介绍。

第 6 部分主要是对某些要求中的数据进一步提出具体要求，也对某些计算过程中的数据提出更详细更具体的要求。

第 7 部分对模型设计提出了总的要求，并给出了类似数据的参考网址。

8.3.1.1　一般规定

1. 主要术语

DER：居住建筑碳排放，单位为 $kgCO_2/(m^2 \cdot 年)$。

TER：碳排放目标，单位为 $kgCO_2/(m^2 \cdot 年)$。

居住建筑：居住用的配备齐全的独立单元。建筑专门用于居住，如养老院、学生宿舍等。

居住建筑类型：居住建筑分类的目的是便于设置要求进而方便管理。同一类型的居住建筑应具有相同的一般形态（如独立的、半独立的等）、具有相同的层数、具有相同的气密性设计、与非供暖区有相同的邻接、基本建造原则相同、渗透能力相当、围护结构面积相差不超过 10%。

节能要求：建筑条例中的 4A、17C、17D、17E 以及 PART L 的要求。

居住用房间：有居住功能的非居住建筑房间，包括宾馆房间，但不包括医院的病房。

2. 本部分涉及的种类

对某些特殊情况（如部分灵活功能的单元、混用、改变材料用途）的建筑是否等同视为居住建筑进行了阐述。

3. 所有的新建建筑都必须遵守本条例中节能条款的要求。

4. 与节能相关的开工前的报告备案。

5. 证明依据

按照国务大臣的规定，满足节能要求可通过是否满足以下五个准则来确定。预期 SAP 2009 的输出报告可作为建筑监管部门开展此项工作的参考。五个准则中，准则一是强制性的，其余四个为指导性的。

准则一：根据条例 17C 的要求，居住建筑计算出的碳排放 DER 不应超过目标碳排放 TER。计算过程还可出具能效标识使用。

准则二：建筑围护结构及特定建筑系统设备应满足所有相关的节能标准要求。

准则三：居住建筑无论有无空调系统，都应积极采取被动措施改善夏季室内热环境，条例中有具体方法对其是否合理采取被动措施进行判断。

准则四：居住建筑的能效应与 DER 保持一致，导则中有具体的判定方法。

准则五：居住建筑节能运行的规定应实施。其中一种实现方式是满足导则中第6部分规定。

6. 温室和走廊

新建居住建筑的温室和走廊，应参照 PART L 1A 对应的导则。但对于居住建筑扩建的温室和走廊，则参照 PART L 1B 对应的导则。

7. 游泳池

新建居住建筑的游泳池，其传热系数值应根据 BS EN ISO 13370 计算，且不超过 $0.25\mathrm{W}/(\mathrm{m}^2 \cdot \mathrm{K})$。

8.3.1.2　设计标准

1. 条例 17A 和 17B

条例 17A、17B 和 17C 是对建筑能效指令 EPBD 2002 第3～5章的具体实施。条例 17A 和 17B 规定：

国务大臣应制定计算建筑能效的方法，包括计算建筑设计评级和运行评级的方法、评级结果的表示方法。

国务大臣应制定新建建筑基于目标碳排放的建筑最低能效要求。

目标碳排放(TER)是新建居住建筑的最低能效要求，采用官方计算工具通过标准化建筑和特定设备系统进行评估。

独立居住建筑的目标碳排放(TER)采用 SAP 2009 进行计算。TER 的计算分为两个阶段：第一阶段，首先计算一个与实际居住建筑同样大小和形状的参考住宅的碳排放，计算中相关的参数值按 SAP 2009 中附录 R 取，计算工具会根据供热和热水的量(包括泵、风机能耗)C_H、室内照明 C_L 生成其碳排放量(基于 SAP 2005 的排放因子)；第二阶段，根据下面的公式计算 TER_{2010}，

$$TER_{2010} = (C_H \times FF \times EFA_H + C_L \times EFA_L) \times (1-0.2) \times (1-0.25)$$

式中　FF——燃料因子，详见表 8-2；

　　　EFA——供暖碳排放和照明碳排放的调整系数。

<table>
<tr><td colspan="2" style="text-align:center">燃　料　因　子　　　　　　　　　　表 8-2</td></tr>
<tr><td>供热燃料</td><td>燃料因子</td></tr>
<tr><td>煤气</td><td>1.00</td></tr>
<tr><td>液化石油气</td><td>1.10</td></tr>
<tr><td>石油</td><td>1.17</td></tr>
<tr><td>B30K</td><td>1.00</td></tr>
<tr><td>电力直供或蓄存系统</td><td>1.47</td></tr>
<tr><td>热泵用电力</td><td>1.47</td></tr>
<tr><td>化石燃料</td><td>1.28</td></tr>
<tr><td>碳排放因子小于煤气的燃料</td><td>1.00</td></tr>
<tr><td>混合固体燃料</td><td>1.00</td></tr>
</table>

注：1. 燃料因子数会随着不断朝零碳目标迈进而改变。

　　2. 当鼓励使用可再生能源供热政策变化时，热泵用电力的因子数也会改变。

　　3. 特殊燃料的因子仅适用于只能燃烧此种燃料的特殊设备。当设备定位为采用混合燃料时，应取混合燃料的因子值(允许吸烟区除外，除非已有特别规定允许吸烟区也可以采用)。

当建筑有多个住所时，应计算建筑的平均 TER。此时，采用面积质量平均 TER，平均块法仅允许应用在同一建筑的多个住宅中，而不允许在同一发展水平的跨建筑中应用。

2. 实现 TER

落成建筑的碳排放不允许超过依据条例 17B 制定的目标碳排放。

为满足条例 17C，DER 不能超过 TER。最终 DER 的计算依据条例 20D 进行，且包括以下部分：清单所列在建造过程中发生了改变；估算的通风量。其中，通风量的估算有三种方法：如进行了压力测试，则估算的通风量取测试的通风量值；如尚未进行压力测试，通风量可取同一时期同类建筑的平均值加上 $2.0 \text{m}^3/(\text{h} \cdot \text{m}^2)(50\text{Pa})$；如建筑不进行压力测试，则可取 $15 \text{m}^3/(\text{h} \cdot \text{m}^2)(50\text{Pa})$ 作为其估算的通风量值。第二种方法中，$2.0 \text{m}^3/(\text{h} \cdot \text{m}^2)(50\text{Pa})$ 是出于安全系数的考虑，如果设计需要较低的通风率，那么附加值就会对 DER 计算有较大影响，出现这种情况时，就必须要做压力测试了，以使 DER 计算中采用的是测试值。

条例 20D 规定：建筑开工前，负责人应提交当地主管部门建筑目标碳排放、计算碳排放（设计值）和建筑的说明书清单。建筑完工后 5 天内，负责人应提交当地主管部门建筑目标碳排放、计算碳排放（建造值）、说明书变更单。

根据条例 17C 和 17D 的规定，建筑开工前，建造者应提供建筑 DER 不超过 TER 的计算证明。

二次供暖设备能满足部分热负荷。以下二次供暖设备计算 DER 时必须要用：当使用二次供暖设备时，计算 DER 必须采用实际设备及其燃料的效率；对于提供了烟囱或燃料但无实际设备使用的情况，计算 DER 时可估算以下情况——如果煤气引入点邻近壁炉中心，可认为其效率为 20%，如果没有煤气引入点，除在非禁烟区将混合燃料作为无烟化石燃料对待外，可认为混合燃料效率为 37%；其他情况，可认为二次供暖系统与主供暖系统有相同的效率，且使用同种燃料，即等同于无二次供暖系统。计算 DER 时应估算低功耗灯的比例。

设计师在如何达到 TER 上有较大的自由度，可以从结构、系统方式、低/零碳技术等各方面入手。当住宅用能是由社区能源系统供应时，每个住宅应承担对应比例的减排量。为了促进各项系统节能进步措施的整合以及低/零碳技术的集成，设计者应考虑采用低温供热系统、优化控制系统以使多能源系统的总碳排最低、考虑留有技术接口以适应未来不断发展的低/零碳技术。

3. 灵活设计的极限

尽管设计师有一定的设计灵活度，但建筑结构的得热和失热、特定设备系统的效率及时控制系统的效率都有合理的限制，且在条例中有相应的规定。证明以上条件满足的方式之一就是保证结构特性和特定设备系统满足相应的最低能效要求。表 8-3 给出了结构的最低要求。值得注意的是，要想满足 TER 的要求，建筑专家需要考虑比标准要求更高效的设计。

围护结构的传热系数应根据 BR 443 进行计算，且基于整体构件进行计算，比如对于窗户来说，其传热系数应是玻璃及其构架的综合值。对于住宅类建筑，SAP 2009 表 6e 给出了不同结构窗户的传热系数参考值，可用于实测值或计算值缺失时。

条例中顶窗和采光顶的传热系数值是按照竖直方向考虑取值的。如果某建筑顶窗或采光顶为水平方向，可根据 BR 443 对条例中给出的值进行修正。

结构参数的限制值　　　　　　　　　　　　　　表 8-3

屋顶	$0.20\text{W}/(\text{m}^2 \cdot \text{K})$
墙	$0.30\text{W}/(\text{m}^2 \cdot \text{K})$
地面	$0.25\text{W}/(\text{m}^2 \cdot \text{K})$
界墙	$0.20\text{W}/(\text{m}^2 \cdot \text{K})$
窗、顶窗、玻璃采光顶、幕墙和人行门	$2.00\text{W}/(\text{m}^2 \cdot \text{K})$
通风量	$10.00\text{m}^3/(\text{h} \cdot \text{m}^2)(50\text{Pa})$

建筑设备系统的能效值不应低于《住宅建筑导则》(Domestic Building Services Compliance Guide)中的规定值。如果拟采用导则中未给出的设备系统，则应提供其能效合理可采用的证明。

建筑设备系统的能效值应基于相关标准条例中的实测方法进行测试得到，且测试数据应由有资质的机构出具。

4. 限制夏季太阳得热

限制夏季太阳得热可通过合理设置建筑朝向、窗户大小和方向、遮阳、太阳得热控制措施、通风和加大热容量实现。如果通风采用机械通风方式，则夏季较热时应合理考虑机械通风系统的运行或考虑自然通风以使通风系统有较高的效率。

SAP 2009 附录 P 提供了设计师检查太阳得热是否超标的方法。无论 SAP 的评估结果是否表明住宅有内部高温的危险，太阳得热都应合理供给。无论住宅是否有机械供冷，SAP 的评估都是必需的。如果住宅有机械供冷，SAP 的评估应基于的设计模式时，没有机械供冷系统，但是却有开通的通风量。

当试图限制太阳得热时，应考虑能够提供足够的日光照度。如何保证足够的日光照度，参见 BS 8206-2。条例条文说明对此解释，减少窗户面积会增加照明能耗，两者对于减少碳排放是相反的贡献。一般来说，如果玻璃的面积不超过总建筑面积的 20%，即使某些地方照度有所下降，也不会增加照明能耗。

8.3.1.3　建造和运行质量

1. 建筑能效与 DER 的一致性

上面已经提到，建筑设计、建造过程中的任何更改都要列清单提交，以证明满足条例 17C 中 DER 不超过 TER 的要求。下面介绍一些为体现建筑能效与 DER 的一致性而经常提交的内容。

根据条例 PART L 和条例 7，建筑围护结构应根据相关标准建造以保证建筑整体围护结构的保温，通风量在合理的限制范围内。

热损失可通过限制通过空腔墙体的气流、封堵空腔墙体、提供边缘处有效的封闭等措施来降低。降低界墙热损失的常见方法详见 www.planningportal.gov.uk。热损失能减少的程度依赖于详细的设计和施工的质量。在计算住宅的 DER 时，如界墙缺少传热系数值，则可根据表 8-4 选取。

界墙的传热系数 表 8-4

界墙结构	传热系数值 $[W/(m^2 \cdot K)]$
实心墙	0.0
未填充空腔墙体且无有效封堵	0.5
未填充空腔墙体，周边有有效封堵，临接处有保温	0.2
填充空腔墙体，周边有有效封堵，临接处有保温	0.0

界墙只是众多热支流形式中的一种，其他还有空气遇到阻碍、保温层不连续、中间的空腔墙体就导致了空气流通。为避免此种原因造成的建筑能效持续降低，建筑结构的某些空气阻力点必须有连续的保温或采用实心墙体，如砌筑墙。

围护结构应良好施工，以保证保温层中不同构件的缝隙、构件连接点、构件边缘不会出现热桥。计算 DER 用的线性损失可根据 BR 497 中给出的计算方法进行计算。计算 DER 时还应使用不受限于施工过程的参数。不过，在这种情况下，线性损失也要根据 BR 497 由经验丰富且具备资质的专业人员计算得出，计算出的线性损失值加上 $0.025W/m \cdot K$（若小于计算值的 25%，则选择加上 25%）用于 DER 的计算。如果技术细节尚未公认，则没有特定的评定热桥值的方法。这种情况下，比较 $0.02W/m \cdot K$ 和附加 25% 哪个差值更大，则选择作为窗户前端导热系数。

条例 20B 对气密性测试提出了一系列的要求。法定的压力测试方法详见 ATTMA 出版物《建筑围护结构气密性测量》（Measuring air permeability of building envelopes）。其中提到最好的方法是采用微流通风器临时封堵而不简单的采用关闭方式，并提交当地主管部门或相关技术人员测试仪器在之前 12 月内已采用 UKAS 校核设备进行标准校核的证明。

每个阶段，压力试验都应在每种住宅类型中进行，试验样本数量选择 3 个单元与案例的 50% 两者中的较小值。如果压力试验失败，则若要符合条例 20B 要求应保证通风量不超过 $10m^3/(h \cdot m^2)(50Pa)$，并且采用测试的通风量计算得出的 DER 不超过 TER。如果上述两个条件不能满足，则应进行补救措施并进行新的测试，直至通风量和 DER 两个参数都达标为止。另外，要增加每种住宅类型中总的样本数和测试数。对于第一次测试未通过后通过补救措施通过测试的住宅建筑，对未测试的同类型的其他建筑首先采取同样的补救措施再进行测试。

对于两栋及以下的住宅来说，压力测试可通过其他方式等价实现，即同一建造商在 12 月内建造了同类型的建筑且通过了压力测试和气密性要求。此时，计算 DER 可取 $15m^3/(h \cdot m^2)(50Pa)$。

2. 供暖和热水系统的调试

条例 20C 对供暖和热水系统节能调试提出了要求。提前制定调试方案确定哪些设备系统需要测试是很有用的，也可用于 TER/DER 的计算。但不是所有的设备系统都需要调试，因为有些系统仅有"开""关"两种状态，比如机械排风系统或某些电加热器，而且某些情况下调试对节能并无影响。在制定调试方案时，应注明哪些不需要调试及其理由。

调试应根据国务大臣批准的方法进行。对于供暖和热水系统，根据《民用建筑系统应用导则》（Domestic building services compliance guide）进行调试。对于通风系统，根据

《民用通风：安装和调试应用导则》（Domestic ventilation：Installation and Commissioning Compliance Guide)进行调试。调试完成后 5 天内应将调试报告提交当地主管部门或相关技术人员。如果调试工作是由登记在"资质人档案"中的技术人员进行的，可以将调试报告提交时间延长至调试完成后的 30 天内。但当地主管部门或相关技术人员接收报告并不意味着报告合格，也不意味着 PART L 的要求已经达到，更不意味着可以获得最终证书。

8.3.2　既有居住建筑节能条例

PART L 1B 包括 7 部分内容以及 3 个附录：1 介绍；2 要求；3 一般规定；4 建筑相关工作导则；5 建筑构件热特性导则；6 节能的间接措施；7 数据要求；附录 A 热特性工作；附录 B 参考文件；附录 C 引用标准。

第 1 部分主要是对条例相关的基础知识进行概述，包括以下几个问题：什么是批准文件、技术风险考虑、如何使用批准文件、如何获得更多的帮助、守归责任。

第 2 部分主要是介绍本条例(既有居住建筑部分)与建筑条例的其他 PART 之间的协调关系，并以较大篇幅列出了各部分中对能效标识的具体规定，包括能效标识的应用对象、出具人资质、展示信息内容等。

第 3~5 部分是其主体内容，后面将对其重点内容详细介绍。

第 6 部分主要是对承担更高节能要求的额外工作进行了规定介绍。

第 7 部分主要是对存档信息、设备系统信息等提出要求，以方便以后查阅、使用和运行参考。

8.3.2.1　一般规定

1. 主要术语

节能要求：指建筑条例 4A、17C、17D、17E 和 PART L 中的节能条文要求。对于既有居住建筑来说，主要是条例 4A、17D 和 PART L 中的节能条文要求。

建筑设备：包括室内外照明系统(但不包括应急照明系统或专业作业照明)、供暖系统、热水系统、空调系统或机械通风系统。

与热构件相关的改造：热构件更新或添加新层(但不包括装饰性构件)按照一定条例要求进行改造。

简化回收期：通过节能来抵消初始节能投入的时间，不考虑增值税。计算时可参照以下导则：计算用投入是与节能相关的投入而非全部投入、投资应基于当前价格且由有资质的技术人员给出、每年的节能量根据 SAP 2009 估算、能源价格应采用当前价格(具体参见 DECC 网站，www.decc.gov.uk/en/content/p, s/statostocs/publication/prices/prices.aspx)。

2. 节能要求范围内及以外的居住建筑

建筑条例中的节能要求是针对有屋顶和墙且需要使用能源来调节室内环境的建筑。

有两种建筑不在节能要求规定的建筑类型中，主要是有纪念意义的纪念馆、文物古迹、温室大棚、有宗教意义的教堂等。

3. 其他

"一般规定"中还给出了建筑责任人在建筑开工前有上报地方主管部门或相关技术人员的责任，但某些特殊情况下也无需上报。当无需上报时，责任人有必要对建筑开展自认证计划，自认证计划的内容和方法也在此部分有规定。

8.3.2.2　建筑相关工作导则

1. 住宅扩建

(1) 参考方法

住宅改建时围护结构应满足的热特性指标、供暖和照明要求后面将有详细介绍。改建的窗户、顶窗和门的总面积不应超过 25% 改建的面积与由于改建工作消失的窗户或门的面积之和。

(2) 较灵活设计可选择的方法

上面的规定是约束性的，也可通过以下两种方式等同实现。

一种方式是传热系数面积加权平均法，即通过面积加权平均得出改建部分传热系数平均值低于同类型同尺寸且满足条例要求的改建部分的传热系数值，同时可开放区域面积也满足条例要求。面积加权平均传热系数值计算公式如下：

$$[(U_1 \times A_1) + (U_2 \times A_2) + (U_3 \times A_3) + \cdots\cdots] \div [(A_1 + A_2 + A_3 + \cdots\cdots)]$$

另一种方式是住宅整体计算法。当需要更大的设计灵活度时，应提供证明住宅加上其扩建部分的计算碳排放低于住宅加上按照条例标准改建的碳排放。计算过程中无法获取的数据可参加 SAP 2009 附录 S。

(3) 温室和门廊

对于节能要求范围内的温室和门廊，应满足以下要求：保证其与既有住宅中的其他供暖部分进行了热分隔(比如，保证既有住宅与扩建部分之间的墙、门和窗保温和通风至少做到了与建筑原有部分相同)；扩建部分的供暖系统均配置了独立温度控制和开关控制；供暖设备和玻璃构件满足条例中的对应参数要求。

(4) 游泳馆

当建筑中欲设置游泳池时，根据 BS EN ISO 13370 中的规定，游泳池墙和地的传热系数值不应比 $0.25\text{W}/(\text{m}^2 \cdot \text{K})$ 更差。

2. 材料和用能改变

(1) 材料改变

使用的材料改变包括以下情况：无论之前用途是什么，现在作为住宅建筑用；无论之前是否包括公寓房，现在包含；无论之前有多少个，现在至少有一个住宅。

(2) 用能改变

此条例中用能改变的"建筑"既可以是一个建筑，也可以使建筑正在设计或打开分隔开的一部分。一般来说，材料或用能改变的以下情况：设备或系统的控制系统新增或扩建、改建工作涉及热构件、新增住宅的开口面积超过 25% 时，都应满足建筑条例中相应的规定。当现有窗(包括顶窗或采光顶)或门的传热系数值高于 $3.3\text{W}/(\text{m}^2 \cdot \text{K})$ 时，也应根据条例中相应规定进行更换。

(3) 较灵活设计可选择的方法

想要更多的设计灵活度，则要证明建筑总的碳排放低于按照条例要求改造后单个房间碳排放之和。

3. 设备和系统的控制

(1) 设备控制

当安装窗、顶窗、采光顶或门时，设备特性应满足表 8-5 的限值要求。当出于建筑外立面或整体特性考虑，更换的窗不能满足表 8-5 的要求时，更换窗应满足中心玻璃的传热系数值不高于 1.2W/(m²·K)，或单层玻璃采用 low-e 二级玻璃。传热系数值根据 BR 443 中的规定计算，且基于整体单元计算(比如，对于窗来说，计算玻璃和框架的综合传热系数)。条例中顶窗和采光顶的传热系数值是按照竖直方向考虑取值的。如果某建筑顶窗或采光顶为水平方向，可根据 BR 443 对条例中给出的值进行修正。

控制装置的标准   表 8-5

装置	限值
窗、顶窗或采光顶	窗能效 C 级或传热系数 1.6W/(m²·K)
内表面含 50％玻璃的门	传热系数＝1.8W/(m²·K)
其他门	传热系数＝1.8W/(m²·K)

窗能效(WER)根据下面的公式计算：

$$WER = 196.7 \times [(1-f) \times g_{glass}] - 68.5 \times [U + (0.0165 \times AL)]$$

式中　f——框架百分比；

g_{glass}——通过玻璃的太阳辐射，根据 BS EN 410 计算；

U——窗的总传热系数；

AL——50Pa 压差时通过的窗的气流量，根据 BS 6375-1：2009 测试得到。AL 是基于整个窗户，而不是每个开启的窗长。

WER 是针对英国气候特点采用标准规格(148mm×123mm)的窗进行测试，窗朝向也是以英国主要朝向为参数，因而，该值是相对值，而不是绝对值，同一气候区、同一朝向、同一规格的窗户能效值才是可比的。该值越大，表明其热性能越好。绝大多数窗的能效值是负数，表示年度平均该窗是热损失，高性能窗的能效值是正数，表示年度平均该窗年获得的热量比散失的热量多，根据这个值的大小，可对应得出能效级别。能效级别分为 A-G 共 7 个级别：

级别	WER 值
A 级	$\geqslant 0$
B 级	$-10 \sim 0$
C 级	$-20 \sim -10$
D 级	$-30 \sim -20$
E 级	$-50 \sim -30$
F 级	$-70 \sim -50$
G 级	< -70

当窗增大或更换时，若未采取其他补救措施，则窗、顶窗、采光顶和门的面积不应超过建筑总面积的 25％。

(2) 系统控制

当供暖和热水系统(包括管道保温)、机械通风、机械制冷/空调系统、内外照明系统、可再生能源系统更新或改造时，应提供符合《民用建筑系统应用导则》的证明。以上系统应根据《民用建筑系统应用导则》的测试标准由有资质的技术人员测试能效。

更换系统时，新系统的能效值不应低于原系统。如果更换系统伴随着燃料的改变，则应根据《民用建筑系统应用导则》计算新设备碳排放量(与新旧燃料的碳排放有关)，并将作为新设备选型的一个重要参考。

可再生能源系统(如风力发电或光伏发电)更换时新系统的电能输出不应低于原系统。

更换供暖设备时，应统筹考虑与其相连的整个供热网络。

如涉及《民用建筑系统应用导则》中未涵盖的新技术，则应证明新技术的能效高于导则中规定的同类型参考系统的能效。

4. 系统调试

建筑设备系统应进行调试以使其节能高效运行。

条例 20C 对建筑设备系统节能调试提出了具体要求。但不是所有的设备系统都需要调试，因为有些系统仅有"开""关"两种状态，比如机械排风系统或某些电加热器，而且某些情况下调试对节能并无影响。在制定调试方案时，应注明哪些不需要调试及其理由。

调试应根据国务大臣批准的方法进行。对于供暖和热水系统，根据《民用建筑系统应用导则》进行调试。对于通风系统，根据《民用通风：安装和调试应用导则》进行调试。调试完成后 5 天内应将调试报告提交当地主管部门或相关技术人员。如果调试工作是由登记在"资质人档案"中的技术人员进行的，可以将调试报告提交时间延长至调试完成后的 30 天内。但当地主管部门或相关技术人员接收报告并不意味着报告合格，也不意味着 PART L 的要求已经达到，更不意味着可以获得最终证书。

8.3.2.3　建筑构件热特性导则

1. 新增热构件

(1) 传热系数

热构件的传热系数应根据 BR 443 规定的方法计算。新增热构件(如扩建部分的热构件)传热系数应满足表 8-6 的要求。

新增热构件的传热系数限值　　　　　　　　　　表 8-6

构件❶	限值［W/(m² · K)］
墙	0.28❷
坡屋顶——顶板保温	0.16
坡屋顶——椽保温	0.18
平屋顶或整体保温屋顶	0.18
地面❸	0.22❹
游泳池	0.25

注：❶ 顶包括老虎窗中的顶部分，墙包括老虎窗中的墙部分。
　　❷ 面积加权平均值。
　　❸ 如果满足该限值要求需要减少有外墙房间建筑面积的 5% 以上，则可以考虑适当放宽标准。
　　❹ 如果满足该限值要求可能会对地板连接产生重要影响，则可以考虑适当放宽标准。扩建部分地面的传热系数可通过扩建的周长以及扩建后的住宅建筑面积来计算。

(2) 保温和气密一致性

建筑围护结构保温层内不应有热桥(由不同构件缝隙、构件连接处、窗户和门等的构件边缘引起)出现。

2. 热构件更新

热构件更新时，如更新面积超过单独构件的 50% 或围护结构总面积的 25%，总构件的整体传热系数应达到或优于表 8-7(b) 的要求。

更 新 热 构 件　　　　　　　　　　表 8-7

构件❶	(a) 传热系数限值 [W/(m² · K)]	(b) 优化的传热系数值 [W/(m² · K)]
墙-空腔墙体保温❷	0.70	0.55
墙-内保温或外保温❸	0.70	0.30
地面❹,❺	0.70	0.25
坡屋顶——顶板保温	0.35	0.16
坡屋顶——椽保温❻	0.35	0.18
平屋顶或整体保温屋顶❼	0.35	0.18

注：❶ 顶包括老虎窗中的顶部分，墙包括老虎窗中的墙部分。
　　❷ 仅适用于墙体采用空腔墙体保温方式时。
　　❸ 如果满足该限值要求需要减少外墙房间建筑面积的 5% 以上，则可以考虑适当放宽标准。
　　❹ 扩建部分地面的传热系数可通过扩建的周长以及扩建后的住宅建筑面积来计算。
　　❺ 如果满足该限值要求可能会对地板连接产生重要影响，则可以考虑适当放宽标准。
　　❻ 如果满足该限值要求会使顶部空间受到限制，则可以考虑适当放宽标准。此时，保温的厚度加上要求的空气间隙应至少等于椽的厚度，保温特性也应达到最好的传热系数值。
　　❼ 如果满足该限值要求会给空腔带来特殊的承载问题或影响立柱的高度，则可以考虑适当放宽标准。

固有热构件

在技术、性能和经济可行的前提下，达不到表 8-7 中(a)要求的热构件应更换，并达到(b)中传热系数的要求。经济性判断的依据是简化回收期不超过 15 年。如果达到(b)要求的措施都不能做到技术、性能和经济可行，则应在简化回收期不超过 15 年的前提下，尽量做到最好的保温效果。一般情况下，稍宽松的标准限值是 0.7W/(m² · K)。

3. 热构件更新时传热系数的经济能效值

表 8-8 给出了一般情况下热构件更新时的传热系数经济能效值。表格最后一列给出了当选型时可能遇到问题的解决方法。如考虑到技术风险以及可能会对相连建筑产生影响，表中的限制也可适当放宽。表中虽给出了结构示例，但设计师仍可以自由选择满足能效要求的结构。

热构件更新时传热系数的经济能效值　　　　　　　　　　表 8-8

预计工作	传热系数目标值 [W/(m² · K)]	典型做法	特点(合理性、实践性和经济能效性)
坡屋顶结构			
屋顶覆盖层更新-不包含无日常生活起居的屋顶-无保温(如有的话，在顶板层面)，保温层厚度小于 50mm，保温效果较差，改造工作对其有严重影响	0.16	阁楼保温-250mm 纤维保温或纤维质纤维覆盖、填充连接点	评估屋顶风险，是否可满足 PART C 中有关冷凝的规定。可能需要附件条款证明屋顶空间保温

续表

预计工作	传热系数目标值 $[W/(m^2 \cdot K)]$	典型做法	特点（合理性、实践性和经济能效性）
坡屋顶结构			
屋顶覆盖层更新-现有保温水平较好，改造工作不会对其有较大影响。保温层厚度在 50～100mm	0.16	阁楼至少 250mm 纤维保温或纤维质纤维覆盖、填充连接点	评估屋顶风险，是否满足 PART C 中有关冷凝的规定。可能需要附件条款证明屋顶空间保温； 如果阁楼已用板隔开，而改造过程不包含板的移动，则应考虑保温的操作性
更新顶到冷阁楼空间。顶保温也是移动工作之一	0.16	阁楼至少 250mm 纤维保温或纤维质纤维覆盖、填充连接点	评估屋顶风险，是否满足 PART C 中有关冷凝的规定。可能需要附件条款证明屋顶空间保温； 如果阁楼已用板隔开，而改造过程不包含板的移动，则可下面保温而不一定非要满足传热系数限制要求
屋顶覆盖层更新-无论有无老虎窗，顶空间有居住用途	0.18	冷结构-保温（厚度取决于材料）位于椽下或之间；热结构-保温位于椽下或之间	评估屋顶风险，是否满足 PART C 中有关冷凝的规定。可能需要附件条款证明屋顶空间保温
老虎窗			
更新覆盖层到侧墙	0.30	保温（厚度取决于材料）位于壁骨之间或固定在壁骨外面。再或者，全部既有结构的外面取决于建造过程	评估结构风险及是否满足 PART C 中有关规定
更新顶覆盖层	—	依据相关的平、坡屋顶条例	评估结构风险及是否满足 PART C 中有关规定
平屋顶			
屋顶覆盖层更新-保温层厚度不超过 100mm，矿物纤维，保温效果不好且改造工作对其有较大影响	0.18	在需要满足传热系数限值的接点处及其上面保温	评估结构风险及是否满足 PART C 中有关规定。可参考 BS 6229：2003 中的设计导则
更新覆盖层到平屋顶。保温结构也是改造工作之一	0.18	在需要满足传热系数限值的接点处及其下面保温	评估结构风险及是否满足 PART C 中有关规定。可参考 BS 6229：2003 中的设计导则； 如果屋顶高度因满足传热系数限值而改变时，可稍放宽传热系数限值要求
实心墙			
从内至外重新装修或首次装修	0.30	干式-预墙内表面有关-在需要满足传热系数限值处保温-厚度取决于保温和结构材料；需要满足传热系数限值要求的内保温厚度取决于所用材料	评估对地板内表面的影响。一般来说，建筑面积减少 5% 是可以接受的。但房间用途、设备、家具等功能和放置要求应实现； 当声学衰减问题非常重要时，可稍放宽传热系数限值要求。此时，传热系数限值可调整； 考虑到结构的现实厚度，可稍放宽传热系数限值要求 $0.35W/(m^2 \cdot K)$ 或更高，主要取决于环境的要求； 评估机构和潮湿风险及是否满足 PART C 中有关规定。通常会要求控制蒸汽和结构防潮； 可参见 BR 262 和节能信托基金会的出版物

续表

预计工作	传热系数目标值 [W/(m²·K)]	典型做法	特点(合理性、实践性和经济能效性)
实心墙			
重新装修、外墙增添覆盖层、增高、装修、首次增添覆盖层	0.30	选择提交合格的或满足传热系数要求的外保温系统	评估技术风险和增加墙厚对隔壁建筑的影响
地面			
实心地面或悬桥面更换时涉及地面承板更换	详见后	实心地板-更换砂浆底层；悬浮木地板-更换地板底层之前在其连接点设备保温	地板保温经济能效值与地板类型和大小有关； 大多数情况下，未保温的地面传热系数也比墙和顶的低。当现有地板传热系数为 0.70W/(m²·K) 及以上时，保温工程的实施就是经济能效值较高。分析显示，成本效益曲线非常平，也就是说 0.25W/(m²·K) 的传热系数限值主要是由其他技术条件确定

8.3.3　新建公共建筑节能条例

PART L 2A 包括 7 部分内容以及 3 个附录：1 介绍；2 要求；3 一般规定；4 建筑相关工作导则；5 建造和运行质量；6 数据要求；7 模型设计；附录 A 报告依据；附录 B 参考文件；附录 C 引用标准。

第 1 部分主要是对条例相关的基础知识进行概述，包括以下几个问题：什么是批准文件、技术风险考虑、如何使用批准文件、如何获得更多的帮助、守归责任。

第 2 部分主要是介绍本条例(新建居住建筑部分)与建筑条例的其他 PART 之间的协调关系，并以较大篇幅列出了各部分中对能效标识的具体规定，包括能效标识的应用对象、出具人资质、展示信息内容等。

第 3~5 部分是其主体内容，后面将对其重点内容详细介绍。

第 6 部分主要是对某些要求中的数据进一步提出具体要求，也对某些计算过程中的数据提出更详细更具体的要求。

第 7 部分对模型设计提出了总的要求，并给出了类似数据的参考网址。

8.3.3.1　一般规定

1. 主要术语

BER：建筑碳排放量，单位为 $kgCO_2/(m^2 \cdot 年)$。

TER：碳排放目标，单位为 $kgCO_2/(m^2 \cdot 年)$。

总有效建筑面积(Total useful floor area)：外围护结构内表面所包围的建筑面积。通常，斜面(比如楼梯、画廊、阶梯会堂和台阶等面积)都可视为其中。而对于不封闭的地方，如开启的外门、有顶的路和阳台是不包括在其中的。

利用率较高的出入门：是指人而非大型交通工具常出入的门，且固定性和电能运行是其主要能耗部件。其主要标志是可以自动关闭，且有前厅。

2. 节能要求范围内及以外的公共建筑

建筑条例中的节能要求是针对新建的非居住建筑，既有非居住建筑扩建时若建筑总面积超过 100m² 而扩建比例又超过 25% 也可认为是在本部分的规定要求下。

对于住宅和公用混合的建筑，只要公用部分可以用作住宅，则建筑整体应被认为是居住建筑。例如，建筑的工业、商业和住宅功能之间均可直接转换，且具有相同的围护结构，并且居住占了一大部分时，则认为是居住建筑。

对于下类建筑，也不属于本部分节能要求范围内的建筑：建筑主要用于做礼拜；计划使用时间不超过 2 年的临时建筑，工业建筑，教堂和能耗很低的非居住农业建筑；建筑面积不超过 50m² 的非居住建筑；某些温室和门廊。

3. 其他

"一般规定"中还给出了建筑责任人在建筑开工前有上报地方主管部门或相关技术人员的责任，但某些特殊情况下也无需上报。当无需上报时，责任人有必要对建筑开展自认证计划，自认证计划的内容和方法也在此部分有规定。

8.3.3.2　建筑相关工作导则

1. 达到 TER

（1）TER

TER 是根据条例 17B 中方法计算出最低建筑能耗，单位为 kg/(m²·年)。TER 应根据条例 17A 中已经批准的计算工具进行计算，主要是 SBEM(Simplified Building Energy Model)。随着时间的推移和技术的进步，会有更多的工具通过批准，批准工具的更新清单详见 www.communities.gov.uk。

TER 是通过与实际建筑同类型同尺寸的参考建筑并用批准工具计算的，但相关参数却是根据《2010 NCM 模型导则》确定的。

（2）碳排放计算

建筑碳排放实际值 BER 不应超过建筑碳排放目标值 TER，且建筑碳排放实际值应采用与建筑碳排放目标值同样的计算方法。

根据条例 17C 和 20D 的要求，工程开始前，负责人应计算建筑碳排放实际值 BER 和建筑碳排放目标值 TER，并应保证 BER 不超过 TER。计算的过程、建筑围护结构以及计算中用到的建筑系统设备等都应上报当地主管部门或相关技术人员。

竣工后，负责人应提交当地主管部门或相关技术人员建造过程中是否有对开工前清单提到内容的变更。

确定 BER 用的碳排放因子应根据 DECC 公布数据。

如果建筑由超过一种燃料功能，则：如果生物质供暖设备由其他设备辅助供暖，则碳排放因子应根据两种燃料供应供暖面积的加权平均计算。BER 应由有资质的技术人员提供详细计算的报告；除无烟区外，如果同一设备可以同时以生物质燃料和化石燃料为热源，则碳排放因子应采用两种燃料设备的综合因子。

如果采用区域能源供热/冷系统，碳排放因子应根据具体情况考虑。计算碳排放因子时应考虑整个系统的年平均能效(比如，输配网络、所有的供热系统)。热电联产系统或冷热电三联供系统的碳排放因子总认为是管网的平均因子值。BER 应由有资质的技术人员提供详细计算碳排放因子的报告。

（3）满足碳排放要求

可以采用一些先进的管理经验促进建筑节能。采用这些先进管理措施的建筑，一般 *BER* 可以减少表 8-9 中所列设备的等同碳排放值。

优化调控水平的作用 表 8-9

作用	调节因子
自动监测和报警装置❶	0.050
建筑整体能源因子超过 0.9 的校正因子❷	0.010
建筑整体能源因子超过 0.95 的校正因子❷	0.025

注：❶ 自动监测和报警装置是集成测试、记录、传递、分析、报告和管理的综合装置，可协助技术人员更好的管理能源系统。

❷ 校正因子只在建筑整体能源因子需要校正到规定因子时才使用。

为方便建筑整体能效的提高以及与 LZC 技术的集成，设计人员应当选择：先进的低温供热供冷系统、同功能下最低碳的系统和考虑以后能与 LZC 技术集成在一起的系统。同样，设计人员还应考虑建筑能效对未来气候变化的影响。

（4）特殊考虑：计划使用时间超过两年的模块化和装配式建筑

条例对建筑能效提出了五大基本要求。不过，如果建筑围护结构 70% 以上的部分是提前在工厂中装配的，且在条例批准文件生效之前，则 *TER* 应按表 8-10 中给出的放大系数进行调节。

装配化建筑的 *TER* 放大系数 表 8-10

建筑围护结构 70% 以上工厂装配完成时间	*TER*
2010 年 10 月 1 日之后	1.00
2006 年 4 月 6 日至 2010 年 10 月 1 日	1.33
2002 年 4 月 1 日至 2006 年 4 月 5 日	1.75
2002 年 4 月 1 日之前	1.75【2.35❶】

注：❶ 对于预计建筑使用寿命不超过 2 年的建筑，则取 2.35。

如果模块化建筑或便携式建筑在某一特点位置时间不超过两年，则 *TER/BER* 的计算应当在模块初始建造时基于标准化通用配置计算。当该建筑迁往新位置且在新位置的时间也不超过两年时，上面的计算就可以作为建筑满足条例 17C 要求的证明。除了计算的详细过程外，负责人还需提供模块化建筑实际提供的建筑能效水平，通过配置中假设的活动合理的代表了实际模块。

一般认为如果建筑在某位置的计划使用时间不超过两年，则电加热是唯一的供热技术。此时，只要运行合理，可认为比传统化石燃料节能 15%。如果 *TER/BER* 的判定计算不适用于 2010 年 10 月 1 日前的模块化建筑，则可等同证明 *BER* 放大 2010 *TER* 的系数没有超过表 8-9 中的规定。

如果建筑构件是由市场提供或由未来房主提供，则应证明在设计阶段提交的 *TER/BER* 中有框架满足节能规定的介绍。

如果未来房主不是第一次准备所有的工作、建筑的某部分、特定系统（如供热、热水、空调或机械通风系统）的扩建，则建筑完工后，提交当地主管部门或相关技术人员的 *TER/BER* 应基于建造的建筑框架和实际安装的建筑设备系统。

还有一些情况需要特殊对待，比如碳排放的目标是基于其他政策建立的，或碳排放目标是不切实际的情况［如用国家通用计算方法（National Calculation Methodology）计算某些有工业用途或农业用途的建筑，不改变碳排放目标，则可能会对能效和技术风险带来负面影响］。以上这些情况，批准文件 L2B 中给出的建筑设备的要求应合理调整。

2. 灵活设计的限制

尽管设计师有一定的设计灵活度，但建筑结构的得热和失热、特定设备系统的效率及控制系统的效率都有合理的限制，且在条例中有相应的规定。证明以上条件满足的方式之一就是保证结构特性和特定设备系统满足相应的最低能效要求。

（1）围护结构标准

表 8-11 给出了围护结构的最低要求。表中值都是同类材料中的面积加权平均值。值得注意的是，要想满足 *TER* 的要求，建筑专家需要考虑比标准要求更高效的设计。

围护结构的最低要求 表 8-11

顶	$0.25W/(m^2 \cdot K)$
墙	$0.35W/(m^2 \cdot K)$
地面	$0.25W/(m^2 \cdot K)$
窗、顶窗、采光顶、幕墙和行人门[1,2]	$2.2W/(m^2 \cdot K)$
通车门和类似大门	$1.5W/(m^2 \cdot K)$
利用率高的进出门	$3.5W/(m^2 \cdot K)$
屋顶通风	$3.5W/(m^2 \cdot K)$
气密性	$10.0m^3/(h \cdot m^2)(50Pa)$

注：[1] 不包括展示窗和类似小玻璃。对于这些例外的类型设计灵活度没有要求，但是他们对碳排放的影响必须考虑到计算中去。

　　[2] 内区得热较大的建筑，面积加权平均传热系数值较低时反而对减少碳排放有利。此时，上表中的要求可适当放宽，但是传热系数值不应高于 $2.7 W/(m^2 \cdot K)$。

围护结构的传热系数应根据 BR 443 进行计算，且基于整体构件进行计算，比如对于窗户来说，其传热系数应是玻璃及其构架的综合值。玻璃的传热系数可分类计算：对于两种小型标准窗，参见 BS EN 14315-1；对于标准窗参见 BR 443；也根据窗的实际值。对于住宅类建筑，SAP 2009 表 6e 给出了不同结构窗户的传热系数参考值，可用于实测值或计算值缺失时。

条例中顶窗和采光顶的传热系数值是按照竖直方向考虑取值的。如果某建筑顶窗或采光顶为水平方向，可根据 BR 443 对条例中给出的值进行修正。

（2）建筑设备的设计限制

建筑设备系统的能效值不应低于《公共建筑导则》（Non-Domestic Building Services Compliance Guide）中的规定值。如果拟采用导则中未给出的设备系统，则应提供其能效合理可采用的证明。

建筑设备系统的能效值应基于相关标准条例中的实测方法进行测试得到，且测试数据应由有资质的机构出具。

条例要求安装能耗计量工具，以保证：至少每类燃料 90％以上的能耗是分类计量的（如供暖、照明等），具体的实施方案参见 CIBSE TM 39；可再生能源系统的输出能量应单独计量；总有效建筑面积大于 1000m² 的建筑应安装自动能耗计量和数据采集设备。

条例中对于计量的规定应便于 TM 46 中的能效标定。

应注意中央控制开关的条款允许设备管理师在设备不需要时将其关闭（比如夜里和周末）。如果可以的话，以上的关闭应是自动的，以保证节能的最大化。

3. 限制夏季太阳得热

如果自然通风系统可满足下面提到的准则要求，但这并不能表明室内环境令人满意，因为导则没有覆盖所有可能会对过热才产生影响的因素。

PART L 的目的是，通过限制围护结构合理限制夏季太阳得热。而对于此的证明，是通过建筑中各自然或机械通风空间 4～9 月间通过玻璃的太阳得热不超过根据 BS EN 410确定的太阳得热传递参数和条例给出的几种参考玻璃系统综合的太阳能得热。

8.3.3.3　建造和运行质量

1. 建筑能效与 DER 的一致性

上面已经提到，建筑设计、建造过程中的任何更改以及气密性、管道泄漏损失、风机实际效率等都要列清单提交，以证明满足条例 17C 中 DER 不超过 TER 的要求。

◆ 围护结构

建筑围护结构应根据相关标准建造以保证建筑整体围护结构的保温，通风量在合理的限制范围内。

围护结构应良好施工，以保证保温层中不同构件的缝隙、构件连接点、构件边缘不会出现热桥。

热损失可通过围护结构内衬层连续保温或内衬层之间缝隙用实心材料填充等措施来降低。

计算 DER 用的线性损失和温度因子可根据 BR 497 中给出的计算方法进行计算。应提供具体处理方案以使温度因子不比 BRE IP 1/06 中给出的因子差。

如果建造细节已经通过国务大臣批准的检查方案，则线性损失可直接用于 BER 的计算。否则，线性损失要根据 BR 497 由经验丰富且具备资质的专业人员计算得出，计算出的线性损失值加上 0.02W/m·K（若小于计算值的 25％，则选择加上 25％）用于 DER 的计算。如果技术细节尚未公认，则没有特定的评定热桥值的方法。这种情况下，比较 0.04W/m·K 和附加 50％哪个差值更大，则选择作为窗户前端导热系数。

条例 20B 对气密性测试提出了一系列的要求。法定的压力测试方法详见 ATTMA 出版物《建筑围护结构气密性测量》（Measuring air permeability of building envelopes）。其中提到的参考方法是采用微流通风器临时封堵而不简单的采用关闭方式，并提交当地主管部门或相关技术人员测试仪器在之前 12 月内已采用 UKAS 校核设备进行标准校核的证明。

所有的公共建筑（包括 PART L 适用范围内被视为新建建筑的扩建部分建筑）都应进行压力测试。但五种建筑除外：总有效建筑面积不超过 500m²，此时不用气压测试而是取值 15m³/(h·m²)(50Pa) 用于 BER 的计算；工厂建造的模块化建筑面积少于 500m²，在某固定地点的计划使用时间超过两年的建筑，此类建筑能提供其标准模块在原位和实际建筑中气压测试的合格结果则等同认为满足条例 20B 的要求，这里提到的合格是指气密性平均测试结果显示优于 BER 计算规定的最差 $1.0\text{m}^3/(\text{h}\cdot\text{m}^2)(50\text{Pa})$；无法将扩建部分从建筑中封阻起来的大型扩建，ATTMA 出版物中给出了压力测试不方便时的指导方法；由于建筑尺寸和复杂性无法进行压力测试的大型复杂建筑，ATTMA 同样给出了此类建筑有关压力测试的指导意见；分区太多的建筑，此类建筑分为很多单独控制的单元，对其进行压力测试不实际，此时可选择代表区域根据 ATTMA 导则方法进行压力测试。

符合条例 20B 要求应保证通风量不超过 $10\text{m}^3/(\text{h}\cdot\text{m}^2)(50\text{Pa})$，并且采用测试的通风量计算得出的 DER 不超过 TER。如果上述两个条件不能满足，则应进行补救措施并进行新的测试，直至通风量和 DER 两个参数都达标为止。

2. 建筑设备系统的调试

条例 20C 对供暖和热水系统节能调试提出了要求。提前制定调试方案确定哪些设备系统需要测试是很有用的，也可用于 TER/DER 的计算。

不是所有的设备系统都需要调试，因为有些系统仅有"开""关"两种状态，比如机械排风系统或某些电加热器，而且某些情况下调试对节能并无影响。

调试应根据国务大臣批准的《CIBSE 调试方法 M》（CIBSE Commissioning Code M）以及管网泄漏测试方法等进行。调试应在不违背健康和安全要求的前提下进行。调试通常由安装人进行，有时也由转包人或专业公司进行。无论是谁实施调试都应遵循相应的规定。

调试完成后 5 天内应将调试报告提交当地主管部门或相关技术人员。如果调试工作是由登记在"资质人档案"中的技术人员进行的，可以将调试报告提交时间延长至调试完成后的 30 天内。但当地主管部门或相关技术人员接收报告并不意味着报告合格，也不意味着 PART L 的要求已经达到，更不意味着可以获得最终证书。

对于装有风机且设计流量大于 $1\text{m}^3/\text{s}$ 的系统，其管道泄漏测试应根据 HVCA DW/143 规定的方法进行。对于管道中以下部分：压力级别是 DW/143 标出的值、BER 计算中某部分假定的泄漏率比特定压力级别高，低压管道应采用 DW/143 中对于中压管道的测试方法。压力级别划分详见表 8-12。

管道压力级别 表 8-12

压力级别	设计静压(Pa)		最大空气流速(m/s)	(管道表面)空气泄漏限值 $[1/(\text{s}\text{m}^2)]$
	正面最大值	背面最大值		
低压（A 级）	500	500	10	$0.027\Delta P^{0.65}$
低压（B 级）	1000	750	20	$0.009\Delta P^{0.65}$
低压（C 级）	200	750	40	$0.003\Delta P^{0.65}$

如果管道不能满足泄漏标准，则应进行补救措施并进行新的测试，直至达标为止。更多需测试的管道内容详见 DW/143。

8.3.4 既有公共建筑节能条例

PART L 2B 包括 7 部分内容以及 2 个附录：1 介绍；2 要求；3 一般规定；4 建筑相关工作导则；5 建筑构件热特性导则；6 节能的间接措施；7 数据要求；附录 A 参考文件；

附录 B 引用标准。

第 1 部分主要是对条例相关的基础知识进行概述，包括以下几个问题，什么是批准文件、技术风险考虑、如何使用批准文件、如何获得更多的帮助、守归责任。

第 2 部分主要是介绍本条例（既有公共建筑部分）与建筑条例的其他 PART 之间的协调关系，并以较大篇幅列出了各部分中对能效标识的具体规定，包括能效标识的应用对象、出具时间、展示信息内容等。

第 3～5 部分是其主体内容，后面将对其重点内容详细介绍。

第 6 部分主要是对承担更高节能要求的额外工作进行了规定介绍。

第 7 部分主要是对存档信息、设备系统信息等提出要求，以方便以后查阅、使用和运行参考。

8.3.4.1　一般规定

1. 主要术语

节能要求：指建筑条例 4A、17C、17D、17E 和 PART L 中的节能条文要求。对于既有公共建筑来说，主要是条例 4A、17D 和 PART L 中的节能条文要求。

准备工作：指建筑完成内部布局和外部框架要求以实现未来业主的需求。

利用率较高的出入门：是指人而非大型交通工具常出入的门，且固定性和电能运行使其主要能耗部件。其主要标志是可以自动关闭，且有前厅。

基本工作：建筑扩建或增加建筑设备时满足业主要求的工作。

简化回收期：通过节能来抵消初始节能投入的时间，不考虑增值税。计算时可参照以下导则：计算用投入是与节能相关的投入而非全部投入、投资应基于当前价格且由有资质的技术人员给出、每年的节能量根据条例 17A 研发的且国务大臣批准的计算工具估算、能源价格应采用当前价格（具体参见 DECC 网站，www. decc. gov. uk/en/content/p，s/sta-tostocs/publication/prices/prices. aspx）。

总有效建筑面积（Total useful floor area）：外围护结构内表面所包围的建筑面积，也就是根据 RICS 发布的导则测量的总建筑面积。通常，斜面（比如楼梯、画廊、阶梯会堂和台阶等面积）都可视为其中。而对于不封闭的地方，如开启的外门、有顶的路和阳台是不包括在其中的。

2. 节能要求范围内及以外的居住建筑

本部分建筑条例中的节能要求是针对建筑结构扩建、材料和用能改变、集中式设备系统扩建、热构件更新时。

对于准备工作，如框架和中心办公建筑或商业单元，PART L 2A 中涉及准备工作的部分也应满足。对于大型扩建，应满足 PART L 2A 和条例 17D 的相关规定。对于模块化装配式建筑，涉及集中单元的局部装配、建筑拆卸或迁移时，应满足 PART L 2A 和条例 17D 的相关规定。

建筑条例中的节能要求是针对有屋顶和墙且需要使用能源来调节室内环境的建筑。但也有些建筑不在节能要求规定的建筑类型中，主要是有纪念意义的纪念馆、文物古迹、温室大棚、有宗教意义的教堂等。

3. 其他

"一般规定"中还给出了建筑责任人在建筑开工前有上报地方主管部门或相关技术人

员的责任，但某些特殊情况下也无需上报。当无需上报时，责任人有必要对建筑开展自认证计划，自认证计划的内容和方法也在此部分有规定。

8.3.4.2　建筑相关工作导则

1. 扩建

(1) 大型扩建

对于扩建部分总有效建筑面积超过 $100m^2$ 和超过原建筑总有效建筑面积 25% 的扩建，应满足 PART L2A（公用新建建筑部分条例）要求。其他扩建则满足本部分条例的要求。

(2) 其他扩建-参考方法

扩建时围护结构应满足的热特性指标、供暖和照明要求后面将有详细介绍。

扩建的窗户、顶窗和门的总面积不应超过表 8-13 的规定。对于扩建部门拟用较大玻璃面积的，应限制其玻璃比例以保证不超过原来建筑的玻璃比例。

扩建部门的开口面积　　　　　　表 8-13

建筑类型	窗户和行人门占总外墙的百分比	顶窗占顶的百分比
临时或永久性的居住建筑	30	20
集会、办公和商店	40	20
工业、仓储建筑	15	20
交通门、展示窗和类似的玻璃	按照要求	—
排烟道	—	按照要求

(3) 更多设计灵活度的可选方法

上面的规定是约束性的，也可通过以下两种方式等同实现。

一种方式是传热系数面积加权平均法，即通过面积加权平均得出改建部分传热系数平均值低于同类型同尺寸且满足条例要求的改建部分的传热系数值，同时可开放区域面积也满足条例要求。面积加权平均传热系数值计算公式如下：

$$[(U_1 \times A_1) + (U_2 \times A_2) + (U_3 \times A_3) + \cdots\cdots] \div [(A_1 + A_2 + A_3 + \cdots\cdots)]$$

另一种方式是整体计算法。当需要更大的设计灵活度时，应提供证明建筑加上其扩建部分的计算碳排放低于建筑加上按照条例标准改建的碳排放。

(4) 温室和门廊

对于节能要求范围内的温室和门廊，应满足以下要求：保证其与既有建筑中的其他供暖部分进行了热分隔（比如，保证既有建筑与扩建部分之间的墙、门和窗保温和通风至少做到了与建筑原有部分相同）；扩建部分的供暖系统均配置了独立温度控制和开关控制；玻璃构件满足条例中的对应参数要求。

(5) 游泳馆

当建筑中欲设置游泳池时，根据 BS EN ISO 13370 中的规定，游泳池墙和地的传热系数值不应比 $0.25W/(m^2 \cdot K)$ 更差。

2. 材料和用能改变

(1) 材料改变

使用的材料改变包括以下情况：无论之前用途是什么，现在作为旅馆或公寓用；无论之前用途是什么，现在事业机构用；无论之前用途是什么，现在公共建筑用；无论之前是否包括公寓房，现在包含；无论之前有多少个，现在至少有一个住宅；无论之前用途是什么，现在用作商店。

（2）用能改变

此条例中用能改变的"建筑"既可以是一个建筑，也可以使建筑正在设计或打开分隔开的一部分。

一般来说，材料或用能改变的以下情况：设备或系统的控制系统新增或扩建、改建工作涉及热构件、新增住宅的开口面积超过 25%、改扩建工作涉及热构件时，都应满足建筑条例中相应的规定。当现有窗（包括顶窗或采光顶）或门的传热系数值高于 $3.3W/(m^2 \cdot K)$ 时，也应根据条例中相应规定进行更换。

（3）较灵活设计可选择的方法

想要更多的设计灵活度，则要证明建筑总的碳排放低于按照条例要求改造后建筑的碳排放。

3. 设备和系统的控制

（1）设备控制

当安装窗、顶窗、采光顶或门时，设备的阻气特性应满足表 8-14 的限值要求。当出于建筑外立面或整体特性考虑，更换的窗不能满足表 8-13 的要求时，更换窗应满足中心玻璃的传热系数值不高于 $1.2W/(m^2 \cdot K)$，或单层玻璃采用 low-e 二级玻璃。

窗的传热系数值根据 BR 443 中的规定计算，且基于整体单元计算（比如，对于窗来说，计算玻璃和框架的综合传热系数）。窗的传热系数可分类计算；对于两种小型标准窗，参见 BS EN 14315-1；对于标准窗参见 BR 443；也根据窗的实际值。对于住宅类建筑，SAP 2009 表 6e 给出了不同结构窗户的传热系数参考值，可用于实测值或计算值缺失时。

条例中顶窗和采光顶的传热系数值是按照竖直方向考虑取值的。如果某建筑顶窗或采光顶为水平方向，可根据 BR 443 对条例中给出的值进行修正。

控制装置的标准　　　　　　　　　　　　　　　　　　表 8-14

装置	限值
窗、顶窗和玻璃采光顶	单元整体 $1.8W/(m^2 \cdot K)$
住宅特性的建筑窗户的其他选择	窗户能效 C 级
塑料采光顶	$1.8W/(m^2 \cdot K)$
幕墙	见后详解
玻璃面积超过 50% 的行人门	单元整体 $1.8W/(m^2 \cdot K)$
利用率较高的出入门	$3.5W/(m^2 \cdot K)$
车辆通行门或类似的大型门	$1.5W/(m^2 \cdot K)$
其他门	$1.8W/(m^2 \cdot K)$
屋顶通风（包括排风机）	$3.5W/(m^2 \cdot K)$

内区得热较大的建筑，面积加权平均传热系数值较低时反而对减少碳排放有利。此

时，表 8-14 中的要求可适当放宽，但是传热系数值不应高于 $2.7W/(m^2 \cdot K)$。

幕墙的传热系数不应超过 $1.8W/(m^2 \cdot K)$ 或下面公式的计算值：

$$U_{limit} = 0.8 + \{[1.2 + (FOL \times 0.5)] \times GF\}$$

式中　FOL——开启扇的比例；

（2）系统控制

当供暖和热水系统（包括管道保温）、机械通风、机械制冷/空调系统、内外照明系统、可再生能源系统更新或改造时，应提供符合《公共建筑系统应用导则》（Non-Domestic Building Services Compliance Guide）的证明。以上系统应根据《民用建筑系统应用导则》的测试标准由有资质的技术人员测试能效。

更换系统时，新系统的能效值不应低于《公共建筑系统应用导则》（Non-Domestic Building Services Compliance Guide）的规定。新系统的能效值应由有资质的技术人员按照导则的规定的测试方法测试获得。如果测试方法在导则中未有规定，则应提供新方法的性能优于导则中方法的细节证明。

更换系统时，新系统的能效值不应低于原系统。如果更换系统伴随着燃料的改变，则应计算新设备碳排放量（与新旧燃料的碳排放有关），并将作为新设备选型的一个重要参考。

新的暖通空调系统应满足相关的节能要求。一般情况下，主要包括以下几个方面：根据太阳辐射情况、使用时间或使用类型将建筑和系统进一步划分为不同区；每个单独的区供暖空调系统可以单独关闭和设置参数；不同系统的规定与其功能的空间有关（比如某空间既有供暖也有空调，则应采取措施保证供暖和空调不会发生冷热抵消的情况）；供应基础空间的集中电能系统只有在需要时才开启；除以上要求外，暖通空调系统还应满足《公共建筑系统应用导则》（Non-Domestic Building Services Compliance Guide）的相关要求。

可再生能源系统（如风力发电或光伏发电）更换时新系统的电能输出不应低于原系统。

更换供暖设备时，应统筹考虑与其相连的整个供热网络。

如涉及《民用建筑系统应用导则》中未涵盖的新技术，则应证明新技术的能效高于导则中规定的同类型参考系统的能效。

条例要求安装能耗计量工具，以保证：至少每类燃料 90% 以上的能耗是分类计量的（如供暖、照明等），具体的实施方案参见 CIBSE TM 39；可再生能源系统的输出能量应单独计量；总有效建筑面积大于 $1000m^2$ 的建筑应安装自动能耗计量和数据采集设备；条例中对于计量的规定应便于 TM 46 中的能效标定。

应注意中央控制开关的条款允许设备管理师在设备不需要时将其关闭（比如夜里和周末）。如果可以的话，以上的关闭应是自动的，以保证节能的最大化。

4. 系统调试

条例 20C 对系统节能调试提出了要求。提前制定调试方案确定哪些设备系统需要测试是很有用的。

不是所有的设备系统都需要调试，因为有些系统仅有"开""关"两种状态，比如机械排风系统或某些电加热器，而且某些情况下调试对节能并无影响。

调试应在不违背健康和安全要求的前提下进行。

调试通常由安装人进行，有时也由转包人或专业公司进行。无论是谁实施调试都应遵循相应的规定。

调试应根据国务大臣批准的《CIBSE 调试方法 M》（CIBSE Commissioning Code M）以及管网泄漏测试方法等进行。

调试完成后 5 天内应将调试报告提交当地主管部门或相关技术人员。如果调试工作是由登记在"资质人档案"中的技术人员进行的，可以将调试报告提交时间延长至调试完成后的 30 天内。但当地主管部门或相关技术人员接收报告并不意味着报告合格，也不意味着 PART L 的要求已经达到，更不意味着可以获得最终证书。

对于装有风机且设计流量大于 $1m^3/s$ 以及压力级别是 DW/143 标出的值的系统，其管道泄漏测试应根据 HVCA DW/143 规定的方法进行。

如果管道不能满足泄漏标准，则应进行补救措施并进行新的测试，直至达标为止。更多需测试的管道内容详见 DW/143。

8.3.4.3　建筑构件热特性导则

1. 新增热构件

（1）传热系数

热构件的传热系数应根据 BR 443 规定的方法计算。

新增热构件（如扩建部分的热构件）传热系数应满足表 8-15 的要求。

表 8-15

新构件的传热系数限值

构件❶	限值 $[W/(m^2 \cdot K)]$
墙	0.28❷
坡屋顶——顶板保温	0.16
坡屋顶——椽保温	0.18
平屋顶或整体保温屋顶	0.18
地面	0.22❸
游泳池	0.25

注：❶ 顶包括老虎窗中的顶部分，墙包括老虎窗中的墙部分。

　　❷ 如果满足该限值要求需要减少有外墙房间建筑面积的 5% 以上，则可以考虑适当放宽标准。

　　❸ 如果满足该限值要求可能会对地板连接产生重要影响，则可以考虑适当放宽标准。扩建部分地面的传热系数可通过扩建的周长以及扩建后的住宅建筑面积来计算。

（2）保温和气密一致性

建筑围护结构保温层内不应有热桥（由不同构件缝隙、构件连接处、窗户和门等的构件边缘引起）出现。

2. 热构件更新

热构件更新时，如更新面积超过单独构件的 50% 或围护结构总面积的 25%，总构件的整体传热系数应达到或优于表 8-16(b) 的要求。

如果达到表 8-16 中 (b) 列的要求不是技术可行、性能可行或简化回收期超过 15 年，则应更换新措施以保证在技术和性能可行的前提下，简化回收期不超过 15 年。具体的措施可参见 PART L 1B 部分。

更新热构件		表 8-16
构件❶	(a) 传热系数限值 [W/(m²·K)]	(b) 优化的传热系数值 [W/(m²·K)]
墙-空腔墙体保温	0.70	0.55❷
墙-内保温或外保温	0.70	0.30❸
地面❹·❺	0.70	0.25
坡屋顶——顶板保温	0.35	0.16
坡屋顶——橼保温❻	0.35	0.18
平屋顶或整体保温屋顶❼	0.35	0.18/0.20

注：❶ 顶包括老虎窗中的顶部分，墙包括老虎窗中的墙部分。

　　❷ 仅适用于墙体采用空腔墙体保温方式时。

　　❸ 如果满足该限值要求需要减少有外墙房间建筑面积的 5%以上，则可以考虑适当放宽标准。

　　❹ 扩建部分地面的传热系数可通过扩建的周长以及扩建后的住宅建筑面积来计算。

　　❺ 如果满足该限值要求可能会对地板连接产生重要影响，则可以考虑适当放宽标准。

　　❻ 如果满足该限值要求会使顶部空间受到限制，则可以考虑适当放宽标准。此时，保温的厚度加上要求的空气间隙应至少等于橼的厚度，保温特性也应达到最好的传热系数值。

　　❼ 如果满足该限值要求会给空腔带来特殊的承载问题或影响立柱的高度，则可以考虑适当放宽标准。

固有热构件

在技术、性能和经济可行的前提下，达不到表 8-16 中(a)要求的热构件应更换，并达到(b)中传热系数的要求。经济性判断的依据是简化回收期不超过 15 年。如果达到(b)要求的措施都不能做到技术、性能和经济可行，则应在简化回收期不超过 15 年的前提下，尽量做到最好的保温效果。一般情况下，稍宽松的标准限值是 0.7W/(m²·K)。

8.4　中英建筑节能标准比对

8.4.1　建筑节能标准发展背景

中英两国都很重视建筑节能标准的发展，而建筑节能标准的发展与各国采取的节能措施有直接关系。下面，对两国近些年来开展的节能措施进行比对，以对建筑节能标准的背景有清晰的比较。

英国促进建筑节能采取的十项措施：①制定国家节能计划，将建筑节能标准划分为 10 个等级，采用新标准建造的住宅，能耗比传统住宅减少了 75%；②出台建筑节能新标准，规定新建筑必须安装节能节水设施，使其能耗降低 40%；③在 10 年内建设 100 万栋"零能耗"住宅建筑，并在税收上给予优惠；④每年划拨 5000 万英镑的"能效基金"，鼓励企业和家庭购买节能设备；⑤对采用环保技术建造或装修房屋的居民，政府给予减免印花税的优惠；⑥新建建筑或既有建筑改造后，采用太阳能、风能等可再生能源发电者，可享受政府补助，金额最多可达改造费的一半，所发电力若自用有余，政府以优惠价收购；⑦为鼓励住宅节能，规定凡通过英国天然气公司安装保暖墙的家庭，可以申请 100 英镑退税，2007 年享受这一优惠的家庭有 100 万户左右；⑧设计新建筑时，设计人员必须从风、光、冷、热、声五种要素出发综合考虑节能问题；⑨注重采用新材料、新技术；⑩准备动用行政力量，在未来 8 年内为全部建筑配备节能灯。据估算，此举每年可节能上百亿英镑电费，同时使照明发电的温室气体排放量减少 70%。

我国依据自己国情，确定了六个建筑节能潜力较大的领域，并在每个领域逐一开展工作。①北方地区城镇供热计量改革。从 2006 年，我国开始推行强制性的计量表安装，并给予很大的激励力度和补贴力度。②执行新建建筑节能标准。我国准备进一步加大监督力度，把节能性作为建筑质量验收最重要的指标之一，达不到节能要求的建筑不予竣工验收和使用；同时向中小城市和农村全面延伸绿色建筑和强制性建筑节能标准；对没有达到建筑节能标准的设计和施工企业进行处罚，直至退出市场。③开展大型公建能耗统计、能源审计、能效公示制度。④住宅全装修和装配式施工的推广。拟通过大企业带动中小企业、政策鼓励、加快相关标准条例的制定等，不断推动此领域的开展。⑤推广可再生能源在建筑中的应用。我国是世界上可再生能源建筑应用推广量最大的国家，但同时设计条例、配套政策等还需进一步完善。⑥绿色建筑的示范推广。2008 年，我国的绿色建筑从零起步，目前，绿色建筑发展迅速，相关的标准规范制定更是如火如荼地展开。

通过上面的对比，不难发现，两国基本的建筑节能政策是大致相同的，都是从标准规范、财政支持、新技术新能源应用等方面开展工作。我国建筑节能工作起步晚，但是发展迅速。而英国作为欧盟成员国之一，早已着手开展了更高节能要求的"零能耗"建筑相关工作。

8.4.2　节能目标

自 1973 年第一次全球石油危机后，英国越来越重视建筑节能工作。2010 版《建筑条例》比 2006 版节能 25%，比 2002 版节能 40%；2013 版建筑条例比 2006 版节能 44%，比 2002 版节能 55%。英国计划到 2016 年实现所有新建居住建筑零碳排放，到 2019 年实现所有新建公共建筑零碳排放。

在我国，建筑节能的目标分为三步，建设部提出的设计标准是：第一步，新建供暖居住建筑从 1986 年起，在 1980～1981 年当地通用设计能耗的基础上节能 30%；第二步，1996 年起在达到第一步节能要求的基础上再节能 30%，即总节能达到 50%；第三步，2005 年起在达到第二步节能要求的基础上再节能 30%，即总节能达到 65%。其中每次的 30% 节能中，建筑物约承担 20%，供暖系统约承担 10%。《严寒和寒冷地区居住建筑节能设计标准》JGJ 26—2010 并没有明确提出节能目标，《公共建筑节能设计标准》GB 50189—2005 在其总则中给出了节能目标，"1.0.3 按本标准进行的建筑节能设计，在保证相同的室内环境参数条件下，与未采取节能措施前相比，全年供暖、通风、空气调节和照明的总能耗应减少 50%。"

8.4.3　节能标准分类

我国的建筑节能标准按照工程类型，分为节能设计标准、节能检测标准和节能改造标准三大类。其中，节能设计标准包括：《公共建筑节能设计标准》、《民用建筑节能设计标准》、《夏热冬暖地区居住建筑节能设计标准》、《夏热冬冷地区居住建筑节能设计标准》、《严寒和寒冷地区居住建筑节能设计标准》。

而英国建筑节能首先将建筑分为民用建筑和公共建筑，其次进一步细分为新建建筑和既有建筑，故其建筑节能条例有四本，分别是 PART L 1A 新建居住建筑节能条例，PART L 1B 既有居住建筑节能条例，PART L 2A 新建公共建筑节能条例，PART L 2B 既有公共建筑节能条例。

8.4.4 节能设计标准要求

我国的新建建筑节能设计标准重点关注的是具体参数的过程控制，而英国与其他大多数欧洲国家类似，重点关注的是最终能耗的效果控制。英国比一般欧洲国家更进一步，已经开发了针对居住建筑和公共建筑的碳排放计算工具，SAP 和 SBEM，并在其建筑节能条例中对碳排放有明确的要求。英国的供暖度日数(HDD18）在 2300～2900，大部分地区在 2400 上下，与我国北京和天津等地相当。我国在《严寒和寒冷地区居住建筑节能设计标准》JGJ 26—2010 尚未出现建筑碳排放这一概念，仅是定性的使用"环境友好型"这一概念。

对于围护结构热工设计、暖通空调系统设计的要求，英国淡化了单一围护结构的要求，尤其是与欧洲其他国家不同，英国对于围护结构的划分并不详细，但是对于围护结构需满足的碳排放要求却有强制性规定；我国对围护结构热工设计的体形系数、窗墙比、围护结构传热系数、外窗及敞开式阳台门的密闭性均有强制要求，对暖通空调系统设计的冷热负荷计算、锅炉设计效率、热计量表安装、室外管网水力平衡、锅炉房和换热站自动监测和运行、分室温度调控和热计量、冷机的效率均有强制要求。

另外，我国对新建建筑节能设计标准的实施步骤是从大城市强制执行开始，再向中小城市、城镇和农村发展。而英国的建筑节能条例的实施没有城市概念的区分。这与两国国情和建筑发展状况有关。

8.4.5 围护结构节能改造

英国建筑条例采用规定性方法和整体能效法，规定性方法主要是针对既有建筑的改造，整体性能法主要是针对新建建筑的要求。故以下对于中英建筑围护结构性能的比较主要是针对既有建筑改造时围护结构的性能参数要求。中英既有居住建筑改造围护结构传热系数比较见表 8-17。

中英既有居住建筑改造围护结构传热系数［W/(m²·K)］比较 表 8-17

围护结构	英国				中国(北京//哈尔滨)		
	指标细分	新增热构件	更换热构件		指标细分	公建	
			传热系数限值	优化的传热系数		体形系数≤0.3	0.3<体形系数≤0.4
屋面	坡屋顶——顶板保温	016	0.35	0.16	—	0.80//0.50	0.60//0.30
	坡屋顶——椽保温	0.18	0.35	0.18			
	平屋顶或整体保温屋顶	0.18	0.35	0.18			
墙	空腔墙体保温墙内保温或外保温墙	0.28	0.70 0.70	0.55 0.30		0.90(1.16)//0.52	0.55(0.82)//0.40

续表

围护结构	英国				中国(北京//哈尔滨)		
	指标细分	新增热构件	更换热构件		指标细分	公建	
			传热系数限值	优化的传热系数		体形系数≤0.3	0.3<体形系数≤0.4
外门	内表面含50%玻璃的门	—	1.8	—	—		2.5
	其他门		1.8				
隔墙或楼板	地面	0.22	0.70	0.25	不采暖楼梯间隔墙	1.83//—	
					接触室外空气地板	0.50/0.30	
					不采暖地下室上部地板	0.55//0.50	
窗	窗、顶窗和玻璃采光顶	—	1.6	—	含阳台门上部	4.70(4.00)//2.5	

注：有些地区外墙的传热系数限值有两个数据，括号外数据与传热系数为4.70的单层塑料窗相对应，括号内数据与传热系数为4.00的单框双玻金属窗相对应。

从表8-17的比较可以发现，中英两国对于围护结构的划分基本类似，主要的差异及其原因分析如下：

(1)传热系数限值差异。对于屋面、墙、窗的传热系数限值，中英两国差异较大，英国的传热系数限值明显比我国严格。造成此的主要原因是我国居住建筑类型中3层以上居多，尤其中高层建筑比例也很大，这就给围护结构的保温带来很多不便，限制了我国保温层的厚度，进而限制了围护结构的传热系数。而恰恰相反，英国的居住建筑很多都是3层及以下建筑，保温层可以做得很厚，围护结构的传热系数就可以有较严格限制。当然，除以上客观原因外，我国保温材料及相关技术发展并不十分成熟，相关标准条例仍需进一步完善也是其中一个原因。

(2)地面传热系数限值比较。与外门不同，我国对于地面(包括隔墙或楼板)的划分较英国详细。其主要原因是我国并非建筑所有部分都供暖，由于临室未供暖而带来的热量损失不容忽视。而英国几乎所有房间都供暖，临室传热问题相对较小，故未对地面做进一步划分。

中英既有公共建筑改造围护结构传热系数限值比较见表8-18。

中英既有公共建筑改造围护结构传热系数［W/(m²·K)］限值比较　　　　表8-18

围护结构	英国				中国(北京//哈尔滨)		
	指标细分	新增热构件	更换热构件		指标细分	公建	
			传热系数限值	优化的传热系数		体形系数≤0.3	0.3<体形系数≤0.4
屋面	坡屋顶——顶板保温	016	0.35	0.16	—	0.55//0.35	0.45//0.30
	坡屋顶——椽保温	0.18	0.35	0.18			
	平屋顶或整体保温屋顶	0.18	0.35	0.18/0.20			

续表

围护结构	英国				中国(北京//哈尔滨)		
	指标细分	新增热构件	更换热构件		指标细分	公建	
			传热系数限值	优化的传热系数		体形系数≤0.3	0.3<体形系数≤0.4
墙	空腔墙体保温墙	0.28	0.70	0.55	包括非透明外墙	0.60//0.45	0.50//0.40
	内保温或外保温墙		0.70	0.30			
外门	利用率高的进出门	3.5			—	—	—
	通车门和类似大门	1.5					
	其他门	1.8					
隔墙或楼板	地面	0.22	0.70	0.25	非供暖空调房间与供暖房间的隔墙或楼板	1.50//0.60	1.50//0.60
					底面接触室外空气的架空或外挑楼板	0.60//0.45	0.50//0.40
窗	窗、顶窗和玻璃采光顶	1.8			单一朝向外窗(含透明幕墙)	窗墙比≤0.2	3.5//3.0	3.0//2.7
	住宅特性的建筑窗户的其他选择	C 级				0.2<窗墙比≤0.3	3.0//2.8	2.5//2.5
	幕墙	1.8 或按公式计算				0.3<窗墙比≤0.4	2.7//2.5	2.3//2.2
	玻璃面积超过50%的行人门	1.8				0.4<窗墙比≤0.5	2.3//2.0	2.0//1.7
	塑料采光顶	1.8				0.5<窗墙比≤0.7	2.0//1.7	2.8//1.5
					屋顶透明部门	2.7//2.5	2.7//2.5

从表 8-18 的比较可以发现,中英两国对于既有公共建筑改造围护结构的划分基本类似,主要的差异及其原因分析如下:

(1)传热系数限值差异。对于屋面、墙、窗的传热系数限值,中英两国仍有较大差异,英国的传热系数限值仍比我国严格。其原因与居住建筑类似,在此不再赘述。

(2)对于围护结构的细化。英国对于围护结构改造首先是划分为新增围护结构(主要是针对扩建建筑)和更换围护结构,而更换围护结构又进一步细分为传热系数限值要求和更高的节能要求。英国这样的划分方法较为合理,且为其零碳建筑基础工作打下了基础。值得我国借鉴。

(3)窗的细划比较。中英两国对于窗都进行了进一步细分,我国主要是从窗墙比进行划分,而英国主要是从窗的类型进行划分。

(4)外门的传热系数限制。对于居住建筑改造,我国寒冷地区虽未对外门有要求,但严寒地区是有传热系数限值要求的;而对于公共建筑改造,我国没有要求。英国既有建筑改造对外门的划分和要求基本与居住建筑相当,不同的是,公共建筑门类型较多,故而有了"其他门"传热系数这一控制要求。

8.4.6 建筑设备系统

中英两国建筑节能标准都对建筑设备系统能效值有要求。除此之外，相比我国，英国建筑设备系统有两大特点：一是英国重视建筑设备系统的运行调试，在英国建筑节能条例中以大篇幅规定"设备系统调试"的具体要求和上报当地主管部门及相关技术的要求。二是建筑设备系统与建筑碳排放要求的相关。

8.5 小结

本章通过对英国建筑节能标准体系、建筑节能条例、中英建筑节能标准比对的介绍，对英国建筑节能标准条例及其相关内容进行了梳理汇总，形成以下主要结论：

（1）建筑节能标准法规层次不同。英国作为欧盟成员国的一员，其建筑节能的规定是建立在欧盟统一建筑节能规定（EPBD 2002/2010）基础上，以欧盟的建筑节能统一框架为基本依据。由于体制不同，我国没有与 EPBD 2002/2010 对应的建筑节能标准条例的。英国有四本建筑节能条例，分别为新建居住建筑节能条例、既有居住建筑节能条例、新建公共建筑节能条例、既有公共建筑节能条例。截至目前，我国已颁布 7 本专门的建筑节能标准，足见我国各级政府及工程界对建筑节能标准工作是非常重视的。

（2）标准管理不同。我国 7 本建筑节能标准是单独管理，每本标准有自己的编制组。而英国四本建筑节能条例是统一管理，一般三～五年更新一次，最新版的是 2010 年更新的，而下一版预计将于 2013 年发布。另外，我国建筑节能标准并没有对应的技术导则，而英国的建筑节能条例有一本专门的技术导则对应发布。

（3）碳排放的要求。英国现行《建筑节能条例》一个很大的特色是对建筑碳排放的要求，包括对设备的要求等都与碳排放直接相关。值得学习的是，英国已经制定了国家统一的居住建筑和公共建筑碳排放计算方法和工具，用于全国范围内的碳排放计算。而我国在碳排放领域的工作尚属起步阶段，据了解，目前尚未有统一的建筑碳排放计算方法。

（4）设计灵活度。英国建筑节能条例还有一个明显的特色是对于设计灵活度的关注。每本条例都会有较大篇幅介绍如若要实现更高的设计灵活度，其相应的围护结构传热系数和建筑设备系统规定如何放宽，以及最高放宽的限制。这也是值得我国标准学习和借鉴的。

（5）基本国情和建筑类型不同是造成围护结构传热系数限值差异的重要原因。中英两国的国情和建筑类型导致保温材料结构、外门细划要求等各不相同，由此带来围护结构传热系数限值的较大差异。英国的围护结构传热系数限值明显比我国严格，我们在意识到自己技术仍有发展空间的同时，也应同时看到国情和建筑类型等客观原因的存在。

第 4 部分 | 中日建筑节能标准比对

第9章 日本建筑节能标准及中日比对

本章主要介绍了日本建筑节能相关标准，包括日本《公共建筑节能设计标准》和《居住建筑节能设计标准》及《居住建筑节能设计和施工导则》。对日本能源政策的基础性法律《节约能源法》的部分细节也进行了简要的介绍。同时也介绍了为日本的节能政策提供支撑的几种技术措施，包括：生态建筑实施规划，建筑物综合环境性能评价体系（CAS-BEE）和领跑者项目（TOP-runner）。由于日本建筑节能标准体系和我国差别很大，本章仅将部分中日内容进行比较，其他相关介绍供参考。

9.1 背景和简介

本节简要介绍了日本建筑节能的发展历史，日本建筑能耗现状，与节能相关的一些规定，日本建筑节能管理体系等内容。

9.1.1 日本节能政策概要

1. 日本节能政策简史

石油危机后，日本政府加强了节能政策的制定，在节能方面取得了巨大的成就。1973年第一次石油危机爆发时，日本的原油需求量占其一次能源需求总量的份额高达80％。石油危机暴露了日本能源供需结构的脆弱，日本政府却充分利用了这次教训，在其后逐渐建立了健全的能源供需结构。在供应层面，日本成功转向替代能源的开发，比如天然气和核能，使其能源供应呈现多样化。通过不断努力，2010年日本对原油的需求已减少至48％，日本从此成为一个以节能为向导的经济高度发达的国家。

1997年在日本京都召开的《联合国气候框架公约》（United Nations Framework Convention on Climate Change）第三次缔约方大会（Conference of the PARTies，COP3）上通过的国际性公约即《京都议定书》（the Kyoto Protocol），为各国的二氧化碳排放量规定了标准。温室气体中90％以上是碳氧化物，而接近90％的碳氧化物来自化石燃料的燃烧，这意味着近80％的温室气体来自化石能源的使用。鉴于此，行之有效的能源政策可谓解决环境问题的重要方法之一。

日本政府决定采取措施，既能保证能源供应，又能完成《京都议定书》规定的减少温室气体排放6％的目标。政府以能源需求层为重点，促进在工业、公共建筑和居住建筑、交通运输领域的节能减排工作。

此外，日本政府2009年9月23日宣布，到2020年温室气体排放量要比1990年减少25％。

2. 促进节能的措施

（1）加大对节能设备和系统的财政支持力度

促进节能设备的研发和推广，加大相关工商业投资，设立便捷的贷款程序和降低税收政策(日本金融公司为能源供需结构改革提供低息贷款和税收体系)。

（2）加速节能技术的发展和应用

工业组织、政府组织和研究机构的合作极大地推动未来节能技术的研究和发展。

（3）将《节约能源法》作为制定节能政策方针的基础

工业领域：制定针对工厂等的节能指导方针，例如以既定的限值判断设备运行是否节能。

交通运输领域：制定针对汽车的能源消耗标准。

公共建筑和居住建筑领域：制定针对建筑和电气设备的节能判断标准。

（4）通过公共活动提高人们的节能意识

以"能源和资源保护措施促进会"(the Council for Promotion of Energy and Resources Conservation Measures)为平台，开展社区节能活动。准备和发放一些节能宣传单和海报，举办座谈会，以及通过传媒机构传播节能信息。

（5）促进节能措施的国际交流

在政府支持下，日本节能中心(Energy Conservation Center Japan，ECCJ)针对发展中国家尤其是亚洲地区的发展中国家组织了一系列的促进节能活动，包括：演讲宣传、节能工作培训、节能示范工厂参观等，旨在传播日本先进的节能经验和政策，能源管理方法，以及节能先进技术。

9.1.2 日本建筑能耗概况

据日本内务及通信产业省(Ministry of Internal Affairs and Communications)2008 年统计，2006 年日本拥有 1260 万座非居住建筑，占地面积 6.8 亿 m^2，非居住建筑包括但不限于附联式建筑物(attached buildings)(占公共建筑总占地面积的 60%，2006)，工厂和仓库(15%)，多功能用房(非住宅)(10%)，办公楼，银行和百货商场(三者共 9%)，寺庙等宗教建筑(4%)等，如图 9-1 所示。2006 年日本拥有 3210 万座居住建筑，占地面积 34 亿 m^2，居住建筑包括独立住宅(single-detached houses)(占总居住建筑占地面积的 85%)，农村住房(6%)，公寓式建筑(5%)，多用居住房(4%)，如图 9-2 所示。

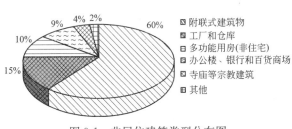
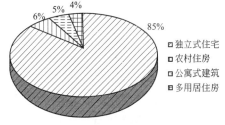

图 9-1 非居住建筑类型分布图   图 9-2 居住建筑类型分布图

根据国际能源署(IEA)报告，2005 年日本的建筑能耗在其社会总能耗中占有的比重最大。2005 年日本建筑能耗约合 11600 万 t 石油当量，占日本总能源消耗量的 33%，比工业或者交通运输的能耗都要多。在建筑用能中，公共建筑用能比居住建筑用能多 12% 左右。在 1990～2005 年建筑用能的平均年增长量是 1.6%(公共建筑年增长量 1.4%，居住建筑年增长量 1.9%)。

据日本国土交通省 2009 年能耗数据统计，2007 年日本各个重点领域的碳排放量数据如下：工业领域 471 百万 t，交通运输领域 249 百万 t，公共建筑领域 236 百万 t，居住建筑领域 180 百万 t，发电厂 83 百万 t。详细的示意如图 9-3 所示。

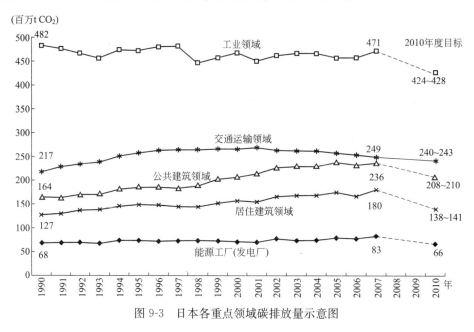

图 9-3　日本各重点领域碳排放量示意图

9.1.3　日本建筑节能相关规定

1990 年，日本在内阁大臣会议上制定了《防止全球变暖行动计划》（Action Plan To Prevent Global Warming）；在 1992 年的联合国环境与发展会议上，缔结了《联合国气候变化框架公约》（United Nations Framework Convention on Climate Change）；1997 年，在 "第 3 次气候变化框架公约缔约国会议" 上，确定了发达国家 2008～2012 年 5 年间温室气体平均排放量比 1990 年减少 5% 的目标，其中日本为 6%。京都会议后日本立即设立了地球温室效应对策推进部，在 1998 年制定了《地球温室效应对策推进大纲》（Framework to Promote Global Warming Countermeasures），其中包括对住宅和公共建筑节能指标的强化的内容。

面对巨大的建筑能耗压力，能源几乎完全依赖进口的日本在 1997 年 11 月提出了 2010 年的节能目标，其中要求民用能耗节省 31%，它们被细分为：民用建筑节能 11%、家电节能 8%、生活习惯的改善节能 6%、提高照明效率和采用高效率液晶显示设备等节能 3%、其他占 3%。显然，其中以建筑节能的幅度最大，约占 1/3。

日本在 1979 年首次颁布了《节约能源法》（Energy Conservation Law）。该法最初致力于提高工业能效。该法作为日本节能政策的基础法律被多次的修订，包括在 1983 年，1993 年，1998 年，2002 年，2005 年和 2008 年。其中 2002 年的版本要求拥有 2000m² 及以上新建公共建筑的用户应向政府提交节能计划书。2005 年的版本则加强了对居住建筑的节能措施方面的规定。

2008 年版本的《节约能源法》拓宽了需要提交节能方案的建筑的范围。该版本要求 "特定建筑" 用户（见 9.2.2 定义）在新建和改建建筑之前都需要向当地主管部门提交建节能方案；工厂能源管理单位由原来的以建筑为单位改为以公司法人为单位，年一次能源消耗量在 1500m³ 石油当量以上的公司，都需提交能源使用状况报告书，并定期汇报，选任能源管理负责人，进行本单位的节能管理。对新建和改建建筑，管理范围也由原来的 2000m² 以上改订为 300m² 以上，即对中小型建筑也进行节能管理。

在《节约能源法》（Energy Conservation Law）框架下，日本政府出台了对于居住建筑和公共建筑的节能标准。1999 年第一次颁布《公共建筑节能设计标准》（The Criteria for Clients on the Rationalization of Energy Use for Buildings，CCREUB），最新的版本由经济贸易产业省/国土交通省于 2009 年颁布。对于居住建筑有下列两种建筑节能标准：①国土交通省 1980 年颁布，且于 1992 年、1999 年修订的《居住建筑节能设计和施工导则》（Design and Construction Guidelines on the Rationalisation of Energy Use for Houses，DCGREUH）；②由日本经济贸易产业省和国土交通省于 1980 年颁布并于 1992 年和 1999 年分别修订的《居住建筑节能设计标准》（Criteria for Clients on the Rationalization of Energy Use for Houses，CCREUH）。

国土交通省 2006 年发布了"住房基本纲领"（Basic Program for Housing），明确了到 2015 年住房节能目标。国土交通省对外宣布的 21 个目标中的 2 个目标包括：①40％的住房要有节能措施，比如使用双层玻璃，在 2003 年该数据是 18％；②到 2015 年时住房的使用寿命需要在从 2003 年的 30 年提高到 40 年。日本建筑的典型特征就是建筑寿命比较低。这种建筑的快速更替正在创造建造更多节能建筑的机会，但是也可能出现短期建筑建造时不会像建造长期使用建筑一样重视节能的问题。

9.1.4 日本建筑节能管理

国土交通省（MLIT，Ministry Of Land Infrastructure And Transport）和经济贸易产业省（METI，Ministry of Economy，Trade and Industry）负责《节约能源法》的贯彻实施。该法规定"特定建筑"的业主在建筑新建、扩建，或者改建时需要向当地政府提交强制性的节能报告。

所有的强制性节能报告都由所呈交的当地政府审核，如果节能措施不满足要求，当地政府可以给业主下达指令整改，并将该建筑名字曝光。从 2009 年 4 月开始，随着《节约能源法》的最新修订，地方政府可以对拥有建筑面积超过 2000m² 但节能措施不满足法规要求的业主加强处罚措施。

日本政府从 2003 年开始要求公共建筑建设者提交强制性节能报告，2005 年开始要求居住建筑建设者提交强制性节能报告。此外，建筑业主也必须每三年向当地政府提交建筑维修报告。据国土交通省（MLIT）统计，近年来强制性报告的提交率为 100％。强制性报告数据显示在 2005 年 85％的公共建筑在设计阶段都符合 1999 年版本的节能设计标准，而这个数据在 2000 年只有 34％。一份基于《住房质量保证法》（the Housing Quality Assurance Law）的住房评估报告显示，在 2006 年 36％的新建住房符合 1999 年版本的节能设计标准。

日本建筑环境与节能研究院（The Institute for Building Environment and Energy Conservation）举办研讨会以支持《节约能源法》的实施。研讨会的内容包括在建筑节能标准下的建筑设计，建筑施工方法，建筑保温和建筑能效计算方法。该研究院也为传播《节约能源法》最新的修正案，在日本全国举办培训会。日本建筑环境与节能研究院也会发行关于日本建筑节能标准的详细指导手册。

地方政府也为建筑节能提供重要的支持。例如在可持续建筑报告系统(the Sustainable Building Reporting System)下许多城市为提高新建建筑的节能性能献计献策。一些城市出台了关于所有新建建筑的节能计划摘要，此外一些城市鼓励提高能源利用率，如果建筑设计能够高度提高能源利用效率，就允许建造商提高建筑容积率，其他的一些城市则为高能效的居住建筑提供建设补贴或者是低息贷款。

9.2　《节约能源法》对建筑节能的规定

2008年5月对该法修订后的最新版本包括以下四个部分：工业、交通、建筑、机器及设备。关于建筑和设备节能的章节题目分别是"针对建筑的措施"和"针对设备的措施"，包含了建筑所有者的节能责任，建筑保温材料性能，建造商责任，设备节能等。

日本节约能源法历年的修改主要内容如下：

1. 1979年6月正式立法，主要内容：

(1) 分别为工厂、建筑和设备制定节能标准。

(2) 规定了高能耗工厂有任命能源管理经理，并进行能耗记录的义务。

(3) 建立能源管理经理资格考核制度。

2. 1983年12月第一次修改：

简化资格认定程序，降低认证过程中的行政工作量(日本节能中心开始对能源管理经理进行培训考核)。

3. 1993年3月第二次修改：

(1) 确保节能措施的实施。

(2) 强制要求能耗量达到一定程度的工厂需要定期提交节能报告。

4. 1998年6月第三次修改：

(1) 正式启动Top-runner计划，加强了居住建筑和公共建筑的节能措施的规定。

(2) 规定"第一类能源管理工厂"需要提交中长期节能计划。

(3) 定义了"第二类能源管理工厂"，并纳入节能管理范畴。

5. 2002年6月第四次修改：

(1) "第一类能源管理工厂"的范围从五个特定的制造企业延伸到所有的工厂。

(2) 规定了"第二类能源管理工厂"需要做定期节能报告。

(3) 规定"特定建筑"有提交节能措施实施报告的义务。

6. 2005年8月第五次修改：

(1) 废除了对工厂的热能和电能分别进行管理的做法，将其统一集中到工厂总能耗里面。

(2) 对居住建筑和建设领域的节能措施要求更加严格。

(3) Top-runner计划里增添了三种设备：微波炉、电饭煲、DVD录放机。

(4) 在交通运输方面增加了货主和乘客应该履行的义务。

(5) 要求能源供应商和设备零售商采取措施，促进节能信息的传播。

7. 2008年5月第六次修改：

(1) 对工厂和公共建筑的规定：

① 引入将企业作为一个整体进行能耗管理的体系。

② 将连锁商店、酒店等作为一家企业进行能耗管理。

（2）公共建筑和住宅：

① 对大型居住建筑的要求更加严格。

② 将特定规模的中小型居住建筑和公共建筑纳入节能措施报告范围。

③ 规定具有一定规模的居住建筑房地产从业单位（建设单位和销售单位）需要采纳节能措施。

④ 提高了居住建筑和公共建筑的节能性能指标。

9.2.1　基本方针

经济贸易产业省应该制定和颁布基本的政策，旨在全面促进各个领域的合理用能。各个领域的主要用能者应该考虑这些基本政策，努力使其用能合理化。通过进行能源系统规划和宣传与节能相关的基本措施来达到全面促进节能的目的。

条文【译】：

（1）经济贸易产业省官员应该高瞻远瞩，统筹考虑，促进工业领域，交通运输领域，建筑领域，机器设备领域等各个领域的合理用能，并制定和颁布促进这些领域节能的基本政策。

（2）基本政策的内容需要包含与用能者实施节能措施相关的基本事项，促进用能者节能的基本事项以及与节能相关的其他基本事项。这些基本事项的提出应该基于长期的能源供应预测，节能技术发展水平，以及其他的环境因素。

（3）经济贸易产业省官员召开内阁会议，制定基本政策。

（4）经济贸易产业省官员在制定与交通运输、建筑建设（建筑材料质量标识除外），以及汽车能耗相关的政策之前需要同国土交通省官员商议。经济贸易产业省官员应该在必要的时候对基本政策进行修改。

（5）所有用能者应该在基本方针的指导下，努力做到节约能源。

9.2.2　针对建筑的措施

生活用能的很大一部分是建筑用能，提高建筑节能要求对降低建筑能耗是很有必要的。日本《节约能源法》的下列条款，为建筑行业节能指明了方向。

1. 建筑所有者的节能责任

建设方（任何想要新建，维修建筑或者安装，改装建筑内空调系统的个人或者单位）或建筑所有者，必须采取合适的措施抑制通过外墙外窗等结构的热量损失；确保建筑设备，如空调系统、机械通风系统、照明系统、热水设备及电梯设备的高效用能，适时考虑基本的能源政策，推进建筑节能。

为确保行之有效的措施的实现，日本经济贸易产业省和国土交通省应该确立和颁布相关标准，以供建筑所有者在做与建筑节能相关的决策时参考。

2. 指导和建议

建设主管部门（具有地区建设审查和施工程序管理权利的地方政府部门），必要时应该根据相关标准给建筑所有者提供关于建筑设计和建设的必要的指导方针和建议，以指导所有者作出决策；对于私人住宅，应该制定和颁布相关的指导方针，使其设计和建设都符合有关标准的要求。除了这些规则之外，经济贸易产业省可以给保温材料和其他建筑材料制造商必要的建议以提高其产品的性能，确保建筑材料的质量。

3. "特定建筑"（Specified Building）的定义

见表 9-1 和表 9-2 所示。

日本 2008 年修订的《节约能源法》对"特定建筑"的定义　　表 9-1

特定建筑	定义	"特定的建设方"职责	处罚措施
第一类特定建筑	建筑的总非住宅建筑面积≥2000m² 为"第一类特定建筑"	建设方和建筑所有者(特定的建设方等)想要新建，大规模的改造"第一类"和"第二类"特定建筑，或者在此类型建筑里安装空调系统时应该在开工之前向当地主管部门提交节能措施报告书。除此之外，完工以后，提交节能措施报告书的"特定建筑"的建设方和所有者还必须定期提交关于建筑节能措施的报告	主管部门如果发现"第一类特定建筑"的节能措施明显不满足标准要求，应该通知其进行改进；如果特定建筑的建设方没能按照有关的要求去做，主管部门应该将其名字曝光，或者勒令其进行改进
第二类特定建筑	300m²≤建筑的总非住宅建筑面积＜2000m² 为"第二类特定建筑"		如果发现"第二类特定建筑"的节能措施明显不满足标准要求，主管部门应该劝告其进行改进

"第一类特定建筑"与"第二类特定建筑"对比分析表　　表 9-2

	第一类特定建筑	第二类特定建筑
定义面积	大于等于 2000m²	大于等于 300m² 小于 2000m²
"需要提交节能措施"的范围	新建建筑(包括在原有建筑基础上扩建，或者改建超过一定规模)	新建建筑(包括在原有建筑基础上扩建，或者改建超过一定规模)
	对屋顶，外墙或地面的维修或者翻新超出一定规模	—
	安装新的系统，比如空气调节系统，或者特定的系统改造	—
对未提交节能措施的处罚措施	不超过 500000 日元的罚金	
通过标准判断节能措施不满足要求，需要采取的处罚措施	对于指示性要求	对于推荐性要求
	(如果未遵守指示的内容)向公众披露	—
	(没遵守整改意见且没有合理的解释)命令进行整改	—
	(未遵守命令)处不超过 100000 日元罚金	—
"需要定期汇报"的范围	已经提交了节能措施的	已经提交了节能措施的(居住建筑除外)
	节能措施需要进行修改的	节能措施需要进行修改的(限于针对系统的措施，如空调系统)
不定期汇报的处罚	不超过 500000 日元的罚金	

9.2.3　建筑材料保温性能通告

"节能法"对建筑材料的指导和建议：

国土交通省官员在认为有必要保证建筑施工质量，以满足相关标准的规定时，可以向建筑设计和施工单位提供必要的指导和建议，敦促其提高建筑材料的性能和指标，以减少通过建筑外墙和外窗等外围护结构的热量损失，提高建筑内安装设备的能源利用效率。

日本经济贸易产业省（Ministry of Economy Trade and Industry）为建筑材料的制造和进口商提供指示和建议以帮助他们提高其产品的保温性能。除此之外，还通过实验室建筑材料热工性能测试来保证建材具有良好的热工性能。

经济贸易产业省 1999 年 4 月 8 日发布《建筑材料的保温性能通告》（Release of Thermal Insulation Performance Value of Building Materials），条文如下：

根据《节约能源法》的相关规定颁布该标准，以提高建材的保温质量。相关条目可以在现有的基础上添加，也可以根据需要对已有数据进行更改。

1. 不同类型保温材料的性能指标

（1）对于质地均匀的保温材料以导热系数作为其性能指标，对于有空气层的或者是复杂表面形状的，用传热系数作为其性能指标。

（2）导热系数取值的条件是：纤维类保温材料室内温度取 25℃，塑料类保温材料室内温度取 20℃；且室内相对湿度取值为 50%～60%。传热系数取值的条件是：内外表面总热阻为 0.16(m²·℃)/W，保温材料的平均温度是 10℃（室内温度 20℃，室外温度 0℃）。

（3）以下指标值来自于公共测试机构提供的数据的平均值。该值不作为建筑保温或者其他方面的设计值。

2. 建筑保温材料性能表

见表 9-3、表 9-4 及图 9-4、图 9-5。

保温材料导热系数表　　　　　　　　　表 9-3

分类	材料	类型	密度(kg/m³)	指标值［W/(m·K)］
无机纤维保温材料	一般玻璃棉保温材料（居住建筑）	10K	10	0.048
		16K	16	0.04
		24K	24	0.036
		32K	32	0.035
	高性能玻璃棉保温材料	16K	16	0.036
		24K	24	0.034
	松散玻璃棉保温材料	GW-1　13K	13	0.05
		GW-2　15K	15	0.049
		30K	30	0.038
		35K	35	0.038
	岩棉保温材料（居住建筑）	毡垫(Mat)	20～50	0.036
		毡制品(Felt)	20～70	0.036
		板材(Board)	40～100	0.034

续表

分类	材料	类型	密度(kg/m³)	指标值 [W/(m·K)]
木纤维保温材料	纤维素纤维保温材料	干燥松散填充物	25～30	0.038
		干燥松散填充物	56～64	0.037
		毡垫(wall)	40～45	0.037
	纤维板保温材料	榻榻米毡垫(Tatami mat)	<270	0.045
		A 类保温板	<350	0.049
		防水建筑纸板(Sheathing board)	<400	0.052
泡沫塑料保温材料	泡沫聚苯乙烯保温板	特级	≥27	0.032
		A 级	≥30	0.032
		B 级	≥25	0.033
		C 级	≥20	0.035
		D 级	≥15	0.036
	挤缩苯板保温板	第 1 类	≥20	0.033
		第 2 类	≥20	0.029
		第 3 类	≥20	0.025
	硬质聚氨酯泡沫塑料	第 1 类 A 级	≥45	0.022
		第 1 类 B 级	≥35	0.021
		第 1 类 C 级	≥25	0.021
		第 2 类 A 级	≥45	0.022
		第 2 类 B 级	≥35	0.021
		第 2 类 C 级	≥25	0.021
	喷聚氨酯保温层		≥25	0.02
	聚乙烯泡沫保温板	A 类	20～40	0.038
		B 类	10～40	0.04
	苯酚泡沫板保温板	第 1 类 A 级	≥45	0.025
		第 1 类 B 级	≥30	0.024
		第 2 类 A 级	≥50	0.031
		第 2 类 B 级	≥40	0.03

传 热 系 数 表　　　　　　　　　　　　　　表 9-4

分类	材料	类型	给定标准值 [W/(m²·K)]
双层玻璃窗	透明双层玻璃	双层玻璃 A-6	3.4
		双层玻璃 A-12	2.9
	高保温低辐射双层玻璃	双层玻璃 A-6	2.6
		双层玻璃 A-12	1.8
	隔热双层玻璃(带金属框)	双层玻璃 A-6	2.6
		双层玻璃 A-12	1.7

续表

分类	材料	类型	给定标准值 [W/(m²·K)]
平板玻璃窗(参考)		单层玻璃	6
居住建筑双开滑动窗，单层玻璃窗	铝框窗	单层玻璃	6.8
		双层玻璃 A-6	4.5
		双层玻璃 A-12	4.2
		框架保温双层玻璃 A-6	3.7
		框架保温双层玻璃 A-12	3.4
	铝/塑料复合材料框窗	双层玻璃 A-12	3.6
		双层 Low-E 玻璃 A-12	2.8
		双层玻璃 A-12	3
		双层 Low-E 玻璃 A-12	2.3
竖铰链窗＋固定窗，居住建筑	铝/木材复合材料框窗	双层玻璃 A-12	3
		双层 Low-E 玻璃 A-12	2.2
	木材框	双层玻璃 A-12	2.6
		双层 Low-E 玻璃 A-12	2
	塑料框	双层玻璃 A-12	2.6
		双层 Low-E 玻璃 A-12	2
双开滑动窗，双层玻璃窗，居住建筑	铝/铝	单层玻璃＋单层玻璃	3.5
		窗框保温的单层玻璃＋单层玻璃	3.2
		窗框保温的单层玻璃＋双层玻璃 A-6	2.8
		窗框保温的单层玻璃＋双层玻璃 A-12	2.6
		窗框保温的单层玻璃＋双层 Low-E 玻璃 A-12	2.3
	铝/塑料	单层玻璃＋单层玻璃	2.8
		单层玻璃＋双层玻璃 A-12	2.2

注意："A"指的是双层玻璃之间的空气层间隙宽度，单位：mm。

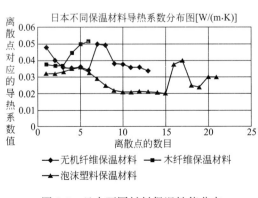

图 9-4　日本不同材料保温性能分布

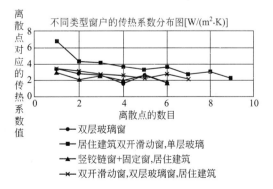

图 9-5　不同类型窗户的传热系数分布

9.2.4　针对设备的措施

空调和家用电器等大规模使用的建筑设备在建筑总能耗中占有很大的比例。要合理使用这些设备，一方面需要唤醒公众的节能意识，另一方面就是在制造阶段提高设备的能效。主要有以下规定：

1. 制造商义务

空调设备的制造商或进口商，应该谨记基本政策，通过提高耗能设备的能效，确保产品的节能性。经济贸易产业省和国土交通省相关的部门应该制定和颁布相关节能标准，制造商在决策时应该参照这些标准。当政府部门发现根据相关标准特定的产品需要有重大改进时，经济贸易产业省和国土交通省相关的部门可以给制造商或进口商提出建议和给出相关产品的产量和进口量的限值。

2. 实施基于市场中同类产品最高能效的目标标准值的标准（"领跑者"项目，见本章第9.4.4节）。

3. 标识制度

指定的产品需要被标识，标明其能效水平以指导消费者选择能效高的产品。经济贸易产业省（和国土交通省与汽车相关的部门）应该建立各制造商都遵守的标识制度，包括：能效要求，标识方法和对特定设备进行标识的注意事项，而且应该为相关产品发布通告。如果相关部门认为标识与发布的通告不符合，可以对其制造商提出建议，制造商如果不遵守，相关部门可以将其曝光，或者勒令其采取改进措施。

日本现行设备节能标识项目如下：

（1）节能标识项目

日本工业标准（JIS）在2000年8月引入节能标识计划，在给消费者购买家用电器时为其提供更好地关于电器能效的信息（如图9-6所示）。标识以颜色和数据显示其能效状况，没有达到标准的用橘黄色标识，达到或超过标准的用绿色标识。"节能标准达到的指标"表明了其能效与标准值的差距。"能耗值"则标明了其能耗状况。

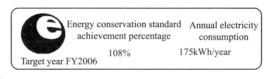

图9-6　电器节能标识

（2）新设备标识项目

紧随着以上原有的标识项目，由于日本政府修订了《节约能源法》，对电器设备除了电耗之外做了更多的要求，于是产生了新的标识项目。新的等级比较体系用五星等级代表本产品在同类产品中所处的等级（如图9-7所示）。

（3）零售商评估项目

新的零售商评估项目旨在促进节能产品的出售，节能产品卖出的较多的指定零售商将被标识为"节能产品销售优秀商店"（如图9-8所示），指定的指标包括：店员的知识水平、内部培训历史等。在2004年，有43家大规模的商铺被授予此称号，而2005年则有

88 家大规模商铺和 18 家小型商铺获此殊荣。从 2004 年还确立了经济贸易产业省奖励和环境省奖励制度。

图 9-7　新设备标识

图 9-8　零售商评估标识

（4）能源之星标识

能源之星（Energy Star），是一项由美国政府所主导，主要针对消费性电子产品的能源节约计划。能源之星计划于 1992 年由美国环保署（EPA）所启动，目的是为了降低能源消耗及减少发电厂所排放的温室效应气体。此计划并不具强迫性，自发配合此计划的厂商，就可以在其合格产品上贴上能源之星的标签（如图 9-9 所示）。最早配合此计划的产品主要是电脑等资讯电器，之后逐渐延伸到电机、办公室设备、照明、家电等。后来还扩展到建筑，美国环保署于 1996 年起积极推动能源之星建筑物计划，由环保署协助自愿参与者对其建筑能耗状况（包括照明、空调、办公室设备等）进行评估、规划该建筑物之能源效率改善

图 9-9　能源之星

行动计划以及后续追踪作业，所以有些导入环保新概念的居住和公共建筑中也能发现能源之星的标志。

日本在 1995 年引入该项目。

9.3　日本公共建筑和居住建筑节能标准介绍

9.3.1　概述

日本现有三本建筑节能标准，一本针对公共建筑，另外两本是针对居住建筑。

日本《公共建筑节能设计标准》（Criteria for Clients on the Rationalization of Energy Use for Buildings，CCREUB），既规定了公共建筑节能的性能指标，也包含了规定性指标，涵盖了围护结构保温、供热、通风和空调、采光、热水供应，以及电梯设备等内容。

日本针对居住建筑有两本节能规范：一是《居住建筑节能设计标准》（Criteria for

Clients on the Rationalization of Energy Use for Houses，CCREUH），标准给出了居住建筑的单位面积能耗指标和热工性能指标，并对暖通空调系统有所规定，本节只重点讨论围护结构的热工性能方面的规定。二是《居住建筑节能设计与施工导则》（Design and Construction Guidelines on the Rationalisation of Energy Use for Houses，DCGREUH），导则详细给出了居住建筑的各种规定性指标，并详细讲述了与建筑热工性能相关的施工方法。

在日本《居住建筑节能设计规范》里定义了六个气候分区，第一、二气候分区位于日本北部，冬冷夏凉；第三、四类气候分区位于日本中部；第五、六气候分区位于日本南部，冬暖夏热，并且为因地区差异或气候分区差异而导致的相关的指标差异提供了修正值。气候分区的详细介绍见 9.3.4 节。

9.3.2　《公共建筑节能设计标准》

《公共建筑节能设计标准》由日本 1999 年经济贸易产业省/国土交通省第 1 号公告第一次颁布；2003 年 2 月 24 日经济贸易产业省/国土交通省第 1 号公告，部分修改；2006 年 3 月 30 日经济贸易产业省/国土交通省第 5 号公告，部分修改；2009 年 1 月 30 日经济贸易产业省/国土交通省第 3 号公告，部分修改。

日本《公共建筑节能设计标准》主要是基于以下两个指标对公共建筑的节能性能进行了规定。一是围护结构性能系数（PAL，Perimeter Annual Load），二是建筑设备综合能耗系数（CEC，Coefficient for Energy Consumption）。这两个参数可以如下计算：

$$PAL = \frac{周边区域年负荷（MJ/年）}{周边区域面积（m^2）}$$

$$CEC = \frac{实际年能耗量（MJ/年）}{计算年能耗量（MJ/年）}$$

PAL 是用来衡量整个建筑的周边区域能耗的指标。周边区域指的是外墙 5m 以内的区域，包括屋顶和地面（如图 9-10 所示），规模修正系数可以用于对不同面积体积比下的 PAL 值进行修正。全年围护结构性能系数 PAL 实际上是通过计算建筑物室内周边区域空间的全年冷热负荷值，来评价外墙、外窗的隔热及保温性能。建筑物外围护结构保温性能

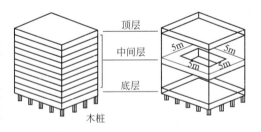

图 9-10　周边区域的定义图

的好坏直接影响到建筑物的空调负荷和供暖负荷的大小以及将来空调设备系统常年能耗的多少。此项系数的提出主要是为了通过控制建筑围护结构的热工性能达到控制通过建筑物外墙、外窗的热损失的目的。

建筑设备综合能耗系数 CEC 则是设备的全年实际运行一次能源的消耗量与设计时的计算年能耗量的比值。是用于直接评价建筑物内的设备节能性能的指标。

建筑设备综合能耗系数（CEC）根据设备用途的不同又细分为空调设备系统 CEC 值（CEC-AC）、通风换气设备系统 CEC 值（CEC-V）、照明设备系统 CEC 值（CEC-L）、卫生热水设备系统 CEC 值（CEC-HW）和电梯输送设备系统 CEC 值（CEC-EV）。对建筑面积小

于 5000m² 的公共建筑(办公楼、商店、宾馆、医院、学校、餐馆等)根据建筑功能的不同，均给出了相应的节能判断标准值。同样，建设方在向当地政府主管部门报建时，也必须提供这些系数的计算值，以此作为判断所设计系统是否节能的依据之一。

PAL 值和 CEC 值在日本对于不同形式的建筑是不同的，详细数据见 9.3.2 节后附表 1。

注意：本节内容里谈到的 PAL 限值和 CEC 限值见本节(9.3.2 节)后面的附表 1，规模修正系数见本节(9.3.2 节)后面附表 2，耗能量当量转化标准见本节(9.3.2 节)后面附表 3。

9.3.2.1　建筑围护结构的节能性能评价

(1) 建设单位应该采取合适的措施减少通过外墙、外窗等围护结构的热量散失。适当考虑以下给出的做法：

① 在建筑选址和地面规划的时候适当考虑外墙朝向、房屋布局及其他方面的内容。

② 外墙、外窗、屋顶、地面和其他建筑开口部分的材料传热系数应该较小，并有适当的保温措施。

③ 应该通过改变窗户结构，植树或者其他措施减少太阳辐射负荷。

(2) 建设单位对建筑外墙、外窗等(除了 9.3.2 节后附表 1 中第 8 列工厂类建筑外)是否采取了 9.3.2.1-(1)所说的合适的措施，应该通过(3)的内容来判断。注意，对于总的建筑面积达到 5000m² 或者小于 5000m² 的建筑需要通过(3)和(4)来判断；对于总的建筑面积不足 2000m² 的建筑需要通过(3)、(4)和(5)来判断。

(3) 建筑周边区域的 PAL 值应该等于或者小于 9.3.2 节后附表 1 中第(a)行给定的 PAL 限值与对应规模修正系数的乘积(规模修正系数见 9.3.2 节后附表 2；PAL 值的具体算法参考日本 2009 版《公共建筑节能设计标准》，本文不给出)。

(4) 对于总的建筑面积达到 5000m² 或者小于 5000m² 的建筑的外墙、外窗等围护结构，根据建筑类型和所处地区对所评价建筑的以下①~④所示的各个项目进行打分，最后总的得分加上表 9-5 对应的分数总分应该大于等于 100 分。

不同类型建筑得分修正值　　表 9-5

	温暖地区	寒冷地区	热带地区
9.3.2 节后附表 1 中第 1 列的建筑【酒店类】	−45	−70	70
9.3.2 节后附表 1 中第 2 列的建筑【医院类】	−30	−15	−65
9.3.2 节后附表 1 中第 3 列的建筑【商铺类】	−30	−10	−45
9.3.2 节后附表 1 中第 4 列的建筑【办公类】	5	10	−10
9.3.2 节后附表 1 中第 5 列的建筑【学校类】	35	10	30
9.3.2 节后附表 1 中第 6 列的建筑【餐饮类】	−15	−45	5
9.3.2 节后附表 1 中第 7 列的建筑【场馆类】	−45	−90	70

① "建筑选址和地面规划评价得分"

该项目得分为根据每个所选条目的实施措施情况打分后得到的总分，见表 9-6。

237

建筑主体规划评价得分　　　　　　　　表 9-6

评价项目	采取的措施	得分
建筑主体朝向	北向或者南向	6
	东向或者西向	0
	不属于以上朝向	3
建筑形状	平面形状系数≥3/4(只对于双核心建筑)	8
	平面形状系数≥3/4(除了双核心建筑)	5
	3/8≤平面形状系数<3/4	4
	平面形状系数≤3/8(只对于双核心建筑)	3
	平面形状系数≤3/8(除了双核心建筑)	0
核心布局	双核心	12
	一栋建筑只在建筑的一边有一个核心	6
	不属于以上情况	0
建筑平均层高	少于 3.5m	4
	≥3.5m，≤4.5m	2
	>4.5m	0

注：1. 平面形状系数(Aspect Ratio)：建筑东西向的总长度除以南北向的总长度。

2. "主要朝向"指的是具有最大窗户面积的外墙朝向。

3. "双核心"指的是一栋建筑有两个及两个以上的建筑核心。

4. "平均层高"指的是从每一层的地面到其上面一层地面的高度的总和的平均值。

② "外墙和屋顶的保温性能评价得分"

温暖地区和寒冷地区的该项目得分是根据每个所选条目的实施措施情况打分后得到的总分；热带地区为 0 分。当对于一个条目采取了两种或两种以上的措施时，根据保温材料的厚度加权平均后得出结果，见表 9-7。

地区的定义：寒冷地区指的是：北海道，青森县（日本港市），岩手县，秋田市地区；热带地区指的是：冲绳县，吐噶喇群岛（日本），日本奄美诸岛，鹿儿岛，小笠原群岛，东京地区；除掉上述地区剩下的区域称为温暖地区（本定义只适用于 9.3.2 节）。

不同地区外墙和屋顶保温评价　　　　　　表 9-7

地区	评价项目	采取的措施	得分
温暖地区	外墙	喷硬质聚氨酯泡沫塑料，厚度≥20mm，或者敷设相同热阻的保温材料	30
		喷硬质聚氨酯泡沫塑料，15mm≤厚度≤20mm，或者敷设相同热阻的保温材料	15
		不属于以上措施	0
	屋顶	铺设泡沫聚苯乙烯保温材料厚度 50mm 及以上，或者是具有相同保温性能的材料。或屋顶绿化面积达到 40% 及以上	20
		铺设泡沫聚苯乙烯保温材料，25mm≤厚度≤50mm，或者是具有相同保温性能的材料	10
		不属于以上措施	0

续表

地区	评价项目	采取的措施	得分
寒冷地区	外墙	喷硬质聚氨酯泡沫塑料，厚度≥40mm，或者敷设相同热阻的保温材料	20
		喷硬质聚氨酯泡沫塑料，20mm≤厚度≤40mm，或者敷设相同热阻的保温材料	10
		不属于以上措施	0
	屋顶	铺设泡沫聚苯乙烯保温材料厚度 100mm 及以上，或者是具有相同保温性能的材料。或屋顶绿化面积达到 40% 及以上	10
		铺设泡沫聚苯乙烯保温材料，50mm≤厚度≤100mm，或者是具有相同保温性能的材料	5
		不属于以上措施	0

注：1. "喷硬质聚氨酯泡沫塑料"指的是日本工业标准(JIS)A 9526-1994 所定义的做法。

　　2. "铺设泡沫聚苯乙烯保温材料"指的是日本工业标准(JIS)A 9511-1995 所定义的挤塑聚苯乙烯保温板。

③"窗户保温性能评价得分"

温暖地区和寒冷地区的建筑根据措施实施情况进行打分；热带地区为 0 分，见表 9-8。

窗户保温性能评价　　　　　　　　　　　　表 9-8

地区	采取的措施	得分
温暖地区	窗户综合传热系数<0.75 [W/(m²·K)]	30
	0.75≤窗户综合传热系数≤1.0 [W/(m²·K)]	25
	1.0≤窗户综合传热系数<1.25 [W/(m²·K)]	20
	1.25≤窗户综合传热系数<1.5 [W/(m²·K)]	15
	1.5≤窗户综合传热系数<2.0 [W/(m²·K)]	10
	2.0≤窗户综合传热系数<2.5 [W/(m²·K)]	5
	窗户综合传热系数≥2.5 [W/(m²·K)]	0
寒冷地区	窗户综合传热系数<0.25 [W/(m²·K)]	90
	0.25≤窗户综合传热系数<0.5 [W/(m²·K)]	75
	0.5≤窗户综合传热系数<0.75 [W/(m²·K)]	60
	0.75≤窗户综合传热系数<1.0 [W/(m²·K)]	45
	1.0≤窗户综合传热系数<1.25 [W/(m²·K)]	30
	1.25≤窗户综合传热系数<1.5 [W/(m²·K)]	15
	窗户综合传热系数≥1.5 [W/(m²·K)]	0

注：综合传热系数的算法：$U_t = \Sigma U_i \times A_{wi}/A$

　　U_t——一个空调区域(房间)窗户的综合传热系数 [W/(m²·K)]；

　　U_i——对应单个窗户的传热系数；

　　A_{wi}——对应单个窗户的面积；

　　A——一个空调区域(房间)的总外墙面积。

④"窗户遮阳性能评价得分"

根据建筑所在的区域和实施措施进行打分，见表 9-9 和表 9-10。

窗户遮阳性能评价　　　　　　　　表 9-9

地区	采取的措施	得分
	窗户太阳能综合透射率(Solar Heat Penetration Rate)小于 0.05	90
	0.05≤窗户太阳能综合透射率<0.1	75
	0.1≤窗户太阳能综合透射率<0.15	60
温暖地区	0.15≤窗户太阳能综合透射率<0.2	45
	0.2≤窗户太阳能综合透射率<0.25	30
	0.25≤窗户太阳能综合透射率<0.3	15
	窗户太阳能综合透射率≥0.3	0
	窗户太阳能综合透射率<0.05	50
寒冷地区	0.5≤窗户太阳能综合透射率<0.3	25
	窗户太阳能综合透射率≥0.3	0
	窗户太阳能综合透射率<0.025	170
	0.025≤窗户太阳能综合透射率<0.05	140
	0.05≤窗户太阳能综合透射率<0.1	110
热带地区	0.1≤窗户太阳能综合透射率<0.15	80
	0.15≤窗户太阳能综合透射率<0.2	50
	0.2≤窗户太阳能综合透射率<0.25	25
	窗户太阳能综合透射率≥0.25	0

注：太阳能综合透射率的计算：$\eta_t = \Sigma \eta_i \times f_i \times A_{wi}/A$

η_i——窗户太阳能穿透率：通过窗户进入室内的太阳能量除以投射到窗户上的太阳能总量；

f_i——遮阳影响系数，定义如下：

遮阳影响系数取值　　　　　　　　表 9-10

	$P_i \leqslant 0$	$0 < P_i \leqslant 3$	$3 < P_i \leqslant 10$	$10 < P_i$
上挑外遮阳板	1.00	0.60	0.90	1.00
侧遮阳板		0.80		
上挑外遮阳板加侧遮阳板	上外挑遮阳板的遮阳影响系数的值与侧遮阳板的遮阳影响系数的值相乘			

P_i——窗高除以上外挑遮阳板的高度；侧遮阳则是窗户宽度除以侧遮阳板的高度；

A_{wi}——空调区域(房间)的单个窗户面积；

A——空调区域(房间)的总外墙面积。

特别说明：

日本该标准里衡量透明围护结构的遮阳性能使用的是"窗户太阳能综合透射率"，即通过窗户进入室内的太阳能量除以投射到窗户上的太阳能总量，并配合不同的遮阳形式进行修正；而我国采用的"遮阳系数"(Shading Coefficient，SC)是指太阳辐射总透射比与 3mm 厚普通无色透明平板玻璃的太阳辐射的比值。两者之间没有联系，即没办法进行比较。

(5) 对于总的建筑面积小于 2000m² 的建筑的外墙，根据建筑类型和建筑所在的气候分区对所评价建筑的以下①、②所示的各个项目进行打分，最后总的得分加上表 9-11 的对应分数，最后总得分应该大于等于 100 分。

不同类型建筑得分修正表　　　表 9-11

	温暖地区	寒冷地区	热带地区
9.3.2 节后附表 1 中第 1 列的建筑【酒店类】	40	35	85
9.3.2 节后附表 1 中第 2 列的建筑【医院类】	25	45	50
9.3.2 节后附表 1 中第 3 列的建筑【商铺类】	30	35	45
9.3.2 节后附表 1 中第 4 列的建筑【办公类】	35	55	50
9.3.2 节后附表 1 中第 5 列的建筑【学校类】	35	55	50
9.3.2 节后附表 1 中第 6 列的建筑【餐饮类】	40	40	65
9.3.2 节后附表 1 中第 7 列的建筑【场馆类】	40	40	65

① "外墙的保温性能评价得分"

温暖地区和寒冷地区的建筑根据措施实施情况进行打分；热带地区为 0 分，见表 9-12。

外墙保温性能评价　　　表 9-12

所在地区	应用的措施	得分
温暖地区	外墙硬质聚氨酯泡沫塑料保温层的厚度≥20mm，或者是相同保温性能的其他材料	65
	15mm≤外墙硬质聚氨酯泡沫塑料保温层的厚度＜20mm，或者是相同保温性能的其他材料	55
	不属于以上措施	0
寒冷地区	外墙硬质聚氨酯泡沫塑料保温层的厚度≥40mm，或者是相同保温性能的其他材料	50
	20mm≤外墙硬质聚氨酯泡沫塑料保温层的厚度＜40mm，或者是相同保温性能的其他材料	35
	不属于以上措施	0

注："硬质聚氨酯泡沫塑料保温层"具体的定义见 JIS A9526。

② "窗户的保温和遮阳性能评价得分"

根据建筑所在的地区和对每一条所选项目的措施实施情况打分后的总得分，见表 9-13。

窗户的保温和遮阳性能评价　　　表 9-13

所在地区	项目	采取的措施	得分
温暖地区	窗户面积	窗墙面积比＜20％	40
		20％≤窗墙面积比＜40％	25
		窗墙面积比≥40％	0
	玻璃类型	双层 Low-E 玻璃	35
		双层玻璃（除 Low-E 玻璃之外）	30
		不属于以上措施	0

续表

所在地区	项目	采取的措施	得分
寒冷地区	窗户面积	窗墙面积比＜20%	25
		20%≤窗墙面积比＜40%	20
		窗墙面积比≥40%	0
	玻璃类型	双层 Low-E 玻璃	15
		不属于以上措施	0
热带地区	窗户面积	窗墙面积比＜20%	50
		20%≤窗墙面积比＜40%	35
		窗墙面积比≥40%	0
	玻璃类型	使用高热反射性能的玻璃	20
		使用热反射性能的玻璃	10
		不属于以上措施	0
	水平屋檐	屋檐突出高度≥1m	20
		0.5m≤屋檐突出高度＜1m	15
		屋檐突出高度＜0.5m	0

注：1. Low-E 玻璃的具体定义：JIS R3106；双层玻璃定义：JIS R3209。

2. 高热反射性能的玻璃具体定义：JIS R3221；热反射性能的玻璃：JIS R3221。

特别说明：日本标准中对于小规模建筑（面积小于 2000m²）的窗墙面积比限定为 0.4，我国标准里对窗墙面积比限定为 0.7，但是没有建筑规模的限制。日本标准对不同地区的窗户使用都有推荐类型，在温暖和寒冷地区都推荐使用双层 Low-E 玻璃，而在热带地区推荐使用高热反射性能玻璃。我国标准只规定指标值，不做推荐。

（6）特定建筑的所有者有对建筑围护结构进行改造，以减少热损失的义务。

9.3.2.2　空气调节设备节能性能评价

（1）建设单位应该采取合适的措施，应当适当考虑以下给出的做法，使空气调节设备能够高效用能。

① 在进行空调系统设计时应该考虑房间的空调负荷特性和其他因素。

② 应该通过加强保温措施使通过风管、水管和其他设备的能量耗散达到最小。

③ 应该给空气调节系统加装合适的自动控制系统。

④ 应该采用高能效的冷热源。

（2）建设单位对建筑内安装的空调系统（除了 9.3.2 节后附表 1 中第 8 列所工厂类建筑外）是否采取了如（1）所说的合适的措施，应该通过（3）的内容来判断。注意，对于建筑面积≤5000m² 的建筑内空调系统需要通过（3）和（4）的内容来判断。对于建筑面积不足 2000m² 的建筑内空调系统则需要通过（3）、（4）和（5）来判断。

注意：所说的空调系统限于 JIS B8616 所定义的整体式空调机组（制冷模式）和 JIS B8627 所定义的燃气驱动的热泵式空调机组，对于下面所讲内容都遵循这个原则。

（3）建筑内安装的空调设备的年一次能源的消费量（焦耳，J）除以同一时间段的建筑计算空调负荷所得到的值（CEC-AC 值）（CEC 值的具体计算过程参考日本 2009 版《公共建筑节能设计标准》)应该小于等于 9.3.2 节后附表 1 中(b)行所给定的值。

（4）对于总的建筑面积≤5000m² 的建筑内安装的空调系统，根据建筑类型和所处地区对所评价建筑的以下①～③所示的各个项目进行打分，最后总的得分加上表 9-14 中 K_0 对应的分数总和应该大于等于 100 分。

不同类型建筑评价得分修正值及其他参数值　　　　表 9-14

建筑类型	气候分区	K_0	K_1	K_2	K_3	q_C	q_H
9.3.2 节后 附表 1 中【酒店类】	Ⅰ	80	30	0	−10	0.1	0.9
	Ⅱ	80	20	0	−10	0.2	0.8
	Ⅲ	90	10	0	−15	0.3	0.7
	Ⅳ	90	10	0	−15	0.4	0.6
9.3.2 节后 附表 1 中【医院类】	Ⅰ	90	30	10	−5	0.1	0.9
	Ⅱ	95	20	5	−10	0.3	0.7
	Ⅲ	95	20	5	−10	0.5	0.5
	Ⅳ	95	10	5	−15	0.7	0.3
9.3.2 节后 附表 1 中【商铺类】	Ⅰ	85	30	15	−5	0.3	0.7
	Ⅱ	90	20	10	−10	0.5	0.5
	Ⅲ	90	10	10	−10	0.7	0.3
	Ⅳ	95	5	5	−15	0.9	0.1
9.3.2 节后 附表 1 中【办公类】	Ⅰ	90	30	10	−5	0.2	0.8
	Ⅱ	95	5	5	−10	0.4	0.6
	Ⅲ	95	5	5	−10	0.6	0.4
	Ⅳ	95	5	5	−15	0.8	0.2
9.3.2 节后 附表 1 中【学校类】	Ⅰ	80	30	20	−10	0.1	0.9
	Ⅱ	80	20	20	−10	0.3	0.7
	Ⅲ	90	10	15	−10	0.5	0.5
	Ⅳ	95	5	10	−10	0.7	0.3
9.3.2 节后 附表 1 中【餐饮类】	Ⅰ	95	10	5	−10	0.2	0.8
	Ⅱ	95	10	5	−10	0.4	0.6
	Ⅲ	95	0	5	−15	0.6	0.4
	Ⅳ	95	0	5	−10	0.8	0.2
9.3.2 节后 附表 1 中【场馆类】	Ⅰ	95	10	5	−5	0.2	0.8
	Ⅱ	95	10	5	−10	0.4	0.6
	Ⅲ	95	0	5	−10	0.6	0.4
	Ⅳ	95	0	5	−15	0.8	0.2

注：此处的气候分区与《居住建筑节能设计标准》里的分区不同，限于此章节。

第Ⅰ分区：北海道

第Ⅱ分区：青森县、岩手县、秋田县、宫城县、山形县、福岛县、群马、栃木、茨城、新泻、富山、石川县、福井县、长野县、岐阜县

第Ⅲ分区：千叶、埼玉、东京、神奈川、山梨、静冈县、爱知县、滋贺县、三重县、奈良、京都、兵库、冈山、广岛、山口、岛根县、鸟取县、大阪、和歌山县、香川、德岛、高知、爱媛、福冈、佐贺、长崎、大分、熊本

第Ⅳ分区：宫崎、鹿儿岛、冲绳

① "减少室外新风负荷评价得分"

根据所选项目的措施实施情况进行打分,得到总分,见表 9-15。

减少新风负荷评价 表 9-15

项目	采取的措施	得分
稳定获取新风阶段	一栋建筑不少于 90% 的新风量的热交换效率在 70% 及以上,并且设立了旁路控制系统	$2K_1$
	一栋建筑不少于 50% 的新风量的热交换效率在 50% 及以上	K_1
	不属于以上措施	0
新风预热阶段	安装一个可以在预热阶段减少新风获取量的控制系统,使其在预热阶段获取新风小于稳定阶段新风量的 50%	K_2
	不属于以上措施	0

注:1. 此处"热交换效率"指的是制冷工况和供热工况下的平均热交换效率。

2. "旁路控制系统"指的是在制冷工况下如果室外新风的焓值低于室内排风的焓值,则热交换器不工作的控制策略。

② "室外机组的安装位置及连接室外机组和室内机组的管长评价得分"

根据所选项目的措施实施情况进行打分,得到总分,见表 9-16。

机组连接形式评价 表 9-16

采取的措施		得分
空调设备的形式	室外单元的安装地点及室外机和室内机的连接管长	
组合式空调机或者空气源热泵空调机(限于多功能式空调机)	当室外机安装地点比室内机高时,连接管长 >30m	
	当室外机安装地点比室内机低时,连接管长 >35m	
组合式空调机或者空气源热泵空调机(不包括多功能式空调机)	当室外机安装地点比室内机高时,连接管长加上机组安装地点高差数值 >35m	K_3
	当室外机安装地点比室内机低时,高差数值乘以 2 加上连接管长 >30m	
不属于以上各种情况		0

③ "热源设备能效评价得分"

根据所选项目的措施实施情况进行打分,得到总分,见表 9-17。

热源设备能效评价 表 9-17

采取的措施	得分
所有空调设备的制冷能力 ≥70% 时,热源设备在制冷和供热工况下的平均 *COP* 值 ≥1.25	60
所有空调设备的制冷能力 ≥70% 时,热源设备在制冷和供热工况下的平均 *COP* 值 ≥1.15	40
所有空调设备的制冷能力 ≥70% 时,热源设备在制冷和供热工况下的平均 *COP* 值 ≥1.0	20
不属于以上情况	0

注:热源设备在制冷和供热工况下的平均 *COP* 值应该通过下面的公式进行计算,注意只有制冷工况的设备,只计算其制冷能力。

电力驱动的热源设备	燃气驱动的热源设备
$(q_c \times C/C_w + q_H \times H/H_w) \times 3600/\alpha$	$q_c \times C/(C_f + \alpha \times C_w/3600) + q_H \times H/(H_f + \alpha \times H_w/3600)$

上式参数含义如下：

q_c——根据建筑类型和所处气候分区取值，见表 9-14；

C——制冷能力（KW）；

C_w——制冷电力消耗量（KW）；

q_H——根据建筑类型和所处气候分区取值，见表 9-14；

H——供热能力（KW）；

H_w——供热电力消耗量（KW）；

α——根据实际运行情况在 9.3.2 节后附表 3 中对应的"电能"选项中取值；

C_f——制冷耗油量（KW）；

H_f——供热耗油量（KW）。

（5）对于总的建筑面积≤2000m² 的建筑内安装的空调系统，根据建筑类型和所处地区对所评价建筑的以下①、②所示的各个项目进行打分，最后总得分加上表 9-18 中选取的对应的 J_0 的值总和应该大于等于 100 分。

不同类型建筑评价得分修正值及其他参数值　　　　表 9-18

建筑类型	分区	J_0	J_1	J_2	q_c	q_H
9.3.2 节后附表 1 中【酒店类】和【医院类】	Ⅰ	55	35	5	0.1	0.9
	Ⅱ·Ⅲ	55	25	5	0.3	0.7
	Ⅳ	60	15	5	0.5	0.5
9.3.2 节后附表 1 中【商铺，办公，学校，餐饮，场馆类】	Ⅰ	60	30	5	0.2	0.8
	Ⅱ·Ⅲ	65	20	5	0.5	0.5
	Ⅳ	70	10	5	0.8	0.2

注：此处的气候分区与《居住建筑节能标准》里的分区不同，限于此章节。

第Ⅰ分区：北海道

第Ⅱ分区：青森县、岩手县、秋田县、宫城县、山形县、福岛县、群马、栃木、茨城、新泻、富山、石川县、福井县、长野县、岐阜县

第Ⅲ分区：千叶、埼玉、东京、神奈川、山梨、静冈县、爱知县、滋贺县、三重县、奈良、京都、兵库、冈山、广岛、山口、岛根县、鸟取县、大阪、和歌山县、香川、德岛、高知、爱媛、福冈、佐贺、长崎、大分、熊本

第Ⅳ分区：宫崎、鹿儿岛、冲绳

① "减少室外新风负荷评价得分"

根据所选项目的措施实施情况进行打分，得到总分，见表 9-19。

减少室外新风负荷评价　　　　表 9-19

实施的措施	得分
50% 及以上的空调面积使用热交换设备	J_1
50% 及以上的空调面积使用热交换设备及室外空气冷却系统采用旁路控制	$J_1 + J_2$
不属于以上措施	0

注：1. "旁路控制"指的是在制冷工况时，当引入室内新风的焓低于室内空气的焓值时，对新风不进行热交换。

2. J_1、J_2 根据建筑类型和所处气候分区取值，见表 9-18。

② "热源设备能效评价得分"

根据所选项目的措施实施情况进行打分，得到总分，见表 9-20。

热源设备能效评价　　　　　　　　　　　　　表 9-20

空调设备的形式	实施的措施	得分
整体式空调机或者空气源热泵空调机	热源设备在制冷和加热时平均 COP 值≥1.25	60
	热源设备在制冷和加热时平均 COP 值≥1.00	20
	不属于以上情况	0

注：平均 COP 值的具体算法参考日本 2009 版《公共建筑节能设计标准》：

平均 COP 值＝q_c×"制冷工况下的平均 COP"＋q_H×"供热工况下的平均 COP"，q_c 和 q_H 的值见表 9-18。

（6）特定建筑的所有者有对建筑空调设备进行维护，以提高其能效的义务。

9.3.2.3　机械通风系统(非空调系统)的节能性能评价

（1）建设单位应该采取合适的措施，通过适当考虑以下给出的做法，使机械通风系统(非空调系统)能够高效用能。

① 应该采取措施使风管和其他设备的散热损失最小。

② 应该给相关机械通风系统加装合适的自动控制系统。

③ 应该使用高能效的机械通风装置，并能提供所需的通风量。

（2）建设单位对建筑内安装的机械通风系统(除了 9.3.2 节后附表 1 中第 8 列所列工厂类建筑外)是否采取了(1)所说的合适的措施，应该通过(3)的内容来判断。注意，对于建筑面积≤5000m² 的建筑内通风系统需要通过(3)和(4)的内容来判断。

注意：空调和机械通风设备的额定输出功率≤0.2kW 除外，而且限于机械通风设备总的额定输出功率≥5.5kW。对于(2)～(4)都遵循这个原则。

（3）建筑内安装的机械通风设备的年一次能源的消费量(焦耳，J)除以同一时间段的建筑通风计算年一次能源的消费量得到的值(CEC-V 值)应该≤9.3.2 节后附表 1 中(c)行所给定的值。

（4）对于总的建筑面积达≤5000m² 的建筑内安装的机械通风系统，尤其是在没有空调设备的房间。根据建筑类型和所处地区对所评价建筑下列项目的措施实施情况进行打分(见表 9-21)，最后总的得分加上 80 分应该大于等于 100 分。

建筑通风系统评价表　　　　　　　　　　　　　表 9-21

评价项目	采取的措施(只对于非空调房间)	得分
控制系统	所有停车区有气体浓度传感器，或者是人员检测控制设备，温度传感器控制设备，与光照度传感器连接的采光控制设备，或者 2/3 及以上的机械通风房间(除了停车场)安装有程序控制器	40
	半数及以上的停车区有气体浓度传感器，或者是人员检测控制设备，温度传感器控制设备，与光照度传感器连接的采光控制设备，或 1/3 及以上的机械通风房间(除了停车场)安装有程序控制器	20
	不属于以上情况	0
低压三相鼠笼式高效感应电动机的应用	安装量达到总量 2/3 及以上	40
	安装量大于总量的 1/3 小于总量的 2/3	20
	安装量小于总量的 1/3	0

续表

评价项目	采取的措施(只对于非空调房间)	得分
通过换气设备和排风设备进行通风	只有少于等于总量的 1/2 的停车区域使用换气设备和排风设备进行机械通风;或者是在所有的已设机械通风的房间不再设换气设备和排风设备	10
	不属于以上情况	0

注:1. "气体浓度传感器"指的是一氧化碳或者是二氧化碳浓度传感器。

2. "低压三相鼠笼式高效感应电动机"(Low-Voltage Three-Phase Squirrel-Cage High Efficiency Induction Motors)的具体定义见日本标准 JIS- C4212。

(5) 特定建筑的所有者有对建筑机械通风设备进行维护,以提高其能效的义务。

9.3.2.4　照明设备的节能性能评价

由于我国建筑节能标准里没有包含建筑照明,热水供应和电梯设备节能方面的内容,故下面只对日本规范进行介绍,不做中日比对。

(1) 建设单位应该采取合适的措施,通过适当考虑以下给出的做法,使照明设备能够高效用能。

① 应该采用高能效的照明设备。

② 应该给照明设备加装合适的自动控制系统。

③ 应该使安装的照明设备便于维修和管理。

④ 应该合理布置照明设备,房间的照度合理,兼顾房间形状和室内装修。

(2) 建设单位对建筑内安装的照明设备是否采取了(1)所说的合适的措施,应该通过(3)的内容来判断。注意,对于建筑面积≤5000m² 的建筑内照明设备需要通过(3)和(4)的内容来判断。对于建筑面积不足 2000m² 的建筑内照明设备则需要通过(3)、(4)和(5)来判断。

注意:所说的照明设备限于为工作环境提供所需的光照的照明设备,不包括特殊用途的照明设备,比如紧急疏散和逃生照明设备。对于(2)~(5)都遵循这个原则。

(3) 建筑内安装的照明设备的年一次能源的消费量(焦耳,J)除以同一时间段的建筑照明设备计算年一次能源的消费量得到的值(CEC-L 值)应该≤9.3.2 节后附表 1 中(d)行所给定的值。

(4) 对于总的建筑面积≤5000m² 的建筑内安装的照明设备,根据建筑类型和所处地区对所评价建筑每一个照明区域的下列①~③所示的各个项目进行打分,最后总的得分加上 80 分应该大于等于 100 分。如果照明区域≥2 个,则对所有照明区域得分进行面积加权,最后的总得分加上 80 后应该大于等于 100 分。

①"照明设备的照明效率评价得分"

根据所选项目的措施实施情况进行打分,得到总分,见表 9-22。

②"照明设备的控制方法评价得分"

根据所选项目的措施实施情况进行打分,得到总分,见表 9-23。

③"照明设备布局,设备的照度,设备与房间形状及室内装修的整体搭配评价得分"

根据所选项目的措施实施情况进行打分,得到总分,见表 9-24。

照明设备的照明效率评价　　　　　　　　　　表 9-22

项目	采取的措施		得分
光源的形式	荧光灯(非小型荧光灯)	荧光灯的总照明效率≥100lm/W	12
		90lm/W≤荧光灯的总照明效率<100lm/W	6
	使用荧光灯，卤素灯，高压钠灯		6
	使用 LED 灯		6
	不属于以上情况		0
照明设备的效率	底部开敞式照明设备	大于等于 0.9	12
		大于等于 0.8 小于 0.9	6
		小于 0.8	0
	加遮板式照明设备	大于等于 0.75	12
		大于等于 0.6 小于 0.75	6
		小于 0.6	0
	带底盖式照明设备	大于等于 0.6	12
		大于等于 0.5 小于 0.6	6
		小于 0.5	0
	不属于以上类型		0

注：1. "总照明效率"指的是荧光灯的光通量(lm)除以荧光灯和其镇流器的总耗电量(W)。

　　2. "照明设备的效率"指的是照明设备总的光通量(lm)除以对应设备的额定光通量(lm)。

　　3. "底部开敞式照明设备"指的是在其下面没有遮挡物。

　　4. "带底盖式照明设备"指的是在其下面设有半透明护罩。

照明设备的控制方法评价　　　　　　　　　　表 9-23

采取的措施	得分
下列 7 种控制措施中用到 3 种及 3 种以上：卡片式或者传感式人员探测控制、亮度传感自动闪光控制、合适的照度控制、时序控制、日光照明控、分区控制、局部控制。本表中限于这 7 种控制措施	22
用到以上 1 种或 2 种控制措施	11
不属于以上情况	0

照明设备整体布局评价　　　　　　　　　　表 9-24

评价项目	采取的措施	得分
灯具布置及照度设置	工作环境照明系统(Task Ambient Lighting System，TAL)占整个办公室照明系统的 90% 及以上	22
	工作环境照明系统(TAL)占整个办公室照明系统的 50%～90%	11
	不属于以上指标	0
房间形状选择项	房间指数 K≥5.0	12
	2.0≤房间指数 K<5.0	6
	不属于以上指标	0

续表

评价项目	采取的措施	得分
室内装修选择项	顶棚，墙面和地面的反射系数分别大于等于 70%，50%，10%	12
	顶棚，墙面和地面的反射系数分别为大于等于 70%，大于等于 30%小于 50%，大于等于 10%	6
	不属于以上指标	0

注：1. 房间指数 K 可以按照下式进行计算：

$$K = X \times Y / H \times (X + Y)$$

X——房间宽度(开间)(m)；Y——房间进深(m)；H——工作面到灯具的垂直距离(m)(在非办公室和教室房间指的是从地面到顶棚的距离)。

2. "反射系数"指的是对顶棚、墙面和地面各自不同的组成部分的反射系数进行面积加权得到的各自的反射系数。

(5) 对于总的建筑面积不足 2000m^2 的建筑内安装的照明设备，根据建筑类型和所处地区对所评价建筑每一个照明区域的①~③所示的各个项目进行打分，最后总的得分加上 80 分应该大于等于 100 分。如果照明区域≥2 个，则对所有照明区域得分进行面积加权，最后的总得分加上 80 分后应该大于等于 100 分。

① "照明设备的照明效率评价得分"

根据所选项目的措施实施情况进行打分，得到总分，见表 9-25。

照明设备的照明效率评价　　　　　　　　　　表 9-25

实施的措施		得分
荧光灯(非紧凑型)	只使用于高频荧光灯照明	12
	不属于以上措施	0
使用紧凑型荧光灯、卤素灯、高压钠灯		6
使用 LED 灯		6
不属于以上措施		0

② "照明设备的控制方法评价得分"

根据所选项目的措施实施情况进行打分，得到总分，见表 9-26。

照明设备的控制方法评价　　　　　　　　　　表 9-26

实施的措施	得分
下列 7 种控制措施中用到 2 种及 2 种以上：卡片式或者传感式人员探测控制、亮度传感自动闪光控制、合适的照度控制、时序控制、日光照明控、分区控制、局部控制。本表中限于这 7 种控制措施	22
以上 7 种控制措施中用到 1 种	11
不属于以上情况	0

③ "照明设备布局，设备的照度，设备与房间形状及室内装修的整体搭配评价得分"

根据所选项目的措施实施情况进行打分，得到总分，见表 9-27。

照明设备的整体布局评价　　　　　　　　　　　　表 9-27

评价项目	采取的措施	得分
灯具布置及照度设置	工作环境照明系统(TAL)占整个办公室照明系统的 90% 及以上	22
	工作环境照明系统(TAL)占整个办公室照明系统的 50%～90%	11
	不属于以上指标	0

(6) 特定建筑的所有者有对建筑照明设备进行维护,以提高其能效的义务。

9.3.2.5　热水供应设备的节能性能评价

(1) 建设单位应该采取合适的措施,适当考虑以下给出的做法,使热水供应设备能够高效用能。

① 在做管道系统设计时,应该考虑较短的管道系统,管道保温等因素。

② 应该给热水供应设备加装合适的自动控制系统。

③ 应该使用能效高的热源系统。

(2) 建设单位对建筑内热水供应系统是否采取了(1)所说的措施,应该通过(3)的内容来判断。注意,对于建筑面积≤5000m² 建筑内热水供应设备需要通过(3)和(4)的内容来判断。对于建筑面积不足 2000m² 的建筑内热水供应设备则需要通过(3)、(4)和(5)来判断。

注意:所说的热水供应系统限于集中热源有回水管的热水供应系统。对于(2)～(5)都遵循这个原则。

(3) 建筑内安装的热水供应设备的年一次能源的消费量(焦耳,J)除以同一时间段的建筑热水供应系统计算年一次能源的消费量得到的值(CEC-HW 值)应该≤9.3.2 节后附表 1 中(e)行所给定的值。

(4) 对于总的建筑面积≤5000m² 的建筑内安装的热水供应系统,对所评价建筑的①～⑤所示的各个项目进行打分,最后总的得分加上 70 分应该大于等于 100 分。

①"管网设计评价得分"

根据所选项目的措施实施情况进行打分,得到总分(对于一个项目采用了两种及两种以上措施的,采用各个措施的最高得分),见表 9-28。

管网设计评价　　　　　　　　　　　　表 9-28

评价项目	采取的措施	得分
循环管保温	所有管道采用保温规格 1	30
	所有管道采用保温规格 1 或者保温规格 2	20
	所有管道采用保温规格 1 或者保温规格 2 或者保温规格 3	10
	不使用上述规格	0
循环管上法兰和阀门保温	所有循环管上法兰和阀门都保温	10
	一半及以上循环管上法兰和阀门做保温	5
	不属于上述情况	0
一次管网保温	所有管道采用保温规格 1	6
	所有管道采用保温规格 1 或者保温规格 2	4
	所有管道采用保温规格 1 或者保温规格 2 或者保温规格 3	2
	不使用上述规格	0

续表

评价项目	采取的措施	得分
一次管网法兰和阀门保温	所有一次管网上法兰和阀门都保温	2
	不属于上述情况	0
环状管网管路和管径	所有空调房间的循环管都保温，或者被空调房间环绕的空间里的循环管都保温，管路最短，管径最小	3
	所有的循环管都安装在空调房间，或者是被空调房间环绕的空间里	2
	所有的循环管管路最短，管径最小	1
	不属于上述情况	0
枝状管网管路和管径	所有的循环管管路最短，管径最小	1
	不属于上述情况	0
一次管网	所有的循环管都安装在空调房间，或者是被空调房间环绕的空间里	1
	不属于上述情况	0

注：1. "保温规格 1"指的是管径＜40mm 保温材料的厚度≥30mm；40mm≤管径＜125mm 保温材料的厚度 ≥40mm；管径≥125mm 保温材料的厚度≥50mm。

2. "保温规格 2"指的是管径＜50mm 保温材料的厚度≥20mm；50mm≤管径＜125mm 保温材料的厚度 ≥25mm；管径≥125mm 保温材料的厚度≥30mm。

3. "保温规格 3"指的是管径＜125mm 保温材料的厚度≥20mm；管径≥125mm 保温材料的厚度≥25mm。

4. "保温材料"指的是导热系数≤0.044 [W/(m·K)] 的材料。

② "热水供应系统的自动控制评价得分"

根据所选项目的措施实施情况进行打分，得到总分（对于一个项目采用了两种及两种以上措施的，采用各个措施的最高得分），见表 9-29。

热水供应系统的自动控制评价　　　　　　　　　　　表 9-29

评价项目	采取的措施	得分
循环泵控制	基于热水供应负荷的流量控制系统	2
	基于热水供应负荷的循环停止控制设备	1
	不属于以上措施	0
盥洗室等公共区域热水给水栓控制	盥洗室等公共区域自动控制给水栓占总数的 80% 及以上	盥洗室等公共区域配水栓热水给水量除以总热水给水量结果乘以 40 即为该项目得分
	不属于以上措施	0
洗浴设施控制	所有的洗浴设备都安装有自动温度控制节水设备	洗浴设施热水给水量除以总热水给水量结果乘以 25 即为该项目得分
	不属于以上措施	0

③ "热源设备能效评价得分"

根据所选项目的措施实施情况进行打分，得到总分（对于一个项目采用了两种及两种以上措施的，采用各个措施的最高得分），见表 9-30。

热源设备能效评价　　　　　　　　　　　　　表 9-30

采取的措施	得分
热源设备效率在 90% 及以上	15
85%≤热源设备效率<90%	10
80%≤热源设备效率<85%	5
热源设备效率<80%	0

　　注："热源设备效率"指的是根据所使用的燃料类型，利用 9.3.2 节后附表 3 将热源设备的额定产热能力转化成产热量，得到的数值除以总的能源消耗量。

　　④ 当用太阳能作为热源的时候要加分，所加的分数等于太阳能提供的热量(KJ/年)除以热水供应总负荷(KJ/年)再乘以 100 得到的数值。

　　⑤ 当热水供应系统有预热的时候要加分，所加的分数等于预热后的水温与地区年平均水温的差值除以最终提供的热水温度与地区年平均水温的差值再乘以 100 最后得到的数值。

　　(5) 对于总建筑面积不足 2000m² 的建筑内安装的热水供应系统，对评价建筑的①～⑤所示的各个项目进行打分，最后总的得分加上 80 分应该大于等于 100 分。

　　① "管网设计评价得分"

　　根据所选项目的措施实施情况进行打分，得到总分(对于一个项目采用了两种及两种以上措施的，采用各个措施的最高得分)，见表 9-31。

管 网 布 置 评 价　　　　　　　　　　　表 9-31

采取的措施	得分
所有环状管网都采用保温规格 1 或者保温规格 2 进行保温	20
所有环状管网都采用保温规格 1 或者保温规格 2 或者保温规格 3 进行保温	10
所有一次管网都采用保温规格 1 或者保温规格 2 进行保温	4
所有一次管网都采用保温规格 1 或者保温规格 2 或者保温规格 3 进行保温	2
使用保温规格 3 对所有的环状和枝状管网上的阀门盒法兰进行保温	2
所有的环状和一次管网的管路最短，管径最小	2
所有的枝状管网的管路最短，管径最小	1

　　注：1. "保温规格 1"指的是管径<40mm 保温材料的厚度≥30mm；40mm≤管径<125mm 保温材料的厚度≥40mm；管径≥125mm 保温材料的厚度≥50mm。

　　　　2. "保温规格 2"指的是管径<50mm 保温材料的厚度≥20mm；50mm≤管径<125mm 保温材料的厚度≥25mm；管径≥125mm 保温材料的厚度≥30mm。

　　　　3. "保温规格 3"指的是管径<125mm 保温材料的厚度≥20mm；管径≥125mm 保温材料的厚度≥25mm。

　　　　4. "保温材料"指的是导热系数≤0.044 [W/(m·K)] 的材料。

　　② "热水供应系统的自动控制评价得分"

　　根据所选项目的措施实施情况进行打分，得到总分，见表 9-32。

　　③ 当使用了潜热回收加热器或者是热泵加热器的时候都应该得 10 分。

　　④ 使用太阳能得 10 分。

　　⑤ 使用预热系统得 5 分。

　　(6) 特定建筑的所有者有对建筑热水供应设备进行维护，以提高其能效的义务。

热水供应系统的自动控制评价　　　　　　　　表 9-32

实施的措施	得分
根据热水供应负荷在环状管网采用流速控制或者流量控制，启停控制等控制措施	2
公共场所的配水栓采用自动配水栓	2
淋浴设备配备节能型温度调控器	5

9.3.2.6　电梯系统的节能性能评价

（1）建设单位应该采取合适的措施，适当考虑以下给出的做法，使电梯系统能够高效用能。

① 电梯设备应该安装合适的自动控制系统。

② 电梯系统的动力设备应该高效用能。

③ 电梯系统应该采取合理的布置方案以满足所需要的运输能力。

（2）建设单位对建筑内电梯系统是否采取了（1）所说的措施，应该通过（3）的内容来判断。注意：对于建筑面积≤5000m² 建筑内电梯系统需要通过（3）和（4）的内容来判断；所说的电梯系统限于 9.3.2 节后附表 1 中第 1 列和第 4 列所描述的建筑类型；电梯系统的节能评价只适用于一栋楼里安装的电梯数量≥3 部时；对于（2）～（4）都遵循这些原则。

（3）建筑内安装的电梯系统的年一次能源的消费量（焦耳，J）除以同一时间段的建筑电梯系统计算年一次能源的消费量得到的值（CEC 值）应该≤9.3.2 节后附表 1 中（f）行所给定的值。

① 电梯的一次能源消耗量应该是所有电梯的电能总消耗量。按下列公式计算：

$$E_T = L \times V \times F_T \times T/860$$

式中　E_T——电梯的电能消耗量（KW·h）；

　　　L——电梯的载重量（Kg）；

　　　V——电梯额定速度（m/minute）；

　　　F_T——不同的速度控制系统对应的系数（见表 9-33）；

　　　T——年运行时间（h）。

电梯系统控制评价　　　　　　　　表 9-33

速度控制系统类型	系数（F_T）
变压变频控制（Variable Voltage Variable Frequency Control）（带有动力再生系统）	1/45
变压变频控制（不带有动力再生系统）	1/40
静态伦纳德制控制（Static Leonard System）	1/35
伦纳德控制系统（Ward Leonard System）	1/30
交流反馈控制系统（AC feedback control System）	1/20

② 电梯的计算一次能源消耗量等于每一部电梯的计算一次能源消耗量乘以其运输能力系数，再将所有的结果求和。

每一部电梯的计算一次能源消耗量，按下式计算：

$$E_s = L \times V \times F_s \times T/860$$

式中　E_s——每部电梯的计算电能消耗量（KW·h）；

　　L——电梯的载重量(Kg)；

　　V——电梯额定速度(m/minute)；

　　F_s——速度控制系统对应的系数，取值为 1/40；

　　T——年运行时间(h)。

运输能力系数如下计算：

$$M=A_1/A_2$$

式中　M——运输能力系数；

　　　A_1——标准运输能力系数，由表 9-34 给出；

　　　A_2——计划运输能力系数。这样计算：一部电梯 5min 可以运载的人数除以 5min 里平均使用电梯的人数。

标准运输能力系数 A_1　　　　　　　　　　　　　　　表 9-34

应用的建筑类型	建筑实际运行数据	标准运输能力系数
9.3.2 节后附表 1 第 4 列所示建筑	由一个独立的公司占有	0.25
	其他情况	0.2
9.3.2 节后附表 1 第 1 列所示建筑	—	0.15

　　注意：如果对象建筑是 9.3.2 节后附表 1 中第 4 列所示的建筑，建筑层数≤4 层，或建筑面积≤4000m²，运输能力系数等于平均控制时间间隔(单位，s)除以 30，如果平均控制时间间隔≥30s，则取值为 1。如果对象建筑是 9.3.2 节后附表 1 中第 1 列所示的建筑，有 1 部或者 2 部电梯，其运输能力系数为 1。

　　(4) 对于总的建筑面积≤5000m² 的建筑内安装的电梯系统，对所评价建筑电梯控制系统方面进行打分，最后总的得分加上 80 分应该大于等于 100 分，见表 9-35。

电 梯 控 制 评 价　　　　　　　　　　表 9-35

采取的措施	得分
一部或更多部电梯用到变压变频控制(带有动力再生控制系统)	40
一部或更多部电梯用到变压变频控制(不带有动力再生控制系统)	20
不属于以上情况	0

　　(5) 特定建筑的所有者有对建筑电梯设备进行维护，以提高其能效的义务。

不同类建筑的 **PAL** 值和 **CEC** 值　　　　　　　　附表 1

	(1)	(2)	(3)	(4)	(5)	(6)	(7)	(8)
	酒店类	医院类	商铺类	办公类	学校类	餐饮类	场馆类	工厂类
(a)	420	340	380	300	320	550	550	—
(b)	2.5	2.5	1.7	1.5	1.5	2.2	2.2	—
(c)	1	1	0.9	1	0.8	1.5	1	—
(d)	1	1	1	1	1	1	1	1
(e)	当 $0<I_x≤7$ 取值 1.5；当 $7<I_x≤12$ 取值 1.6；当 $12<I_x≤17$ 取值 1.7 当 $17<I_x≤22$ 取值 1.8；当 $22<I_x$ 取值 1.9							

续表

	(1)	(2)	(3)	(4)	(5)	(6)	(7)	(8)
	酒店类	医院类	商铺类	办公类	学校类	餐饮类	场馆类	工厂类
(f)	1	—	—	1	—	—	—	—

注：1. I_x 值的求法：一次管总长度加上热水供应循环管总长度(单位：m)除以日均总热水消耗量(单位 m³)。

　　2. (a)行对应的为 PAL 值，(b)行为空调设备 CEC 值，(c)行为通风设备 CEC 值，(d)行为照明设备 CEC 值，(e)行为热水供应设备 CEC 值，(f)行为电梯设备 CEC 值。

PAL 值的规模修正系数　　　　　　　　　　　　附表 2

平均每层面积 地上楼层数	≤50m²	100m²	200m²	≥300m²
1	2.4	1.68	1.32	1.2
≥2	2.0	1.4	1.1	1.0

注：当平均每层面积在上表中两个数值之间时，利用线性插值法求得对应的规模修正系数。

耗能量当量转化标准　　　　　　　　　　　　附表 3

能源类型	转化标准
重油	41000KJ/L(千焦耳/升)
煤油	37000KJ/L(千焦耳/升)
液化石油气	50000KJ/Kg(千焦耳/千克)
其他形式的供能(蒸汽，热水，冷水)	1.36KJ/Kg(千焦耳/千克)
电能	9760KJ/KW·h(千焦耳/千瓦·时)，当考虑夜间用电时，白天为 9970KJ/KW·h(千焦耳/千瓦·时)，夜间为 9280KJ/KW·h(千焦耳/千瓦·时)。根据日本电力企业法(Electricity Enterprises Law; Law No. 170, 1964)白天指的是早上 8：00 到晚上 10：00。夜晚指的是晚上 10：00 到次日早上 8：00

9.3.3　《居住建筑节能设计标准》

《居住建筑节能设计标准》于 1980 年 2 月 28 日经济贸易产业省/国土交通省第 1 号公告，第一次颁布；1992 年 2 月 28 日经济贸易产业省/国土交通省第 2 号公告，主要修改；1999 年 3 月 30 日经济贸易产业省/国土交通省第 2 号公告，主要修改。本节介绍的内容来自 1999 年修改版，也是日本现行版本。

《居住建筑节能设计标准》给出了居住建筑节能设计的各个指标的限值，包括不同气候分区年冷热负荷指标，热损失系数指标及夏季太阳得热系数指标的限值，并详细介绍了以上指标的算法。对防止结露，保证通风量，室内空气品质及气流组织方案做了说明性的介绍。

9.3.3.1　日本气候分区

日本公共建筑节能标准和居住建筑节能标准的气候分区方法是不一样的，前者以代表性城市为分区依据，分为寒冷地区、热带地区和温暖地区，后者按 18℃供暖度日数进行分区，分为第Ⅰ～第Ⅵ气候区，不同气候区有代表性城市，而我国的居住建筑和公共建筑节能标准都是以 18℃供暖度日数和 26℃供冷度日数为基准进行气候分区。日本气候分区的详细介绍见 9.4.7 节中日比对的部分。

9.3.3.2　不同气候分区的年冷热负荷指标

建设方建造的居住建筑需要满足表 9-36 所示的年冷热负荷指标限值标准、表 9-37 所示的热损失系数指标限值标准和表 9-42 夏季太阳得热系数限值标准。

（1）不同气候分区的年冷热负荷指标

① 不同气候分区的住宅建筑的年冷热负荷指标需要小于等于表 9-36 中给定的值。

表 9-36

住宅建筑不同气候分区的年冷热负荷指标

气候分区	Ⅰ	Ⅱ	Ⅲ	Ⅳ	Ⅴ	Ⅵ
年冷热负荷指标(MJ/m²/年)	390	390	460	460	350	290

② 年冷热负荷指标应该等于一年总的冷负荷和热负荷之和（MJ）除以住宅建筑总的建筑面积（m²）。总的冷负荷和热负荷之和根据下列 A.～E. 各项的规定求出。

A. 考虑所有保温结构（指的是采取了保温措施，遮阳措施，防止结露措施和气密措施的结构）围成的空间里的供热和供冷。

B. 在供暖期需要考虑供暖（供暖期指的是一年里室外平均温度≤15℃的所有时间），供暖室内设计温度≥18℃。

C. 在供冷期需要考虑供冷（供冷期指的是一年里除了供热期的所有时间，计算时设定设定室内温度≤27℃，相对湿度≤60%）。

D. 对于室外温度（包括室外平均温度），采用最近五年或五年以上的气象参数。

E. 计算热负荷时候需要考虑下列所定义的显热计算项目，计算冷负荷的时候需要同时考虑下列显热计算项目和潜热计算事项。

显热计算：

（a）考虑由于室内外温差而产生的通过外墙、外窗等围护结构的热量传递。

（b）由于通风或者渗风带来的热量。

（c）由于日晒得热和夜晚辐射得热。

（d）考虑室内的所有电器、人员或者室内存在的设备散热 ［当计算稳态传热时可以用 16.7KJ/(h·m²) 来进行估算］。

（e）考虑高热容围护结构的蓄热。

潜热计算：

（a）考虑由于渗风或者通风带入的水蒸气的潜热。

（b）由于炊事、人体或者是存在房间内的物体散湿而带来的潜热 ［当计算稳态传热时可以用 4.2KJ/(h·m²) 来进行估算］。

③ 在供暖度日数（供暖期用室内温度18℃减去低于18℃每天的室外日平均气温的每天值的累加值）大于 4500℃/天，可以通过下面的公式计算出年冷热负荷的参考值。

$$L_s = 0.09 \times D - 15$$

式中　L_s——年冷热负荷参考值 ［MJ/(m²·年)］；

　　　D——供暖度日数（℃/天）。

9.3.3.3　不同气候分区的热损失系数和夏季太阳得热系数指标

1. 不同气候分区的热损失系数指标（Heat Loss Coefficient）

（1）不同气候分区住宅建筑的热损失系数应该小于等于表 9-37 中的给定值。

不同气候分区的热损失系数指标 表 9-37

气候分区	Ⅰ	Ⅱ	Ⅲ	Ⅳ	Ⅴ	Ⅵ
热损失系数指标 $[W/(m^2 \cdot ℃)]$	1.6	1.9	2.4	2.7		3.7

（2）热损失系数应该通过下面的方法计算：

$$Q=[\sum A_i K_i H_i+\sum(L_{Fi}K_{Li}H_i+A_{Fi}K_{Fi})+0.35nB]/S$$

式中 Q—— 热损失系数 $[W/(m^2 \cdot K)]$；

A_i——直接暴露于外部环境的第 i 部分围护结构的面积，包括地下与大气相通的空间或者与大气相通的阁楼；

K_i——直接暴露于外部环境的第 i 部分围护结构的平均传热系数（考虑沿热量传递方向上的建筑材料种类和厚度），包括建筑热桥部分 $[W/(m^2 \cdot K)]$；

H_i——根据外围暴露情况的不同进行区分的选择系数，见表 9-38；

分类系数 H_i 表 9-38

直接暴露于外部环境	后庭或者阁楼与外部相通	地下与外部相通
1.0	1.0	0.7

L_{Fi}——首层地面的外围长度（m）；

K_{Li}——首层地面的外围线传热系数（室内外温差为 1℃时，每 1m 长的外围的传热量 $[W/(m \cdot K)]$；

A_{Fi}——首层地面的中心面积 [除去从外围向里 1m 的面积后剩下的面积（m²）]；

K_{Fi}——首层地面的中心对应的传热系数 $[W/(m^2 \cdot K)]$；

n——换气次数 [应该是 ≥0.5，并考虑到等效余隙面积后的一个合适的数（次/小时）]；

B——室内每人占有的空间（m³）；

S——住宅建筑总面积（m²）。

（3）考虑到住宅建筑规模较小 [独立式住宅，两层四单元双建住宅（two-story semide-tached houses consisted of four flats），建筑面积≤100m² 的联排建筑，或者是面积≤60m² 的公寓建筑]，热损失系数指标需要进行修正。

$$Q_{ss}=[1+0.005×(A_s-S)]×Q_s$$

式中 Q_{ss}——小规模建筑的热损失系数指标 $[W/(m^2 \cdot K)]$；

A_s——小规模建筑面积指标（独立式住宅，两层四单元双建住宅，小规模联排住宅取 120m²，或者公寓住宅取 60m²）；

S——总的建筑面积（m²）；

Q_s——表 9-37 中所列热损失系数指标 $[W/(m^2 \cdot K)]$。

（4）对于在冬季可以有效地获取日晒得热的居住建筑，其热损失系数指标需要进行以下修正。

$$Q_{ps}=Q_s+m×\sum(f_i×\tau_i×A_{gt})×P_{sp}/S-R_0$$

式中 Q_{ps}——在冬季可以有效地获取日晒得热的居住建筑的热损失系数 $[W/(m^2 \cdot K)]$；

Q_s——表 9-37 中所列热损失系数指标 $[W/(m^2 \cdot K)]$；

m——日晒有效用能系数(Effective Utilization Factor of Insolation)，随累计热容量的不同而不同，见表 9-39；

日晒有效用能系数

表 9-39

聚集热量部分每平方米室内面积的热容量(KJ/m²)		日晒有效用能系数
大于等于 100	≥200	0.75
	<200	0.70
大于等于 50 小于 100	≥100	0.70
	<100	0.60
大于等于 10 小于 50	≥50	0.60
	<50	0.50
小于 10	—	0.50

注：1. "聚集热量部分"指的是能够进行有效地热量聚集的部分，一般要求有一定的热容量。

2. "聚集热量部分每平方米室内面积的热容量"指的是聚集热量部分总的热容量除以对应房间的总建筑面积。

f_i——与户外直接相通的开口部分 i 从正南方到南偏东 30°，南偏西 30°范围内的遮挡校正系数；

τ_i——开口 i 的玻璃透射比；

A_{gt}——开口 i 的玻璃面积；

P_{sp}——被动面积系数(Passive Area Coefficient)，根据区域划分的不同而不同 $[W/(m^2 \cdot K)]$，见表 9-40；

被 动 面 积 系 数

表 9-40

区域划分	(a)	(b)	(c)	(d)	(e)
被动面积系数，P_{sp}	2.3	4.8	7.3	9.8	12.3

S——总的住宅面积(m²)；

R_0——考虑日晒得热的校正值，根据气候分区和区域划分的不同而不同，见表 9-41。

冬季热损失系数考虑日晒得热的校正值

表 9-41

气候分区划分	区域划分				
	(a)	(b)	(c)	(d)	(e)
I	0.047	0.099	—	—	—
II	0.047	0.099	0.151	—	—
III	0.054	0.113	0.171	0.230	—
IV	0.054	0.113	0.171	0.230	0.288
V	—	—	0.171	0.230	0.288

2. 不同气候分区的夏季太阳得热系数指标(Summer Heat Gain Coefficient)

(1) 夏季太阳得热系数需要小于等于表 9-42 给出的限值。

夏季太阳得热系数限值　　　　　　　　　表 9-42

气候分区	I	II	III	IV	V	VI
夏季太阳得热系数限值	0.08		0.07			0.06

（2）夏季太阳得热系数应该用下式进行计算：

$$\mu=[\sum(\sum A_u \eta_n)\upsilon_1 + \sum A_{r1}\eta_{r1}]/S$$

式中　μ——夏季太阳得热系数；

A_u——不同朝向墙面上直接与户外相连通的第 i 个开口面积（m²）；

η_n——不同朝向墙体夏季日晒能量进入房间比率，指的是夏季进入房间的太阳辐射热与入射到墙面的日晒得热的比率；

υ_1——不同朝向，不同气候分区对应的系数，见表 9-43；

不同分区的朝向修正系数 υ_1　　　　　　　表 9-43

朝向	气候分区					
	I	II	III	IV	V	VI
东/西	0.47	0.46	0.45	0.45	0.44	0.43
南向	0.47	0.44	0.41	0.39	0.36	0.34
东南/西南	0.50	0.48	0.46	0.45	0.43	0.42
北向	0.27	0.27	0.25	0.24	0.23	0.20
东北/西北	0.36	0.36	0.35	0.34	0.34	0.32

A_{r1}——屋顶开口 i 的水平投影面积（包含屋顶上的任何开口）（m²）；

η_{r1}——屋顶夏季日晒能量进入房间比率；

S——住宅建筑总面积（m²）。

9.3.3.4　不同气候分区的等效余隙面积指标

建设方需要采取措施使建筑等效余隙面积（Equivalent Clearance Areas）小于等于表 9-44 给定的值。

不同气候分区的等效余隙面积指标　　　　　表 9-44

气候分区	I	II	III	IV	V	VI
等效余隙面积指标（cm²/m²）	2			5		

等效余隙面积应该通过下式进行计算：

$$C=0.7V/S$$

式中　C——等效余隙面积（cm²/m²）；

V——通过余隙的空气流量（除掉空调、通风设备直接送风和建筑开口的通风，并且保证在室内外气压差在 9.8Pa 时不会有室内空气进入墙体里面）（cm²/h）；

S——居住建筑总面积（m²）。

考虑到居住建筑等效余隙面积与年冷热负荷的一致性，等效余隙面积也可以用表 9-45 中的数值进行估算。

不同热损失系数下的等效余隙面积指标 表9-45

热损失系数 [W/(m²·K)]	≤1.9	1.9<热损失系数≤3.7	>3.7
等效余隙面积指标(cm²/m²)	2.0	5.0	—

9.3.3.5 日本《居住建筑节能设计标准》里的其他规定

1. 防止结构内部结露

建设方需要采取合适的措施抑制建筑围护结构内部冷凝结露，避免导致保温性能恶化及缩短建筑使用寿命。考虑下列(1)和(2)的相关规定。

（1）阻止结构表面结露

即使房屋整体上满足热损失系数指标，但局部保温没有做好的地方仍然有可能结露，这种情况是要避免的。

（2）阻止墙体内部冷凝，结露

需要采取合适的措施防止墙体里面冷凝结露。可以在墙体里合理设置防潮层、密封层或者是换气层，使用干木材，或者在阁楼或地下室设置墙体通气孔。

2. 居住建筑通风量规定

建设方需要设计建筑通风方案(以排除室内产生的有害化学物质和刺激性气体，也为了排除日常生活中室内产生的热湿负荷及空气污染物)，包括全面通风方案和局部通风方案，同时也需要考虑室内气流组织及新风方案，在设计阶段整个房间的换气次数每小时需要大于等于0.5次。

3. 防止供热系统热源污染室内空气

室内如果安装了燃烧供暖设备，或者燃烧热水供应设备，建设方需要采取措施将其对室内空气环境的污染降低到最小。

4. 保持供暖/供冷系统高效用能

当安装供热或者供冷设备时，建设方不仅要考虑系统怎样使用，而且要考虑系统的能效。

5. 利用通风方案改善室内热环境

建设方设计的室内通风气流组织方案在夏季能够有效地阻挡室外的热量，且不应该给使用者日常生活带来麻烦和造成不便(比如小偷可以通过通风设备进入室内，或者产生噪音)。

9.3.4 《居住建筑节能设计和施工导则》

《居住建筑节能设计和施工导则》由1980年2月29日国土交通省第195号公告，第一次颁布；1992年2月28日，国土交通省第451号公告，部分修改；1999年3月30日国土交通省第998号公告，部分修改；本节介绍的内容来自1999年版本，也是现行版本。

《居住建筑节能设计和施工导则》(Design and Construction Guidelines on the Rationalisation of Energy Use for Houses，DCGREUH)主要介绍了需要保温的结构，围护结构各个不同的部位的热阻限值及传热系数限值，详细介绍了保温材料的施工方法及密封层的施工方法。但对于通风方案，供热供冷和热水供应方案，气流组织方案只作说明性介绍。

本导则是对《居住建筑节能设计标准》(Criteria for Clients on the Rationalization of Energy Use for Houses，CCREUH)的细化。

9.3.4.1　建筑需要保温的部分

建筑中需要保温的部分包括：屋顶(有阁楼的屋顶和屋顶下的空间与外界相通的情况除外)，屋顶下面的顶棚，墙体和建筑首层地面或地下室与土壤相连接的地面和墙体，以及建筑开口(外窗和外门)。

棚屋、车库、阁楼、檐口、袖墙(sleeve walls)和阳台可以不用做保温。

9.3.4.2　建筑围护结构的保温性能

本节包括建筑围护结构保温相关的三方面规定(围护结构保温设计，保温材料施工和密封层)。

(1)围护结构设计包括围护结构的最大传热系数和保温材料的最小热阻(限值)，并依据住宅形式，围护结构部位和气候分区对这些值进行了分类(见表 9-46 和表 9-47)。

居住建筑围护结构保温材料热阻表　　　　表 9-46

建筑类型	保温形式	建筑构件		标准规定的热阻限值 [(m²·K)/W]					
				气候分区					
				I	II	III	IV	V	VI
加固钢筋混凝土结构	结构内保温	房顶/顶棚		3.6	2.7	2.5	2.5	2.5	2.5
		墙体		2.3	1.8	1.1	1.1	1.1	0.3
		地面	暴露于大气的部分	3.2	2.6	2.1	2.1	2.1	—
			其他部分	2.2	1.8	1.5	1.5	1.5	—
		毛坯地面外围	暴露于大气的部分	1.7	1.4	0.8	0.8	0.8	—
			其他部分	0.5	0.4	0.2	0.2	0.2	—
	结构外保温	房顶/顶棚		3.0	2.2	2.0	2.0	2.0	2.0
		墙体		1.8	1.5	0.9	0.9	0.9	0.3
		地面	暴露于大气的部分	2.2	1.8	1.5	1.5	1.5	
			其他部分	—	—	—	—	—	
		毛坯地面外围	暴露于大气的部分	1.7	1.4	0.8	0.8	0.8	
			其他部分	0.5	0.4	0.2	0.2	0.2	
木结构房屋	填充保温材料	房顶/顶棚	房顶	6.6	4.6	4.6	4.6	4.6	4.6
			顶棚	5.7	4.0	4.0	4.0	4.0	4.0
		墙体		3.3	3.3	2.2	2.2	2.2	2.2
		地面	暴露于大气的部分	5.2	5.2	3.3	3.3	3.3	—
			其他部分	3.3	3.3	2.2	2.2	2.2	
		毛坯地面外围	暴露于大气的部分	3.5	3.5	1.7	1.7	1.7	—
			其他部分	1.2	1.2	0.5	0.5	0.5	—

续表

建筑类型	保温形式	建筑构件		标准规定的热阻限值 $[(m^2 \cdot K)/W]$					
				气候分区					
				I	II	III	IV	V	VI
框架结构房屋	填充保温材料	房顶/顶棚	房顶	6.6	4.6	4.6	4.6	4.6	4.6
			天花板	5.7	4.0	4.0	4.0	4.0	4.0
		墙体		3.6	2.3	2.3	2.3	2.3	2.3
		地面	暴露于大气的部分	4.2	4.2	3.1	3.1	3.1	3.1
			其他部分	3.1	3.1	2.0	2.0	2.0	—
		毛坯地面外围	暴露于大气的部分	3.5	3.5	1.7	1.7	1.7	—
			其他部分	1.2	1.2	0.5	0.5	0.5	—
框架结构木屋或者钢铁框架结构木屋	外贴保温材料	房顶/顶棚		5.7	4.0	4.0	4.0	4.0	4.0
		墙体		2.9	1.7	1.7	1.7	1.7	1.7
		地面	暴露于大气的部分	3.8	3.8	2.5	2.5	2.5	—
			其他部分	—	—	—	—	—	—
		毛坯地面外围	暴露于大气的部分	3.5	3.5	1.7	1.7	1.7	—
			其他部分	1.2	1.2	0.5	0.5	0.5	—

注：1. "毛坯地面"（Earthen floor）又叫做土坯地面（Adobe floor）：指的是用泥土，土渣及其他粗糙的土壤类材料制成的地面。在现代施工工艺中指的是用砂石混凝土掺混土渣做成的地面毛坯。

2. "毛坯地面外围"指的是从毛坯地面最外沿向里 1m 以内的区域。

3. 对于木结构房屋和框架结构房屋"填充保温材料"指的是在屋顶、顶棚、地面和墙体、柱体等的各个构造层之间敷设保温材料的施工方法。

居住建筑围护结构传热系数限值　　　　　　　　　　表 9-47

建筑类型	保温形式和保温材料	建筑构件		标准规定的传热系数限值 $[W/(m^2 \cdot K)]$					
				气候分区					
				I	II	III	IV	V	VI
加固钢筋混凝土结构	结构内保温	房顶/顶棚		0.27	0.35	0.37	0.37	0.37	0.37
		墙体		0.39	0.49	0.75	0.75	0.75	1.59
		地面	暴露于大气的部分	0.27	0.32	0.37	0.37	0.37	—
			其他部分	0.38	0.46	0.53	0.53	0.53	—
		毛坯地面外围	暴露于大气的部分	0.47	0.51	0.58	0.58	0.58	—
			其他部分	0.67	0.73	0.83	0.83	0.83	—
	结构外保温	房顶/顶棚		0.32	0.41	0.43	0.43	0.43	0.43
		墙体		0.49	0.58	0.86	0.86	0.86	1.76
		地面	暴露于大气的部分	0.38	0.46	0.54	0.54	0.54	—
			其他部分	—	—	—	—	—	—
		毛坯地面外围	暴露于大气的部分	0.47	0.51	0.58	0.58	0.58	—
			其他部分	0.67	0.73	0.83	0.83	0.83	—

续表

建筑类型	保温形式和保温材料	建筑构件		标准规定的传热系数限值［W/(m² · K)］					
				气候分区					
				I	II	III	IV	V	VI
其他结构		房顶/顶棚		0.17	0.24	0.24	0.24	0.24	0.24
		墙体		0.35	0.53	0.53	0.53	0.53	0.53
		地面	暴露于大气的部分	0.24	0.24	0.34	0.34	0.34	—
			其他部分	0.34	0.34	0.48	0.48	0.48	—
		毛坯地面外围	暴露于大气的部分	0.37	0.37	0.53	0.53	0.53	—
			其他部分	0.53	0.53	0.76	0.76	0.76	—

(2) 保温材料施工细化了在墙体和屋顶接触部位做保温，或者是在地面上铺设保温材料的合适的方法。也包含了在做了保温结构的顶棚或房顶上安装嵌入灯及其密封的方法，防止由于空气中水蒸气在结构内部冷凝破坏保温结构性能的方法，减少通过热桥的热量散失和阻止围护结构表面结露的方法。具体内容如下：

当敷设保温材料时，其热工性能需要大于等于下列三方面描述的标准：

① 施工时需要遵守 A.～D. 所列规定，以确保结构框架的保温性能：

A. 在需要保温的地方敷设保温材料，保温材料需要紧贴结构层并和气密层紧密接触。

B. 当使用填充保温材料的保温结构时，外墙与地面、屋顶或者顶棚的接触部位需要设置空气塞。

C. 在内墙与顶棚和地面接触的地方需要设置空气塞。

D. 当在做了保温的顶棚上安置嵌入式照明设备(日本工业标准 JIS Z8113-1988 有定义)时，需要使用可被覆盖保温层的照明设备。

② 需要采取 A.～G. 的措施以抑止结构结露，减少对保温结构的破坏：

A. 保温层内层需要有较高的水蒸气穿透阻，外层需要有较低的水蒸气穿透阻。

B. 当使用纤维类保温材料时，比如玻璃棉、岩棉、纤维质纤维或者与之类似的低水蒸气渗透阻保温材料时，需要加设防水气密层。

C. 当有阁楼时，需要在阁楼设置通风孔。

D. 当外墙作为保温结构时，需要设置通气层。

E. 当地面作为保温层时，需要采取措施保证地面下的通气。

F. 地下室需要防潮。

G. 房屋结构中使用的木材需要保证是干木材(含水量低于等于 20%)。

③ 采取 A. 和 B. 的措施减少通过热桥的散热损失和阻止热桥表面的结露：

A. 建筑热桥部位需要加强保温，使其热阻值≥1.2(m² · K)/W。

B. 当钢筋混凝土建筑有地面、隔墙穿过保温层时，需要在该地面和隔墙的两面做强化保温，使其热阻值达到或高于表 9-48 中的标准。

(3) 密封层施工细化了通过正确的密封层施工，使得围护结构热工性能达到较高要求的方法。具体内容如下：

强化保温施工方法 表 9-48

保温材料的施工方法		气候分区					
		Ⅰ	Ⅱ	Ⅲ	Ⅳ	Ⅴ	Ⅵ
内保温	保温材料敷设厚度(mm)	900	600		450		—
	强化保温热阻指标〔(m²·K)/W〕	0.6	0.6		0.6		—
外保温	保温材料敷设厚度(mm)	450	300		200		—
	强化保温热阻指标〔(m²·K)/W〕	0.6	0.6		0.6		—

当进行密封层施工时，需要遵守下列①～③三项规定使不同气候分区相应的等效余隙面积小于等于日本《居住建筑节能设计标准》相关的规定值。

① 不论是情况 A. 还是情况 B. 都应该使用下列密封材料：

A. 当等效余隙面积≤5.0cm²/m²

a. 使用厚度≥0.1mm 的塑料防潮气密层(按 JIS-A6930-1997 的定义)，或者使用性能等同于或者优于此材料的防潮层。

b. 加覆透水层(按 JIS-A6111-1996 的定义)或者性能等于优于此材料的隔水透水层。

c. 使用气密性和防潮性能良好的胶合板或者层板。

d. 喷涂聚氨酯泡沫做保温材料(按 JIS-A9526-1994 的定义)，或者使用保温性能及气密性能高于此材料的其他材料。

e. 使用干木材(含水量小于等于 20％)。

f. 使用钢构件。

g. 使用混凝土构件。

B. 当等效余隙面积≤2.0cm²/m²

a. 使用厚度≥2mm 的防潮气密层。

b. 关于胶合板或者层板。

c. 使用混凝土构件。

② 连续气密层的施工需要根据房屋类型和保温材料施工方法遵守下列 A.～D. 的标准。

A. 当建造木屋或者框架结构(包含钢框架结构)房屋时，使用纤维性质或塑料性质的保温材料做填充式保温，或者使用纤维质材料做外贴式保温时需要遵守下列的规定：

a. 在屋顶、顶棚、墙体、地面及墙与地面、墙与屋顶或者天花板接触的地方，墙角处做保温层的地方需要敷设上面①中所列的任何一种气密性材料。

b. 在保温结构的底部和基础部分之间需要敷设气密性材料或者辅助性气密材料(如气密胶带、不透气填料，或者现场发泡的保温材料等具有封闭性能的材料)。

B. 当建造木屋或者框架结构(包含钢框架结构)房屋时，使用塑料保温材料做外贴式保温时，需要遵守下列规定：

a. 当屋顶、顶棚、墙体和地面的等效间隙面积大于 2cm²/m² 小于 5cm²/m² 时，要使用多于一层的塑料保温层，且要使用辅助气密材料填补间隙。当等效间隙面积小于 2cm²/m² 时，要使用上面①中所列的任何一种气密材料做气密层。

b. 在屋顶或者顶棚与墙体交接的地方和在墙角需要使用以上①给出的气密性材料做

气密层。

c. 保温结构基础部分施工时之间需要做与 A. 中 b. 相同的处理。

C. 对于钢筋混凝土住宅，在屋顶、顶棚和墙体、地面及基础部分混凝土施工需要足够密实。在屋顶、地面或者天花板与墙体交接的地方和在墙角需要做气密层，形成连续的气密层结构。

D. 对于砌体结构的房屋需要遵守下列的规定：

a. 当使用纤维类保温材料时，需要使用上面①所列的任何一种气密性材料做气密层。

b. 当使用塑料类保温材料时，需要遵守②中 B. 的相关规定。

③ 当做气密层施工时需要考虑以下因素：

A. 敷设气密材料时片状材料之间的重叠部分需要大于等于 100mm，但是在胶合板、干木板和石膏板等材料施工时需要保留相应的间隙。

B. 气密材料之间连接处的间隙需要使用辅助气密材料做填充处理。

C. 在需要防腐蚀和防虫蛀的地方使用了化学药剂时，需要采取合适的措施防止药剂气味溢出进入房间损害人体健康。

D. 当等效余隙面积$\geqslant 2cm^2/m^2$ 时，需要采取下列措施：

a. 当管道、电缆线等穿过气密层时，周围的间隙需要填充辅助性气密材料。

b. 在地面或者阁楼的检查孔周围需设高气密性框架。

c. 在开口处，框架周围需要使用辅助气密材料填充周围的间隙。

9.3.4.3　门和窗的热工性能标准

门和窗的最大传热系数从 $2.33W/(m^2 \cdot K)$（寒冷地区，气候分区Ⅰ和Ⅱ分区）到 $6.51W/(m^2 \cdot K)$（热带地区，第Ⅵ气候分区）。不同气候分区门和窗的传热系数限值，见表 9-49。

不同气候分区门和窗的传热系数限值　　　　　表 9-49

气候分区	Ⅰ	Ⅱ	Ⅲ	Ⅳ	Ⅴ	Ⅵ
传热系数指标 $[W/(m^2 \cdot K)]$	2.33	3.49	4.65			6.51

在寒冷地区（第Ⅰ和第Ⅱ分区）窗户一般都需要安装三层玻璃，或者是两层玻璃加上防风窗。在第Ⅱ～第Ⅴ气候分区需要双层玻璃窗。夏季窗户（包括玻璃门）太阳日晒得热系数（Solar Heat Gain Coefficients，*SHGC*）（夏季进入房间的太阳辐射和入射来的太阳辐射之比）从寒冷地区的 0.52（第Ⅰ和第Ⅱ分区）变化到炎热地区（第Ⅵ分区）0.6。窗户朝向也是决定最大太阳得热系数的因素之一（见表 9-50）。与总建筑面积比起来比较小的窗户和提供直射阳光的天窗可以不受此条件约束。

不同气候分区最大夏季太阳得热系数限值（*SHGC*）　　　　　表 9-50

窗户朝向	气候分区					
	Ⅰ	Ⅱ	Ⅲ	Ⅳ	Ⅴ	Ⅵ
北偏西 30°到北偏东 30°范围	0.52		0.55			0.60
不属于以上方向	0.52		0.45			0.40

开口处的气密性指标应高于等于表 9-51 给定的标准。

气密性指标　　　　　　　　　　　　　　　　　　　　表 9-51

气候分区	Ⅰ	Ⅱ	Ⅲ	Ⅳ	Ⅴ	Ⅵ
气密性等级	A-4		A-3 或者 A-4			

注："气密性等级"指的是日本工业标准 JIS-A4706-1996 的相关规定。

9.3.4.4　日本《居住建筑节能设计和施工导则》中其他内容简介

1. 通风方案

在厨房、卫生间等产生局部空气污染物的地方需要设置机械通风。在居住建筑所需要的新鲜空气量不能以自然通风或者是被动通风的方式得到保证时，必须设置机械通风系统。

（1）系统通风设计标准

厨房、浴室和其他局部产生特殊污染物的地方需要设置机械通风系统。其他的房间需要根据下列①和②设置合适的通风系统。

① 对于两层或者三层的住宅建筑，需要设置机械通风或者自然通风系统；然而对于需要连续进行空气调节的地方则需要设置机械通风系统。

② 对于楼房和公寓式住宅建筑，应该设置机械通风系统，除非设置有高效废气排放塔，或者自然通风可以保证所需通风量。

（2）不同通风系统的通风设计标准

① 自然通风系统

A. 在第Ⅰ、Ⅱ气候分区，新风需要进行预热，冬季供热期的通风换气次数约为 0.5 次/h。

B. 在第Ⅲ、Ⅳ气候分区，自然通风口和排气口的开口面积需要保证其有效开口面积数（effective opening area）[有效开口面积数为内外压差在 9.8Pa 时通过开口的空气流量（m^3/h）乘以 0.7] 大约为 4cm^2/m^2（房间面积），除非在冬季供暖期房间可以由废气排放塔提供 0.5 次/h 的换气量。

C. 自然通风口和排风口的设计需要保证每一层总的有效面积数大致相等。每一个主要房间都需要设置开口。

D. 自然通风口和排风口需要布置在距离室内地面高于等于 1.6m 处，除非新风进行了预热。

E. 只要可能，自然通风口和排风口应该布置在外墙的同一个朝向上，便于保证相同的压力条件，以控制室内通风量的波动。

F. 在有强风的地方需要布置流量可控的自然通风口和排风口。

② 机械通风系统

A. 通常有集中排风式通风系统（可维持室内负压）、集中送风排风式通风系统，如果在一定情况下室内水蒸气不会渗透到墙体里面，则可以考虑使用集中送风式通风统系。

B. 在设计规划阶段，起居室和餐厅的新风供应量应该大于等于 50m^3/h/人，卧室设计为大于等于 20m^3/h/人，其他房间也为 20m^3/h/人，除了厨房外。

C. 当为集中排风式通风系统设置新风入口时，应设置在距离地面高于等于 1.6m 的地方。

D. 通风设备或者检查口应该设置在便于人员进入，或者进行过滤器更换的地方。

2. 供热供冷和热水供应方案

居住建筑需要安装高效节能的供热和供冷设备。通过燃烧进行室内供热和供热水的设备需要隔离放置或者放在室外。半封闭的供热和热水供应设备必须要有充足的防范措施防止废气进入到人员使用区域，比如说在这些地方设置局部通风系统，阻止废气窜流。此外供冷和供热设备必须要设计成连续供冷热、局部供冷热和间歇供冷热三种模式，以供使用者选择。

当进行建筑框架，开口部位等围护结构设计时，需要根据下面①～④所述内容对暖通空调系统及热水供应系统进行合适的规划。

① 当安装暖通空调设备时，所选设备需要适应对应区域的冷热负荷，且需要有比较高的部分负荷效率。

② 当安装燃烧型供热系统或者热水供应系统时，原则上需要选择封闭式或者露天式供热，热水供应系统。

③ 当选择半封闭式供热系统或热水供应系统时，需要采取合适的措施，比如空气供应口和当地通风设备联动，以防止通风设备运行时由于压差过度导致排气回流污染室内空气。

④ 所设计的暖通空调系统需要适应连续负荷，部分负荷和间歇负荷运行方案。

3. 气流组织方案

当室外空气满足舒适性标准，条件允许时，一个房间的不同朝向都应该设置一个窗户以保证室内舒适的气流组织。在这种情况下，对于这些开口部位需要设置合适的措施防止昆虫进入，防止盗窃等。需要对室外是否植树进行合理的绿化进行评估。

4. "怎样生活"的建议

日本的居住建筑节能标准也提供了关于建筑使用和维修的说明条款，包括以下几个方面：

① 开式氧化燃烧加热设备需要安装阻止其不完全氧化的设备。

② 开式供热系统需要采取合适的措施阻止热蒸汽冷凝。

③ 对于产生大量化学有害气体，难闻气体和蒸汽的房间需要设置合适的通风系统。

④ 空气调节设备里的空气过滤器需要定期清理和更换。

⑤ 室内外有微小温差存在时应该采用自然通风，供热季节除外。

9.3.5　小结

本节主要是对日本现行的建筑节能标准进行了简介。

从体系上日本的所有建筑节能标准都是基于日本《节约能源法》的，由经济贸易产业省和国土交通省相互配合，共同实施。

日本标准的总体特点是纲领性较强，对公共建筑围护结构能耗，用 PAL 限值进行规定，设备能耗用 CEC 限值进行规定，对于 $5000m^2$ 以下的建筑再配合分数制的实施措施评价方法，整个标准的实施灵活性强。日本《居住建筑节能设计标准》也是一部纲领性标准，提供了建筑年耗热量指标限值和热损失系数指标、夏季太阳得热系数指标及等效余隙面积指标限值。具体的实施方法和详细参数指标则是由《居住建筑节能设计与施工导则》

提供。

日本建筑节能标准原则上是自愿性标准，但实施的效果很好。

9.4　中日建筑节能标准比对

本节将我国《公共建筑节能设计标准》GB 50189—2005 与日本《公共建筑节能设计标准》(CCREUB)相关条文进行比对。日本《公共建筑节能设计标准》虽然是一个分数制的标准，但通过所给出的分数值的分布也可以看出日本标准的推荐方案，下面的比对是将日本的推荐方案与我国的相关限值进行比对。

日本对公共建筑的负荷用 PAL 值来衡量，标准给出了 PAL 限值，并作为衡量建筑是否节能的主要因素，我国现行节能设计标准里没有建筑负荷限值。

日本《公共建筑节能设计标准》将建筑规模分成三类：5000m² 以上，2000～5000m² 和 2000 m² 以下。对于中小型建筑即小于等于 5000 m² 的建筑规定的更为细致，为分数制标准，而 5000m² 以上的大型公共建筑则在围护结构性能方面只需要满足 PAL 指标，在设备能耗方面只需要满足 CEC 指标。而我国标准则没有建筑规模上的要求。

本节也将日本居住建筑节能标准与我国现行的三部居住建筑节能设计标准进行了相关内容的比对。

整体上日本标准内容的规定形式和我国标准差异很大，属于两个不同的体系。虽然标准里强调的内容大体上一样，都包括围护结构、室内环境参数、暖通空调系统及部分设备的节能性能，但是由于衡量的指标不一样，即不存在相同的衡量基准，给比对增加了难度。所以本节只将能比对的内容进行比对，日本标准里介绍性的内容只供参考。

9.4.1　总体内容

日本建筑节能标准的结构，见表 9-52。

日本建筑节能标准的结构 表 9-52

	公共建筑	居住建筑	
	CCREUB	DCGREUH	CCREUH
建筑围护结构	1. 通过围护结构的散热	1. 建筑保温 2. 建筑围护结构的热工性能 3. 窗户和门的热工性能	1. 不同气候分区的最大年冷热负荷，夏季太阳得热系数，湿热系数指标 2. 不同气候分区的等效余隙面积指标 3. 防止建筑内表面结露
暖通空调系统（HVAC）	2. 供热和空气调节 3. 机械通风(除了 2. 之外的)	4. 通风方案 5. 供热，供冷和热水供应方案 6. 气流组织方案	4. 通风量 5. 防止供热和热水供应热源设备对室内环境的污染 6. 供热和供冷的节能 7. 气流组织的优化设计
照明	4. 照明	—	—
热水供应	5. 热水供应	同第 5 点	—
其他	6. 电梯设备	7. 建筑使用和维护的相关信息("怎样生活")	—

我国现行建筑节能标准主要有四本，包含的内容见表 9-53 和表 9-54。

中日节能标准结构对比表　　　　　　　　表 9-53

项目	中国				日本		
	《公共建筑节能设计标准》	《严寒寒冷地区居住建筑节能设计标准》	《夏热冬冷地区居住建筑节能设计标准》	《夏热冬暖地区居住建筑节能设计标准》	CCREUB (2009)	DCGREUH (1999)	CCREUH (1999)
	C	R	R	R	C	R	R
围护结构	√	√	√	√	√	√	√
暖通空调系统 HVAC	√	√	√	√	√	√	√
热水供应和水泵设计	×	×	×	×	√	√	√
照明设计	√（在独立的规范里）	√（在独立的规范里）	×	×	√	×	×
电力设计	×	×	×	×	√	×	×
建筑性能权衡判断	√	√	√	√	×	×	×
可再生能源	√	×	×	×	×	×	×
建筑维护	×	×	×	×	√	√	√

注：C=公共建筑，R=居住建筑。中国关于照明有独立的规范。

中日节能规范里与建筑围护结构相关的内容　　　　　　　　表 9-54

	章节题目	主要内容
中国《公共建筑节能设计标准》	建筑与建筑热工设计	强制性条款、规定性条款及相关条款的权衡判断。包括屋顶、不透明外墙、地面、天窗、热桥部位、建筑内表面温度、外窗遮阳、自然通风等
中国《夏热冬冷地区，夏热冬暖地区，严寒寒冷地区居住建筑节能设计标准》	建筑和围护结构热工设计（夏热冬冷地区，夏热冬暖地区，严寒寒冷地区）	不同的热惰性指标及不同窗墙面积比下的围护结构传热系数、外窗遮阳系数、朝向及其他的一些规定性指标
日本 CCREUB (2009)	控制通过外墙、外窗等围护结构的热量散失	本节介绍了对建筑外墙、外窗的保温、建筑外墙朝向以及建筑形状的分数评价体系。所得分数随气候分区和建筑功能的不同而不同
日本 DCGREUH (1999)	建筑保温	本节对围护结构保温做了三方面规定（建筑围护结构设计、保温材料施工和密封层）
	围护结构的热工性能	本节要求建筑相关部分需要做保温处理。尤其是外屋顶、顶棚、墙体和地面需要保温。而棚屋、车库、阁楼、檐口、套筒墙（Sleeve Wall）和阳台可以不做保温
	窗户和门的热工性能	本节提供了窗户和门的最大传热系数

续表

	章节题目	主要内容
日本 CCREUH (1999)	不同气候分区下的 最大冷热负荷	本节介绍了年最大允许冷热负荷及相关的参数和计算方法
	等效余隙面积 指标	本节定义了等效余隙面积,这和通过围护结构的空气交换有关
	控制结露	抑制可能导致围护结构保温性能及房屋耐久性降低的结露。建筑所有者应该采取措施防止房间内表面及墙体里面结露

9.4.2　公共建筑节能目标

我国现行《公共建筑节能设计标准》GB 50189—2005 是根据当地的具体气候条件,在保证室内热环境质量,提高人民的生活水平,还要提高供暖、通风、空调和照明系统的能源利用效率的情况下,实现本阶段节能50%的目标。

标准提出的50%节能目标,是以20世纪80年代改革开放初期建造的公共建筑作为比较能耗的基础,称为"基准建筑(Baseline)"。"基准建筑"围护结构、暖通空调设备及系统、照明设备的参数,都按当时情况选取。在保持与目前标准约定的室内环境参数的条件下,计算"基准建筑"全年的暖通空调和照明能耗,将它作为100%。我们再将这"基准建筑"按本标准的规定进行参数调整,即围护结构、暖通空调、照明参数均按本标准规定设定,计算其全年的暖通空调和照明能耗,应该相当于50%。

日本的标准是以1980年之前的建筑能耗作为100%,按照1980年颁布的标准建造的建筑能耗量是1980年之前建筑的92.5%,按1999年标准建造的建筑能耗则相当于1980年之前建筑的75%。如图9-11所示。

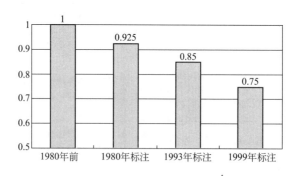

图9-11　日本历年公共建筑节能标准目标

9.4.3　公共建筑墙体保温性能条文

日本标准中关于围护结构保温强调的是施工过程,给出的是保温需要采取的措施。我国《公共建筑节能设计标准》强调的是结果,给定的是传热系数的限值。日本标准中衡量围护结构的热工性能就是用 PAL 指标,对于中小型建筑(5000m² 以下),根据建筑保温措施的实施情况对建筑进行打分,并限制了最小分数。详细内容见:9.3.2.1-(4)-②。

条文(GB 50189—2005-4.2.2)：根据建筑所处城市的建筑气候分区，围护结构的热工性能应分别符合表 9-55 中的限值要求，其中外墙的传热系数为包含结构性热桥在内的平均传热系数。当建筑所处城市处于温和地区时，应判断该城市的气象条件与表 9-55 中哪个气候分区里对应的城市气象条件最为接近，围护结构的热工性能应符合该城市的规定。当本条文不满足要求时需要进行权衡判断。

表 9-55

中国建筑节能标准墙体保温性能限值

严寒地区 A： 围护结构部位	体形系数≤0.3 时传热系数 限值 $K[W/(m^2 \cdot K)]$	0.3＜体形系数≤0.4 时 传热系数限值 $K[W/(m^2 \cdot K)]$
屋面	≤0.35	≤0.30
外墙(含非透明幕墙)	≤0.45	≤0.40
底面接触室外空气的架空或外挑楼板	≤0.45	≤0.40
非供暖房间与供暖房间的隔板或楼板	≤0.6	≤0.6
严寒地区 B： 围护结构部位	体形系数≤0.3 时传热系数限值 $K[W/(m^2 \cdot K)]$	0.3＜体形系数≤0.4 时传热系数限值 $K[W/(m^2 \cdot K)]$
屋面	≤0.45	≤0.35
外墙(含非透明幕墙)	≤0.50	≤0.45
底面接触室外空气的架空或外挑楼板	≤0.50	≤0.45
非供暖房间与供暖房间的隔板或楼板	≤0.80	≤0.80
寒冷地区： 围护结构部位	体形系数≤0.3 时传热系数限值 $K[W/(m^2 \cdot K)]$	0.3＜体形系数≤0.4 时传热系数限值 $K[W/(m^2 \cdot K)]$
屋面	≤0.55	≤0.45
外墙(含非透明幕墙)	≤0.60	≤0.50
底面接触室外空气的架空或外挑楼板	≤0.60	≤0.50
非供暖房间与供暖房间的隔板或楼板	≤1.5	≤1.5
夏热冬冷地区： 围护结构部位	传热系数限值 $K[W/(m^2 \cdot K)]$	
屋面	≤0.7	
外墙(含非透明幕墙)	≤1.0	
底面接触室外空气的架空或外挑楼板	≤1.0	
夏热冬暖地区： 围护结构部位	传热系数限值 $K[W/(m^2 \cdot K)]$	
屋面	≤0.9	
外墙(含非透明幕墙)	≤1.5	
底面接触室外空气的架空或外挑楼板	≤1.5	

比对结果：

在公共建筑外墙保温方面日本标准只给出了保温的措施，实际施工过程中由于墙体存在的类型有很多种，要分别计算其对应的传热系数很困难。以上数据只供参考。

9.4.4 公共建筑窗户保温性能条文

在 9.3.2.1-(4)-③中给出了日本窗户综合传热系数的算法：$U_t = \Sigma U_i \times A_{wi}/A$。以上公式中 $\Sigma A_{wi}/A$ 和我国标准中定义的窗墙面积比有相同的度量意义。只是这样定义适应性更强，对同一外围护结构使用不同材料的窗户，能很好地进行计算。但是我国在给出相关标准值时还引入了体形系数的分类方法，体系更为细致。

为了数值上统一，将我国标准中给出的传热系数限值乘以窗墙面积比最大允许限值后得到限值，该限值与日本标准里给出的窗户综合传热系数有相同的量纲，用以与日本标准的对应数据进行比较（表 9-56～表 9-60 中右侧倾斜加粗的数据）。

在我国标准的规定中，根据建筑所处城市的气候分区围护结构的热工性能应符合以下指标（为了适应该章节，只摘录出窗户对应值的限值）。

我国严寒地区 A 区窗户传热系数限值　　　　　　　　表 9-56

围护结构部位		体形系数≤0.3 时传热系数 $K[W/(m^2 \cdot K)]$		0.3＜体形系数≤0.4 时传热系数 $K[W/(m^2 \cdot K)]$	
单一朝向外窗，包括透明幕墙	窗墙面积比≤0.2	≤3	*0.6*	≤2.7	*0.54*
	0.2＜窗墙面积比≤0.3	≤2.8	*0.84*	≤2.5	*0.75*
	0.3＜窗墙面积比≤0.4	≤2.5	*1.0*	≤2.2	*0.88*
	0.4＜窗墙面积比≤0.5	≤2.0	*1.0*	≤1.7	*0.85*
	0.5＜窗墙面积比≤0.7	≤1.7	*1.19*	≤1.5	*1.05*

我国严寒地区 B 区窗户传热系数限值　　　　　　　　表 9-57

围护结构部位		体形系数≤0.3 时传热系数 $K[W/(m^2 \cdot K)]$		0.3＜体形系数≤0.4 时传热系数 $K[W/(m^2 \cdot K)]$	
单一朝向外窗，包括透明幕墙	窗墙面积比≤0.2	≤3.2	*0.64*	≤2.8	*0.56*
	0.2＜窗墙面积比≤0.3	≤2.9	*0.87*	≤2.5	*0.75*
	0.3＜窗墙面积比≤0.4	≤2.6	*1.04*	≤2.2	*0.88*
	0.4＜窗墙面积比≤0.5	≤2.1	*1.05*	≤1.8	*0.9*
	0.5＜窗墙面积比≤0.7	≤1.8	*1.26*	≤1.6	*1.12*

我国寒冷地区窗户传热系数限值　　　　　　　　表 9-58

围护结构部位		体形系数≤0.3 时传热系数 $K[W/(m^2 \cdot K)]$		0.3＜体形系数≤0.4 时传热系数 $K[W/(m^2 \cdot K)]$	
单一朝向外窗，包括透明幕墙	窗墙面积比≤0.2	≤3.5	*0.7*	≤3.0	*0.6*
	0.2＜窗墙面积比≤0.3	≤3.0	*0.9*	≤2.5	*0.75*
	0.3＜窗墙面积比≤0.4	≤2.7	*1.08*	≤2.3	*0.92*
	0.4＜窗墙面积比≤0.5	≤2.3	*1.15*	≤2.0	*1.0*
	0.5＜窗墙面积比≤0.7	≤2.0	*1.4*	≤1.8	*1.26*

我国夏热冬冷地区窗户传热系数限值　　　　表 9-59

围护结构部位		传热系数 $K[\mathrm{W}/(\mathrm{m}^2 \cdot \mathrm{K})]$	
单一朝向外窗，包括透明幕墙	窗墙面积比≤0.2	≤4.7	*0.94*
	0.2＜窗墙面积比≤0.3	≤3.5	*1.05*
	0.3＜窗墙面积比≤0.4	≤3.0	*1.2*
	0.4＜窗墙面积比≤0.5	≤2.8	*1.4*
	0.5＜窗墙面积比≤0.7	≤2.5	*1.75*

我国夏热冬暖地区窗户传热系数限值　　　　表 9-60

围护结构部位		传热系数 $K[\mathrm{W}/(\mathrm{m}^2 \cdot \mathrm{K})]$	
单一朝向外窗，包括透明幕墙	窗墙面积比≤0.2	≤6.5	*1.3*
	0.2＜窗墙面积比≤0.3	≤4.7	*1.41*
	0.3＜窗墙面积比≤0.4	≤3.5	*1.4*
	0.4＜窗墙面积比≤0.5	≤3.0	*1.5*
	0.5＜窗墙面积比≤0.7	≤3.0	*2.1*

通过与日本窗户综合传热系数进行比较得出：

日本温暖地区的窗户综合传热系数取值范围为：≤2.5，分为≤0.75、0.75～1.0、1.0～1.25、1.25～1.5、1.5～2.0、2.0～2.5 共 6 个档次；寒冷地区为≤1.5，分为≤0.25、0.25～0.5、0.5～0.75、0.75～1.0、1.0～1.25、1.25～1.5 共 6 个档次。中国严寒寒冷地区对应值的取值范围大约为≤1.4，温暖地区对应值取值范围大约为≤2.1。

在窗户的保温性能的规定上中国和日本的规定值相近。

9.4.5　公共建筑暖通空调系统条文

我国标准《公共建筑节能设计标准》GB 50189—2005 在第 5 章中对供暖，通风和空气调节系进行了规定，规范中除了对设备能效有规定之外，还对暖通空调系统设计做了要求，并且对系统监测和控制有专门的章节进行规定，日本标准只是强调了设备的能效。

1. 关于负荷计算

日本标准关于负荷计算的内容是在 9.3.2.1 节关于围护结构节能性能评价里，以 PAL 限值的方式进行了规定，我国标准没有给出公共建筑的能耗限值，只是强调了在施工图设计阶段必须进行逐时冷负荷和热负荷计算，但是对围护结构的规定性指标给的细致全面。

日本标准的 PAL 值是全年的冷热负荷总量，是性能性指标，没有将供暖和供冷进行区分，我国的标准将两者进行分开讨论。

2. 关于新风负荷

日本标准对 5000m² 以下的建筑的新风负荷给出了评价标准，推荐稳定获取新风阶段新风换热器的热交换效率在 50% 以上，而且需设旁路控制系统，以便在过渡季节直接利用新风供冷。

我国关于公共建筑新风量负荷的规定形式是直接给出所需新风量。在考虑新风量时兼顾了室内卫生和人员健康和维持微正压的要求。对不同类型的建筑分别给出推荐值，比如对 5 星级客房要求新风量为 $50m^3/(h \cdot p)$，5 星级宴会厅要求为 $30m^3/(h \cdot p)$，对于影院、剧院、歌舞厅要求为 $20\sim30m^3/(h \cdot p)$，各类建筑中的最低标准为 $10m^3/(h \cdot p)$。

3. 关于通风

日本衡量通风系统节能也是主要集中于设备节能，即以通风设备的 CEC 值作为主要的衡量依据。对于 $5000m^2$ 以下的建筑侧重于对其控制系统和风机进行要求，推荐使用低压三相高效鼠笼式感应电动机，见 9.3.2.3 节。

我国标准里是将通风和空气调节放在一起叙述。在控制上和日本一样推荐采用 CO_2 浓度传感控制，鼓励在通风系统中使用热回收装置。在送风量大于等于 $3000m^3/h$ 的直流空调系统，新风排风的温差大于 $8℃$，或者设计新风量大于等于 $4000m^3/h$ 的空调系统且新排风温差大于等于 $8℃$，或者设有独立新风和排风系统时，需要设置热回收装置，且热回收效率不应低于 60%。

除此之外我国关于通风部分还强调了过滤器的效率问题，日本方面没有相关规定。

4. 关于设备能效

日本标准是采用 CEC 限值来规定设备能效，包括空调设备、通风设备、照明设备、热水供应设备和电梯设备，其考虑的也是设备的全年能耗情况。我国标准不包含热水供应，照明和电梯设备。

日本标准里衡量热源设备的能效采用的是"平均 COP 指标"，该指标是热源在供暖和制冷时的 COP 平均值，其计算的过程见 9.3.2.2 节"热源设备能效评价得分"部分，与建筑类型、气候分区、制冷/制热能力，及其消耗的电能都有关系。我国的标准是直接给出了不同类型机组的制冷工况下的 COP 限值。从数值上两者没有直接的联系。

9.4.6 居住建筑节能标准节能量

在我国，居住建筑节能的目标分为三步，建设部提出的设计标准是：第一步，新建供暖居住建筑从 1986 年起，在 1980~1981 年当地通用设计能耗的基础上节能 30%；第二步，1996 年起在达到第一步节能要求的基础上再节能 30%，即总节能达到 50%；第三步，2005 年起在达到第二步节能要求的基础上再节能 30%，即总节能达到 65%。

日本《居住建筑节能设计标准》的重点参数历史变迁   表 9-61

项目		1980 年之前	1980 年标准	1992 年标准	1999 年标准(现行)
效率	热损失系数	—	$\leqslant5.2W/(m^2 \cdot K)$	$\leqslant4.2W/(m^2 \cdot K)$	$\leqslant2.7W/(m^2 \cdot K)$
	等效余隙面积	—	—	—	$\leqslant5.0cm^2/m^2$
保温	外墙保温	无要求	30mm 玻璃棉	55mm 玻璃棉	100mm 玻璃棉
	屋顶保温	无要求	40mm 玻璃棉	85mm 玻璃棉	180mm 玻璃棉
	开口(窗户)	铝窗框＋单层窗户	铝窗框＋单层窗户	铝窗框＋单层窗户	多层铝框窗户或者多层玻璃窗
单位空调系统供冷供暖耗能量		约 56GJ	约 39GJ	约 32GJ	约 22GJ

经计算若以日本 1980 年之前建筑能耗量为 1，则 1980 年标准相对节能量约为 30%，

1992 年标准相对节能量约为 43%，1999 年标准相对节能量约为 61%（见表 9-61），该数据与我国居住建筑节能标准规定的目标大体接近。

9.4.7　居住建筑节能标准气候分区

我国的气候分区对于公共建筑节能标准和居住建筑节能标准都一样使用，除了严寒寒冷地区居住建筑节能标准又将分区进行了进一步的细分。日本的公共建筑节能标准大体上分为 3 个气候区：寒冷地区指的是北海道、青森县（日本港市）、岩手县、秋田市地区；热带地区指的是冲绳县、吐噶喇群岛（日本）、日本奄美诸岛、鹿儿岛、小笠原群岛、东京地区；除掉上述地区剩下的区域称为温暖地区。但是其部分小节里又为了说明的需要，将全日本定义为Ⅰ～Ⅳ个分区，具体的代表型城市见 9.3.2.2 节。

日本居住建筑节能标准是将日本划分为Ⅰ～Ⅵ个分区，定义如下（见表 9-62 和表 9-63）：

居住建筑节能标准气候分区定义　　　　　　　　　　　表 9-62

气候分区	Ⅰ	Ⅱ	Ⅲ
供暖度日数（$HDD18℃$）	$HDD>3500$	$3000<HDD\leqslant3500$	$2500<HDD\leqslant3000$
气候分区	Ⅳ	Ⅴ	Ⅵ
供暖度日数（$HDD18℃$）	$1500<HDD\leqslant2500$	$500<HDD\leqslant1500$	$HDD\leqslant500$

日本居住建筑节能标准气候分区代表性城市　　　　　　表 9-63

Ⅰ	Ⅱ	Ⅲ
旭川市、札幌市	盛冈市	秋田市、仙台市
Ⅳ	Ⅴ	Ⅵ
宇都宫、东京、新泻、金泽、长野、静冈、名古屋、大阪、松江、广岛、高松	高知县、福冈、鹿儿岛	那霸

日本气候分区及中国气候分区，如图 9-12 和图 9-13 所示。

图 9-12　日本气候分区示意图

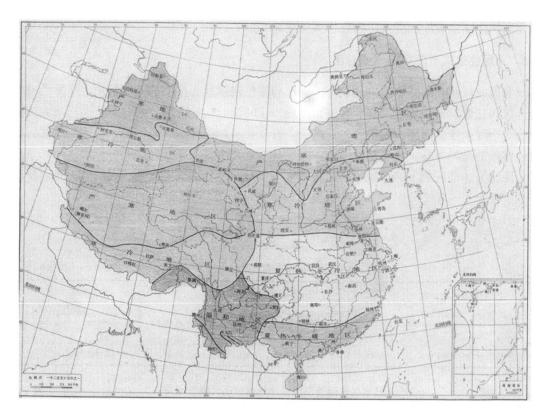

图 9-13　中国气候分区示意图

中国城市建筑节能气候分类指标，见表 9-64 和表 9-65。

中国城市建筑节能气候分类指标　　　　　　　　　　表 9-64

分区	一级指标		二级指标
	$HDD18$（℃·天）	$CDD26$（℃·天）	
严寒无夏	≥3800	＜50	
冬寒夏凉	2000～3800	＜50	最冷月平均温度≥－10℃，最冷三月太阳辐射≥1000MJ/m²
冬寒夏热	2000～3800	≥50	—
冬寒夏燥	≥2000	≥50	最热三月相对湿度≤50％
冬冷夏凉	1000～2000	＜50	
冬冷夏热	1000～2000	≥50	—
冬暖夏热	0～1000	≥100	
冬暖夏凉	0～1000	＜100	—
	1000～2000	≤50	最冷三月太阳辐射热≥1000MJ/m²

我国依据不同的供暖度日数（$HDD18$℃）和空调度日数（$CDD26$℃）范围，将严寒和寒冷地区进一步划分成为表 9-65 五个子气候区。

严寒寒冷地区居住建筑节能设计气候分区　　　　表 9-65

气候分区		分区依据
严寒地区 （Ⅰ区）	严寒（A）区 严寒（B）区 严寒（C）区	$5500 \leqslant HDD18 < 8000$ $5000 \leqslant HDD18 < 5500$ $3800 \leqslant HDD18 < 5000$
寒冷地区 （Ⅱ区）	寒冷（A）区 寒冷（B）区	$2000 \leqslant HDD18 < 3800$,　$CDD26 \leqslant 90$ $2000 \leqslant HDD18 < 3800$,　$90 < CDD26 \leqslant 200$

根据中日气候分区指标（$HDD18℃$）定下的大概对应比对区域：

日本气候分区	Ⅰ	Ⅱ	Ⅲ
对应中国气候分区	严寒地区	寒冷地区	夏热冬冷地区
日本气候分区	Ⅳ	Ⅴ	Ⅵ
对应中国气候分区	夏热冬冷地区	夏热冬暖地区	夏热冬暖地区

从气候分区上看，中国和日本的气候条件类似，都是从南到北由炎热变化到严寒。但由于我国幅员辽阔，气候的多样性肯定多于日本，这就显示出了日本的气候分区更为细致，每个分区所覆盖的面积较小，标准在各地区实施起来更有效。

9.4.8　居住建筑围护结构性能

日本的《居住建筑节能设计标准》只给出了居住建筑的年冷热负荷指标限值和衡量居住建筑维护性能的三个指标限值，包括热损失系数指标、夏季太阳得热系数指标和等效余隙面积指标，并给出了各个指标的详细算法。但是在《居住建筑节能设计和施工导则里》却给出了不同围护结构的传热系数限值。中日相关条目比对如下：

1. 屋顶/顶棚传热系数比对（见表 9-66 和表 9-67）

屋顶/顶棚传热系数比对表　　　　表 9-66

日本		不同气候分区屋顶/天花板传热系数限值 $[W/(m^2 \cdot K)]$					
		Ⅰ	Ⅱ	Ⅲ	Ⅳ	Ⅴ	Ⅵ
钢筋混凝土结构	内保温	0.27	0.35	0.37	0.37	0.37	0.37
	外保温	0.32	0.41	0.43	0.43	0.43	0.43
其他结构形式		0.17	0.24	0.24	0.24	0.24	0.24

屋面传热系数比对表　　　　表 9-67

中国	严寒寒冷地区屋顶传热系数限值 $[W/(m^2 \cdot K)]$				
	严寒地区 （A）区	严寒地区 （B）区	严寒地区 （C）区	寒冷地区 （A）区	寒冷地区 （B）区
≥14 层建筑	0.40	0.45	0.50	0.60	0.60
9～13 层的建筑	0.35	0.40	0.45	0.50	0.50
4～8 层的建筑	0.25	0.30	0.40	0.45	0.45
≤3 层建筑	0.20	0.25	0.30	0.35	0.35

续表

中国	严寒寒冷地区屋顶传热系数限值 [W/(m²·K)]				
	严寒地区(A)区	严寒地区(B)区	严寒地区(C)区	寒冷地区(A)区	寒冷地区(B)区
体形系数≤0.4	0.8			1.0	
体形系数>0.4	0.5			0.6	
中国	夏热冬暖地区屋顶传热系数限值 [W/(m²·K)]				
	热惰性指标 $D<2.5$			热惰性指标 $D\geqslant2.5$	
传热系数	0.5			1.0	

注：当 $D<2.5$ 时轻质屋顶和外墙还应满足国家标准《民用建筑热工设计规范》GB 50176—93 所规定的隔热要求。

根据表 9-66 和表 9-67 数据统计分析得出以下比较图（如图 9-14～图 9-17 所示）：

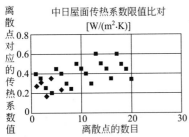

图 9-14 中日分区屋面传热系数比对表 1

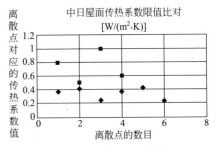

图 9-15 中日分区屋面传热系数比对表 2

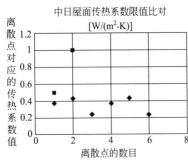

图 9-16 中日分区屋面传热系数比对表 3

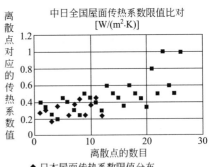

图 9-17 中日全国屋面传热系数比对表

通过比较可以看出：

日本对屋面的传热系数的要求值范围较窄，集中在 0.17～0.43W/(m²·K) 之间，相对于我国的标准要求比较严格。但是从纬度分布上，日本所处地域与我国严寒寒冷地区纬度范围相近，我国严寒寒冷地区的规定值是 0.2～0.6W/(m²·K)，中日标准相差较少。

2. 外墙传热系数比对（见表 9-68 和表 9-69）

外墙传热系数比对　　　　　　　　　　　　　　　　　表 9-68

日本		不同气候分区外墙传热系数限值 [W/(m² · K)]					
		Ⅰ	Ⅱ	Ⅲ	Ⅳ	Ⅴ	Ⅵ
钢筋混凝土结构	内保温	0.39	0.49	0.75	0.75	0.75	1.59
	外保温	0.49	0.58	0.86	0.86	0.86	1.76
其他结构形式		0.35	0.53	0.53	0.53	0.53	0.53

外墙传热系数比对　　　　　　　　　　　　　　　　　表 9-69

中国	严寒寒冷地区外墙传热系数限值 [W/(m² · K)]				
	严寒地区(A)区	严寒地区(B)区	严寒地区(C)区	寒冷地区(A)区	寒冷地区(B)区
≥14 层建筑	0.50	0.55	0.60	0.70	0.70
9～13 层的建筑	0.45	0.50	0.55	0.65	0.65
4～8 层的建筑	0.40	0.45	0.50	0.60	0.60
≤3 层建筑	0.25	0.30	0.35	0.45	0.45

中国	夏热冬冷地区外墙传热系数限值 [W/(m² · K)]	
	热惰性指标 $D \leqslant 2.5$	热惰性指标 $D > 2.5$
体形系数≤0.4	1.0	1.5
体形系数>0.4	0.8	1.0

中国	夏热冬暖地区外墙传热系数限值 [W/(m² · K)]	
	热惰性指标 $D < 2.5$	热惰性指标 $D \geqslant 2.5$
传热系数	0.7	$D \geqslant 3.0$，$K \leqslant 2.0$； $D \geqslant 3.0$，$K \leqslant 1.5$； $D \geqslant 2.5$，$K \leqslant 1.0$； $D \geqslant 2.5$，$K \leqslant 0.7$

注：当 $D < 2.5$ 时轻质屋顶和外墙还应满足国家标准《民用建筑热工设计规范》GB 50176—93 所规定的隔热要求。

根据表 9-68 和表 9-69 数据统计分析得出以下比较图（如图 9-18～图 9-21 所示）：

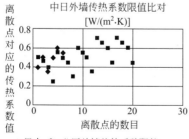

图 9-18　中日分区外墙传热系数比对表 1

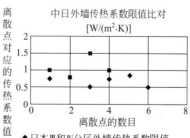

图 9-19　中日分区外墙传热系数比对表 2

279

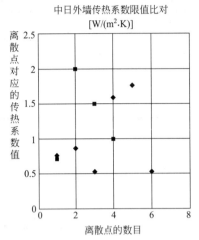

图 9-20　中日分区外墙传热系数比对表 3

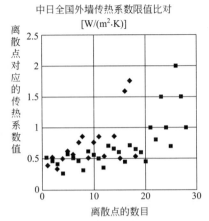

图 9-21　中日全国外墙传热系数比对表

通过比较看出：

在外墙传热系数限值分布上，中日两国的标准基本相近。

3. 外窗传热系数比对（见表 9-70 和表 9-71）

日本外窗传热系数比对　　　　　　　　　　　　　　　　　　　　　　　表 9-70

日本不同气候分区门和窗的传热系数限值					
气候分区	Ⅰ	Ⅱ	Ⅲ	Ⅳ	Ⅴ	Ⅵ
传热系数指标 ［W/(m² · K)]	2.33	3.49	4.65		6.51

中国外窗传热系数比对　　　　　　　　　　　　　　　　　　　　　　　表 9-71

中国不同气候分区窗的传热系数限值		
气候分区	严寒寒冷地区	夏热冬冷地区	夏热冬暖地区
传热系数指标 ［W/(m² · K)]	3.1	4.7	6.5

通过比较可以看出：

我国建筑节能标准对外窗的传热系数规定比较细致，夏热冬暖地区外窗传热系数的取值与外窗的综合遮阳系数、平均窗墙面积比、外墙的传热系数和热惰性指标有关系；夏热冬冷地区的取值与及建筑体形系数和窗墙面积比有关系；在严寒寒冷地区和建筑的层高和窗墙面积比有关系。条件不同，取值范围也不同。具体的数据参见我国相关标准。以上比对表中采用的是我国各个节能标准里对外窗传热系数规定的最大值。

9.5　其他的相关措施介绍

本节主要介绍日本生态建筑、《住房质量保证法》、CASBEE 和 Top-Runner 标准四方面的内容，作为日本建筑节能体系的重要组成部分，共同完善从建筑节能到建筑设备节能的标准体系。

9.5.1　生态建筑理念

1993 年日本建设部（Ministry of Construction）发布了《生态建筑和生态城市的指导建设导则》（the Environmentally Symbiotic Housing and Urban District Guidelines）。如果想要取得生态建筑建设方面的财政支持，需要遵守该指导方针。

所谓的生态建筑指的是"低环境负荷"（Low Impact）（能源效率高，对自然资源的利用少），"高自然调和"（High Contact）（与周围环境和谐共存）和"健康舒适"（Health & Amenity）（拥有康乐设施的健康的人居环境）的建筑及周围的环境。

1. 生态建筑的定义

生态建筑的设计需要着眼于节约能源和资源，保护全球环境，同时减少废弃物的排放。生态建筑不仅仅是指房屋本身，而且也强调房屋周围的环境。所以其目标是实现自然环境与人造环境的和谐共处，为居住者提供舒适，健康的生活。所以需要鼓励市民参加生态建筑建设和保护环境。

2. 生态建筑要达到的基本目标：

（1）全球范畴：保护全球环境（低环境负荷）

这包括通过各种途径节约能源和资源，并使得废弃物的排放最小化。尤其是要使房屋建设和和运行管理过程中的能源消耗最小，达到 COP3 的标准。这些措施已经存在于人们的生活中，但是还需要扩大到街区、地域的范畴。使每一个居民都能自觉的想到和做到。例如房屋拆除时产生的混凝土和碎石都应该作为可循环使用的材料。为了到达更好的效果，将这些措施变为一种社会制度很有必要。

（2）地域范畴：与周围环境和谐共处（高自然调和）

词汇"风景（landscape）"指的不单单是局部的美丽，应该包括每一个细节，包括气候、地理环境和栖息其中的生物。建筑生态学揭示了人类、建筑和环境整体的关系，旨在创造最平衡的人居环境。所以，对环境因素如：光照、风、水、土壤、生物体的调查研究很有必要，即地区开发需要同地区历史环境、地区自然风景、当地居民和周围的地区相适应。这会影响到在该生态社区建设的类型。"高自然调和"应该作为相关国家政策的优选项。

（3）住宅范畴：舒适和健康的居住环境（舒适和健康）

从 20 世纪 90 年代中期，由于室内建材释放出有毒的化学物质使得住房和居住者的健康成为一个很严肃的社会问题。这种危险随着房屋气密性越来越良好显得更加严重。尤其是对于老人、残疾人、婴儿和家庭主妇等长期待在家里的人，影响尤其严重。与健康密切相关的是"舒适"概念，包括光照、温度、湿度、通风等因素。生态建筑评价的基本框架，见表 9-72。

注意：GHLC 指的是"政府住房贷款公司"（The Governmental Housing Loan Corporation），日本住房政策的要点在于借助 GHLC（政府住房贷款公司）的贷款来鼓励国民自用住房的建造。这种补贴性质的贷款利率要比市场抵押利率低两～三个百分点。

生态建筑评价的基本框架　　　　　　　　　　　　　　表 9-72

方针内容	1 节能	2 自然资源的高效利用	3 与当地环境的兼容性	4 健康和舒适-舒适和感到舒适
具体要求	（1）减少建筑热损失 （2）控制太阳辐射热 （3）被动太阳能的利用 （4）太阳能积极利用 （5）低品位能源的再利用 （6）使用高效的建筑设备 （7）其余杂项	（1）更耐久的框架结构和建筑方发的灵活性 （2）低排放量 （3）可循环建材的利用 （4）水资源的高效利用 （5）生活垃圾分类处理 （6）其余杂项	（1）与当地生态环境的和谐兼容 （2）更好地考虑当地自然水系统 （3）加强绿化 （4）室内和室外增设缓冲区 （5）多考虑城市风景 （6）本地产业和文化集成考虑 （7）其余杂项	（1）注重室内和室外的整体设计 （2）更充分的换气 （3）选择环保安全带的建材 （4）高隔音性能 （5）加强房屋围护确保其高性能 （6）房屋信息管理系统 （7）其余杂项
确保措施	低环境负荷		高自然调和	健康和舒适
	1）符合《节约能源法》	2）建筑耐久性符合GHLC 的规定	3）考虑周围环境因素	4）符合 GHLC 无障碍设计规定

　　此外由私人企业和与当地住宅开发及地区发展相关的机构和市民组成的生态建筑协会（The Association for Environmentally Symbiotic Housing）也推动着生态建筑在日本全国范围内发展。

　　国土交通省（MLIT）也为生态建筑的勘查和规划以及生态设备的安装（包括可渗透路面和一些利用天然能源或者是可再生能源的设备）提供 1/3 的财政补贴。

9.5.2　日本《住房质量保证法》

　　《住房质量保证法》（The Housing Quality Assurance Law）颁布于 2000 年，包括以下三方面体系：①住房性能标识体系；②住房争端解决机制；③住房质量缺陷责任担保体系。住房性能标识体系是一个房地产开发商、购买者和现房出售者自愿参与的体系，不是一个直接着眼于提高建筑能效的体系，涵盖了广泛的建筑性能方面的内容，包括结构的稳定性、防火安全、缓解建筑退化、室内空气质量、热环境、空气环境、光和视觉环境、声环境和需要为老年人特殊考虑的一些细节等内容。通过提供住房建筑能效等级指标并与其他的建筑进行对比，住房质量保证法为消费者进行合理地选择提供参考信息。

　　在住房性能标识体系之下，国土交通省制定了《住房性能标识标准和住房性能评价方法标准》（Japan Housing Performance Labeling Standard and the Standards of Methods for Housing Performance Evaluation），并发布基于以上标准的住房性能评估信息，信息包含国土交通省制定的住房性能评价各个条目。国土交通省指定的住房性能评估机构可以指定建筑进行评估，不管是新建住宅还是既有住宅。尽管该体系是自愿性质的，但也能被指定的住房纠纷解决机构用于纠纷的调解和仲裁。

　　内容轮廓如下：

　　1. 相关规定适用对象

　　适用于新建住宅和既有住宅（住房质量缺陷责任担保只适用于新建住宅）。

2. 标准和相关规定条目

（1）标准和规定

① 住房性能标识体系

住房性能标识体系是一个自愿性的体系，要不要使用取决于住房供应商、购买者或者既有建筑交易者。

A. 日本住房性能标识标准

该标准规定了需要评估的住房性能条目（包括结构的稳定性、防火安全、缓解退化、维护和运行管理、热环境、空气环境、光和视觉环境、声环境及建筑老化）和标识的方法。

B. 评估方法标准

该标准根据日本住房性能标识标准给出了建筑图纸和技术规格书的评估和认证方法。

② 住房质量缺陷担保特殊体系

规定了担保的范围和相关条目以及责任期限。

A. 担保的范围

【与结构强度相关的最重要的部分】

建筑基础、地基桩柱、墙体、柱子、屋顶梁架、建筑底基、排架、地板、屋顶、水平构件、承重结构及抗外界力结构等。

【雨水防护措施】

屋顶和外墙、门和框架结构及其他屋顶和外墙的开口结构、排水管道等。

B. 需要声明的项目

a. 声明修理（民事法规里关于房屋买卖部分没有具体的规定）；

b. 声明损失索赔；

c. 声明取消（只适用于房屋买卖合同，只在修理不可能实现的时候）。

（2）认证体系（住房性能标识体系）

① 住房性能评估机构对住房性能进行评估

评估机构经申请人申请，可以对住房性能进行评估（包括基于相关标准新设计的，新建造的住宅），并对评估结果进行发布。

② 住房模型性能认定（Housing Model Performance Approval）等

为使住房性能评估高效，需适当采取下面方法：

A. 根据新建住房标准规范认定文件（住房模型性能认定）简化性能评价方法，简化工业房屋建筑性能评价方法（基于模型的评价方法）。

B. 使用新的评价方法以适应新技术的发展（特殊的评价方法认定）。

9.5.3　建筑物综合环境性能评价体系（CASBEE）

9.5.3.1　CASBEE 概要

为了提高建筑能效和环境性能，日本于 2001 年设立了日本绿色建筑协会（the Japan GreenBuild Council，JaGBC）和日本可持续发展建筑协会（the Japan Sustainable Building Consortium，JSBC），它们的秘书处由建筑环境与节能研究院（Institute for Building Environment and Energy Conservation，IBEC）统一管理。在国土交通省的支持下日本可持续

发展建筑协会在 2001 年启动了建筑物综合环境性能评价体系（Comprehensive Assessment System For Building Environmental Efficiency，CASBEE）。

建筑物综合环境性能评价体系（CASBEE）可以对建筑生命周期的每一个环节进行评价。CASBEE 系列包含了下面的一些工具：

（1）新建建筑建筑物综合环境性能评价体系；

（2）新建建筑建筑物综合环境性能评价体系（精简版）；

（3）既有建筑建筑物综合环境性能评价体系；

（4）改造建筑建筑物综合环境性能评价体系；

（5）城市热岛效应的建筑物综合环境性能评价体系；

（6）城市规划发展的建筑物综合环境性能评价体系；

（7）城市建筑建筑物综合环境性能评价体系；

（8）住宅（独立式建筑）建筑物综合环境性能评价体系。

建筑物综合环境性能评价体系（CASBEE）一开始是一个自愿性的项目，但是现在却作为修订强制性报告的工具。当地政府制定和管理当地的建筑物综合环境性能评价体系，日本建筑能源协会（JaBEC）在国土交通省（MLIT）的支持下通过建筑环境与节能研究院（IBEC）控制着全国的进程。

目前日本有 13 个辖区城市采用建筑物综合环境性能评价体系。东京都厅拥有自己的可持续发展建筑报告系统（the Sustainable Building Reporting System）。在当地的建筑物综合环境性能评价体系之下，许多城市为能效更高的建筑提供奖励。例如，一栋建筑在 CASBEE 里等级比较高的话，就可能会允许它再加一层，或者允许它比其他等级较低的建筑获得更多的占地面积。CASBEE 等级高的建筑业主也可以获得特定的建设补贴和低息贷款。

建筑开发商、设计师以及其他人员可以使用 CASBEE 工具自己评估任何新建建筑或者翻修建筑。建筑开发商或者建筑所有者也可以雇佣训练有素的设计师来对建筑进行评价。

9.5.3.2　CASBEE 简介

1. 什么是 CASBEE

促进人类社会可持续发展是当今人类面临的巨大挑战。自从 20 世纪 80 年代后期人类建筑工业逐步开始进入可持续发展建筑时期，各种各样的建筑环境性能评价方法应运而生。2001 年 4 月日本在住房局，国土交通省的支持下发起了工业组织，政府组织和科研组织的共同体工程计划，该计划引导了两个全新的叫做日本绿色建筑委员会（the JapanGreen Build Council，JaGBC）和日本可持续建筑联合会（Japan Sustainable Building Consortium，JSBC）的组织的建立。该组织的秘书处由日本建筑环境与节能研究院（the Institute for Building Environment and Energy Conservation）统一管理，并负责 CASBEE 评估认证体系和评审员登记制度的实施。

JaGBC 和 JSBC 及其附属组织共同合作，致力于建筑物综合环境性能评价体系（the Comprehensive Assessment System for Building Environmental Efficiency，CASBEE）的研究和开发。现在，国土交通省环境行动计划［MLIT Environmental Action Plan (June，2004)］和京都议定书目标实现计划［Kyoto Protocol Target Achievement Plan (approved by the Cabinet on April 28，2005)］促进了建筑物综合环境性能评价体系的完善和广泛传播。最近几年，有些当地政府还将 CASBEE 引入到建筑管理里。现在，CASBEE 已经在

很多日本建筑得到执行。

CASBEE 是一种评价和划分建筑环境性能等级的方法，有 5 个不同等级：优秀（S）、很好（A）、好（B+）、比较差（B-）、差（C）。2002 年完成了 CASBEE 的第一个评价工具：办公建筑 CASBEE 工具，然后是 2003 年 7 月完成新建建筑 CASBEE 工具，2004 年 7 月完成既有建筑 CASBEE 工具，2005 年 7 月完成改造类建筑 CASBEE 工具。CASBEE 在日本是独一无二的，由于其引入的全新的理念：它从两个角度来评价建筑，包括建筑的环境质量和性能（Q＝quality）和建筑外部环境负荷（L＝load）。当评价建筑综合环境性能时，定义一个新的综合评价指标：建筑环境效率指标（Building Environmental Efficiency，BEE），BEE＝Q/L。除此之外还有拓展评价工具，以适应特殊的评价需求。CASBEE 系列如图 9-22 所示。

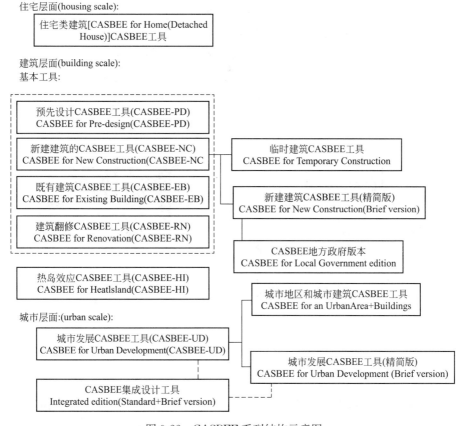

图 9-22　CASBEE 系列结构示意图

2. CASBEE 理念

CASBEE 的拓展和完善是基于以下三个主要理念：第一，CASBEE 为评价建筑而设计，因此需要适应建筑生命周期的不同阶段；第二，其将建筑环境负荷和建筑环境质量性能清晰区分开，并作为主要的评价目标；第三，CASBEE 引入了建筑环境效率指标（BEE）的概念，并用于表达建筑环境评价的所有结果。这些所有的方法都是尝试着将建筑环境评价过程中遇到的所有不同的因素进行协调和统一，使得评价的原则相当的清晰和简单。

CASBEE 体系中引入环境效率属全球首创，为了定义 BEE 中的 Q 和 L 引入了"假想边界"的概念，在图 9-23 中表示。Q 项作为假想边界以内的环境质量改善评价指标，L 项是作为假象边界外环境影响评价指标。BEE 指标评价方法如图 9-24 所示。BEE 的代表值在下面坐标系中反映出来，其中 X 轴代表"L"值，Y 轴代表"Q"值。BEE 值是以过原点的一条直线的斜率来表达。并定义 BEE 等于 1 的建筑为标准建筑，Q 值越大则 BEE 值越大，对应的 L 值越大则 BEE 值越小。斜率越陡峭则对应的建筑越是符合可持续发展建筑特点，随着 BEE 值的变化将建筑划分为以下几个等级：C、B−、B+、A、S。基于环境效率的 CASBEE 与其他评价体系相比，很有优势。

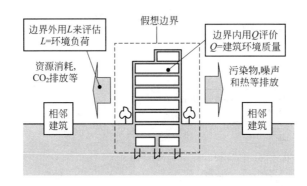

图 9-23　BEE 假象边界示意图

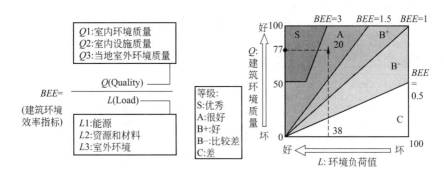

图 9-24　BEE 的定义及评价结果图表

3. 将 $LCCO_2$ 评估方法和 CASBEE 结合产生了 CASBEE "考虑全球变暖" 评估条款

CASBEE（2006 版本）已经有减少建筑使用过程中的耗能的相关条款，包括使用既有建筑的框架结构和利用可回收建筑材料，及延长建筑使用寿命等项目。以上的措施都可以减少建筑材料生产过程，建筑使用过程中的 CO_2（Life Cycle CO_2，$LCCO_2$）排放。但是此时的 $LCCO_2$ 指标并不是直接包含在 CASBEE 等级评定里。但是 CASBEE（2008 版本）引入了一个新的评价项目：建筑队全球变暖的影响评价，这个项目是将 $LCCO_2$ 评估方法和 CASBEE 结合。现行版 CASBEE 已经明确了对全球气候变暖进行评估的内容，将来会为减缓全球变暖而做出努力。

4. CASBEE 基本工具概述

（1）预先设计 CASBEE 工具（CASBEE-PD）

该工具旨在为建筑所有者、设计者和其他与建筑预先设计有关系的人提供帮助，例如帮人抓住项目中基本的环境影响因素，在建筑选址和环境性能评价中发挥作用。

（2）新建建筑的 CASBEE 工具（CASBEE-NC）

建筑设计者和施工工程师可以在设计阶段用该工具提高所设计建筑的 *BEE* 值。既可以用作设计工具，也可以用作自测工具。这个工具以前叫做 DfE（Design for Environment）工具，可以基于设计规范和预期性能对建筑进行评价。重建建筑的评价也是使用 CASBEE-NC 工具，在建筑最初设计阶段，施工设计阶段和完工阶段对建筑环境质量性能和建筑的负荷性能进行评价。由于环境性能指标和相关标准在不断地变化，CASBEE-NC 工具的评价结果只能保持在施工结束后的三年内有效。

（3）既有建筑 CASBEE 工具（CASBEE-EB）

该工具的评价对象是既有建筑，即为建筑建造完成后使用至少一年。该工具也可以用来进行资产价值评价。该工具是对建筑已有性能及建筑内已经安装的设备进行评价。评价结果五年有效，但是由于建筑的状况随着时间是变化的，故要用最新版本的评价工具进行不断修订。它也可以作为标签工具，将建筑环境性能评价结果进行宣扬。CASBEE-EB 还可以用做建筑改造。房地产公司及一些大的企业可以用它做中长期建筑管理计划自评。

（4）建筑改造 CASBEE 工具（CASBEE-RN）

该工具可以基于预期改造性能和改造说明对既有建筑的性能进行评价，并生成建筑运行监测，调试和升级能源合同管理项目建议书。评价结果在项目改造工程完成以后三年内有效，且应该使用最新版本的 CASBEE-RN 工具进行评价。该工具可以用来对改造完成后建筑性能提高的程度（*BEE* 数的增量）进行评价，也能用来对改造完成后建筑具体性能的提高情况进行评价。

5. CASBEE 拓展工具

（1）新建建筑 CASBEE 工具（精简版）

使用正常版 CASBEE-NC 工具对新建建筑进行评价需要花费大约 3~7 天时间（包括准备相关文件的时间），比较费时。"新建建筑 CASBEE 工具（精简版）"给人们提供了一个简化的建筑环境效率水平（*BEE*）评价工具，并可以准备满足相关政府部门要求的文件。该工具可以在约两小时内产生简化的、临时的评价报告（不包括准备节能计划书的时间）。

（2）CASBEE 地方政府应用工具

CASBEE 可以被地方政府用作施工管理，即建筑环境报告系统。该系统可以根据当地的具体情况，比如当地气象条件和具体的优惠政策，将新建建筑 CASBEE 工具（精简版）进行重构，以适应不同地区需要。现在在日本有 13 个地方政府将 CASBEE 引入到他们的建筑环境报告系统里。

（3）住宅建筑（独立式住宅）CASBEE 工具 ［CASBEE-H（DH）］

在日本每年大约建成 50 万所独立式住宅。为了提高这些建筑环境质量，在 2007 年开发出了住宅建筑（独立式住宅）CASBEE 工具。建筑工业领域有很多相关的获利者，像建筑用户、建筑设计者、承包商和承建单位。因此 CASBEE-H（DH）工具力求做到通俗易懂。

在 CASBEE 的所有工具里 CASBEE-H（DH）首先引入五星级指标作为 *BEE* 除了 *BEE* 图表之外另外的一种新的表达方式。CASBEE-H（DH）的结构和其他 CASBEE 工具的结构相似，既对环境质量也对环境负荷进行评价。它包括 54 个通过对日本其他的标准进行修改得到的附属标准。这些对建筑进行综合评价的指标不仅考虑房屋建筑本身，而且考虑周围的环境，家用器具等。房屋购买者可以通过该工具了解到房屋从建材生产到施工阶段的整个过程的环境策略。

（4）临时建筑的 CASBEE 工具（CASBEE-TC）

该工具作为 CASBEE-NC 工具的拓展，主要是对于短期建筑，比如临时展览馆。由于这类建筑的使用寿命短，所以要重点考虑材料的使用和从建设到拆除的材料回收。相关的评分标准和权重反映出了这一特点。

（5）热岛效应 CASBEE 工具（CASBEE-HI）

在主要城市地区，如东京和大阪，进行热岛效应影响评价是也很有必要的。CASBEE-HI 工具能在建筑设计时为减缓热岛效应措施提供更多详细的定量评价。该工具涉及更多的室外气象条件参数及建筑对周围环境的热岛负荷（在 CASBEE-NC 里面也强调相关内容，CASBEE-HI 也是利用环境效率的概念）。

（6）城市发展 CASBEE 工具（CASBEE-UD）

CASBEE 的基本工具只是对单栋建筑进行评价，但是城市发展 CASBEE 工具却是对建筑群进行评价。为了区别于基本 CASBEE 工具 ［CASBEE（building scale）］，将其称为"CASBEE（urban scale）"，该工具继承了基本工具的概念，然而却将重点放在建筑物的聚集会产生的影响，及建筑周围的环境上。CASBEE-UD 是一个与 "building-scale CAS-BEE" 不相同的独立体系，删除了对建筑内部因素的评价（在有些地方有例外），这也使对整个建筑群的评价成为可能。"CASBEE（building scale）" 工具是对单栋建筑及其特定的区域进行评价。

（7）城市地区和城市建筑 CASBEE 工具（CASBEE-UD＋）

现在 CASBEE-UD 和 CASBEE（building scale）的评价结果指标是分开定义的，以满足既能对城市整体，又能对城市里的建筑进行评价的要求。故 CASBEE-UD 里的评价条目包含了许多城市和地区规划方面的重要元素，但是这些元素却没能向下延伸到具体的建筑层面。所以我们需要 CASBEE-UD＋工具，该工具虽然是建筑层面的，但是却可以反应很高的社会效益水平。这种方法使得将城市整体层面和城市建筑层面结合起来评价成为可能。

6. CASBEE 的应用

CASBEE 现在可以在下列领域进行应用。

（1）公共领域

为公共部门提供有关建筑审批的参考和决策工具等。

（2）个体领域

作为建筑设计者的设计工具；作为建筑设计比赛的评价标准；作为一个标签工具；作为产业市场化转变的激励因素；作为一个国家化的工具。

（3）学术领域

作为大学建筑设计教学，或者专业进修课程（CPD）的工具。

7. CASBEE 在建筑管理方面的应用

最近几年建筑公共管理领域使用 CASBEE 进行建筑环境评价越来越热门，一些日本地方政府已经将其引入到建筑管理体系里面。在 2004 年 4 月，日本名古屋市将 "CASBEE 名古屋" 引入到其可持续发展报告体系里面。该体系强制要求计划新建建筑及改造建筑的单位或者个人提交建筑环境性能评估报告。在一些引入了 CASBEE 体系的城市，出台了一些激励措施，例如，如果建筑评估等级达到 B＋及以上，就可以增加建筑的最大建筑面积比，如果建筑的 CASBEE 评价等级较高，还可以得到政府财政支持。

8. CASBEE 评估认证体系和评审员登记制度

（1）CASBEE 评估认证体系

当 CASBEE 的评价结果需要提供给第三方的时候，确保其结果的可信性和透明度是很重要的。该评估认证体系的建立正是为了确保提供给第三方的信息的准确性和可靠性，以促进其更加合理和广泛的应用，并确保资产评估和标签制度可靠性。CASBEE 建筑评价的范围很广泛，包括新建建筑、既有建筑、改造建筑、城市发展和独立式住宅建筑。

（2）CASBEE 评审员注册制度

CASBEE 是一个尽可能定量化评价的体系，但也有一些条目是定性评价的。就其本身而论，需要在建筑环境综合评价方面具有专业知识水平的工程技术人员，这就需要建立 CASBEE 认可的职业注册制度体系。想要从事评审员职业的人员，必须参加专业培训课程，并通过评审员考试和完成注册。当前的分类是：CASBEE 公认专业人员（建筑）〔CASBEE Accredited Professionals（Building）〕，主要是使用 CASBEE 工具做新建建筑、既有建筑、改造建筑的评估，包括使用 CASBEE-NC(精简版)对建筑进行评估的专业工程技术人员；CASBEE 公认专业人员(独立式住宅)〔CASBEE Accredited Professionals（Detached House)〕，主要是使用 CASBEE-H（DH)工具的专业技术人员。

9.5.4　领跑者项目

9.5.4.1　"领跑者"项目概要

领跑者项目(Top Runner programme)是日本经济贸易产业省(METI)推行的一套最佳实践方法，其目的是应日本关于合理利用能源的法规要求，降低 CO_2 排放量。

领跑者方法旨在找出市场上最高效的产品，然后以此产品为规范树立参考标准，并要求所有同类产品在指定的时期内必须达到该水准。待机能耗要求目前适用于计算机、复印机、电视机及 VCR，预计将来会涵盖更多的产品类型。

"领跑者项目"在《节约能源法》中有专门规定。法律规定制造商有义务将生产的产品达到能效标准，同时改进生产设备，努力减少其能耗。"领跑者项目"在节能法和相关法律，包括"强制条例"（政府条例），"强制规定"（部级条例)和通告中都有具体规定。

1. "领跑者项目"的主要特征

当前国际上确定设备能效标准主要有三种方法：一是最小标准值系统。系统包含的所有设备的能效必须超过标准值。二是平均标准值系统，系统包含的所有设备的能效必须超过标准的平均值。三是最大标准值系统(领跑者)，在这个系统下，数值设定依据是将市场上能源效率最高的产品作为目标，即领跑者系统。该系统参照市场现有的能效最高的产品，结合考虑目标规定期限内可能实行的技术改进，最后设定目标标准值。目标标准值的要求非常高。为了评估成果，制造商可以通过出售不同产品并使用加权平均的方法达到目标值。也就是说，使用加权平均所得的值等价于平均标准值系统。这样的系统激励制造商更多地开发节能产品。

2. "领跑者项目"的实施结果

"领跑者项目"是针对制造厂的。由于新技术的开发使制造商的新产品能耗优于标准的设定值，相应地，产品的价格也高于原先的产品。实施"领跑者项目"的目的就是要促进用符合标准的产品来替换市场上那些不符合要求的产品。众所周知，用较高的价格购买节能新产品后，其运行成本因为节能而有所下降，因此通过技术经济比较可以决定购买节能产品是否合算。同时要奖励积极销售节能产品的零售商。在另一方面，标准的审核者要及时适应节能新产品的推出，使标准能够在短期内做出适当的反应。

3. "领跑者项目"的制定过程

（1）建立机构

日本节能政策是经过自然资源及能源委员会审定的。这个委员会根据"经济贸易产业部设置法案"成立，是经济贸易产业部部长的顾问机构。其下设立能量标准委员会，进行"领跑者项目"的审议。而标准的细节条款，由能量标准委员会附设的标准评估委员会承担。这个委员会负责单个产品标准细节的技术审议。随后将讨论结果呈报能量标准委员会，并由其做出决定。

（2）确定产品名单

进入"领跑者项目"的相关设备类型原则上必须满足下列四个要求：①应用广泛；②能耗高；③节能潜力大；④市场发展趋势强。能量标准委员会审核产品名单及标准建议，然后由标准评估委员会审议具体的标准值和其他条件。

（3）完成报批

经能量标准委员会批准的"领跑者项目"草案向 WTO/TBT 通报，以避免进口产品的贸易壁垒。完成手续后可以把"领跑者项目"正式地加入目标产品范围。

4. 目标达成判断

（1）目标年度：目标值必须实现的年限，是综合考虑到未来技术的发展和产品的创新等因素之后定下的结果，一般要比基准年度晚 4～8 年。

（2）目标达成判断方法：在目标年度，以产品（生产和进口）相关指标的加权平均值作为判断依据，其算法如下：

加权平均能源效率＝Σ（每种类型，名称的产品的国内货运数量×单位能效）/国内的货运数量总合

（3）测量方法：基于日本工业标准相关的方法。

5. 节能示范

节能法案确定，列入"领跑者目标"的设备必须建立示范项目，这样购买者就能获得诸如设备能效和设备销售时间等相关信息。在示范项目中，"领跑者"示范设备的制造商被要求按照"通告"的规范进行展示，如果制造商没能按照要求展示，就要受到处罚。

设备展示和要求的条款，在"通告"中都有具体描述。通告内容通常包括：

（1）能效及相关项目；

（2）区别于其他产品的名称和型号；

（3）负责展示的制造商名字。

除上述条款外还必须包括机器设备的展示时间、展示地点、展示字符的大小、数量等。

如果制造商的展示没有按照要求的条款进行，经济贸易产业部将给制造商提出一些建议。如果制造商无视这些建议，就对外公布这些建议，并且制造商会被要求执行经济贸易

产业部推荐的方案。如果制造商不服从这些要求，将受到处罚。

6. 2010版本的"领跑者项目"涵盖的范围表(见表9-73)

TOP-runner 涵盖范围表   表9-73

客车	货运车辆	空调设备	电冰箱	电冷柜	电饭锅
微波炉	照明设备	电马桶	电视机	录像机	DVD机
电脑	磁盘设备	复印机	电取暖器	燃气灶具	燃气热水器
燃油热水器	自动售货机	变压器	路由器	交换机	

9.5.4.2 空调设备"领跑者项目"简介

1. 目标范围

冷暖空调和单冷空调，除了下列情况之外：①制冷能力小于50.4KW；②水冷式空调；③没有压缩机的空调器；④不使用电能做热源供热的空调器；⑤作为温度控制和防尘控制用，以保证机器设备正常运转和保证饮料和食品不腐败的工艺功能性空调；⑥直接将室外空气冷却送到室内的直流式空调；⑦局部空调器；⑧为汽车或者其他运输设备设计的空调；⑨在吸入端或排除端设置有室外热交换器的空调器；⑩用于供冷的蓄热设备的空调；⑪为高气密性，高保温性能的房间设计的，可以通过分支风管向不同的房间送风，并有通风连锁控制的空调系统；⑫通过太阳能供电的空调系统；⑬具有地面加热和热水供应功能的空调；⑭从需要供冷处取热向供热处供热的多联机空调；⑮只用于空间冷却的空调；⑯窗式机；⑰制冷能力大于28kW的多联机空调(只是用于每个室内单元分别控制)。

2. 能耗效率

(1) 对于目标年度是2004年冬季及其以后的年份，或者是2007年年底及其以后的年份的空调设备：能耗效率是供冷/供热能耗效率的平均值(供冷/供热平均COP)。

(2) 对于目标年度是2010年及其以后的年份，或者是2012年及其以后的年份，或者是2015年及其以后的年份的空调设备：能耗效率值为其全年能耗效率(APF值)，住宅用空调能耗效率值是通过JIS C9612 (2005)中的算法求得，公共服务用空调能耗效率值可通过JIS B8616(2006)中的算法求得。

3. 分类目标值

【在目标年度内及其以后年份，各个类别里的设备能效应大于等于所列目标值。】

(1) 目标年度是2007年底或者其后每年的年底的空调设备(对于一些类别目标年度是2004年冬天及其以后的年份)(住宅建筑和公共建筑)(见表9-74)。

对象设备能耗指标   表9-74

分类			能耗指标(COP)
设备类型	制冷能力	分类名称	
无风管类空调中的壁挂式空调(不包括多联式室内单元单独控制类空调)	小于等于2.5kW	b	5.27
	大于2.5kW 小于等于3.2kW	c	4.9
	大于3.2kW 小于等于4.0kW	d	3.65
	大于4.0kW 小于等于7.1kW	e	3.17
	大于7.1kW	f	3.1

续表

分类			能耗指标（COP）
设备类型	制冷能力	分类名称	
其他无风管式空调（不包括多联式室内单元单独控制类空调）	小于等于 2.5kW	g	3.96
	大于 2.5kW 小于等于 3.2kW	h	3.96
	大于 3.2kW 小于等于 4.0kW	i	3.2
	大于 4.0kW 小于等于 7.1kW	j	3.12
	大于 7.1kW	k	3.06
有风管式（不包括多联式室内单元单独控制类空调）	小于等于 4.0kW	l	3.02
	大于 4.0kW 小于等于 7.1kW	m	3.02
	大于 7.1kW	n	3.02
多联式室内单元单独控制类空调	小于等于 4.0kW	o	4.12
	大于 4.0kW 小于等于 7.1kW	p	3.23
	大于 7.1kW	q	3.07

注：1. "有风管式"指的是在空调的出风口处接有风管。
　　2. "多联式"指的是一台室外机带多台室内机。

（2）目标年度是 2010 年及其以后的各个年份的空调设备（制冷能力小于等于 4.0kW 的无风管壁挂式）（见表 9-75）。

对象设备能耗指标　　　　　　　　　　表 9-75

分类			能效指标（APF）
制冷能力	室内机的尺寸形式	分类名称	
小于等于 3.2kW	尺寸限制型	A	5.8
	非尺寸限制型	B	6.6
大于 3.2kW 小于等于 4.0kW	尺寸限制型	C	4.9
	非尺寸限制型	D	6.0

注："室内机尺寸形式"中的"尺寸限制型"指的是室内机水平宽度≤800mm，高度≤295mm。"非尺寸限制型"就是没有尺寸限制。

（3）对于目标年度是 2012 年冬季及其以后各个年份的空调设备（对于 E 到 G，适用于目标年度是 2010 年及其以后年份）（见表 9-76）。

对象设备能耗指标　　　　　　　　　　表 9-76

分类			能效指标（APF）
设备类型	制冷能力	分类名称	
无风管类空调中的壁挂式空调（不包括多联式室内单元单独控制类空调）	大于 4kW 小于等于 5.0kW	E	5.5
	大于 5kW 小于等于 6.3kW	F	5
	大于 6.3kW 小于等于 28kW	G	4.5
其他无风管式空调（不包括多联式室内单元单独控制类空调）	小于等于 3.2kW	H	5.2
	大于 3.2kW 小于等于 4.0kW	I	4.8
	大于 4kW 小于等于 28kW	J	4.3

续表

分类			能效指标(APF)
设备类型	制冷能力	分类名称	
多联式室内单元单独控制类空调	小于等于 4kW	K	5.4
	大于 4kW 小于等于 7.1kW	L	5.4
	大于 7.1kW 小于等于 28kW	M	5.4

注："多联式"指的是两个或两个以上的室内机与一个室外机相连。

（4）对于目标年度是 2015 年冬季或者其后的各个年份的空调设备（公共服务用空调设备）（见表 9-77）。

对象设备能耗指标　　　　　　　　　　　　　　　表 9-77

分类				能效指标或计算能效指标
形式和功能	室内机	制冷能力 C	分类名称	
多种形式组合式，或者不同于下列的其他形式	四向嵌入式空调器	$C<3.6$kW	aa	$E=6.0$
		3.6kW$\leqslant C<10$kW	ab	$E=6.0-0.083\times(A-3.6)$
		10kW$\leqslant C<20$kW	ac	$E=6.0-0.12\times(A-10)$
		20kW$\leqslant C<28$kW	ad	$E=5.1-0.06\times(A-20)$
	非四向嵌入式空调器	$C<3.6$kW	ae	$E=5.1$
		3.6kW$\leqslant C<10$kW	af	$E=5.1-0.083\times(A-3.6)$
		10kW$\leqslant C<20$kW	ag	$E=5.1-0.10\times(A-10)$
		20kW$\leqslant C<28$kW	ah	$E=4.3-0.05\times(A-20)$
多联，室内单元单独控制式		$C<10$kW	ai	$E=5.7$
		10kW$\leqslant C<20$kW	aj	$E=5.7-0.11\times(A-10)$
		20kW$\leqslant C<40$kW	ak	$E=5.7-0.065\times(A-20)$
		40kW$\leqslant C\leqslant 50.4$kW	al	$E=4.8-0.04\times(A-40)$
有风管式，室内机放置于地面，或与之类似的类型	无风管式	$C<20$kW	am	$E=4.9$
		20kW$\leqslant C\leqslant 28$kW	an	$E=4.9$
	有风管式	$C<20$kW	ao	$E=4.7$
		20kW$\leqslant C\leqslant 28$kW	ap	$E=4.7$

注：1."有风管式"指的是在空调的出风口处接有风管。

2."多联式"指的是一台室外机带多台室内机。

3. E 和 A 代表下列值：

E：设备能效指标；A：制冷能力(kW)。

4. 空调设备节能效果

（1）对于住宅用空调设备［以上第（2）类设备能效目标标准值］：

2010 年度(FY2010)能效期望比 2005 年度(FY2005)提高 22.4％。

（2）对于住宅用空调设备［以上第（3）类设备目标标准值］：

2010 和 2012 年度(FY2010，FY2012)能效期望比 2006 年度(FY2005)提高 15.6％。

（3）对于公共服务用空调设备：

2015 年度(FY2015)能效期望比 2006 年度(FY2006)提高 18.2%。

5. 需要标明的项目

产品的名称和类型、制冷能力、制冷耗电量、制冷能效、制热能力(只针对制热单元)、制热耗电量(限于供热系统)、制热能效(只针对制热单元)、平均制热(只针对制热单元)/制冷能效、制造商名称。

6. 标明项目的地方

对应产品的目录和使用手册里。

9.6　小结

本章主要对日本建筑节能的相关标准进行了介绍，包括日本与节能有关的基础性法律《节约能源法》，和建立在该法基础之上的三部节能标准。重点对日本《公共建筑节能设计标准》进行了介绍，并结合我国对应标准对其中的部分条款进行了比对。在居住相关标准方面，详细介绍了日本《居住建筑节能设计标准》，详细说明了标准里与围护结构热工性能有关的四个参数：年冷热负荷指标、热损失系数指标、夏季日晒的热系数指标和等效余隙面积指标；对本标准里还涉及的防止结构冷凝结露，对居住建筑通风量的规定和室内环境相关条款只做说明性介绍，只为保证标准总体框架的完整性。

日本《居住建筑节能设计和施工导则》是对《居住建筑节能设计标准》内容上的补充和细化。该部分对建筑围护结构保温做了详细的描述，给出了不同气候分区里围护结构的传热系数限值和保温材料的施工方法。尤其强调了围护结构的内部冷凝的防护和气密性的保证。除此之外还叙述了关于通风、供冷和热水供应、气流组织的内容，并在"怎样生活"一节里对设备和系统的使用给出了建议。

总体上讲日本建筑节能标准和我国的建筑节能标准差别还是很大的。涵盖的内容上，日本不论公共建筑还是居住建筑都包含热水供应部分，我国没有。日本在公共建筑领域还强调了照明设备的节能和电梯设备的节能，相对我国更加全面。

我国的公共建筑和居住建筑节能标准从形式上都是一致的，都是从室内热环境计算指标到围护结构热工设计再到系统与设备节能设计。我国标准通过规定性指标加权衡判断的方式实施，日本的《公共建筑节能设计标准》是一个分数制的标准，通过对各项节能措施的实施情况进行打分，并对总分进行限制来达到指导建筑进行节能设计的目的。日本与居住建筑相关的两部设计标准都是以强制性指标来直接限制建筑的热工性能，从而实现建筑的节能设计，但是所给出的限值指标都是纲领性的，即给定限值的得出需要综合考虑各方面的因素，几乎能涉及与建筑节能的各个方面，这就增强了其标准的实施的灵活性。而我国的标准规定的更加细致，尤其是对各个指标的要求比较明确，实施的方式比较简单。

在两国《公共建筑节能设计标准》中都提倡使用可再生能源。在一个纲领性的节能标准之下进行建筑节能集成设计似乎更加容易，灵活性更强。

第 5 部分 中外建筑节能标准比对总结

第 10 章　中外建筑节能标准比对总结

本章是将所有前文里涉及的比对结论进行了集中归纳，通过建筑节能标准体系和详细的比对内容两个大的方面，对本研究进行了总结，集中展现了我国与比对国家在建筑节能标准上的异同，提出了我国建筑节能标准的发展建议。

10.1　中外建筑节能标准发展历史

见表 10-1。

中外建筑节能标准发展历史比对表　　　　　　　　　　　　　　　表 10-1

年代	中国		美国			欧洲			日本
	—	居住建筑	公共建筑	IECC	ASHRAE90.1	欧盟	英国	德国	丹麦
1961	—	—	—	—	—	—	—	(DEN) BR 1961	—
1972	—	—	—	—	—	(UK) BR 1972	—	(DEN) BR 1972	—
1973	—	—	—	—	—	—	—	—	—
1974	—	—	—	—	—	(UK) BR 1974	—	—	—
1975	—	—	—	90-1975ECND	—	—	—	—	—
1976	—	—	—	—	—	—	—	—	—
1977	—	—	—	—	—	—	WSVO 1977	(DEN) BR 1977	—
1978	—	—	—	—	—	—	HeizAnlV 1978	—	—
1979	—	—	—	—	—	—	—	—	ECL-1979
1980	—	—	—	90A-1980	—	—	—	—	CCREUH 1980 DCGREUH 1980
1981	—	—	MCEC 1981	—	—	—	—	—	—
1982	—	—	—	—	—	—	WSVO 1982 HeizAnlV 1982	(DEN) BR 1982	—
1983	—	—	MEC 1983	—	—	—	—	—	ECL-1983
1984	—	—	—	—	—	—	—	—	—
1985	—	—	—	—	—	(UK) BR 1985	—	(DEN) BR 1985	—
1986	JGJ 26—86	—	MEC 1986	—	—	—	—	—	—
1987	—	—	—	—	—	—	—	—	—
1988	—	—	—	—	—	—	—	—	—

续表

年代	中国		美国			欧洲			日本
	—	居住建筑	公共建筑	IECC	ASHRAE90.1	欧盟	英国	德国	丹麦
1989	—	—	MEC 1989	90.1-1989	—	—	HeizAnlV 1989	—	—
1990	—	—	—	—	—	(UK) BR 1990	—	—	—
1991	—	—	—	—	—	—	—	—	—
1992	—	—	MEC 1992	—	—	—	—	—	CCREUH 1992 DCGREUH 1992
1993	—	—	MEC 1993	—	—	—	—	—	ECL-1993
1994	—	—	—	—	—	—	HeizAnlV 1994	—	—
1995	JGJ 26—95	—	MEC 1995	—	—	(UK) BR 1995	WSVO 1994	—	—
1996	—	—	—	—	—	—	—	—	—
1997	—	—	—	—	—	—	—	—	—
1998	—	—	IECC 1998	—	—	—	HeizAnlV 1998	(DEN) BR 1998	ECL 1998
1999	—	—	—	90.1—1999	—	—	—	—	CCREUB 1999； CCREUH 1999 DCGREUH 1999
2000	—	—	IECC 2000	—	—	—	—	—	—
2001	JGJ 134—2001	—	IECC 2001	90.1-2001	—	—	—	—	—
2002	—	—	—	—	EPBD 2002 (2002/91/EC)	(UK) BR 2002	EnEV 2002	—	ECL 2002
2003	JGJ 75—2003	—	IECC 2003	—	—	—	—	—	—
2004	—	—	—	90.1-2004	—	—	EnEV 2004	—	—
2005	—	GB 50189—2005	—	—	—	—	—	—	ECL 2005
2006	—	—	IECC 2006	—	—	(UK) BR 2006	—	—	—
2007	—	—	—	90.1-2007	—	—	EnEV 2007	—	—
2008	—	—	—	—	—	—	—	(DEN) BR 2008	ECL 2008
2009	—	—	IECC 2009	—	—	—	EnEV 2009	—	—
2010	JGJ 26—2010 JGJ 134—2010	—	—	90.1-2010	EPBD 2010 (2010/31/EU)	(UK) BR 2010	—	(DEN) BR 2010	—
2011	—	—	—	—	—	—	—	—	—
2012	—	—	IECC 2012	—	—	—	EnEV 2012	—	—
2013	—	—	—	90.1-2013	—	(UK) BR 2013	—	—	—

续表

年代	中国		美国			欧洲			日本
—	—	居住建筑	公共建筑	IECC	ASHRAE90.1	欧盟	英国	德国	丹麦
2014	—	—	—	—	—	—	—	—	—
2015	—	—	IECC 2015	—	—	—	—	(DEN) BR 2015	—

注：
1. JGJ 26—86：《民用建筑节能设计标准(供暖居住建筑部分)》
2. JGJ 26—95：《民用建筑节能设计标准(供暖居住建筑部分)》
3. JGJ 26—2010：《严寒和寒冷地区居住建筑节能设计标准》
4. JGJ 134—2001：《夏热冬冷地区居住建筑节能设计标准》
5. JGJ 134—2010：《夏热冬冷地区居住建筑节能设计标准》
6. JGJ 75—2003：《夏热冬暖地区居住建筑节能设计标准》
7. GB 50189—2005：《公共建筑节能设计标准》
8. MCEC——Mode Code for Energy Conservation，美国《基础节能规范》，适用于三层及三层以下居住建筑，MEC 的前身。
9. MEC——Mode Energy Code，美国《基础节能规范》，适用于三层及三层以下居住建筑，IECC 的前身。
10. IECC——International Energy Conservation Code，美国《居住建筑节能设计标准》，适用于三层及三层以下居住建筑；由于编制单位的重组，标准修编后多次修改了名称，但 MCEC、MEC、IECC 的主要内容一脉相承，都为适用于三层及三层以下居住建筑。
11. ECND——Energy Conservation in New Building Design，美国《新建建筑节能设计》，ASHRAE90.1 的前身。
12. ASHRAE90.1：全称《Energy Standard for Buildings Except Low-Rise Residential Buildings》，美国《除低层居住建筑外的建筑节能标准》，适用于三层以上的居住建筑和所有公共建筑，和 ECND 在内容上一脉相承。
13. EPBD2002：全称《Directive 2002/91/EC of the European Parliament and of the Council of 16 December 2002 on the energy performance of building》，简称《Energy Performance of Building Directive》，欧洲议会和理事会 2002/91/EC 指令——《建筑能效指令》，适用于欧盟所有成员国的新建和既有建筑。
14. (UK)BR——Building Regulation，英国《建筑条例》，其 PART-L 部分为有关建筑节能的规定，适用于新建和既有建筑、民用和公共建筑。
15. WSVO——Wärmeschutzverordnung，德国《建筑保温规范》，是其最早意义的建筑节能法规之一，与 HeizAnlV 一起为现行建筑节能法规 EnEV 的前身，已废止。
16. HeizAnlV——Heizungsanlagen-Verordnung，德国《供暖设备规范》，是其最早意义的建筑节能法规之一，与 WSVO 一起为现行建筑节能法规 EnEV 的前身，已废止。
17. EnEV——Energieeinsparverordnung，德国《建筑节能条例》，适用于新建和既有建筑、居住和公共建筑。
18. (DEN) BR——Building Regulation，丹麦《建筑条例》，其第七章为有关建筑节能的规定，适用于新建和既有建筑、居住和公共建筑。
19. ECL—— Energy Conservation Law，日本《节能法》。
20. CCREUB——The Criteria for Clients on the Rationalization of Energy Use for Buildings，日本《公共建筑节能设计标准》。
21. CCREUH——Criteria for Clients on the Rationalization of Energy Use for Houses，日本《居住建筑节能设计标准》。
22. DCGREUH——Design and Construction Guidelines on the Rationalization of Energy Use for Houses，日本《居住建筑节能设计和施工导则》。

结论：建筑节能标准起源于发达国家，建筑节能标准的编制和修订是建筑节能工作最基础的组成部分，对建筑节能工作起着非常重要的作用，全球各国都把不断修订建筑节能标准、提升最低要求，作为建筑节能的首要工作。

出于对室内环境和建筑保温的需求，1961 年丹麦第一次在《建筑条例》出现了节能要求，主要是对建筑围护结构的性能进行规定。全球各主要发达国家出于以节能为目的的建筑节能标准都起步于 20 世纪 70 年代的全球第一次石油危机之后，都经历了从无到有、从有到优的过程。最初各国建筑节能标准的编制修订周期不定、编制人员组成变动较大，但随着标准编制体系的逐步成熟、产业的不断发展以及全球对应对气候变化和节能减排的不断强调，各国均有明确的标准修订团队、固定的修订周期和中长期修订计划。相对于发达国家而言，我国的建筑节能标准起步稍晚。

10.2　中外建筑节能标准管理体系

见表 10-2。

表 10-2

中外建筑节能标准管理体系比对表

	中国	美国	欧盟	英国	德国	丹麦	日本
政府管理部门	住房和城乡建设部	能源部	欧盟理事会、欧盟委员会、欧洲议会	环境、交通及区域部	交通、建设和城市管理部门；经济技术部	经济和商业部下属的企业和建筑署	国土交通省和经济贸易产业省
标准编制单位（组织）	中国建筑科学研究院等单位	ASHRAE/IECC	欧盟委员会	英国建筑科学研究院（BRE）	德国国际标准化学会 DIN、德国能源署 DENA	丹麦建筑研究院 BSI	—
编写组情况（每部）	15～30 人	60 人/11 人					
编写（修订）情况	周期不定，通常为 5～8 年	随时颁布"修订补充材料"，到大修时，统一出版最新标准	欧盟统一发布指令，明确实施的截止时间	英格兰和威尔士、苏格兰、新爱尔兰有各自不同的建筑条例，一般每 4 年修订一次	修订周期较短，一般 2～3 年修订一次	周期不定，但现在已确定下一版本在 2015 年 同为 2015 年	建筑节能标准，1999 年修订后，至今未作修订；节能法修订周期不定
标准校验		能源部进行详细文字分析，并通过国家基础建筑模型进行计算，得到相对节能量	欧盟耗能计算的统一框架，各成员国上报具体制定及实施情况，欧盟委员会给出建议并发布各成员国实施情况	主管部门和编写组校验，修订及使用者提供建议			
采纳及执行情况	住建部批准后半年前后，在标准覆盖的范围内，强制执行	需地方政府（州）通过立法或相关行政手续进行采纳，然后再执行，通常这一周期需要 2 年或更长时间	理论上各义务采纳欧盟的指令，一般给给 4 年左右但实际的缓冲时间，但实际上也并非所有成员国都实施	由于建筑节能相关要求为英国《建筑条例》的一部分，故强制执行。颁布日由各政府规定强制执行时间	EnEV 标准是德国联邦强制执行的最低标准。颁布之后的 6 个月开始实施	由于建筑节能相关要求为丹麦《建筑条例》的一部分，故强制执行	自愿执行
监督验收检测情况	监理、政府抽查，《建筑能耗施工质量验收规范》、《居住建筑节能检测标准》、《公共建筑节能检测标准》	文件检查、现场检查	仅发布各成员国实施报告	完善的诚信制度，政府授权的监督机构共同保证标准的实施	文件检查	文件检查 能效标识	文件检查

结论：各国建筑节能标准管理及技术体系完备，执行机构具备执行能力，但各国建筑节能标准执行、实施、监管措施不同，我国标准执行保障制度较为完善。

各国建筑节能标准均为政府主导管理，由科研院所和行业协会组织科研院所、高等院校、设计单位、政府管理人员、建筑建造运行人员、建筑设备生产商和相关组织等所有利益相关方共同参与编写修订。由于国情不同，各个国家的建筑节能标准体系也有一些差异，在设计、施工验收、检测等环节，其设置的标准并不完全相同。除我国有完备的设计、施工验收、检测、标识的建筑节能标准体系外，其他发达国家均为节能设计标准体系完备，部分国家有强制的建筑能效标识制度和配套标准，除我国外的其他国家都没有建筑节能专项施工验收和检测等标准。

建筑节能标准管理机构负责确定建筑节能标准提升目标、为标准编制及相关活动提供资金支持、协调中央与地方间（联邦与各州）的差异；建筑节能标准技术团队负责具体技术先进性和适用性判断，国家级建筑模型建造与维护，标准的编制、修订、验证、统一和协调，技术咨询、宣传培训推广等工作。与发达国家相比，我国建筑节能标准的基础性研究还相对薄弱，母规范和地方规范互动性有待提高。

综合来看，我国标准通过施工图审查、监理、施工验收等多种制度进行保障，执行效果好，执行率较高。在标准执行方面，如美国，由能源部委托 ASHRAE 编制的标准还需要经过各州级政府的确认或修订（根据地方情况），才会实施执行，而在州级政府确认的过程中，联邦政府还需要给予大量的财政及技术支持，以推动其达到节能目标，从而真正实现节能效果，其实施时间长、实施成本高。如日本，其节能标准要求施工单位提交节能实施报告，由相关部门对报告进行审核备案，但并不进行现场检查，也没有强制的后评估。

随着我国节能减排工作的不断推进，建筑节能标准还将继续修订完善，随着建筑节能技术不断提高、建筑节能资金不断增加，建筑节能队伍不断扩大，标准的执行率和执行质量也会进一步提高。

10.3　中外建筑节能标准编制原则、目标设定、主要内容及重点参数

见表 10-3～表 10-5。

结论：我国建筑节能标准体系、方法、标准内容框架借鉴了国外发达国家，符合我国气候条件、经济发展水平和标准化体系，我国标准与发达国家的差距在逐步缩小。各国建筑节能设计标准目标设定、主要内容及重点参数存在一定差异，我国标准内容设置比发达国家少，目前还不包括照明系统等，围护结构和暖通空调系统的性能指标要求比发达国家偏低。

对于建筑节能设计标准的节能目标设定，除德国采取绝对值法（供暖能耗指标）外，其他国家均通过建筑能耗计算，采取前后版本的相对节能比例对新版本的节能标准进行目标设定。无论是绝对值法还是相对值法，相关国家都通过对建筑使用阶段的相关参数进行标准化，然后对典型建筑（群）能耗进行计算，来比较前后版本节能标准的节能性，这种方法也可用于比较同一建筑不同能源系统设计方案的节能性能。建筑节能标准节能性能比对和建筑能源系统设计方案比较都需要建筑使用模式进行约定，对于发达国家，此约定通常与实际运行状况接近，从而使设计阶段计算出的能耗与实际运行能耗偏差不大，但我国目前

中外建筑节能标准编制原则及目标设定比对表

表 10-3

	中国	美国	英国	德国	丹麦	日本
编制原则和建筑类型细划	先北后南，先居住后公建，先新建后改造	居住建筑和公共建筑各一本标准，气候区划分相同，覆盖全国	PART L 1A 新建居住建筑；PART L 1B 既有居住建筑；PART L 2A 新建公共建筑；PART L2B 既有公共建筑	新建建筑细划为居住建筑和公共建筑，既有建筑按不同室温要求进行细划	新建筑划分为居住建筑、公共建筑、既有建筑不再细划	分居住建筑和公共建筑
节能目标设定	以中国 20 世纪 80 年代的典型建筑能耗计算值作为基准，建筑能耗逐步降低 30%、50%、65%	由 DOE 进行设定，如要求ASHRAE 90.1—2010 比 2004 节能 30%，ASHRAE 90.1—2013 比 2004 节能 40%；《IECC 2012》比《IECC 2006》节能 30%；《IECC 2015》比《IECC 2006》节能 50%	2010 版建筑条例比2006 版节能 25%，比2002 版节能 40%；2013版建筑条例比 2006 版节能 44%，比 2002 版节能 55%。2016 年实现新建居住建筑零碳排放，2019 年实现新建公共建筑零碳排放	从 1977 版标准年供暖能耗指标限值 200kWh/m² 逐步将为现在的 50kWh/m²，未来准备进一步下降至 15kWh/m² 以内	2010 版建筑条例比2008 年建筑条例节能 25%	无确切目标。但通过各个版本的对比分析得出：现行1999 年公建标准比1980 年以前建筑节能 25%，居住建筑比1980 年前建筑节能约 61%
指标细化	分别对围护结构、暖通系统进行要求（公共建筑对照明节能进行要求，但节能标准对照明无要求，但节能量中包括照明部分）	围护结构、暖通空调系统及设备、照明	围护结构、暖通空调系统及设备、生活热水系统、照明系统	围护结构、暖通空调系统及设备、生活热水系统	围护结构、暖通空调系统及设备、照明系统、生活热水系统	围护结构、暖通空调系统及设备、机械通风系统、照明系统、卫生热水系统、电梯系统

续表

	中国	美国	英国	德国	丹麦	日本
节能目标计算方法	典型模型建筑式全年供暖空调和照明能耗计算	通过15个气候区各16个基础建筑模型，对前后两个版本进行480次计算，再根据不同类型建筑面积进行加权，得出是否满足节能目标	通过不断降低建筑碳排放限值来计算。如2010版建筑碳排放目标标限值是在2006版同类型建筑碳排放目标限值基础上直接乘以1与预期节能率的差值	以供暖能耗限值为节能目标。不同版本的EnEV不断更新对供暖能耗限值要求	根据建筑面积和建筑总成本合计计算。2010版行中低能耗建筑的相关要求建筑成为2015版新建建筑的最低要求值。 2010版年能耗建筑限值计算公式： 居住建筑，$52.5 + 1650/A \text{ kWh/m}^2$； 非居住建筑，$71.3 + 1650/A \text{ kWh/m}^2$ 2015版的年能耗限值为： 居住建筑，$30 + 1000/A \text{ kWh/m}^2$； 非居住建筑，$41 + 1000/A \text{ kWh/m}^2$	基准值的计算以典型的样板住户为对象进行。计算方法由下属于国土交通省的下部门专家委员会讨论、决定，解读和资料在网站上公开
节能性能判定方法	规定性方法＋权衡判断法＋参照建筑法	规定性方法＋权衡判断法＋能源账单法	规定性方法＋整体能效法	规定性方法＋参考建筑法	规定性方法＋能耗限额法	规定性方法（数值基准）＋具体行动措施

中外建筑节能设计标准覆盖范围比对

表 10-4

标准	中国				美国		英国	德国	丹麦		日本	
	《公共建筑设计标准》	《严寒寒冷地区居住建筑设计标准》	《夏热冬冷地区居住建筑节能设计标准》	《夏热冬暖地区居住建筑设计标准》	ASHARE90.1	IECC	UK Building Regulation	EnEV	DEN Buildingtion	CCREUB (2009)	DCGREUH (1999)	CCREUH (1999)
	公共建筑	居住建筑	居住建筑	居住建筑	公共建筑及高层居住建筑	低层居住建筑	全部	全部	全部	公共建筑	居住建筑	居住建筑
管理和执行	×	×	×	×	√	√	×	×	×	×	×	×
围护结构	√	√	√	√	√	√	√	√	√	√	√	√
暖通空调系统	√	√	√	√	√	√	√	√	√	√	√	√
热水供应和泵设计	×	×	×	×	√	√	√	√	√	√	×	×
照明设计	√（在独立的规范里）	√（在独立的规范里）	×	×	√	√	√	×	√	√	×	×
电力设计	×	×	×	×	×	×	√	×	√	×	×	×
建筑性能衡判断	√	√	√	√	√	×	√	√	√	√	×	×
可再生能源	×	×	×	×	×	×	√	√	√	√	×	×
建筑维护	×	×	×	×	×	×	√	√	√	√	√	√

中外建筑节能标准主要参数比对表

表 10-5

参数	中国 居住建筑（严寒、寒冷、夏热冬冷、冬暖、热冬暖）	中国 公共建筑（严寒、寒冷、夏热冬冷、冬暖、热冬暖）	美国 ASHRAE90.1（三层以上居住建筑）	美国 ASHRAE90.1（公共建筑）	英国 UK Building Regulation（新建居住建筑）	英国 UK Building Regulation（改造居住建筑）❹	英国 UK Building Regulation（新建公共建筑）	英国 UK Building Regulation（改造公共建筑）	德国 EnEV（新建居住建筑）	德国 EnEV（新建公共建筑）	德国 EnEV（既有建筑改造）	丹麦 DEN Building Regulation	日本 DCGREUH-《居住建筑节能设计和施工导则》分区 I II III IV V VI
墙体传热系数	0.45、0.6、0.8、1.0、0.7	0.5、0.6、0.8、1.0、1.5	0.40、0.45、0.59、0.7	0.40、0.51、0.70、0.85	0.30	0.28 / 0.7/0.3	0.35	0.28 / 0.7/0.3	0.28	0.28	0.24	0.25	0.39、0.49、0.75、0.75、1.59
屋顶传热系数	0.3、0.45、0.8、0.7、0.5	0.45、0.55、0.7、0.9	0.27、0.27、0.27、0.27	0.27、0.27、0.27、0.27	0.20	0.18❺ / 0.35/0.18	0.25	0.18 / 0.35/0.18	0.20	0.20	0.24	0.15	0.27、0.35、0.37、0.37、0.37
窗户传热系数	1.9、2.5、3.2、—	2.6、2.7、3.0、3.5	2.56、3.12、3.69、4.26	2.56、3.12、3.69、4.26	2.0	—	2.2	—	1.3	1.3	1.3	1.5	2.33、2.33、3.49、4.65、4.65、6.51
冷水机组效率	—	4.95、4.95、5.49	—	5.20、4.60、5.10	—	—	—	—	—	—	—	—	
可再生能源	无强制规定	无强制规定	—		定性规定				规定居住建筑计算一次能耗时可再生能源比例（另外，德国《可再生能源供暖法》规定了新建建筑应用可再生能源的义务，各新能源的最低要求和不履行义务的处罚措施）			定性规定	无要求

注：
❶ 英国新建建筑虽采用整体能效法，但仍对构件有最低要求。本表所列新建数据对应其构件最低要求。本表所列既有建筑采用参考建筑法，本表所列数据为参考构件的要求。下为更新构件的要求。

❷ 德国新建建筑采用参考建筑法，本表所列数据采用新建数据取值，且对应房间采暖温度≥19℃的情况。

❸ 丹麦新建建筑（仅采用能耗限额法），对围护结构无具体参数要求。本表所列数据对应其既有建筑改造的要求。

❹ 前一数据为传热系数限值，后一数据为更新面积超过单独构件总面积的 50% 或总围护结构面积的 25% 时，更新数据对应墙内保温或外保温，楼板温坡屋顶情况。所列数值对应墙内保温或外保温，楼板温坡屋顶情况。多为 1.8，详见表 8-6。

❺ 对应不同的保温情况，有不同的要求，多为 1.8，详见表 8-6。

还处于经济快速发展和人民生活水平迅速提高的阶段，如果采用目前人民对室内环境的要求和使用模式作为我国建筑节能设计标准的基础约定，则无法满足未来我国人民对室内环境舒适度提升的进一步需求。目前国内的一些观点认为可以不考虑建筑用户的实际需求而对建筑的使用模式进行控制，从而达到节能的目的，这种观点是不切实际而且无法实现的。而且，通常情况，由于在建筑实际使用过程中的人为影响和控制策略选择与设计阶段假定的都存在一定差异，不会采用建筑实际运行能耗来评价建筑设计方案的节能性能，这也是为什么很多国家都对建筑能效认证采用设计阶段和运行阶段分别进行标识。目前我国建筑节能设计标准还处于规定性方法与围护结构权衡判断阶段，与目前一些国家已经推广的建筑全寿命周期能耗判断相比，还处于建筑节能标准的中级阶段。

各国标准的覆盖范围均涵盖居住建筑和公共建筑、新建建筑和既有建筑改造。建筑节能设计标准是建筑节能标准体系的核心，最主要包括围护结构、暖通空调系统两部分，在围护结构细分和暖通空调系统及设备的细化要求上，我国较其他国家还有一定差距。不同国家的设计标准，还分别包括热水供应系统、照明系统、可再生能源系统、建筑维护等内容，我国建筑节能标准没有包括这些内容，这些内容由其他标准进行规定。

建筑节能标准中的具体参数用于指导建筑的围护结构设计和能源系统的优化选择，相关设计参数是在综合考虑了技术发展、产业规模、市场认可度、经济回收期等因素选定，具有普适性，从而对在国家层面降低建筑能耗、促进产业发展、提升就业率起到最重要的决定性作用。在国外建筑节能目标提升中，大部分是通过提升建筑围护结构和暖通系统、照明系统、热水供应系统的性能实现，最近一些国家也通过加强可再生能源使用比例来达到建筑节能的目的。我国在墙体、屋顶、窗户的传热系数和冷水机组等建筑设备的效率要求方面，比欧美略低，且国家级建筑节能标准在可再生能源使用方面无强制要求，一些省级标准有初步要求。

10.4　中外建筑标准的扩展和延伸情况

见表 10-6。

结论 1：以建筑节能标准为基础，各国均通过建筑能效标识、绿色建筑认证、更高级别的建筑节能设计导则、零能耗建筑示范推广、建筑物碳排放计算等相关工作加强建筑节能工作的扩展和延伸。

建筑能效标识和绿色建筑认证。如美国 LEED 绿色建筑认证标准每次修订都是在 ASHRAE 发布相关建筑节能标准之后，以 ASHRAE 标准中最新参数计算出的建筑能耗作为基准能耗，从而判断待认证建筑的节能性能；德国、英国的能效标识也是如此。

更高级别的建筑节能设计导则。除了对建筑节能设计标准不断进行修订，提高要求外，发达国家还颁布比现行节能设计标准节能 30%或 50%的"更高级别的建筑节能设计导则"（更低能耗的建筑节能设计导则）等技术出版物，此类导则既可用于对政府投资的建筑进行更高节能性能的强制性要求，也可引领建筑行业在降低能耗方面进行不断探索，同时还为更高级别节能标准的颁布进行了铺垫。而且，此类"更高级别的建筑节能设计导则"对建筑物设计的指导更为具体，如美国的所有公共建筑节能设计都必须参照《ASHARE90.1》标准，但针对办公楼、医院、学校、商场，如需按照"更高级别"进行

表10-6

建筑节能标准的扩展和延伸情况比对表

扩展及延伸	中国	美国	英国	德国	丹麦	日本
建筑节能标准与建筑能效标识	能效标识以节能标准为基础,在大型公共建筑和政府办公建筑中强制执行,其他建筑自愿执行	无强制建筑能效标识,如"能源之星"等,均以ASHRAE90.1节能标准作为比对基础	强制要求能效标识,并对其内容、管理制度、出具人资质、展示要求等有具体的规定	强制要求能效标识,并对其内容、管理制度、出具人资质、展示要求等有具体的规定	强制要求能效标识,并对其内容、管理制度、出具人资质、展示要求等有具体的规定	CASBEE标识
建筑节能标准与绿色建筑	绿色建筑中的建筑节能部分以建筑节能标准为基础,对其进行采信,但能效标识执行标准与绿色建筑标准衔接不紧密	LEED绿色建筑认证中的能耗加分部分,以最新版本的ASHARE90.1标准为基础,伴随ASHARE90.1标准进行更新完善	现行BREEAM与UK Building Regulation 2006版的能耗计算方法一致	现行绿色建筑评体系DGNB中儿个指标的计算以EnEV2007的数据和计算为基础	丹麦比较重视能效标识,很多都是强制性要求。而现行绿色建筑评估体系DEAT为2002版,与现行建筑条例2010版无明显关联	2003年7月,日本"可持续建筑协会"创立绿色建筑物环境综合性能评价系统CASBEE
更高级别节能标准(导则)	一些省级标准比国家级标准节能级别更高	2004年能源部和ASHRAE联合发布的《小型办公室先进节能设计导则》[Advanced Energy Design Guide (AEDG) for Small Offices]。在此之后,能源部和ASHRAE相继编写了比《ASHRAE 90.1-2004》节能30%的用于商店、库房、K-12学校、小型医院和医疗设施扩设施的标准。2011年5月,ASHRAE还发布了以目标50%为目标的《中小型办公建筑节能设计导则》		—	DEN Building Regulation节能一章中有专门的低能耗建筑的能耗要求	
零能耗建筑	—	在2025~2030年,使零能耗建筑在技术经济上可行	英国政府2006年12月制定了新的行动计划。目标是到2016年所有的新建居住建筑实现零碳排放;2019年实现新建公共建筑零碳排放	到2018年政府机构的新建建筑为近零能耗建筑,到2020年所有新建建筑为近零能耗建筑	2020版丹麦建筑条例中将修定义近零能耗建筑的能耗级别。同时,欧盟各成员国要求政府机构的新建建筑,到2018年近零能耗建筑,到2020年所有新建建筑为近零能耗建筑	日本也出台相关零能耗建筑发展路线图,要求居住建筑在2020年达到零能耗建筑,而公共建筑到2030年达到零能耗的目标

建筑节能设计，则可以参照专项的"导则"，到目前为止，ASHARE 已经发布了 6 本专项节能 30％的"导则"和 2 本专项节能 50％的"导则"。我国现行国家建筑节能标准体系中无此类导则，但一些省级标准比国家标准高。

零能耗建筑。最近几年，随着气候变化的议题逐渐深入人心，不断降低建筑能耗，在未来（2020～2030～2050 年）使建筑能耗（碳排放）趋向于零也得到了各国政府格外的重视。如欧盟提出到 2020 年，使其所有新建建筑达到"近零能耗"，并每年完成 3％的既有建筑改造使其"近零能耗"；美国能源部要求 ASHRAE 将其下一步编制的 2013 版建筑节能标准较 2004 版提升节能性能 50％，在 2025～2030 年，使"零能耗建筑"在技术经济上可行；日本提出到 2020 年前，实现新建居住建筑节能设计达到零能耗，2030 年前，实现所有新建建筑物的零能耗，到 2050 年，实现既有居住建筑和公共建筑达到零能耗。我国目前尚没有类似的技术路线图和发展目标。

建筑物碳排放计算。随着国际社会对碳排放的重视程度不断加大，以及碳排放概念的逐渐清晰，碳排放量作为一种可量化、可交易的指标，已使低碳建筑突显出其相对绿色建筑的优势。全球发达国家，如英国，已将建筑碳排放计算列入其建筑节能标准，并明确设计建筑的碳排放不能超过其参照建筑的碳排放（碳排放限额）。我国在此领域的工作才刚刚起步，目前一些科研机构已着手研究建筑碳排放通用计算方法，但只有将碳排放量明确纳入到我国建筑节能标准体系的指标中，才能真正意义上推动我国建筑领域为整个社会碳减排目标做出重要贡献。

结论 2：目前，全球各主要发达国家都提出了低能耗建筑、近零能耗建筑的发展目标，也提出了完成此目标的建筑节能标准的修订日程表及技术路径。可以看出，我国建筑节能标准还存在着继续提升、完善的空间，节能标准的提升对建筑节能工作的贡献还会继续增加。

10.5　对我国建筑节能标准下一步发展建议

建议 1：明确下一步建筑节能标准的提升目标。对比国际做法，我国下一步节能标准提升时，可适当弱化以 20 世纪 80 年代的基准建筑作为比较基准的节能目标，而是将新旧版本标准之间的相对节能量作为新版标准的制定目标。

建议 2：制定建筑节能标准中长期制修订规划。目前，全球各国建筑节能标准均通过不断修订进行节能性能提升，一些国家对建筑物迈向更低能耗提出发展目标，相关的技术路线图也不断地被讨论。我国建筑体量大，建筑节能标准提升影响范围广，如何通过对城镇建筑和农村建筑、居住建筑和公共建筑、新建建筑和既有建筑改造等进行分别要求，明确建筑节能标准的提升路径，从而分阶段、分地区的实现我国建筑节能总体目标，对我国建设业、建筑节能产业、可再生能源建筑应用行业产业升级进行指导，是需要考虑的。

建议 3：建立"更高级别的节能设计导则"体系。建立"更高级别的节能设计导则"体系，为更高级别的标准出台做好铺垫，引导行业发展。"更高级别的节能设计导则"属于引导性技术措施，可以在更高要求的节能标准出台前，为行业做预热准备，降低新标准出台的难度和执行成本，也可以用于对特定建筑（如政府投资建筑）进行更高级别的具体要求。

建议 4：建立长期稳定的建筑节能标准队伍。目前，我国建筑节能设计标准的执行率已经接近 100%，建筑物的节能设计已经与建筑设计、结构、给排水、电气、暖通等专业设计一样，成为建筑设计必不可少的一部分，对我国建筑节能工作的影响力最大。我国应建立长期稳定的建筑节能标准队伍，负责明确标准发展目标、制定标准发展中长期规划、支持编制"更高级别节能标准"、协调建筑节能标准和其他设计标准的关系、协调国家级标准与地方标准关系、协调建筑节能标准与能效标识、绿色建筑以及其他建筑节能相关工作、宣传推广培训等工作；加强建筑节能标准的基础性研究工作，包括具体建筑节能技术先进性和适用性判断、用于建筑节能水平性能判定的不同地区不同类型的基准建筑模型的定义与维护、建筑节能标准的技术咨询、增强国家级标准和地方省级规范的互动性、研究中国建筑物碳排放计算方法、推动被动式建筑、零能耗建筑、节能（低碳）社区等相关工作。

建议 5：增加建筑节能标准内容，提升相关参数设置要求。在建筑节能设计标准具体内容中，进一步提升围护结构和暖通空调系统的要求，对建筑围护结构进行更详细的划分，增加建筑设备及系统的要求覆盖范围；逐步协调照明系统、可再生能源系统、被动式建筑（系统）等内容，尝试将与建筑节能相关的所有内容编制为一本标准。

关于建筑室内参数的设定，一般情况归属建筑室内参数要求标准或暖通空调设计规范等标准进行要求。室内设计参数通常在标准要求范围内由项目业主方和设计人员共同确定，需综合考虑卫生、健康、舒适、节能等多种因素，而非只考虑节能。建筑节能标准中给出的相关参数应说明主要用于建筑能耗计算比较和系统方案分析。

建议 6：更加科学地细分气候区，增强不同气候区建筑节能标准的适宜性。居住建筑：对于严寒寒冷地区的建筑节能标准应通过围护结构和供暖系统效率的进一步提升，达到实际节能效果；对于夏热冬冷地区的建筑，强调在满足室内空气品质要求的前提下，通过被动式手段减少一次能源消耗，通过加强可再生能源使用，使其迈向零能耗建筑；对于夏热冬暖地区建筑，改善夏季室内环境和空气品质，提高供冷系统的效率。公共建筑：由于公共建筑形式多样，受室外气候影响比居住建筑小，应加大对各种类型公共建筑的细化规定，完善对公共建筑中常用的建筑能源系统的计算、比对、判断方法。

建议 7：适当调整建筑能耗计算基准工况。根据我国国情和人民工作生活未来情景发展的预测，适当调整建筑能耗计算的边界条件，用于建筑能耗计算。

建议 8：增强建筑节能标准、建筑能效标识、绿色建筑评价标准等标准之间的关联度，以建筑节能设计标准的相关参数规定作为建筑设计标识的能耗计算基础，以能效标识标准作为绿色建筑评价的节能部分的基础，在标准更新、修订方面加强协调。

附录 1 英文缩写对照表

1. AEDG：Advanced Energy Design Guide，更节能设计导则

2. AERG：Advanced Energy Retrofit Guide，先进节能改造导则

3. AGC：Associated General Contractors of American，美国承包商联合会

4. AIA：American Institute of Architects，美国建筑师学会

5. ANSI：American National Standards Institute，美国国家标准学会

6. ARI：the Air Conditioning and Refrigeration Institute，美国空调制冷协会

7. ASHRAE：American Society of Heating, Refrigerating and Air-Conditioning Engineers，美国供暖、制冷与空调工程师学会

8. ASME：American Society of Mechanical Engineers，美国机械工程师协会

9. ASTM：American Society of Testing and Materials，美国检测和材料学会

10. BECP：The Building Energy Codes Program，建筑节能标准项目

11. BEPS：Building Energy Performance Standards，建筑能效规范

12. BER：Energy Efficiency Ratio，能效性能系数

13. BOCA：Building Officials Council of America，美国建筑官员会

14. BSI：Britain Standard Institute，英国标准化协会

15. BTP：Buildings Technologies Program，建筑技术项目

16. CABO：Council of American Building Officials，美国建筑管理官员协会

17. CASBEE：the Comprehensive Assessment System for Building Environmental Efficiency，建筑物综合环境性能评价体系

18. CCI：Clinton Climate Initiative，克林顿气候倡议

19. CCREUB：The Criteria for Clients on the Rationalization of Energy Use for Buildings，（日本）公共建筑节能设计标准

20. CCREUH：Criteria for Clients on the Rationalization of Energy Use for Houses，（日本）居住建筑节能设计标准

21. CDD：Cooling Degree Day，供冷度日数

22. CEC：Coefficient for Energy Consumption，综合能耗系数

23. CEN：Comité Européen de Normalisation，欧洲标准化委员会

24. CEN-ELEC：Comitéeuropéen de Normalisation Eléctrotecnique，欧洲电工标准化委员会

25. CFR：Code of Federal Regulation，联邦法规

26. CIBSE：Chartered Institution of Building Services Engineers，英国皇家屋宇设备工程师学会

27. CLASP：Collaborative Labeling and Appliance Standards Program，器具标准及标识合作计划

28. CLG：Department for Communities and Local Government，地方社区与政府发展部

29. COP3：Conference of the parties，第三次缔约方大会

30. DCGREUH：Design and Construction Guidelines on the Rationalization of Energy Use for Houses，（日本）居住建筑节能设计和施工导则

31. DECC：Department of Energy and Climate Change，能源与气候变化部

32. DER：the Dwelling Emission Rate，居住建筑碳排放

33. DIN：Deutsches Institut für Normung，德国标准化学会

34. DNA：Deutscher Normenausschuss，德国标准委员会

35. DOE：Department of Energy，美国能源部

36. ECCJ：Energy Conservation Center Japan，日本节能中心

37. EEC：European Economic Community，欧洲经济共同体

38. EERE：Energy Efficiency and Renewable Energy，节能与可再生能源司

39. EnEV：Verordnung über energiesparenden Wärmeschutz und energiesparen de Anlagentechnik bei Gebäuden，建筑节能条例

40. ENR：Bureau of Energy Resources，能源与资源局（美国国务院下属）

41. EPBD：Energy Performance of Buildings，建筑能效指令

42. ETSI：European Telecommunications Sdandards Institute，欧洲电信标准化组织

43. FEMP：Federal Energy Management Program，联邦节能管理项目

44. FiTs：Feed-in Tariffs，固定电价制度

45. FSEC：Florida Solar Energy Lenter，佛罗里达太阳能研究中心

46. GHLC：the Governmental Housing Loan Corporation，政府住房贷款公司

47. HDD：Heating Degree Day，供暖度日数

48. HVAC：Heating Ventilation and Air Conditioning，暖通空调

49. IALD：International Association of Lighting Designers，国际照明设计协会

50. IBEC：Institute for Building Environment and Energy Conservation，建筑环境与节能研究院

51. ICBO：International Council of Building Officials，国际建筑官员会

52. ICC：International Code Council，国际标准理事会

53. IEA：International Energy Agency，国际能源署

54. IECC：International Energy Conservation Code，国际节能标准

55. IESNA：Illuminating Engineering Society of North America，北美照明工程师学会

56. IgCC：International Green Construction Code，国际绿色建筑标准

57. IRC：International Residential Code，国际居住建筑标准

58. ISO：International Standards Organization，国际标准化组织

59. JaGBC：the Japan Green Building Council，日本绿色建筑协会

60. JIS：Japanese Industrial Standards，日本工业标准

61. JSBC：the Japan Sustainable Building Consortium，日本可持续发展建筑协会

62. LBNL：Lawrence Berkeley National Laboratory，美国劳伦斯伯克利国家实验室

63. LEED：Leadership in Energy and Environmental Design，绿色能源与环境设计先锋奖

64. MEC：Model Energy Code，基础节能标准

65. METI：Ministry of Economy, Trade and Industry，经济贸易产业省

66. MIAC：Ministry of Internal Affairs and Communications，日本总务省

67. MLIT：Ministry of Land Infrastructure and Transport，国土交通省

68. NAHB：National Association of Homebuilders，国家建造商协会

69. NASEO：National Association of State Energy Offices，国家能源办公室联合会

70. NASFM：National Association of State Fire Marshals，国家防火联合会

71. NBI：New Buildings Institute，新建筑研究院

72. NOAA：National Oceanic and Atmospheric Administration，国际居住建筑标准

73. NREL：National Renewable Energy Laboratory，国家可再生能源实验室

74. NZEB：Net-Zero Energy Building，净零能耗建筑

75. PAL：Perimeter Annual Load，围护结构性能系数

76. PAS：Publicly Available Specification，公共授权标准

77. PNNL：Pacific Northwest National Laboratory，西北太平洋国家实验室

78. PS：Private Standard，个体标准

79. SAP：Standard Assessment Procedure，（民用建筑）标准碳排放计算

80. SBCCI：Southern Building Codes Council International，南方国际建筑标准协会

81. SBEM：Simplified Building Energy Model，（公共建筑）标准碳排放计算

82. SBI：Danish Building Research Institute，丹麦建筑研究院

83. SHGC：Solar Heat Gain Coefficient，太阳得热系数

84. SSPC：Standing Standards Project Committee，编委会

85. TER：the Target Emission Rate，碳排放目标

86. USGBC：US Green Building Council，美国绿色建筑委员会

附录2 全球主要国家建筑节能标准

附表1

序号	国家或地区		现行标准				
	中文名称	英文名称	标准名称	适用建筑类型	编制基础	是否强制	执行时间
1	澳大利亚	Australia	Building Code of Australia	全部	本国标准	强制	2009-5-1
2	加拿大	Canada	Canada Model National Energy Code for Buildings	商业建筑	本国标准	强制	1997-1-1
			Canada Model National Code for Houses	居住建筑	本国标准	强制	1997-1-1
3	智利	Chile	Chile Residential Building Code Article 4.1.10	居住建筑	本国标准	强制	2007-1-1
4	中国	China	China National Energy Efficient Design Standard for Public Buildings	商业建筑	本国标准	强制	2005-1-1
			China Regional Energy Efficiency Codes for Residential Buildings	居住建筑	本国标准	强制	1995-1-1
5	丹麦	Denmark	Danish Building Regulation (BR-08)，Section 7	—	EU EPBD 2002	强制	2008-1-1
6	法国	France	France Thermal Building Regulations (RT 2005)	—	EU EPBD 2002	强制	2005-1-1
7	德国	Germany	Germany Energy Conservation Regulation for Buildings (EnEV 2009)	—	EU EPBD 2002	强制	2009-10-1
8	印度	India	India Energy Conservation Building Code	商业建筑	ASHRAE 90.1-2004	非强制	2007-1-1
			India National Building Code	—	本国标准	强制	2005-1-1
9	印度尼西亚	Indonesia	Indonesia Commerical Building Energy Code	商业建筑	本国标准	非强制	1992-1-1
			Indonesia Seismic Resistance Design Standard for Buildings	—	本国标准	强制	2002-1-1
10	爱尔兰	Ireland	Ireland Technical Guidance Document，PART L	—	EU EPBD 2002	强制	2008-1-1
11	以色列	Israel	Israel Insulation Standard for Building，IS-1045	—	本国标准	强制	2000-1-1
			Israel Energy Rating of Building，IS-5282	—	本国标准	非强制	2005-1-1

序号	国家或地区		现行标准				
	中文名称	英文名称	标准名称	适用建筑类型	编制基础	是否强制	执行时间
12	意大利	Italy	Italy Regulation to Control Thermal Energy Consumption（D. Lgs. 192/05）	—	EU EPBD 2002	强制	2006-1-1
13	日本	Japan	Japan Criteria for Clients on the Rationalization of Energy Use for Buildings	商业建筑、公共建筑	本国标准	强制	1999-1-1
			Japan Criteria for Clients on the Rationalization of Energy Use for Houses	居住建筑	本国标准	强制	1999-1-1
			Japan Design and Construction Guidelines on the Rationaliztion of Energy Use for Houses	居住建筑	本国标准	强制	1999-1-1
14	约旦	Jordan	Jordan Energy Efficient Building Code	—	ASHRAE 90. 1-2007	非强制	—
15	韩国	South Korea	Korea Building Design Criteria for Saving Energy	—	本国标准	强制	2008-1-1
16	马来西亚	Malaysia	Malaysia Guidelines for Energy Efficiency in Buildings	—	本国标准	非强制	1989-1-1
17	墨西哥	Mexico	Mexico Thermal Insulation Standard，NOM-018-ENER-1997	商业建筑	本国标准	强制	1997-1-1
			Mexico Building Envelope Standard，NOM-008-ENER-2001	商业建筑	本国标准	强制	2001-4-25
			Mexico Lighting Systems Standard，NOM-007-ENER-2004	商业建筑	本国标准	强制	2004-1-1
18	荷兰	Netherlands	Netherlands Energy Performance Standard	—	EU EPBD 2002	强制	2008-1-1
19	新西兰	New Zealand	New Zealand Building Code，Clause H1	—	本国标准	强制	2007-11-1
20	巴布亚新几内亚	Papua New Guinea	—	—	—	—	—
21	秘鲁	Peru	Peru National Building Regulations	—	本国标准	强制	2006-1-1
22	菲律宾	Philippines	Philippines National Building Code	—	本国标准	强制	2005-1-1
23	葡萄牙	Portugal	Portugal Thermal Energy Regulations	—	EU EPBD 2002	强制	2009-1-1

续表

序号	国家或地区		现行标准				
	中文名称	英文名称	标准名称	适用建筑类型	编制基础	是否强制	执行时间
24	俄罗斯	Russia	Russia Thermal Performance of Buildings (SNiP 23-02-2003)	—	本国标准	强制	2003-10-1
			Russia Multifamily Residential Buildings Code (SniP 31-01-2003)	—	本国标准	强制	2003-1-1
25	新加坡	Singapore	Singapore Code on Environmental Sustainability of Buildings	—	本国标准	强制	2008-4-1
26	西班牙	Spain	Spain Building Technical Code (CTE)，Document HE	—	EU EPBD 2002	强制	2002-1-1
27	泰国	Thailand	Thailand Commercial Energy Code	商业建筑	本国标准	强制	1995-1-1
28	乌克兰	Ukraine	Ukraine Thermal Protection of Buildings (DBNV-31：2006)	—	本国标准	强制	2007-1-1
29	英国	United Kingdom	United Kingdom Building Regulations，PART L	—	EU EPBD 2002	强制	2006-4-6
30	越南	Vietnam	Vietnam Energy Efficiency Commercial Code (40/2005/QD-BXD)	商业建筑	本国标准	强制	2005-1-1

附录3 参与比对的建筑节能标准

附表4

美国	ASHRAE90.1-2004、2007、2010	用于公共建筑(包括公共建筑和三层以上住宅)节能
	International Energy Conservation Code，IECC2003、2006、2009	用于居住建筑(三层及以下住宅)
欧盟	Directive 2002/91/EC of the European Parliament and of the Council of 16 December 2002 on the Energy Performance of Buildings	欧洲议会和理事会指令 2002/91/EC，建筑能效指令
	Directive 2010/31/EU of the European Parliament and of the Council of 19 May 2010 on the Energy Performance of Buildings	欧洲议会和理事会指令 2010/31/EU，新建筑能效指令
德国	Verordnung zur Änderung der Energieeinsparverordnung	建筑节能标准
英国	The Building Regulation（PART L1A Conservation of Fuel and Power in New Dwellings）	建筑条例(新建居住建筑节能部分)
	The Building Regulation（PART L1B Conservation of Fuel and Power in Existing Dwellings）	建筑条例(既有居住建筑节能部分)
	The Building Regulation（PART L2A Conservation of Fuel and Power in New Buildings Other Than Dwellings）	建筑条例(新建公用建筑节能部分)
	The Building Regulation（PART L2B Conservation of Fuel and Power in Existing Buildings Other Than Dwellings）	建筑条例(既有公用建筑节能部分)
丹麦	Building Regulations(7 Energy Consumption)	建筑条例(第七章 节能)
日本	Energy Conservation Law	日本节能体系基本法
	Criteria for Clients on the Rationalization of Energy Use for Buildings	公共建筑
	Criteria for Clients on the Rationalization of Energy Use for Houses	居住建筑
	Design and Construction Guidelines on the Rationalisation of Energy Use for Houses	居住建筑

附录4 欧盟建筑节能标准

附表5

序号	标准名称	标准号	标准内容
第一部分：计算建筑总体能耗的标准			
1	建筑能效——衡量建筑能效的方法和建筑能效标识	prEN 15217	定义以下内容： (1) 衡量总体建筑能效的指标，其中所指的建筑系统包括：供热、通风、空调、热水和照明系统。该标准包括几种不同的指标，且包含一种将这些指标标准化的方法 (2) 新建建筑设计或既有建筑改建的能效要求衡量方法 (3) 定义参考值和基准线的程序 (4) 设计能效标识方案
2	建筑能效——总体能源利用，一次能源和CO_2排放	prEN 15315	制定该标准的目的是给出建筑中使用的能源应包含在建筑能耗计算中(如供热、制冷、热水、照明等)，并给出把不同能源(如电、天然气、油、生物质能)转换成单一的指标(如一次能源、CO_2排放量)的基本计算方法 标准包括系统的定义(如建筑、设备、能源供应)；确定估算建筑每年所供应能量的方法；考虑再生能源的方法；评价每年供应能量转换成一次能源和CO_2排放量的规则；各能源转换成一次能源的计算参数
3	建筑能效——能耗评估和评级确定	prEN 15203	确定新建建筑和既有建筑设置能效要求的能耗范围，并提供： (1) 计算资产等级的方法，不依赖于居住者使用习惯、实际气象条件和其他实际(环境或输入)条件的标准能耗 (2) 基于输送能量评估运行等级的方法 (3) 通过与实际能耗计算改进建筑计算模型可信度的方法 (4) 评估其他改进措施能效的方法
4	标准经济评价过程所需数据(包括可再生能源)	prEN 15429	提供建筑中供热系统(包括生活热水和控制系统)经济评价的数据、计算方法和基本原则，其适用于各种建筑
第二部分：计算输送能耗的标准			
5	建筑供热系统——能量要求和系统能效的计算方法——第1部分：常用方法	prEN 15316—1	标准化计算系统能量要求的输入、输出和计算方法结构。能源性能可通过计算系统能效值或计算系统低效损失进行评估。计算方法是基于对供暖系统和家用热水系统以下方面的分析： ——含控制的放热系统能源性能； ——含控制的分布系统能源性能； ——含控制的存储系统能源性能； ——含控制的产能系统能源性能(如锅炉、太阳能电池板、热泵和热电联产)
6	建筑供热系统——能量要求和系统能效的计算方法——第2-1部分：供暖供热放热系统	prEN 15316-2—1	能源性能可通过计算放热系统性能因子或热对流系统低效损失进行评估。计算方法是基于对供暖放热系统以下方面的分析和控制： ——非均匀空间温度分布； ——嵌入建筑结构的放热系统； ——室内温度控制

序号	标准名称	标准号	标准内容
7	建筑供热系统——能量要求和系统能效的计算方法：	prEN 15316—4	提供计算系统效率、损失以及辅助能源的方法，由以下七部分组成：
	第4-1部分：供暖系统产热——燃烧系统		第4-1部分：锅炉
	第4-2部分：供暖系统产热——热泵系统		第4-2部分：热泵
	第4-3部分：太阳能热利用系统		第4-3部分：太阳能热利用系统
	第4-4部分：热电联产系统电力和热能的性能和质量		第4-4部分：（微型）热电联产系统
	第4-5部分：区域供热和大容积系统的性能和质量		第4-5部分：区域供热和大容积系统
	第4-6部分：其他可再生能源（热和电）系统		第4-6部分：光伏系统
	第4-7部分：供暖系统产热——生物质燃烧系统		第4-7部分：生物质燃烧系统
8	建筑供热系统——能量要求和系统能效的计算方法——第2-3部分：供暖系统分布	prEN 15316-2—3	提供计算/评估供热和辅助热源中水释放热量的计算方法，也包括可回收的热量和辅助能量需求的计算方法
9	建筑供热系统——能量要求和系统能效的计算方法：	prEN 15316—3	涵盖所有建筑类型的家用生活热水系统的能量要求计算，包括以下三个方面：
	第3-1部分：家用生活热水的需求特性（水流要求）		第3-1部分：需求特性（水流要求）
	第3-2部分：生活用热水分布系统		第3-2部分：分配系统
	第3-3部分：家用生活热水产生系统		第3-3部分：存储和产生
10	房间温度、负荷及建筑中应用房间空调系统的能量要求计算	prEN 15243	定义房间温度、显热负荷及能量要求、房间供暖供冷潜热负荷、建筑供暖供冷加湿除湿负荷、系统供暖供冷加湿除湿负荷的计算过程。给出常规的逐时计算方法和简化方法
11	嵌入式水表面供暖与制冷系统设计：	prEN 15377	居住建筑、商业建筑和工业建筑中嵌入式水表面供暖与制冷系统集成至墙、地板和顶棚机构无开放空气缝隙的应用，包括以下三个方面：
	第1部分：确定设计供暖制冷容量		第1部分：确定设计供暖制冷容量
	第2部分：设计、尺寸标注和安装		第2部分：设计、尺寸标注和安装
	第3部分：可再生能源使用的优化		第3部分：可再生能源使用的优化

续表

序号	标准名称	标准号	标准内容
12	建筑通风——商业建筑中由于通风和渗透造成能量损失的计算方法	prEN 15241	提供通风系统对建筑能源、供热制冷负荷计算的影响确定方法。目的是确定如何计算进入建筑的空气特性（温度、湿度）以及处理其所需的相关辅助电能要求
13	计算由于应用集成建筑自动化系统提高建筑能效的方法	prEN 15232	定义楼宇自动化控制系统和建筑技术系统及服务的标准建筑节能和优化运行的种类。总结计算/评估建筑供热、通风、制冷、热水和照明系统的能量要求以及应用楼宇自动化控制节能系统后建筑节能量及系统能效计算
14	建筑能源系统——照明能源要求	prEN 15193	指定照明系统能耗计算的方法，提供照明系统认证所需的数值指标，也提供了建筑总能耗中动态照明的能量要求的计算方法
第三部分：建筑冷热负荷计算标准			
15	建筑热工性能——室内供热能耗计算	EN ISO 13790	该标准给出了居住建筑和非居住建筑室内供暖系统年耗能量评估的简化计算方法
16	建筑能效——供暖、空调能耗计算（简化方法）	prEN ISO 13790	该标准给出了居住建筑和非居住建筑室内供暖及供冷系统年耗能量评估的简化计算方法
17	建筑的热工特性——给定房间的冷负荷计算——一般标准和计算步骤	prEN 15255	对于一个给定温度或有温度变化房间冷负荷的计算方法，规定其输入、输出量和所需的各项条件。计算中，要考虑系统最大负荷的限制条件。该标准没有强制使用某一种计算方法，只是在附录中给出一些方法的实例
18	建筑能效——供暖和空调的能耗计算——一般标准和计算步骤	prEN 15265	对于建筑或其中一部分的供暖、空调系统年能耗量的计算过程，详细给出了所需的前提条件和有效的检测方法
第四部分：其他相关标准			
4A 建筑部件的热工特性			
19	建筑热工特性——传输和通风的传热系数——计算方法	prEN ISO 13789	提供建筑或其某部分计算稳态传热和通风传热系数的计算方法
20	建筑构件热工特性——动态热特性——计算方法	prEN ISO 13786	确定建筑构件的热工特性参数，并给出参数值的计算方法
21	建筑构件和部件——热阻和热传递——计算方法	prEN ISO 6946	给出建筑构件热阻和热传递计算方法，门、窗、其他与地面传热相关的光滑部件以及发生空气渗透的构件除外
22	建筑热工特性——地面传热——计算方法	prEN ISO 13370	给出地面也包括楼地传热系数和热流量的计算方法
23	幕墙的热工特性——计算传热——简化方法	prEN 13947	给出光滑或不透明幕墙的传热参数的计算方法
24	窗、门和百叶窗的热工特性——计算传热——第1部分：常用方法	prEN ISO 10077—1	指定窗、门和百叶窗传热参数的计算方法
25	窗、门和百叶窗的热工特性——计算传热——第2部分：框架的数值解法	EN ISO 10077—2	指定窗、门和百叶窗传热参数的框架数值解法
26	建筑构造的热桥——热流和表面温度——详细计算	prEN ISO 10211	给出指定三维和二维模型对建筑热流和表面温度的热桥数值计算的影响。给出计算的几何边界条件、模型细分、热边界条件、热值以及使用的相关关系

续表

序号	标准名称	标准号	标准内容
27	建筑构造的热桥——线性传热——简化计算和默认值	prEN ISO 14683	给出发生在建筑构件连接处的通过线性热桥的热流量计算的简化方法。确定相关热桥种类和人工计算方法的要求。提供了线性传热的默认值
28	建筑材料和产品——温湿特性——申报和设计热值测定用列表设计值和程序	prEN ISO 10456	给出建筑材料和产品的温湿特性的申报和设计热值测定用列表设计值和程序
4B 通风和空气渗透			
29	建筑通风——居住建筑通风量(含渗透)的计算方法	EN 13465：2004	指定单一家庭建筑或面积接近 1000m² 的独立单元的空气流速计算方法。涵盖自然通风、机械排风和通风平衡系统。由于开窗引入的通风也考虑在内，但仅考虑单面通风(如穿堂风不考虑在内)
30	建筑通风——建筑通风量(含渗透)的计算方法	prEN 15242	给出建筑通风系统用于计算如能耗、供暖制冷负荷、夏季热舒适和室内空气质量用的空气流速的方法，可用于建筑机械通风、被动通风、复合通风、人工开窗自然通风以及夏季热舒适问题
31	非居住建筑通风——通风和房间空调系统相关参数要求	prEN 13779	给出了通风系统的能效要求。该标准适用于人员使用的非居住建筑通风系统和房间空调系统的设计，工业过程场合除外
4C 过热和遮阳			
32	建筑热工特性——夏季无空调系统的室内温度计算——一般标准和计算步骤	EN ISO 13791	指定基于逐时传热条件，温暖时期单一房间无供冷/供暖设备运行的室内温度计算步骤的假设条件、边界条件、方程和验证试验。该标准未指定具体的数值技术。标准包括验证试验
33	建筑热工特性——夏季无空调系统的室内温度计算——简单方法	EN ISO 13792	指定用于最高日运行温度、平均日运行温度及最低日运行温度的简化计算方法的输入参数，以确定房间的特性防止夏季供冷期房间供热或供冷设备是否必要。给出符合该标准计算方法的要求标准
34	结合玻璃窗的遮阳装置——太阳能和光线透射比计算的简单方法	EN 13363—1	基于热透过率、总玻璃窗太阳能透过率、透光率以及遮阳装置反射来估算结合玻璃窗的遮阳装置总传热。适用于所有类型的平行轴遮阳设施
35	结合玻璃窗的遮阳装置——太阳能和光线透射比计算的详细方法	prEN 13363—2	基于材料的谱传输数据，指定一种详细算法来确定由遮阳装置和玻璃窗组成的总太阳能透过量以及其他相关组合装置的太阳能运行数据
4D 室内环境和室外气候			
36	设计标准和室内环境	CR 1752：1999	指定通风和空调系统设计、试运行、运行和控制的室内环境质量的要求和表述方法
37	室内环境标准规定，包括热工、室内空气质量(通风)、照明和噪声	prEN 15251	指定影响室内环境参数的参数、如何确定建筑系统设计和能效计算用的室内环境输入参数。主要应用于非工业建筑

续表

序号	标准名称	标准号	标准内容
38	建筑温湿特性——气象参数的计算和表达——第一部分：单一气象条件的月、年平均值	EN ISO 15927—1	指定描述建筑热湿方面特性的月平均气象参数的计算方法和表达形式，涵盖空气温度、湿度、风速、降雨量、太阳辐射和长波辐射
39	建筑温湿特性——气象参数的计算和表达——第二部分：计算设计冷负荷的逐时数据	prEN 15927—2	给出用于计算设计冷负荷的数据气象参数的计算和表达
40	建筑温湿特性——气象参数的计算和表达——第三部分：由逐时风、雨数据形成的垂直表面暴雨指数的计算	prEN 15927—3	指定由逐时风、雨数据形成的垂直表面暴雨指数计算用的气象参数计算和表达，将地形、当地庇护、建筑类型和墙考虑进去
41	建筑温湿特性——气象参数的计算和表达——第四部分：评估供热制冷年耗能量的逐时数据	prEN 15927—4	评估供热制冷年耗能量的逐时气象参数的计算和表达
42	建筑温湿特性——气象参数的计算和表达——第五部分：计算供暖设计热负荷用数据	prEN 15927—5	计算供暖设计负荷用气象参数的计算和表达
43	建筑温湿特性——气象参数的计算和表达——第六部分：累计温度差（度日数）	prEN 15927—6	用于估算建筑供热能耗的累积温度差计算所需气象参数的计算和表达
4E 定义和术语			
44	绝热——物理性质和定义	EN ISO 7345	定义绝热物理特性，并给出相关负荷和单位
45	绝热——辐射传热——物理性质和定义	EN ISO 9288	定义辐射传热与绝热相关的物理特性和其他条件
46	绝热——材料的传热条件和参数术语表	EN ISO 9251	定义描述材料传热条件和属性的与绝热相关的条件
47	建筑通风——符号、术语和图表	EN 12792	CEN/TC 156 制定的关于建筑通风的欧盟标准的符号和术语
第五部分：监控和校核相关标准			
48	建筑通风——通风空调系统验收的检测步骤和测量方法	EN 12599：2000	制定交付使用时安装系统合适程度的检验方法和测量工具。提供了选择简单测试方法和广泛测试方法的机会 适用于 EN 12792 标准中指定的机械通风和空调系统，且由以下方面组成： ——空气终端设备和单元； ——空气处理单元； ——空气分布系统（供应、提取、排除）； ——消防设备； ——自控装置
49	建筑热工特性——建筑中空气渗透的确定：风压法	EN 13829	建筑或建筑元件中空气渗透量的测定。指定建筑或建筑元件机械增压或减压的使用。给出了测定室内外静压差范围内的空气流速的方法

序号	标准名称	标准号	标准内容
50	建筑热工特性——建筑中换气量的确定：示踪气体稀释法	EN ISO 12569	给出利用示踪气体稀释确定单一区域由天气条件或机械通风引入的换气量的描述。涵盖浓度衰减、连续注入和连续浓缩
51	建筑热工特性——建筑表面不规则热工的数值检验：红外线法	EN 13187：1999	通过温度记录仪的检测，为检测建筑围护结构的不规则热工制定一种定性的方法。这种方法用于初步识别各种不同的热特性，包括建筑外围护结构的气密性。其结果必须由受过该方面专业训练的技术人员解释和评估
52	建筑供热系统——检测锅炉和供热系统	prEN 15378	制定评估既有锅炉和供热系统能源性能的检测方法和运行方式。包括供热锅炉、生活热水；燃气、液体或固体燃料锅炉(包括生物质燃烧锅炉)，也包括热输配网，散热器以及供暖控制系统
53	建筑节能——检测通风系统的指导方针	prEN 15239	给出与能耗相关的机械通风和自然通风系统的检测方法。适用于所有建筑类型。目的是评估其对能耗的作用和影响。也包括系统改进的建议
54	建筑节能——检测空调系统的指导方针	prEN 15240	考虑能耗角度出发对建筑空调系统进行检测的一般方法。目的是评估能源性能、系统的合适尺寸，包括：原始尺寸和随后的修改设计一致，实际要求和当前状态；正确的系统运行；各种控制系统的功能及设置；各种组件的功能及设置；输入功率和最终的输出能量

附录 5 美国建筑节能标准考察学习报告

美国建筑节能标准学习工作组
二〇一二年八月

0　背景

在我国建筑节能工作中，标准规范一直发挥着极其重要的作用。自 20 世纪 80 年代我国第一本建筑节能标准颁布实施以来，其涉及范围逐渐涵盖设计、验收、检测等环节，标准体系日渐完善。

根据住房和城乡建设部《关于印发 2012 年工程建设标准规范制订、修订计划的通知》（建标〔2012〕5 号）的要求，国家标准《公共建筑节能设计标准》GB 50189—2005 的修订工作已于 2012 年 6 月启动。中国建筑科学研究院为主编单位。公共建筑节能工作在我国建筑业节能减排任务中发挥着重要作用。美国能源基金会高度关注本标准的修订及相关基础研究工作，策划了住房城乡建设部有关领导和国内部分建筑节能领域专家赴美国学习和交流活动，以便系统学习美国在建筑节能标准基础研究、标准的目标设置及标准的执行与管理等方面的成熟做法和先进经验。住房城乡建设部标准定额司专门委派标准规范处梁锋副处长参加。参加此次学习交流活动的还有同济大学和中国建筑科学研究院的有关专家。美国能源基金会中国可持续能源项目建筑节能项目主任莫争春博士全程陪同。

此次学习的内容安排如下：

赴美学习日程安排　　　　　　　　　　　　　　　　　　　表 1

时间	地点	学习内容
7 月 30 日	美国西北太平洋实验室马里兰大学园	美国建筑节能目标； 中国建筑能耗预测项目
7 月 31 日	美国能源部	美国建筑节能概况； 能源部推动建筑节能开展的方式； 建筑节能标准建立程序； 联邦层面的具体任务和目标
	美国绿色建筑委员会	LEED 最新版情况（v4）； LEED 与建筑节能标准的关系
	美国国务院能源资源局	美国建筑节能领域对外有关政策； 国务院建筑节能领域具体目标
8 月 1 日 8 月 2 日	佛罗里达太阳能研究中心	RESNET 评价体系的发展及经营方式； EnergyGauge 软件的功能及研发思路； 经济成本分析
8 月 3 日	Bullitt 基金会	Living Building Challenge 体系； 参观在建项目 Bullitt Center
	比尔和梅琳达·盖茨基金会	参观其办公楼（LEED 白金奖）
8 月 6 日 8 月 7 日	美国西北太平洋实验室	美国建筑节能标准与更高级标准间的关系； 建筑能耗模拟软件概况； 支持建筑节能的基础研究
8 月 8 日	美国能源基金会（与 ASHREA 90.1 主要研究专家、LBL 建筑能耗模拟软件研发专家圆桌会议）	建筑能耗模拟软件的比较和发展趋势； 权衡判断及软件工具； 关于美国建筑节能和 ASHREA 90.1 的其他问题

1　美国建筑节能目标及相关政策

1.1　能源部(DOE)的建筑节能目标

1. 建筑节能目标

在建筑节能标准方面，以 2004 年建筑规范为基准，到 2015 年，建筑规范要求的节能量达到 50%，且该水平的建筑规范被采用比例达到 70%(具体目标是至少有 40 个州采用《美国复苏与再投资法案》认定的最新版建筑规范)；2017 年，该水平规范的实际执行率达到 90%。

公共建筑能耗方面，要求到 2030 年，所有新建商业建筑为净零能耗建筑 NZEB；2040 年，50% 保有商业建筑实现净零能耗 NZEB；2050 年，所有美国商业建筑实现净零能耗 NZEB。

此外，美国法律中对联邦政府自有建筑的节能率也有明确的逐年目标。

2. 政策的推行

奥巴马政府将建筑节能作为一项长期的国家战略，将建筑节能作为拉动美国经济复苏的一项战略，在政策和资金方面都给予了极大的投入。由于美国政治体制的特点，政策推行手段中最有效的方式，是政府对资源和经费的使用，而不是行政命令。所以虽然美国能源部制定了上述节能目标，但由于对建筑法规的采用这一决定权在各州政府，所以联邦政府只能通过中央财政的经济激励手段鼓励各州采用联邦政府认可的最新版建筑法规，使整个国家的实际建筑节能效果向上述节能目标靠拢。

3. 能源部对自有建筑的管理

美国联邦政府自有建筑约有五十万栋，其能耗消费约占美国能源花费的百分之一。联邦能源管理项目 Federal Energy Management Program (FEMP)(www. femp. energy. gov) 的任务之一，是监督并管理美国联邦政府自有建筑的能源使用情况。具体包括：提供培训及技术支持，负责对节能性能提升、能源服务、建筑自身可再生能源应用、联邦和州政府的能源经济激励四个方面的项目拨款，收集建筑的能耗、水耗等运行数据，根据资源消耗水平为建筑评分，评分依据由 FEMP 自行制定，根据联邦政府的建筑能耗目标每年做出调整。

1.2　国务院(Department of State)相关政策

1. 与建筑节能有关的政策活动

美国的国务院是美国联邦政府主管外交并兼管部分内政事务的行政部门，直属美国政府管理的外事机构，相当于外交部。国务院与能源部在建筑节能领域职能的分工大致可以归纳为：国务院负责美国境外，能源部负责美国境内。与建筑能耗有关的部门分布在几个不同的局，分别涉及美国的对外能源战略，美国与各国在建筑节能领域的合作项目。

2. 新部门：能源与资源局

美国国务院下属能源与资源局 Bureau of Energy Resources (ENR) 的主要目标：

➢　能源外交：通过主要的生产者和消费者复苏能源外交，以管理当前能源经济下的地缘政治。

> 能源转换：通过刺激市场，使替代能源、电力、研发以及重建等方面的能源转换政策得以持续。

> 能源的透明度和可及性：扩大好的管理方式，增强透明度；提高商业上可行且环境上可持续的能源可及方式，惠及世界上 13 亿尚未享有能源服务的人群。

3. 国务院对下辖建筑的管理

根据前文谈到的国务院与能源部在建筑节能方面的分工，国务院对下辖建筑的管理范围是境外的所有使领馆等国务院驻外机构。通过在线传输能耗数据等方式，每年给所有管理的建筑进行资源利用率的排名，考核范围包括建筑、电器、用水设备、交通工具、办公消耗品的使用情况等。优秀实践案例会在国务院内部得到奖励并分享其做法。此外，国务院还统一提供技术支持帮助各驻外机构改进用能效率，并鼓励各机构申请 LEED 等第三方高性能建筑奖。

2　美国建筑节能标准的体系设置及执行

2.1　标准的制定及政府角色

美国的技术标准制定工作由民间组织承担，理论上讲任何组织都可以编制标准（standard）。经美国国家标准学会 American National Standards Institute(ANSI)批准的可以称为国家标准(national standard)。但只有被(州)政府采用的标准才成为强制性的技术法规，即实际意义上的 code。

各个标准的编制、更新均依照本组织的既定程序进行。成为 ANSI 标准的，要符合 ANSI 标准编制的自愿性、公开性、透明性、协商一致性原则，以及 ANSI 规定的详细编制程序要求（详见 ANSI 网站）。因此，政府部门的行政命令对技术规范内容的直接影响相对比较弱。

对于采用相对广泛的标准，例如 ASHRAE 90.1，美国能源部每年向国家实验室拨款（后文有介绍），进行大量标准编制或更新所需的基础研究工作。国家拨款几乎是这些国家实验室相关部门的全部经费来源。在标准编制的流程中，这些国家经费产生的研究成果成为强有力的支持相应技术观点的依据。这也成为政府部门间接影响技术法规具体内容的一种方式。

1973 年石油危机后，美国国会于 1975 年 12 月 22 日通过《能源政策和节约法案 1975》（Energy Policy and Conservation Act of 1975，PL 94-163），这部国家能源政策法规赋予联邦能源管理局(Federal Energy Administration)执行此法规的权限，并要求其协助各州政府编制和贯彻州级节能规划，此法律的目的是鼓励各州颁布节能规划，联邦政府并非强制所有州参加此项目，但如果希望得到联邦在技术和资金上的支持，则必须颁布州级节能规划。州级节能规划应包括：对于非政府的强制性照明节能标准；鼓励公共交通；强制性的政府节能采购管理；非政府建筑的强制性最低保温性能要求等。

美国相关政策法规及其更新包含了建筑节能相关组织机构、管理权限、任务分配、项目资金使用、中长期节能目标等内容的规定，随着美国能源政策的不断更新和其建筑节能标准管理部门和组织机构的不断变换，对目前美国建筑节能标准编制、管理和推广影响最大的法规为《能源政策法 1992》，此法规将建筑节能标准的编制和推广执行的权限赋予能源部（DOE），并规定将 ASHRAE 编制的标准规定为公共建筑与高层居住建筑的基础节能标准，将 IECC 的前身美国建筑管理官员协会（Council of American Building Officials，CABO）编制的标准规定为低层居住建筑的基础节能标准。随着此法的颁布和相应工作的展开，建筑节能的工作得到了快速高效的推广。

2.2　主要建筑节能标准

1. 居住建筑：2012 IECC Residential

国际节能规范 International Energy Conservation Code（IECC）由美国国际规范委员会 International Code Council（ICC）管理发布，更新周期为三年。IECC 是能源部主推的居住建筑节能规范。

IECC 的 2012 版与 2006 年版本相比节能 30%；计划 2015 年版本达到比 2006 年版本节能 50%。

2. 商业建筑（公共建筑）：ASHRAE 90.1

ASHRAE 90.1 "除低层住宅外的建筑节能设计标准"由美国暖通空调制冷工程师学会管理发布，同时也是 ANSI 标准。更新周期为三年。ASHRAE 90.1 是能源部主推的商业建筑节能规范。目前的 2010 版比 2004 版节能 23.4%；比 2007 版节能 18.5%；计划 2013 版比 2004 版节能 50%。

以上两个标准是 DOE 在政府文件中提示过的两个标准，其中 IECC 用于住宅，ASHEAE 90.1 用于商业建筑。ASHRAE 90.1 是对我国公共建筑节能标准影响最大的技术文件，目前在美国各州被采用作为建筑法规的比例也非常高。根据 2011 年 3 月的统计，美国有 23 个州采用了 2007 版本，12 个州采用了 2004 版本，9 个州采用了 2001 版本。另外需要说明的是，ICC 出台的系列建筑标准在防火等领域的州采用率非常高，出于体例的一致性和行政管理的便捷，更多的州采用 IECC 标准作为州建筑法规。IECC commercial 标准中允许使用 ASHRAE 90.1 中的规定作为达标许可。以上列出的数字也包括了采用同等建筑能效的 IECC 标准，其对应关系是：ASHRAE 90.1—2007 与 IECC 2009 能效相当，ASHRAE 90.1—2004 与 IECC 2006 能效相当，ASHRAE 90.1—2001 与 IECC 2003 能效相当。

3. ASHRAE 189.1 高性能绿色建筑（除低层住宅外）

适用范围与 ASHRAE 90.1 相同。以同时最新的 ASHRAE 90.1 版本为基础，提高节能的性能要求，并加入绿色建筑对室内外环境、用地、用水等的其他要求。2011 年末发布最新版。目前还没有州一级的政府采用其作为建筑法规。据了解，目前 US ARMY（美国陆军）采用该标准规范其自有建筑。

4. IgCC-国际绿色建筑规范

ICC 发布的针对商业建筑或商住建筑的绿色建筑标准；也是以节能为基础，加入绿色建筑的要求。2012 年发布最新版。

2.3　标准体系之外的技术文件

前文阐述的"标准"均为约束性的技术文件。除此以外，以下两种技术文件也多为行业使用。

1. 绿色建筑评估体系 LEED

LEED 是美国绿色建筑委员会管理发布的，商业运作非常成功的一套绿色建筑评估系统。目前在世界很多国家都有一定的知名度。目前最新版本为 LEED V4。

USGBC 与 ASHRAE 和 ICC 等编制绿色建筑规范的组织也有密切的合作。但由于条文阐述的衡量方式差异很大，LEED 和上述绿色建筑标准之间在性能指标水平上基本没有可比性。

2. 先进节能设计指导

均由 ASHRAE 组织编写并发布。基础研究工作由美国西北太平洋国家实验室 PNNL 承担。

（1）先进节能设计指导 Advanced Energy Design Guide（AEDG）

AEDG 丛书分两个系列，均可在 ASHRAE 网站上免费下载。

➢ 系列一：以 ASHRAE 90.1—2004 为基准节能率为 50%。该系列共四册，分别为：

Small to Medium Office Buildings

K-12 School Buildings

Medium to Big Box Retail Buildings

Large Hospitals

➢ 系列二：以 ASHREA 90.1—2004 为基准节能率为 30%。该系列共六册，分别为：

Small Hospitals and Healthcare Facilities

Highway Lodging

Small Warehouses and Self-Storage Buildings

K-12 School Buildings

Small Retail Buildings

Small Office Buildings

（2）先进节能改造指导 Advanced Energy Retrofit Guide（AERG）

其全称为 Advanced Energy Retrofit Guide（AERG）——Practical Ways to Improve Energy Performance。用于对既有建筑节能改造的指导，主要考虑投资回收期在五年以内的技术。目前已经发布了两本，分别是：

➢ Grocery Stores——由国家可再生能源实验室（NREL）编写；

➢ Retail Buildings——由西北太平洋国家实验室（PNNL）编写。

3. 具体案例

本次学习日程安排中有两个具体的案例参观，均在美国华盛顿州西雅图市。华盛顿州是美国州政府采用建筑节能标准要求最高的州之一。西雅图市也在建筑节能方面有比较积极的政策导向。

（1）Bullitt 基金会：Office Building

Bullitt 基金会出资组织设计建造的 Bullitt Center 是当地比较著名的节能生态建筑，被称为

"世界最绿色建筑"（the greenest commercial building in the world）。目前还在建设中。据基金会主席 Denis Hayes 先生介绍，该办公楼建筑面积约 52000ft²（约 4833m²），为西雅图市唯一的木结构六层建筑（有金属链接件）。建成后平均总能耗指标 16kBtu/ft²/year（50.4kWh/m²/year）。根据美国现行建筑节能规范，此类办公楼的平均能耗值为 72kBtu/ft²/year（227kWh/m²/year）；西雅图市的规范水平为 51kBtu/ft²/year（160kWh/m²/year）；LEED 白金奖要求的能耗水平为 32kBtu/ft²/year（101 kWh/m²/year）。与美国 \$300/ft²（\$3228/m²）的成本相比，该建筑的成本增量约为 18%。在室内外环境控制方面，规定了 362 种毒性或挥发性建材不允许在该建筑中应用。在这之后，将有约 150 个建筑会按照这个标准建造。

从照片上可以看出，该办公楼的开窗面积非常大。确保围护结构性能可以满足标准，均采用德国进口三层中空平推窗。值得一提的是：该建筑的光伏屋面投影越过了规划红线，这一点经过协调得到了市政府特许；另外，该建筑用收集的雨水处理后直接做饮用水，也是经过了政府特批且必须由政府长期监控，每周取样化验。

（2）比尔和梅琳达·盖茨基金会办公楼

位于西雅图市中心，获得 LEED 白金奖。整个园区占地 639860ft²（59466m²），是世界上最大的非营利机构建筑。整个建筑群绿植屋顶超过 2000m²，每年利用雨水回收 120 万加仑；建材多采用当地的或可回收的材料；建筑能源消耗量比当地建筑规范低 20%。由于此建筑应用大面积玻璃幕墙（多为不可开启），办公室的自然采光效果很好。该建筑群的单位建筑面积造价为 \$500/ft²（\$5380/m²）左右。

2.4　核心思想：成本优化

美国建筑节能工作主要以市场为依托，这是与中国建筑节能工作的最大区别之一。由于以市场为主要驱动力，成本收益间的关系是决定一项节能技术能否生存、能否被市场认可的关键因素。无法短期内回收成本的技术不会被考虑。例如上述 AERG 中只讨论五年内可以回收投资的节能改造技术。

佛罗里达太阳能研究中心 FSEC 也在进行有关成本优化的研究：Cost Optimization。该项研究以 30 年为建筑（住宅）全生命周期进行分析，对能耗流和投资流分别计算。分析方法可以概述为：

> ➤ 罗列所有可能考虑的节能方式（包括各档参数的保温等等）；
> ➤ 以同一建筑为基准，计算每种节能方式的投资回报率；
> ➤ 将投资回报率排名，最高者作为基准建筑实施节能措施的首选；
> ➤ 实施首选措施后的建筑作为新的基准建筑，再进行下一轮计算、排名和筛选；
> ➤ 得到以投资回报率最大为目标进行节能改造应采用技术的次序。

这个循环一般以达到了确定的节能率或某个目的为终止。在这个计算模型的基础上，考虑不同政策和经济激励这个外部条件，可以分析出可以获得较大节能量的政策或经济激励方式，从而给政策制定者提供参考。

2.5　小结

美国主要建筑节能标准编制的程序中均最大限度地保证了全社会利益相关方有平等的话语权，每一个条文的变更，均要经过反复的全社会征求意见以及覆盖各个相关方的编制委员会的投票。这也最大限度确保了标准的条文从诞生之日起有很强的可执行性。此外，由于网络信息工具比较完善，三年一次的修订期间产生的极大的协调和通信的工作量所需人力成本并不多，多数的编委（committee）只需要保持随时查收及发送邮件的习惯，大量的提交、汇总、公示都可以在网站数据库的框架下通过用户在线提交的方式自动完成。少数需要亲自到场的研讨或投票会议（例如 ASHRAE 年会），由于是常态化的，每年都在年初做好计划，便于编委及投票专家提前安排好时间，保证了出席率。

通过一系列学习和座谈我们了解到，美国的联邦政府层面并不存在行政强制的"国家强制标准"，一个民间学术组织编写的标准（standard）是否具有建筑法规（code）的法律效力，取决于州政府（或市政府）是否采用。联邦政府在建筑标准的制定和执行环节中，行政强制手段是比较弱的，能够运用的多为国家经费等资源，在标准制定环节支持联邦政府所提倡的 ASHRAE 等标准的后台基础研究工作，在执行环节下拨经费奖励采用达到联邦政府要求节能率标准为建筑节能法规的地区（奖励经费到普通业主这一层，主要表现为退税）。这种影响就成为倡导性和鼓励性的，并不能做到全国一刀切，因而造成目前美国还有一些州没有采用任何建筑节能标准作为本州建筑法规。还有的州，没有采用 ASHRAE 或 ICC 编制的节能标准，例如加州，自 1978 年以来一直采用 Title 24 作为其节能法规，其能效要求比联邦政府倡导的 ASHRAE 90.1 和 IECC residential 更高。

另一方面，由于依托市场的思想贯穿全社会，美国联邦政府支持的建筑节能的技术一般都经过科学论证和市场检验，是能够为市场接受，可以"自行存活"的。这也就保证了国家的研究经费和执行奖励经费能够最大限度地发挥作用，起到四两拨千斤的效果。

国家的建筑节能领域的目标（节能率）虽然是由能源部制定，但是实际每一版建筑节能标准相对上一版本的节能量，是通过能源部支持国家实验室的专门研究课题计算出来的，其结果往往与预设不符。这也并无碍于美国的建筑节能目标层层提高，反而由于高透明度，增加了国民对政府的信任。此外，国家经费支持的研究项目成果必须无条件向社会公布。无论研究者、政府决策层还是业主都可以在网站上免费下载这些基础研究成果。这种自上而下与自下而上相结合的体系，充分调动了建筑节能领域中各环节每个角色自身的积极性，无论对于建筑节能的实际执行还是对相关产业的刺激，都是健康而有利的，是值得我们学习的。

3 支撑美国建筑节能标准编制的基础性研究

美国能源部（US Department of Energy）作为建筑节能的负责单位，2010 年在建筑技术方面的投入约为 2.2 亿美元，2012 年在建筑技术方面的财政预算约为 4.7 亿美元。DOE 在能效与可再生能源（EERE，Energy Efficiency&Renewable Energy）研究领域中建筑领域（Building）设立建筑技术项目（BTP，Building Technologies Program），对建筑节能标准的基础性研究进行支持，每年约投入 1000 万美元的资金资助。BTP 项目通过对研究机构和各级政府的支持进行标准的基础性研究和关键工具的开发，进而推动公共建筑和居住建筑节能标准的开发，通过先进的建筑节能标准的研发改善建筑能效，完成 2015 年建筑标准节能 50% 和 2017 年建筑节能标准执行率 90% 的目标。目前正在执行的研究项目主要有典型建筑模型和 EnergyPlus 的开发。DOE 通过长期而持续的资金支持推动美国建筑节能标准编制的基础性研究，对美国建筑节能工作的开展产生强大的推动和引导作用，提高国家建筑节能技术的核心竞争力。

本次学习之旅中重点拜访的西北太平洋国家实验室（PNNL，Pacific Northwest National laboratory）是美国能源部重点支持开展建筑节能标准编制基础性研究的国家实验室。西北太平洋国家实验室是美国能源部国家实验室之一，成立于 1965 年。其研究领域主要有十个核心：化学与细胞科学、生物科学、气候变化科学、化学工程、应用材料科学与工程、应用核科学与工程、计算机科学、系统工程及大型设施与仪器安全。在这些基础研究领域的基础上，成立了三大研究机构：能源与环境、基础与计算科学、国家安全。

建筑能源系统与技术组是能源与环境机构下的分支之一。在西北太平洋国家实验室的建筑节能的相关研究主要由该部门完成。其重点研究的领域有典型建筑模型、建筑节能标准节能率的评估、先进建筑节能设计导则、先进既有建筑节能改造导则以及建筑领域应对全球气候变化等领域。

3.1 中国建筑节能趋势研究

中国建筑科学研究院代表团一行访问了西北太平洋国家实验室全球变化联合研究中心，中心介绍了全球能源技术战略研究项目中关于中国建筑能耗及中国建筑节能标准对中国建筑领域节能减排的影响的研究。

全球能源技术战略研究项目的研究由五部分组成，包括情景分析、技术研究、区域研究、技术与政策研究、核心模型开发研究。中国建筑能耗及中国建筑节能标准对中国建筑领域能源消耗影响的研究是该项目研究成果之一。

中国建筑节能标准模型研究了中国建筑节能标准对中国能源消耗和温室气体排放的长期影响。模型考虑了社会经济的发展（收入、城市化、人口增长）、建筑面积和能源服务范围的增长、建筑更新、标准的执行、建筑地方标准的差异、气候变化对区域的影响等因素。在社会经济层面建立了中国 GDP、人口增长、城市化的宏观预测模型，模型将城市和农村分别考虑，将建筑分成城市居住建筑、农村居住建筑和商业建筑三部分分别研究，考虑了建筑供热、供冷、生活热水、照明和设备的能源需求，建筑能源终端的技术主要考虑壁挂炉、锅炉、区域供热、空调、炊事、生活热水、照明灯具、家用电器等，消耗的能源主要考虑煤炭、天然气、石油、电力、生物质能等。按照中国标准的气候区划分（不考虑温和地区）考虑了严寒地区、寒冷地区、夏热冬冷地区、夏热冬暖地区的城市居住建筑、农村居住建筑、商业建筑共十二个部分的情况。其整个模型的研究流程图如图 1 所示。

模型对中国建筑能耗的研究主要得到如下结论：

- ➢ 到 2030 年，建筑节能规范的制定和实施可以降低中国建筑能耗 13%～34%；
- ➢ 高效地执行建筑节能规范是提升建筑能效的基础，尤其在建筑节能规范越来越严格的情况下；
- ➢ 制定既有建筑节能改造标准能够大幅提升建筑物的围护结构平均性能；
- ➢ 改善建筑物的围护结构性能是降低商业建筑能耗密度的主要途径；

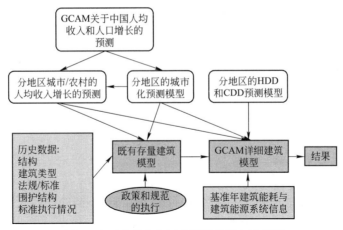

图 1　中国建筑节能标准模型的研究流程图

➤ 在建筑节能标准中提高对围护结构的要求对降低严寒地区和寒冷地区的建筑能耗效果更加明显；

➤ 现有的建筑节能法规并没有对建筑物内的厨房和设备用能的能源效率进行要求，到 21 世纪末，厨房和设备的用能将会超过整个建筑能耗的 50% 以上；由于用电设备的使用率逐步提高，整个中国建筑能耗中电力使用的比例将大幅提高；

➤ 经济政策对于降低建筑物的碳排放效果甚微。

虽然模型得到的一些结论存在一些偏颇，但其研究的方法和思路值得我们学习，其研究结论也具有一定的参考意义。

3.2　典型商业建筑模型

1. 典型商业建筑模型数据库

美国能源部联合西北太平洋国家实验室（PNNL）、国家可再生能源实验室（NREL）、劳伦斯伯克利国家实验室（LBNL）三家国家实验室开展典型商业建筑模型的研究。典型商业建筑模型在对整个国家建筑能耗的分析、节能标准的研发以及建筑能耗模拟软件进行建筑能耗模拟分析等领域具有至关重要的作用，是一项非常重要的基础性研究工作。在美国能源部大量、长期、持续的资金支持下，西北太平洋国家实验室在典型商业建筑模型及相关衍生研究方面开展了大量研究工作。

美国能源部（DOE）在建筑技术项目（Building Technologies Program）中设置了建筑物能源效率改善的积极目标。这一目标要求能源部国家实验室和建筑行业之间的一致合作。设立了一些研究项目以确定建筑节能发展的最佳路径。为保证研究工作的相互协调和跟踪项目的进展，项目必须有一个共同的参照点。

典型商业建筑模型研究的目的就是要制定最常用商业建筑的标准或参考建筑能源模型作为相关能源效率分析研究的基准点。这些建筑模型必须能够反映实际的建筑特性和使用模式。经美国能源部、国家再生能源实验室（NREL）、西北太平洋国家实验室（PNNL）、劳伦斯伯克利国家实验室（LBNL）之间共同协商确定了 15 栋典型商业建筑类型和一个多层住宅建筑类型。这些建筑类型能够代表的约三分之二的既有商业建筑。余下的三分之一很难通过几种典型的商业建筑类型来代表，而且一些建筑同这 16 个典型商业建筑类型中的一个或者多个类似。

每个建筑类型有三种版本的参考建筑模型：新建建筑模型、1980 年后建造建筑模型、1980 年以前建造的建筑模型。每个建筑类型的三种版本的参考建筑模型都具有相同的建筑形式、面积和使用方式。三种版本的参考建筑模型的差异主要反映在围护结构的保温性能，照明水平，暖通空调设备的类型和效率的差异。新建建筑模型符合 ANSI/ASHRAE/IESNA 标准 90.1—2010(ASHRAE 2010 年)的最低要求，1980 年后建造的建筑模型满足 90.1—1989 标准的最低要求，1980 年以前建造的建筑模型满足基于当时相关标准、在建设实践中相关研究的要求。

典型商业建筑模型数据库的研究是一项长期、持续的研究，其研究始于 1991 年，历经 20 多年的发展，逐步完善成熟，最终形成今天使用的典型商业建筑模型数据库。目前该数据库涵盖 16 个原型建筑和美国 16 个地理位置(不同的气候区)，可以直接代表美国 60% 以上的商业建筑特点并且同其他商业建筑类似。这些模型最终完全以电子表格的形式保存，并且包含可以直接供 EnergyPlus 使用的输入文件。

典型商业建筑模型数据库的目的是代表新建和既有建筑。典型商业建筑模型是一项非常重要的基础研究成果，主要用于能源部的商业建筑的研究，以评估新技术，优化设计，分析先进的控制技术；制定能源法规和标准；进行照明、采光、通风、室内空气质量的研究。更重要的是它为能源部商业建筑能源效率目标的实施情况和商业建筑节能标准的节能目标的实现提供了一个准确、可行的基准点。能源部的建筑节能标准项目和西北太平洋国家实验室(PNNL)使用这些模型进行技术分析支持新版本 ASHRAE 标准 90.1 和 IECC 标准的研发并确定最新版本标准的实际节能率，为联邦政府和州政府采纳最新版本的建筑节能标准提供技术依据。

整个典型商业建筑模型数据库主要包含两部分内容，第一是典型商业建筑模型的确定，第二是不同建筑模型在不同地区的分布特征。典型建筑商业模型在美国商业建筑能耗调查数据库(CBECS)确定。不同建筑模型在不同地区的分布特征通过 MacGraw-Hill 数据库确定，该数据库覆盖了美国 254158 栋商业建筑，建筑面积超过 9 亿 m²。最后数据库中包含了 16 个建筑类型(模型的详细分布见表 2)在 16 个气候区的 3 个时期的建筑信息，共计 768 栋建筑模型。

美国典型商业建筑模型详细分布　　　　　　　　　　　　　　　　表 2

小型办公建筑模型	中型办公建筑模型	大型办公建筑模型	小学建筑模型
中学建筑模型	独立零售建筑模型	超市建筑模型	快餐店建筑模型
餐馆建筑模型	小型宾馆建筑模型	大型宾馆建筑模型	医院建筑模型
疗养院建筑模型	养老院建筑模型	购物中心建筑模型	多层住宅建筑模型

典型建筑模型数据库对表 3 中的各项进行了详细的描述，提供了进行建筑能耗模拟的全部信息，并在此基础上，生成了供 EnergyPlus 使用的输入文件。

典型建筑模型中包含的信息　　　　　　　　　　　　　　　　　　表 3

常规信息	建筑信息	围护结构	设备
位置	楼层数	外墙	照明
总建筑面积	长宽比	屋顶	暖通空调系统形式

续表

常规信息	建筑信息	围护结构	设备
插座负荷	窗墙比	地面	生活热水加热设备
通风要求	窗位置	外窗	制冷设备
人员密度	遮阳	内墙	设备效率
室内温湿度条件	层高	渗透	控制策略
生活热水需求	朝向		
运行策略			

2. 典型建筑模型数据库的应用研究举例

典型建筑模型数据库的主要应用有使用这些模型进行技术分析支持新版本 ASHRAE 标准 90.1 和 IECC 标准的研发并确定最新版本标准的实际节能率，为规范的研发和采纳提供技术支持和依据。

西北太平洋国家实验室主要从事相关工作的研究。目前完成了 ASHRAE 90.1 标准 2010 版本同 2004 版本相比的节能率和能源费用的降低情况的研究。正在应用该模型数据库开展 IECC 相关标准节能率确定的研究工作。

研究工作比较了 ASHRAE 90.1 标准 2010 年版本同 2004 年版本的 109 项可以量化的条款产生的节能效益。项目组根据典型商业建筑模型逐条比较了两个版本标准的差别，并将能够在典型商业建筑模型中量化的条款在能耗模拟软件中模拟，对无法评估节能效益的条款进行了解释。最终得出 ASHRAE 90.1 标准 2010 年版本同 2004 年版本相比节能率为 24.8%，运行能耗费用降低 23.4%。这为美国能源部采纳 ASHARE 90.1—2010 标准提供了理论依据和技术支持。

3.3　小结

美国政府高度重视建筑节能，并将其定位为一项长期的国家战略。在此背景下，美国能源部通过长期、持续的资金和政策支持大力推进建筑节能。建筑节能标准被美国能源部作为开展建筑节能最重要的顶层核心，通过对国家实验室的持续的资金支持开展建筑节能标准的基础性和公益性研究，为建筑节能标准的编写提供核心技术支持。

建筑节能标准的基础性研究是开展建筑节能、制定建筑节能标准的基础。大量的基础性研究为标准的制定提供强有力的技术支撑，使得标准的制定更加科学、合理，更加易于实施，操作性更强。这些正是我国建筑节能标准制定工作中相对欠缺的地方。因此美国从国家层面上提供资金支持开展建筑节能标准的基础性和公益性研究是非常值得我国借鉴和学习的。

4　美国建筑能耗模拟软件工具

美国在建筑能耗模拟软件的开发和应用领域一直处于领先地位。美国能源部从 20 世纪 60、70 年代就开始支持建筑能耗模拟软件的开发，从而为建筑节能及建筑的能耗分析提供了有力的技术手段，极大地促进了美国建筑能耗模拟软件在建筑节能领域的应用，提高了整个建筑节能事业的技术水平。本次学习重点考察了美国建筑能耗模拟软件以及建筑节能规范用相关软件的开发和应用。

　　本次考察的软件可以分为两种类型，第一类为建筑能耗模拟软件，第二类为检查设计方案是否遵守建筑节能规范的检查软件。第一类软件的开发可以分为两个层面，分别为计算引擎和用户界面的开发；第二类软件可以分为两种，一种是按照建筑节能标准的规定性指标检查建筑的设计方案是否符合建筑节能标准的软件，另一种为基于建筑能耗模拟软件校核建筑物是否满足建筑节能标准性能化指标的软件，该类型软件一般在建筑能耗模拟软件的基础上增加建筑节能规范校核的模块，可以大大减少工程师校核建筑设计方案是否符合建筑节能标准性能化指标的工作量。

4.1　计算引擎介绍

　　美国现阶段主要使用的建筑能耗模拟计算引擎分别为 DOE-2 和 EnergyPlus。下面着重介绍本次考察对这两种计算引擎的认识和了解。

　　1. DOE-2

　　提到建筑能耗模拟软件，就不得不提 DOE-2。DOE-2 在建筑能耗模拟软件发展的历史上具有重大的里程碑意义。DOE-2 是目前公认的最权威的建筑能耗模拟软件之一。它被很多能耗模拟软件，诸如：eQUEST、Energyplus、CHEC、PowerDOE 等借鉴和引用。它采用经典的 LSPE 结构（即 Load 模块，System 模块，Plant，Economic 模块）。图 2 所示，为 DOE-2 软件的流程图。

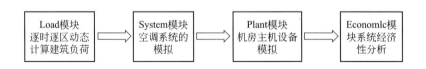

图 2　DOE-2 软件的流程图

　　　许多软件至今仍采用 DOE-2 的 LSPE 结构，并在其基础上改进与创新。DOE-2 可以很精确地处理各种功能和结构复杂的建筑，但是其对系统的处理能力很有限，只能处理有限的几种暖通空调系统，由于它是一个在 DOS 环境下运行的软件，界面不友好。DOE-2 的输入较为繁琐，有固定的格式，必须采用手动编程的方法输入，并对关键字有一定的要求。对于 DOE-2 而言，一个很大的缺陷就是顺序结构，实际的暖通空调过程中，建筑的热环境，空调系统以及主机的运行情况等是耦合的。顺序驱动的理念彼此没有反馈，影响了计算结果的准确性。但是，它的设计思想和方法至今仍被很多软件吸收和借鉴。由于 DOE-2 是在 DOS 界面上运行的，现阶段对其应用逐步减少，目前，很多建筑能耗模拟软件在 DOE-2 的基础上进行开发，将其作为计算的引擎，主要的软件有 eQUEST 等。20 世纪末，美国能源部停止了对 DOE-2 的资金支持，DOE-2 的早期开发者之一 Jeff Hirsch 获得了 DOE-2 的相关知识产权，并通过商业手段维护 DOE-2 并对其进行开发，目前正在开展 DOE-2.3 版本的开发，预计将于 2013 年发布。

2. EnergyPlus

EnergyPlus 整合了 DOE-2 和 BLAST 的优点，并加入了很多新的功能。在开发之初，它被认为是 DOE-2 的一个很好的替代。EnergyPlus 吸收了 DOE-2 的 LSPE 结构，并做出了改进。它采用如图 3 所示的集成同步的负荷、系统、设备的结构。在上层管理模块的监督下，模块之间彼此有反馈，而不是单纯的顺序结构，所以其计算结果更为精确。

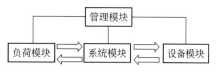

图 3 EnergyPlus 流程图

EnergyPlus 与其说是一种建筑能耗模拟软件，不如说是一种建筑能耗模拟引擎。它的开发重心在计算方法上，并没有在软件的界面上做太多的工作，它的源代码是完全开放的，鼓励第三方开发合理的界面来调用 EnergyPlus 来完成模拟。现在比较著名的 Design-Builder 就是在它的基础上进行开发的。同时，它可以与很多常用软件，诸如：TRNSYS，WINDIW5，COMIS 等完成链接。EnergyPlus 的这种开放性加上它能精确地处理较为复杂的各类建筑。它在处理建筑热过程时，考虑到了很多方面的因素，包括建筑的遮挡、绿化、风、光、雨、雪等，可以说是同类软件中在这方面最为全面的。但是，EnergyPlus 本身还是立足于建筑模拟。虽然它在 DOE-2 的基础上有很大的改进，力图完成对所有暖通空调系统的模拟，而且也封装了很多常用如热泵、辐射供热供冷等系统，以方便调用，但是其处理系统的能力还是偏弱。同时，其在暖通空调系统控制方式上模拟的能力也较弱，只能进行简单的控制方式的模拟，只能假定设备的调节为理想化的连续调节，这对于设备部分负荷的模拟是不太准确的。同时，EnergyPlus 还具有不稳定性，不太容易收敛以及经济性分析简单的缺点，但其算法在建筑能耗计算方面拥有巨大优势。EnergyPlus 是美国能源部力推的一种建筑能耗模拟计算引擎，每年至少投入上百万的经费支持软件的维护与开发。

EnergyPlus 与 DOE-2　　　　　　　　　　　　　　　　表 4

	EnergyPlus	DOE-2
计算方法	集成同步的负荷/系统/设备模拟	顺序的负荷/系统/设备模拟
负荷模拟	CTF 与热平衡法结合	传递函数法(反应系数)
系统模拟	可以调整系统结构	不可以调整系统结构
温度计算	精确模拟	无法准确模拟
自然通风	可模拟(COMIS)	不可模拟
墙体传湿	可模拟	忽略
热舒适	可模拟	基本上不可模拟
辐射顶板	可模拟	不可模拟
DOAS	可模拟	不可模拟

4.2 常用软件及其作用

1. eQUEST

eQUEST 是基于 DOE-2 的高级版本 DOE-2.2 开发的软件。在美国能源部和电力研究院的资助下，由美国劳伦斯伯克利国家实验室（LBNL）和 Jeff Hirsch 及其联盟（Associates）共同开发。开发该软件的主要目的就在于让逐时能耗模拟能够为更多的设计人员更方便地应用。eQUEST 最初只为加利福尼亚州政府开发，却得到了世界各地的欢迎。eQUEST 克服了 DOE-2 界面不友好、输入繁琐、顺序结构等缺点，主要开发者为 DOE2.1 的创始人，使得 eQUEST 的界面和计算内核参数深度链接，是目前这方面做得最好的建筑能耗模拟软件之一。eQUEST 的出现极大地简化了建筑能耗模拟过程。eQUEST 主要特点是为 DOE-2 输入数据的写入提供了向导。用户可以根据向导的指引写入建筑描述的输入档。同时，软件还提供了图形结果显示的功能，用户可以非常直观地看到输入文件生成的二维或三维的建筑模型，并且可以查看图形的输出结果。

　　eQUEST 为使用者提供了简洁和详细两种模拟方式，为不同需求的用户提供不同的选择，建筑负荷计算的核心算法为传递函数法。运用权重系数预算各种围护结构的反应系数（Response Factor），即预先计算出对于特定围护结构，在某一确定温度状况下，各种扰量（例如外温、太阳辐射、室内热扰、空调送风等）对房间负荷的影响，然后根据叠加原理（线性化假设）叠加成房间空调供暖的负荷，类似我们现在常用的冷负荷系数法。同时 eQUEST 同 LEED 认证、ASHRAE90.1 和加州 24 条紧密结合，为用户提供了极大的方便。但 eQUEST 由于是为加利福尼亚州定制的软件，所使用的单位为英制，对于中国用户而言这是一个很大的不便。

　　eQUEST 在美国被广泛应用于建筑能耗模拟，是一种主流的能耗模拟软件，据相关专家介绍目前在美国工程领域 eQUEST 的使用比例在 90% 以上。eQUEST 参照 ASHRAE Std140 进行了比对，其计算结果与其他的能耗模拟软件相比具有较好的一致性。

　　与此同时，eQUEST 开发组也与其他国家的政府机构开展合作，基于 eQUEST 开发适合于各国国情的建筑能耗模拟软件和用于建筑节能标准审查的软件，目前已经投入使用的有其为加拿大开发的版本，针对印度尼西亚和越南的版本正在开发中。

　　2. EnergyPlus

　　EnergyPlus 是在 BLAST 和 DOE-2 的基础上开发的，兼具两者的优点以及一些新的特点。它是在美国能源部的支持下，由美国劳伦斯伯克利国家实验室（LBNL）、伊利诺伊大学（University of Illinois）、美国军队建筑工程实验室（U. S. Army Construction Engineering Research Laboratory）、俄克拉荷马州立大学（Oklahoma State University）及其他单位共同开发的。

　　该能耗模拟软件在开发之初，EnergyPlus 就定位为一种建筑能耗模拟引擎。它的开发重心在计算方法上，因此并没有在软件的界面上做太多的工作。美国能源部对外开放它的源代码，鼓励第三方开发合理的界面来调用 EnergyPlus 来完成模拟。但经过十多年的发展，第三方开发的 EnergyPlus 界面发展得并不理想，可以说是远没有达到美国能源部的预期。

　　这使得用户不得不直接使用 EnergyPlus 进行能耗模拟，使其直接作为能耗模拟软件使用，但糟糕的用户界面给用户学习和使用带来了极大的困难，严重影响了 EnergyPlus 的应用。目前其应用以美国能源部下属的国家实验室和由其提供资金支持的项目研究以及相关的科学研究为主。美国能源部已经意识到用户界面是 EnergyPlus 目前最大的缺陷，在最新的研发计划中，用户界面的开发被作为研发的重点之一。

3. eQUEST 与 EnergyPlus 比较

eQUEST 和 EnergyPlus 都源自于美国能源部的支持，两代不同的建筑能耗模拟引擎的应用却差异很大。总体来看，两者各有优势，走向了不同的发展方向（表 5）。

eQUEST 和 EnergyPlus 的优势对比　　　　　　　　　　　　表 5

	eQUEST	EnergyPlus
计算速度	快速	需要一定时间
计算精度	满足工程需要	详细模拟，精度高
用户界面	友好	无成熟的用户界面，使用工作量大
使用人群	工程应用为主，市场占有率超过 80%	以科学研究应用为主
所有权归属	私人公司	美国能源部

从本次考察获得的信息来看，目前 eQUSET 是美国工程界使用的主流软件，是工程界使用最多的一种软件，该软件用户界面简洁友好、性能稳定、计算速度快、使用简便、计算精度满足工程需要。相比而言，EnergyPlus 的优点是计算精度高，能够模拟绝大部分的暖通空调系统，计算能力强大，但缺点为使用复杂、模拟工作量大、程序不稳定、计算时间长。就未来的发展而言，eQUEST 通过商业运作对软件的维护提供资金支持，正在完善空调系统的模型和扩大暖通空调系统的模拟能力，并对引擎进行升级，目前正在开发 DOE-2.3 版本。EnergyPlus 目前最需要完善的是用户界面和计算的稳定性，目前美国能源部已经意识到这一点，正在对后续版本进行完善，其后续开发和维护的经费完全来源于美国能源部，其未来发展完全取决于美国能源部，但是其强大的计算能力和先进的模拟理念也会为其发展提供了支持。对比来看，两种软件各有优劣，但现阶段 eQUEST 凭借着简单易用、稳定性强等特点受到了市场的青睐，本次考察团的专家一致认为 eQUEST 很适合我国现阶段的应用，能够满足我国工程领域现阶段的使用。EnergyPlus 则代表了建筑能耗模拟软件的未来趋势，但由于其自身的缺点短期内还很难被市场接受，我国相关部门可对其关注。未来建筑能耗模拟软件究竟会向哪个方向发展，取决于多方面的因素，很难判断，最终还是要看市场的选择。

4.3　重点关注的几种软件

1. COMCheck & REScheck

美国能源部为了提高建筑节能标准的可执行性，提供资金资助了 REScheck 和 COMcheck 两种软件的开发，用于帮助用户判断建筑设计方案是否满足建筑节能标准规定性条款的要求，并完成相关报告。REScheck 主要用于居住建筑，COMcheck 主要用于商业建筑。REScheck 软件目前最新版本为 4.4.3.1，支持 IECC 2000、2003、2006、2009、2012 标准、IRC2006 标准以及各种州一级软件的节能检查，COMcheck 的最新版本为 3.9.1.3，支持 IECC2000、2003、2006、2009、2012 标准，ASHRAE 90.1 标准 2001、2004、2007、2010 版本以及各种州一级软件的节能检查。软件能够完成节能标准中建筑围护结构、室内照明、室外照明、暖通空调系统、生活热水、设备相关内容的规定性指标的检查，并生成报告。简化了检查建筑设计方案是否满足建筑节能标准的规定性要求和政府相关文件的工作，提高了建筑节能标准的可执行性。但这两种软件不能完成建筑节能标准中性能化指标要求的检查，例如 ASHRAE 90.1 中围护结构权衡判断，能源费用计算。

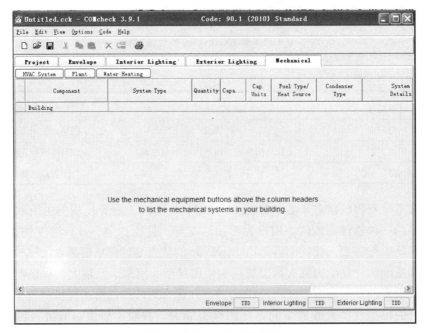

图 4　COMcheck 软件界面

2. COMNET & RESNET

住宅能源服务网络(RESNET)，是一个成立于 1995 年的非营利性组织，致力于帮助业主降低住宅的运行成本，提高建筑能效。

RESNET 负责创立美国居住建筑能效标识(Home Energy Raters) 和居住建筑能源调查的标准和技术导则，这两项工作都得到了如美国能源部、美国环境保护署等国家机构和美国抵押贷款行业的认可。其开发的居住建筑能效标识体系称为 RESNET。目前正在申请成为 ANSI 标准。RESNET 提供可以衡量整个住宅的建筑能效的打分体系，科罗拉多州、新墨西哥州、纽约州的建筑节能法规都是基于该指标体系。在 2011 年全美共有 12 万栋住宅使用 RESNET 进行了建筑能效标识，大约占新建销售住宅的 40%。

整个 RENET 标准体系由基础标准和技术标准组成。在基础标准层面上 RESNET 提供认证服务、对相关技术人员提供培训服务并提供认证的相关软件。在技术标准层面上，RESNET 通过技术文件对基准建筑和运行建筑的信息、建筑的运行条件、认证的计算过程和工具提出了具体的要求。

RESNET 为了保证其居住建筑能效标识的有效性，从事居住建筑能效标识的相关人员必须先通过严格的训练以达到 RESNET 高标准要求。开展对 RESNET 居住建筑能效标识工程师的培训和认证是其成功运营的关键因素之一。工程师通过 RESNET 组织的培训和考试，并获得认证后才能开展 RESNET 居住建筑能效标识工作，保证了其标识的有效性和权威性。

RESNET 完全通过市场化运营，通过商业手段获得市场的认可。通过对培训者的认证和基础技术导则以及对认证过程的管理，维护和推进 RESNET 体系。RESNET 体系成功地完成了住宅建筑能效标识的推广。其成功的经验十分值得我们学习和借鉴。

COMNET 是与 RESNET 类似的用于商业建筑能效标识的体系，目前还处于起步阶段，有待完善。

3. EnergyGauge

EnergyGauge 是一款更为强大的建筑节能标准检查软件，由佛罗里达太阳能实验室开发，基于 DOE-2 内核，能够完成建筑节能标准规定性指标和性能化指标的检查，功能强大。它是在建筑能耗模拟软件的基础上增加建筑节能标准检查模块，是建筑能耗模拟软件的一种衍生开发。能够完成佛罗里达节能法规 2004、2008、2010、商业建筑法规、AHA-RAE90.1 标准 2001、2004、2007、2010 版以及 LEED 的要求的检查。

该软件除了能够完成建筑能耗模拟外还具有以下功能：

➤ 直接依据建筑节能标准和建筑设计文件生成实际建筑模型；

➤ 生成 ASHRAE 90.1 中能源费用预算和附录 G 建筑能效标识的基准建筑模型；

➤ 自动完成 LEED 相关条款的检查并在线提交相关申请文件。

该软件通过商业模式运作，是佛罗里达州建筑节能标准检查用的主要软件。目前佛罗里达太阳能实验室正在着手开发基于 EnergyPlus 为计算引擎的下一代 EnergyGauge。该软件下一代将具有基于网络应用、居住建筑和商业建筑使用同一版本、支持 BIM 等新特性。

5　总结

《公共建筑节能设计标准》修订编制组代表经过在美国 8 个工作日的学习研讨，研习了美国建筑节能的政策导向、政府职责、主要建筑节能标准的编制过程、软件工具的开发应用等内容，收获颇丰。主要体会如下：

5.1　政策体系方面

1. 国家层面的建筑节能目标明确

美国节能政策的三个主要驱动力是：能源安全、环境保护、经济发展。《2007 能源独立与安全法案》是联邦政府最新的能效与节能法。前文中已介绍，在该法律文件中，对居住、商业建筑的建筑标准达到的节能率、中远期实现零能耗建筑的比例、联邦政府自有建筑的能效提升比例，以及对可再生能源的利用，在未来几年甚至几十年的时间节点，都有明确的量化目标。

2. 标准编制流程管理科学，保证标准质量，并及时更新

在建筑节能工作中，标准无疑是核心。美国的标准一经采纳即为具有法律效力的技术法规。拥有完善的标准体系，建筑节能工作开展才能"有法可依"，确保国家的能源战略政策在具体建筑行业能够落地。合理的标准编制管理方式确保标准条文的全面精准、更新及时，是建筑节能工作健康可持续开展的基础。

3. 政府对基础性研究的支持长期且稳定

除了合理的标准编制体系保证标准的更新发布正常运作之外，技术标准的编制还需要大量的基础研究做支撑。这是技术标准编制的科学基础。美国作为充分市场化的社会，这一非营利的任务由政府出资完成。随着计算机技术的发展，使用计算软件逐渐成为标准规

定中的常见内容。建筑能耗软件的计算引擎开发也是政府支持的基础工作之一，比如中国业内熟知的 DOE-2，最近常用的 EnergyPlus 等。节能目标的论证、典型建筑模型的建立等支撑标准编制的基础性研究工作也是由政府每年投入固定经费支持完成的。政府资金对基础性研发工作的长期支持无疑增强了研究团队的稳定性，从而也就保证了研究成果不断在已有基础上有计划的提高、可传承，以及对标准编制提供持续的理论支持，保证了标准编制工作的健康可持续，也保证了标准文件的质量。

政府的另一主要作用在末尾的执行环节。通过对业主的财税补贴刺激业主节能的积极性，提高建筑节能规范的实际执行率。

4. 联邦政府对地方标准的态度：鼓励更高、短期允许更低

美国政治体制与中国不同，联邦政府的行政力量非常有限。这也就造成了在建筑节能标准采用这个问题上，联邦政府只是通过财政手段鼓励更高性能要求被州政府采纳。对于暂时条件不成熟的州，短时间允许采用低要求的能效标准。这也同时避免了一刀切的状况发生，建筑法规更加因地制宜。

5. 以市场为导向充分挖掘从业者的能动性

（1）软件工具的功能由市场决定

对于软件工具，政府支持的只是计算引擎的开发，保证其有一个科学正确的计算建筑能耗的内核程序。具体用户界面的开发，软件实现何种功能，例如检查不符合 prescription 条文规定的建筑是否可以通过 trade-off，检查建筑是否符合某一版本的建筑节能标准，检查新建或改造的建筑是否符合某一地区的退税要求，根据 LEED 评价体系可以得多少分等功能，往往是由具体软件二次开发实现。由市场寻找软件功能的需求，优胜劣汰，对于软件使用者是有利的。当然，政府也同时有相应的技术监督规定。

能够实现这种做法的前提是，相关技术标准的条文必须足够全面具体，无论软件工具的二次开发者是否和标准编制团队有交流，对照标准条文都可以明确做法，减少技术上不明确之处同时也就减少了作弊的空间。另外，将不需要用户输入的参数全部固化在软件中，也是通过软件工具减少因使用者操作差异产生计算误差的有效措施。

（2）体系创新提高建筑能效标识的普及率

此次学习主要涉及两类与建筑标识有关的市场化体系：RESNET 和 LEED。RESNET 相对而言紧扣建筑节能法规，兼有 benchmarking 工具的功能，即为建筑能效评分，以显示其在同类建筑中的能效水平，还可以进一步判断其是否满足优惠税率或优惠贷款利率的要求。LEED 是绿色建筑评级体系，除建筑能效外，还考虑绿色建筑所要求的节地、节水、资源保护、室内外环境等因素，通过满足的项目数为建筑评分、定等级。

两者虽然工作领域不同，但是都建立了各自完整的工作体系，包括：技术标准、培训机制（包括机构和教材）、评估师的考核认证机制、建筑认证机制等。以 RESNET 为例，其技术专家基本都是兼职，技术讨论也多为远程；培训工作授权专业的培训机构来做，培训师和评估师都需要通过统一的 RESNET 考试以获得资质。建筑的认证除了在线提交书面材料，获得资质的评估师还会进行现场的勘察核对，两方面都通过是最后获得建筑认证的必要条件。目前全美已有 130 万套住宅进行了 RESNET 体系下的 HERS 认证，而负责 RESNET 体系日常运作的全职管理人员总共只有 6 个人。

5.2　具体技术层面

1. 计算软件的准入由政府把关

前文提到利用同一计算内核，软件开发商可以根据市场需求"自由发挥"，使自己软件的功能满足更大的市场需求，从而实现商业价值最大化。但政府对于为规范检查、退税等提供依据的能耗计算软件，即"官方认可"软件，有一套严格的把关程序。例如，被测软件要通过二百余个算例的测试，与政府（国家实验室）提供的"标准答案"误差控制在政府具体条例规定的范围内（各州不同），方有可能申请成为"官方认证"软件。

2. 标准对权衡判断要求严格

标准条文中，对于不符合规定性指标的设计内容，要求进行权衡判断以考察其性能是否符合节能要求。由于权衡判断在操作上显然增加了设计者的工作量，而规定性指标又可以涵盖大多数设计需要，设计者还是会尽可能选择符合规定性指标的做法。美国的建筑标准经过多年的打磨，对于权衡判断的各项要求规定十分细致，包括参照建筑的各项参数、不同空调形式的处理方法等。权衡判断软件自动生成参照建筑、自动生成被测建筑，尽量避免了不同软件之间的差异，减少操作者影响最终结果的空间。

3. 基础数据库的完善提升研究成果的准确性

美国政府对于建筑及建筑用能的基本信息有着长期的日常统计机制。美国商业建筑能耗统计数据库 The Commercial Buildings Energy Consumption Survey（CBECS），由美国能源部提供。CBECS 主要收集商业建筑的能耗信息，包括建筑特点、能源消耗和支出。CBECS 于 1979 年首次进行统计，目前最新的统计是 2003 年进行的第 9 次统计。

拥有长期稳定积累的数据库使得科学研究更加有理有据，基础研究的结果更具说服力。同时，政府也对全国建筑的总体情况有了真实全面的了解，对于政策的制定、与能源有关的各种活动的开展，都不无裨益。

4. 高性能建筑标准紧扣建筑节能标准

除了 LEED 这项市场评估体系为人熟知之外，标准规范体系中比较重要的绿色建筑标准是 ASHRAE 189.1 和 IgCC 绿色建筑标准。这两项绿色建筑标准中的节能部分都分别与各自体系下的建筑节能标准完全契合，只是调整了限制、增加了达到更高节能要求的附加措施。标准之间的高度协调节省了重复内容条文编制对人力物力的浪费，同时也提高了标准推广的效率。

5.3　下一步需要开展的工作

我国无论从体制还是建筑业的工作流程都与美国情况有很大不同。但是，美国对联邦政府经费的高效使用方式、标准体系的合理设置、对市场化行为的利用及有效监督模式、对实现建筑节能目标自上而下与自下而上思路的结合，都值得我们思考和借鉴。中国体制有其自身的特点，如何将我国体制优势在建筑节能工作开展过程中用好用足，也是我们在埋头技术标准编制的同时，应该思考的问题。

通过此次学习交流，编制组专家认为支撑公共建筑节能标准编制必须开展的工作有以下几个方面：

1. 建立典型公共建筑模型数据库

我国住宅建筑形式与使用特点相对集中，而公共建筑的种类和使用特点差异非常大。实施节能标准后各类公共建筑实际的节能效果也不尽相同。同时由于气候差异，同一类型建筑在不同气候区的节能效果也存在差异。另一方面，不同节能手段对具体建筑的节能贡献率也由于建筑功能和所处气候区有所不同。为摸清我国目前公共建筑的总体情况、不同水平节能设计标准产生的全国范围的总体实际节能效果以及指导不同气候区建筑节能技术的差异化发展，需要建立一个描述我国公共建筑整体情况的数据库。该数据库应包含以下内容(不限于)：

> 我国各气候区各主要类别公共建筑的比例(按建筑面积)；
> 我国主要类别公共建筑的典型构造(含参数)。

考虑到数据来源的权威性，各类公共建筑面积的统计应从国家统计局和住房和城乡建设部层面进行协调获得；各类别公共建筑典型构造，需要全国各大设计院根据实际情况提供，汇总得出。

2. 将建筑能耗模拟软件的规范化向前推进

目前节能标准中涉及计算软件的主要是当围护结构热工性能不满足性能指标时，需要按规定进行围护结构热工性能的权衡判断(GB 50189—2005 第四章)。但由于目前我国相关计算软件是纯市场化，行政层面无约束、技术层面无标准，使得软件计算出权衡判断结果与具体操作的人有很大关系，甚至某些情况下成为围护结构性能实际不合格但又能够通过标准核查的手段。为缓解这一问题，编制组一方面会扩大标准条文中性能指标的规定范围，即性能指标规定可以覆盖更多建筑，减少做权衡判断的机会；另一方面，需要推进计算软件的规范化。具体工作分为以下几个层次：

(1) 减少用户输入量，统一输出格式以便于检查

已有研究表明，业内使用的能耗模拟类软件由于计算内核引起的结果差异基本可以忽略。因而大的模拟结果差异主要是软件前处理过程中产生的。最先考虑的做法是通过改进软件前处理，尽量减少软件用户的输入量。一方面编制组将详细规定默认参数并要求软件将其固化其中，另一方面要求做权衡判断软件必须根据用户输入的测试建筑能够自动根据标准规定生成参考建筑。这样能够很大程度上减少人为造成的模拟结果差异。同时，从技术层面上统一输出文件的格式也可以使审图专家的检查过程更加方便清晰。当然对于软件前处理的规范化还有更深层次的工作，需要在分析中不断发现。以上为推进计算软件规范化的第一步，预计此次修订可基本实现。

第二步目前有(2)和(3)两个思路。

(2) 标准出版配套指定软件

即标准配套光盘在标准发布时同时出版。这一路线在技术上实现需要较长时间，本次修订受时间和人力所限恐难以达到。而且对于目前活跃的软件市场是一个制约的作用。

(3) 建立软件准入制度

与美国思路类似，政府可以委托技术部门(如标准编制组)规定官方授权的权衡判断软件应该具备的技术条件：如前后处理要求、数据输出要求、计算规定算例群的结果误差不超过某一百分比等。政府根据上述技术规定核查软件，予以授权。拥有授权的软件其计算结果方可作为标准考核的依据。这样一方面在技术上保证了统一标准，另一方面市场化的大门依旧敞开，不会制约从业者积极性。但这一思路的实施除技术层面有大量工作要完成

之外，还需要在制度建立层面有所建树。希望相关部门予以考虑。

3. 公共建筑节能目标的确定和分解

毫无疑问，任何工作的有效开展都离不开一个合理目标的制定。目前，包括美国在内的发达国家纷纷公布了其建筑节能的中短期目标，内容一般包括建筑整体能耗水平和对超低能耗(近零能耗、零能耗)建筑的实现计划。政府在行业专家的支持下结合我国十二五国家节能减排目标及我国能源中远期规划提出我国建筑节能的量化目标和时间表是十分必要的。

在此目标基础上，政府组织专家结合前期研究将实现路径按建筑种类、建筑技术类别、气候区进行分类分解，以科学细化实施途径，同时为行业发展指明方向。

4. 节能与节费的合理化论证

根据美国 ASHRAE 90.1 规定，除没有机械用能系统的建筑外，不符合性能指标的规定值的建筑设计，均可以通过"能耗费用预算"(Energy Cost Budget)方法作为是否通过标准规定的一种检验方式。也就是说，可以通过是否"节费"来检验其节能的实际效果。这其中不仅考虑了建筑当地的能源结构特点，也考虑了能源价格的差异性。此外，美国的建筑节能出于 Cost Efficiency 的考虑，最终是要业主或者行业获利以实现技术手段或产品的"自我存活"。我国的建筑节能工作是否要向这个思路靠近，也是一个值得论证的问题。

6　致谢

感谢住房和城乡建设部标准定额司梁锋副处长在百忙之中抽出时间，参加全程的学习。感谢同济大学龙惟定教授不辞辛苦与访问团奔波五地，对下一步建筑节能标准编制提出积极建议。

衷心感谢美国能源基金会对此行的策划和悉心安排，中国可持续能源项目建筑节能项目主任莫争春博士的全程陪同和精准的翻译，很大程度上提高了效率也保证了交流的质量。感谢中国可持续能源项目建筑节能项目经理辛嘉楠女士在项目程序和日程安排上的辛苦努力，保证了此次紧张的行程得以顺利完成。

主要参考文献

［1］　张向荣，刘斐. 国内外建筑节能标准化比较及其对我国的启示. 中国科技论坛，2008(7).

［2］　马宏亮. 国外建筑节能政策比较. 科协论坛，2010(1).

［3］　Jens Laustsen. Energy efficiency requirements in building codes，energy efficiency policies for new buildings. International Energy Agency in support of the G8 Plan of Action. 2008.

［4］　Pacific Northwest National Laboratory. Country report on building energy codes in the United States. 2009.

［5］　杨谨峰. 建筑节能标准化现状和发展. www. chinagb. net.

［6］　郎四维. 美国建筑节能标准简介. 公共建筑节能设计标准宣贯辅导教材，2005.

［7］　林海燕，郎四维. 我国的建筑节能设计标准. 建筑节能第 49 册，2009.

［8］　郎四维. 公共建筑节能设计标准宣贯辅导教材. 北京：中国建筑工业出版社，2005.

［9］　吴涌，刘长滨. 中国建筑节能经济激励政策研究. 北京：中国建筑工业出版社，2007.

［10］　王新春. 美国建筑节能法规体系. 建筑节能第 48 册，2008.

［11］　王新春. 美国建筑节能法规项目考察报告. 建筑节能第 49 册，2009.

［12］　张雅琳，李伴伴. 国内外建筑节能标准现状与展望. 山西建筑，2006，32(21).

［13］　马宏全，龙惟定，马素珍. 美国《2005 能源政策法案》简介. 暖通空调，2006，36(9).

［14］　龙惟定，张蓓红. 美国政府的联邦能源管理计划. 暖通空调，2004，34(2).

［15］　Pacific Northwest National Laboratory. Understanding building energy codes and standards. 2003.

［16］　James G Gross. James H Pielert. Building standards and codes for energy conservation.

［17］　U. S. Department of Energy-Energy Efficiency and Renewable Energy- Building Technologies Program. Multi-Year Program Plan-Building Regulatory Programs. 2010.

［18］　www. energycodes. gov.

［19］　KATHRYN B. JANDA，JOHN F. BUSCH. Worldwide Status of Energy Standards for Building. Energy，1994，19(1).

［20］　Kathryn Janda. Worldwide Status of Energy Standards for Buildings：A 2007 Update. IEECB，2008.

［21］　http：//en. wikipedia. org/wiki/Building _ regulations _ in _ the _ United _ Kingdom.

［22］　Kathryn Janda. Overview of Energy Standards for Buildings. 2007.

［23］　呼静，武涌.《欧盟建筑能源性能指令》对建立我国建筑节能法律法规体系的启示. 建筑经济，2006，288(10).

［24］　武涌，孙金颖，吕石磊. 欧盟及法国建筑节能政策与融资机制借鉴与启示. 建筑科学，2010，26(2).

［25］　李金强. 欧盟楼宇控制新标准如何帮助建筑节能. 智能建筑与城市信息，2008，143(10).

［26］　杨玉兰，李百战，姚润明. 政策法规对建筑节能的作用——欧盟经验参考. 暖通空调，2007，37(4).

［27］　Olli Seppänen. Introduction EU Policy and Action Plan Regarding Energy Efficient Buildings. EESCU Seminar. 2011.

［28］　刘春青，单红霞. 欧盟的标准化政策. 标准化动态，2000(9).

［29］　刘刚. 欧盟建筑能耗标准体系制定概况. 暖通空调，2007，37(8).

［30］　柳娟. 欧盟节能法律制度研究. 2010.

［31］　Vibeke Hansen Kjaerbyea，Anders E. Larsen，Mikael Togeby. The Effect of Building Regulations on Energy Consumption in Single-family Houses in Denmark. 2010.

[32] ODYSSEE. Energy Efficiency Profile：Denmark. 2011.

[33] Danish Energy Agency. Energy Efficiency Policies and Measures in Denmark. 2009.

[34] Kes McCormick. Experience of Policy Instruments for Energy Efficiency in Buildings in the Nordic Countries. 2009.

[35] Ministry of Economic and Business Affairs Ministry of Science，Technology and Innovation. National Standardisation Strategy of Denmark. 2006.

[36] Kim Haugbølle. Performance-based procurement in Denmark. 2005.

[37] Søren Østergaard Jensen. The Danish Way Towards Energy Neutral Homes. EU-China Workshop on ECO Building，2008.

[38] PRC. Denmark-Country Report. 2011.

[39] http：//www. cabdirect. org/abstracts/19912448701. html；jsessionid=7EC0F937B1084D5D7D2A6A8013381D8D.

[40] João Branco Pedro，Frits Meijer，Henk Visscher. Technical Building Regulation in EU Countries：a Comparison of Their Organization and Formulation. 2005.

[41] IEA Information Paper. Energy Efficiency Requirements in Building Codes，Energy Efficiency Policies for New Buildings. 2004.

[42] Danish Energy Authority. Energy Efficiency in Denmark. 2004.

[43] 吴狄，蒋艾华. 从德国建筑节能中学发展. 城市建设，2010(15).

[44] 徐智勇，鲍宇清. 德国建筑节能改造的政策保障. 城市住宅，2009(6).

[45] 卢求. 德国低能耗建筑技术体系及发展趋势. 建筑学报，2007(9).

[46] 陆大琛，赵伯铭. 浅谈德国建筑节能的理念和实施. 住宅科技，2009(7).

[47] 中国终端能效项目管理办公室. 英国、瑞士和法国节能建材与建筑节能考察报告. 2010.

[48] 涂鹏祥. 英国建筑节能概述. 保温材料与建筑节能，1997(12).

[49] 中英建筑节能合作赴英考察组. 英国建筑节能概况. 施工技术，1992(11).

[50] 杨玉兰，李百战，姚润明. 英国住宅能耗计算及能效标识方法. 全国暖通空调制冷 2008 年学术年会论文集，2008.

[51] 叶凌，姚杨，王清勤. 英国既有非住宅建筑节能法规 L2B 一窥. 暖通空调，2008，38(11).

[52] 宋祚锟，庞大春，冯尚斌，杨晓迪. 中英两国标准化管理制度与运行体制比较及启示初探. 中国标准导报，2007(7).

[53] Pacific Northwest National Laboratory. Country report on building energy codes in Japan. 2009.

[54] ECCJ . Japan Energy Conservation Handbook 2010. 2010.

[55] Ministry Of Economy，Trade and Industry. Top runner program. 2010.

[56] Japan Greenbuild Council(JaGBC)，Japan Sustainable Building Council(JSBC). CASBEE technical manuals. 2008.

[57] Ayako TANIGUCHI，Yoshiyuki SHIMODA，Takahiro ASAHI，Yukio YAMAGUCHI，Minoru MIZUNO. Effectiveness of energy conservation measures in residential sector of Japanese cities. Building Simulation，2007.

[58] Joe Huang，Status of Energy Efficient Building Codes in Asia. 2007.

[59] Housing Bureau，MLIT. Measures taken by the Ministry of Land，Infrastructure，Transport and Tourism to reduce CO_2 emissions. 2009.

[60] Mie Okada. Compliance activities on Energy Efficiency law in Japan. 2011.

[61] The Agency for Natural Resources and Energy. The Ministry of Economy，Trade and Industry. Guide to the Promotion of Energy Conservation in Commercial Buildings. 2009.

［62］ Building Energy Codes in APP Countries. 2008.

［63］ 王清勤. 国际建筑节能经验对我国建筑节能发展的启发. 节能，2006(1).

［64］ 李小平. 日本建筑节能简介. 暖通空调，2011，41(4).

［65］ 陈超，渡边俊行，谢光亚，于航. 日本的建筑节能概念与政策. 暖通空调，2002，32(6).

［66］ 付祥钊，张慧玲，黄光德. 关于中国建筑节能气候分区的探讨. 暖通空调，2008，38(2).